数学分析教程

Mathematics

下 册

宋国柱　任福贤　编 著

南京大学出版社

图书在版编目(CIP)数据

数学分析教程. 下册 / 宋国柱,任福贤编著. — 2
版. —南京:南京大学出版社,2013.11
　ISBN 978 - 7 - 305 - 12232 - 3

　Ⅰ. ①数… Ⅱ. ①宋… ②任… Ⅲ. ①数学分析-高
等学校-教材 Ⅳ. ①O17

　中国版本图书馆 CIP 数据核字(2013)第 228052 号

出版发行　南京大学出版社
社　　址　南京市汉口路 22 号　　邮　编　210093
网　　址　http://www.NjupCo.com
出 版 人　左　健
书　　名　**数学分析教程(下册)**
编　著　宋国柱　任福贤
责任编辑　孙　静　吴　华　　　编辑热线　025-83596997
照　排　江苏南大印刷厂
印　刷　丹阳市兴华印刷厂
开　本　880×1230　1/32　印张 16.625　字数 417 千
版　次　2013 年 11 月第 2 版　2013 年 11 月第 1 次印刷
印　数　1~2 000
ISBN 978 - 7 - 305 - 12232 - 3
定　价　34.00 元
发行热线　025-83594756　83686452
电子邮箱　Press@NjupCo.com
　　　　　Sales@NjupCo.com(市场部)

内容提要

　　《数学分析教程》第一版在南京大学数学系连续使用了近二十年.本书第二版我们对全书作了详细修订.全书概念准确,论证严谨,文字浅显易懂,便于自学.丰富多彩的例题与多层次的习题大大加强了传统的分析技巧的训练,同时又注意适当引进近代分析的概念.本书可作为综合性大学、师范院校数学系各专业的教材,也可作为其他对数学要求较高的专业的教材或教学参考书,还可作为高等学校数学教师以及其他数学工作者参考用书以及研究生入学考试的复习用书.

　　全书分上下两册出版.上册共 9 章,包括极限理论、一元函数微积分、多元函数及其微分学.下册共 10 章,包括级数理论、傅里叶级数、反常积分与含参变量积分、线积分、面积分与重积分、囿变函数与 RS 积分、场论等.

编者的话

　　《数学分析教程》第一版在南京大学数学系连续使用了近二十年.本书第二版我们对全书作了详细修订.考虑到本教材是为数学系各专业编写的基础课教材,在修订过程中,编者们力求做到:

　　使读者获得广博而坚实的分析基础.为此,不但对数列的极限、实数系的基本定理、函数的一致连续性、欧几里得空间的基本性质、向量值函数、函数项级数和含参变量积分、一致收敛性等部分作了适当的加强,而且还增加了连续性的拓扑学定义、上下连续和霍尔德连续以及凸函数的性质.此外,在第18章增加了围变函数和RS积分的内容,这不但使得傅里叶级数的某些定理叙述得更为完美,证明更为简单,而且还为实变函数论中的LS积分打下了基础.在第6章增加了一节"简单的微分方程",这既可以增加不定积分的训练,又可以使后续的常微分方程课得以删去过于简单的内容.

　　对各种概念的叙述准确严谨,全书的论证严密,具有科学性、逻辑性.例如,在极限理论中一开始就给出了极限的严格定义,并由此展开数学分析的全部内容.极限及连续性的理论都一次完成,而不采用一度流行过的先方法后理论的两步走方案.在阐述定积分概念时,特别强调指出定积分这一极限过程与函数的极限、数列的极限以及级数求和的不同,并指出在可积性确认以后又可把积分和的极限看成数列的极限.在论证由方程组所定义的隐函数时,增加了关于唯一性的几行文字,避免了不少教材普遍存在的一个疏漏.

　　加强传统的分析技巧的训练.为此,选择了大量具有启发性、典型性的例题,并注意一题多解,前后呼应.其次,精心选择了一整套习题,安排在每节后面的是理解概念掌握基本方法所必备的,其中虽也有些较为困难,但为数不多.每章后面的总习题,大部分都有一定的难度,需要适当的技巧.它要求读者融会贯通所学到的数学分析知识,有时还涉及平行学科的有关内容,这些题目在类型上既有广泛性又有代表性,对于立志报考硕士生的读者是有所裨益的.

有广泛的适应性,易教易学.在证明比较困难的定理时,往往先进行适当的分析,以诱导读者的思路.对于较难的例题,在给出解法的同时,指出思想方法,讲清来龙去脉.对于容易模糊的概念,反复强调,不厌其烦.全部习题,书末都附有答案,难题还给出提示.

所有这一切,都是编者们所着意追求的,但由于水平所限,力不从心之处在所难免,热切希望得到同行以及广大读者的批评指正.

还需着重指出的是,本书对于实数理论的处理,采用的是逻辑学的方法,这与当前全国流行的种种教材完全不同.编者认为,这对于读者在后继课中理解函数空间的扩张是有好处的.

考虑到当今中学的教材内容,本书不再专门叙述函数概念以及集合的基础知识,这无论对于使用本书的学生、教师,还是用本书来自学的读者都不会产生不便.

全书共 19 章,240 学时可以讲完,对部分要求较低的读者以及学时不够充裕的教师,实数理论、上下连续、霍尔德连续、RS 积分以及微分形式及其积分等内容可部分删去,这不会给整个教学过程带来困难.

本书是编者们长期从事数学分析教学工作的结晶.第 1～5 章、第 6～9 章分别由许绍溥、姜东平执笔,第 10～16 章以及第 17章 17.1～17.4 由宋国柱执笔,第 18～19 章以及第 17 章 17.5 由任福贤执笔.

本书第二版的出版与发行得到了南京大学出版社的大力支持,编者谨此一并表示衷心的感谢.

目　录

第 10 章　数 项 级 数

第 11 章　函数序列和函数项级数

第 12 章　反 常 积 分

第 15 章　重 积 分

第 18 章　囿变函数和 RS 积分

第 19 章　傅里叶级数

第 10 章　数 项 级 数

级数理论在数学分析以及其他的后继课程、实用学科中有着大量的应用,作为基础课的数学分析,将把级数理论分为三章(数项级数、函数项级数和傅里叶级数)系统地论述,本章首先讨论常数项级数.

10.1　级数的敛散性及其性质

设 a_1, a_2, $\cdots$, a_n, $\cdots$ 是一个无穷数列,则表达式

$$a_1 + a_2 + \cdots + a_n + \cdots \tag{10.1}$$

称为**无穷级数**,或简称**级数**. 且常记作

$$\sum_{n=1}^{\infty} a_n,$$

其中 a_n 称为级数(10.1)的**通项**. 级数(10.1)前 n 项之和

$$S_n = a_1 + a_2 + \cdots + a_n$$

称为级数(10.1)的(第 n 个)**部分和**.

例如,把等比数列

$$a, aq, aq^2, \cdots, aq^n, \cdots \ (a \neq 0) \tag{10.2}$$

各项依次相加可得数项级数

$$a + aq + aq^2 + \cdots + aq^n + \cdots \tag{10.3}$$

通常称(10.3)为**等比级数**或**几何级数**. 它的部分和($q \neq 1$ 时)

$$S_n = a + aq + aq^2 + \cdots + aq^{n-1} = a\,\frac{1-q^n}{1-q}. \tag{10.4}$$

对于无穷级数(10.1),由于它是无穷项之和,我们自然要问这个无

穷和表示什么数以及如何求这个无穷和数.

定义 若级数(10.1)的部分和数列$\{S_n\}$有极限,即

$$\lim_{n \to \infty} S_n = S \quad (\text{有限}),$$

则称级数$\sum\limits_{n=1}^{\infty} a_n$ **收敛**于S,S称作此级数的**和**,记作

$$\sum_{n=1}^{\infty} a_n = S.$$

若$\{S_n\}$极限不存在(包括极限为∞),则称级数$\sum\limits_{n=1}^{\infty} a_n$ **发散**.

由定义可知研究无穷级数收敛问题,实质上就是研究部分和数列$\{S_n\}$的收敛问题,反之,任取一数列x_1,x_2,$\cdots$,x_n,$\cdots$,则$\{x_n\}$的收敛问题就可以化为级数

$$x_1 + (x_2 - x_1) + (x_3 - x_2) + \cdots + (x_n - x_{n-1}) + \cdots$$

的收敛问题.

例 1 讨论等比级数$\sum\limits_{n=1}^{\infty} aq^{n-1}(a \neq 0)$的敛散性.

解 等比级数部分和

$$S_n = \frac{a(1 - q^n)}{1 - q},$$

故

(i) 当$|q| < 1$时,$\lim\limits_{n \to \infty} S_n = \dfrac{a}{1-q}$,$\sum\limits_{n=1}^{\infty} aq^{n-1} = \dfrac{a}{1-q}$,级数收敛.

(ii) $q > 1$时,显然有$\lim\limits_{n \to \infty} S_n = \infty$;$q < -1$时,

$$S_n = \frac{a(1 - (-1)^n |q|^n)}{1 + |q|},$$

显然$\{S_n\}$是一个发散数列,故当$|q| > 1$时,级数$\sum\limits_{n=1}^{\infty} aq^{n-1}$发散.

(iii) $q = 1$ 时，$S_n = na \to \infty$；$q = -1$ 时，

$$S_n = \begin{cases} 0, & n = 2k, \\ a, & n = 2k+1. \end{cases}$$

故 $|q| = 1$ 时，级数 $\sum_{n=1}^{\infty} aq^{n-1}$ 也发散.

综上所述，当且仅当 $|q| < 1$ 时，级数 $\sum_{n=1}^{\infty} aq^{n-1}$ 收敛，且有和 $\dfrac{a}{1-q}$.

例 2 讨论级数 $\sum_{n=1}^{\infty} \dfrac{1}{n(n+1)}$ 的敛散性.

解 因为

$$S_n = \frac{1}{1 \cdot 2} + \frac{1}{2 \cdot 3} + \cdots + \frac{1}{n(n+1)}$$

$$= \left(1 - \frac{1}{2}\right) + \left(\frac{1}{2} - \frac{1}{3}\right) + \cdots + \left(\frac{1}{n} - \frac{1}{n+1}\right)$$

$$= 1 - \frac{1}{n+1},$$

故 $\lim\limits_{n \to \infty} S_n = 1$，级数 $\sum_{n=1}^{\infty} \dfrac{1}{n(n+1)}$ 收敛，且其和为 1.

由于级数与数列有密切联系，读者不难自行由数列的某些结果来证明关于级数的下述基本性质：

性质 1(级数收敛的柯西准则) 级数 $\sum_{n=1}^{\infty} a_n$ 收敛的充要条件是：任给 $\varepsilon > 0$，存在某个自然数 N，使得当 $n > N$ 时，对一切自然数 p，都有

$$|a_{n+1} + a_{n+2} + \cdots + a_{n+p}| < \varepsilon. \tag{10.5}$$

在(10.5)式中取 $p = 1$，便得

性质 2(级数收敛的必要条件) 若级数 $\sum\limits_{n=1}^{\infty} a_n$ 收敛,则必有

$$\lim_{n\to\infty} a_n = 0.$$

由性质 2 可以知道,如果 $\{a_n\}$ 不收敛或者 $\lim\limits_{n\to\infty} a_n \neq 0$,则级数 $\sum\limits_{n=1}^{\infty} a_n$ 必发散,但 $\lim\limits_{n\to\infty} a_n = 0$ 时,级数 $\sum\limits_{n=1}^{\infty} a_n$ 不一定收敛,即通项趋于零仅仅是级数收敛的必要条件,而不是充分条件. 例如

$$\sum_{n=1}^{\infty} \frac{1}{\sqrt{n}} = 1 + \frac{1}{\sqrt{2}} + \cdots + \frac{1}{\sqrt{n}} + \cdots,$$

因为

$$S_n = 1 + \frac{1}{\sqrt{2}} + \cdots + \frac{1}{\sqrt{n}} \geqslant n \cdot \frac{1}{\sqrt{n}} = \sqrt{n},$$

因此,虽然 $a_n = \dfrac{1}{\sqrt{n}} \to 0 \ (n \to \infty)$,但 $\sum\limits_{n=1}^{\infty} \dfrac{1}{\sqrt{n}}$ 却是发散的.

性质 2 的实用价值在于当 a_n 不收敛于零时,便可断言级数 $\sum\limits_{n=1}^{\infty} a_n$ 发散,今后将用到这个性质.

性质 3 若级数 $\sum\limits_{n=1}^{\infty} a_n$ 和 $\sum\limits_{n=1}^{\infty} b_n$ 都收敛,c 为任一常数,则级数 $\sum\limits_{n=1}^{\infty} ca_n$ 和 $\sum\limits_{n=1}^{\infty} (a_n \pm b_n)$ 都收敛,且

$$\sum_{n=1}^{\infty} ca_n = c \sum_{n=1}^{\infty} a_n,$$

$$\sum_{n=1}^{\infty} (a_n \pm b_n) = \sum_{n=1}^{\infty} a_n \pm \sum_{n=1}^{\infty} b_n.$$

性质 4 去掉、增加或改变级数的有限项并不改变级数的敛散性.

性质 5 收敛级数 $\sum\limits_{n=1}^{\infty} a_n$ 任意加括号后所得到的级数仍收敛,

且其和不变.

证　设对收敛级数 $\sum\limits_{n=1}^{\infty} a_n$ 任意加括号后所得级数是

$$(a_1 + a_2 + \cdots + a_{n_1}) + (a_{n_1+1} + \cdots + a_{n_2}) + \cdots + (a_{n_{k-1}+1} + \cdots$$
$$+ a_{n_k}) + \cdots. \tag{10.6}$$

我们令

$$\widetilde{a}_1 = a_1 + a_2 + \cdots + a_{n_1},$$
$$\widetilde{a}_2 = a_{n_1+1} + \cdots + a_{n_2},$$
$$\cdots\cdots$$
$$\widetilde{a}_k = a_{n_{k-1}+1} + \cdots + a_{n_k},$$
$$\widetilde{S}_k = \widetilde{a}_1 + \widetilde{a}_2 + \cdots + \widetilde{a}_k,$$

则 $\widetilde{S}_k = S_{n_k}$ 是收敛数列 $\{S_n\}$ 的一个子序列,故

$$\lim_{k\to\infty} \widetilde{S}_k = \lim_{n\to\infty} S_n.$$

注　由性质 5 可知若级数(10.6)发散,则原级数(10.1)必发散,但如果(10.6)收敛时,去括号后不一定收敛. 例如级数

$$(1-1) + (1-1) + \cdots + (1-1) + \cdots$$

收敛于零,但去括号后得一个发散级数

$$1 - 1 + 1 - 1 + \cdots + (-1)^{n-1} + \cdots.$$

在一定条件下,若(10.6)收敛,则去括号后所得级数也收敛. 例如当级数(10.6)中同一括号内各项符号相同时,则去括号所得的级数仍收敛.

事实上,由于当 n 从 n_{k-1} 变到 n_k 时,S_n 将单调地变化,其值在 $\widetilde{S}_{k-1} = S_{n_{k-1}}$ 与 $\widetilde{S}_k = S_{n_k}$ 之间,若记

$$\lim_{k\to\infty} \widetilde{S}_k = \widetilde{S},$$

则当 k 充分大时,$S_{n_{k-1}}$ 和 S_{n_k} 与 $\widetilde{S}$ 可相差任意小,故

$$\lim_{n \to \infty} S_n = \tilde{S}.$$

例3 证明调和级数 $\sum\limits_{n=1}^{\infty} \dfrac{1}{n}$ 发散.

证 (本例的另一种形式见 1.3.4 例1),因为

$$|S_{n+p} - S_n| = \frac{1}{n+1} + \frac{1}{n+2} + \cdots + \frac{1}{n+p}$$

$$> \underbrace{\frac{1}{n+p} + \frac{1}{n+p} + \cdots + \frac{1}{n+p}}_{p\text{项}}$$

$$= \frac{p}{n+p},$$

取 $p = n$,得

$$|S_{2n} - S_n| > \frac{1}{2},$$

于是据柯西收敛准则,立即知 $\sum\limits_{n=1}^{\infty} \dfrac{1}{n}$ 发散.

习　题

1. 按定义证明下列级数收敛,并求其和:

(1) $\left(\dfrac{1}{2} + \dfrac{1}{3}\right)\left(\dfrac{1}{2^2} + \dfrac{1}{3^2}\right) + \cdots + \left(\dfrac{1}{2^n} + \dfrac{1}{3^n}\right) + \cdots$;

(2) $\dfrac{1}{1 \cdot 4} + \dfrac{1}{4 \cdot 7} + \cdots + \dfrac{1}{(3n-2)(3n+1)} + \cdots$;

(3) $\sum\limits_{n=1}^{\infty} (\sqrt{n+2} - 2\sqrt{n+1} + \sqrt{n})$.

2. 证明:若数列 $\{a_n\}$ 收敛于 a,则级数 $\sum\limits_{n=1}^{\infty} (a_n - a_{n+1}) = a_1 - a$.

3. 若级数 $\sum\limits_{n=1}^{\infty} u_n$ 满足条件：

(i) $\lim\limits_{n\to\infty} u_n = 0$；

(ii) $\sum\limits_{k=1}^{\infty} (u_{2k-1} + u_{2k})$ 收敛于 S,

试证明级数 $\sum\limits_{n=1}^{\infty} u_n$ 也收敛于 S.

4. 利用 Cauchy 收敛准则讨论下列级数的敛散性：

(1) $\sum\limits_{n=1}^{\infty} \dfrac{\cos n}{2^n}$；　　　　(2) $\sum\limits_{n=1}^{\infty} \dfrac{1}{\sqrt{n+n^2}}$；

(3) $1 + \dfrac{1}{2} - \dfrac{1}{3} + \dfrac{1}{4} + \dfrac{1}{5} - \dfrac{1}{6} + \cdots + \dfrac{1}{3m+1} + \dfrac{1}{3m+2} - \dfrac{1}{3(m+1)} + \cdots.$

5. 举例说明：若级数 $\sum\limits_{n=1}^{\infty} u_n$ 对每一个自然数 p 满足条件
$$\lim_{n\to\infty} (u_{n+1} + u_{n+2} + \cdots + u_{n+p}) = 0,$$
则级数 $\sum\limits_{n=1}^{\infty} u_n$ 不一定收敛.

10.2　正项级数敛散性

研究级数的收敛性不仅在理论上,而且在实用上(例如近似计算,解微分方程等)是非常有价值的,如果从定义出发(即求极限 $\lim\limits_{n\to\infty} S_n$)或者应用柯西收敛准则往往是比较困难的,因此,必须寻求一些简单实用的判别法来研究级数的收敛性.

如果级数 $\sum\limits_{n=1}^{\infty} a_n$ 中的各项的符号都相同,则称它为同号级数,对于同号级数只须研究各项都是非负数组成的级数——称为**正项级数**. 下面我们首先考虑正项级数 $\sum\limits_{n=1}^{\infty} a_n (a_n \geqslant 0, \ n = 1, 2, 3, \cdots)$.

定理 10.1(基本定理)   正项级数收敛的充要条件是：部分和数列 $\{S_n\}$ 有界.

证 (必要性)   设级数 $\sum\limits_{n=1}^{\infty} a_n$ 收敛,则 $\{S_n\}$ 必收敛,再根据收敛数列必有界知结论成立.

(充分性)   由于 $a_n \geqslant 0$,则 $\{S_n\}$ 是单调上升数列,从而当 $\{S_n\}$ 有界时, $\{S_n\}$ 是单调有界数列,它必收敛,即 $\sum\limits_{n=1}^{\infty} a_n$ 收敛.

10.2.1   比较判别法

定理 10.2(比较判别法 I)   设 $\sum\limits_{n=1}^{\infty} a_n$ 和 $\sum\limits_{n=1}^{\infty} b_n$ 是两个正项级数,且存在自然数 N,使得对一切 $n > N$ 都有
$$a_n \leqslant b_n,$$
则

1° 当 $\sum\limits_{n=1}^{\infty} b_n$ 收敛时, $\sum\limits_{n=1}^{\infty} a_n$ 也收敛;

2° 当 $\sum\limits_{n=1}^{\infty} a_n$ 发散时, $\sum\limits_{n=1}^{\infty} b_n$ 也发散.

证   1° 根据 10.1 基本性质 4,我们不妨设对一切自然数 n 有 $a_n \leqslant b_n$,记 $B = \sum\limits_{n=1}^{\infty} b_n$,则
$$S_n = a_1 + a_2 + \cdots + a_n \leqslant b_1 + b_2 + \cdots + b_n \leqslant B,$$
由定理 10.1 立即得 $\sum\limits_{n=1}^{\infty} a_n$ 收敛.

2° 用反证法,设 $\sum\limits_{n=1}^{\infty} b_n$ 收敛,则由结论 1° 可推得 $\sum\limits_{n=1}^{\infty} a_n$ 收敛,这与假设 $\sum\limits_{n=1}^{\infty} a_n$ 发散矛盾,故 $\sum\limits_{n=1}^{\infty} b_n$ 必发散.

例 1 讨论 p-级数 $\sum\limits_{n=1}^{\infty} \dfrac{1}{n^p}$ 的敛散性,其中 p 为任一实数.

解 (i) 当 $p \leqslant 1$ 时,因为 $\dfrac{1}{n^p} \geqslant \dfrac{1}{n}$,$\sum\limits_{n=1}^{\infty} \dfrac{1}{n}$ 发散,则据定理10.2 知 $\sum\limits_{n=1}^{\infty} \dfrac{1}{n^p}$ $(p \leqslant 1)$ 也发散.

(ii) $p > 1$ 时,将原级数按一项,二项,2^2 项,$\cdots$,2^{k-1} 项括在一起,得

$$1 + \left(\frac{1}{2^p} + \frac{1}{3^p} \right) + \left(\frac{1}{4^p} + \frac{1}{5^p} + \frac{1}{6^p} + \frac{1}{7^p} \right) + \cdots. \tag{10.7}$$

记级数(10.7)的通项为 $\widetilde{a}_k$,其中

$$\widetilde{a}_k = \frac{1}{(2^{k-1})^p} + \frac{1}{(2^{k-1}+1)^p} + \cdots + \frac{1}{(2^k - 1)^p},$$

级数(10.7)的前 k 项部分和为 $\widetilde{S}_k$,则

$$\widetilde{S}_k \leqslant 1 + \left(\frac{1}{2^p} + \frac{1}{2^p} \right) + \left(\frac{1}{4^p} + \frac{1}{4^p} + \frac{1}{4^p} + \frac{1}{4^p} \right) + \cdots$$

$$+ \underbrace{\left[\left(\frac{1}{2^{k-1}} \right)^p + \left(\frac{1}{2^{k-1}} \right)^p + \cdots + \left(\frac{1}{2^{k-1}} \right)^p \right]}_{2^{k-1}\text{项}}$$

$$= 1 + \frac{1}{2^{p-1}} + \left(\frac{1}{2^{p-1}} \right)^2 + \cdots + \left(\frac{1}{2^{p-1}} \right)^{k-1}$$

$$\leqslant \frac{1}{1 - \dfrac{1}{2^{p-1}}} = M. \quad (k = 1, 2, \cdots)$$

令
$$S_n = 1 + \frac{1}{2^p} + \cdots + \frac{1}{n^p},$$

对任一 n,存在自然数 k_0,使
$$S_n \leqslant \tilde{S}_{k_0} \leqslant M,$$

从而据定理 10.1 知 $\sum_{n=1}^{\infty} \frac{1}{n^p}$ $(p > 1)$ 收敛.

推论 1(比较判别法 I 的极限形式) 设 $\sum_{n=1}^{\infty} a_n$ 和 $\sum_{n=1}^{\infty} b_n$ 为正项级数,且存在某个自然数 N_0,使 $n > N_0$ 时,$b_n > 0$, 若
$$\lim_{n \to \infty} \frac{a_n}{b_n} = \lambda, \tag{10.8}$$

其中 λ 为有限数或 $+\infty$,则

1° 当 $0 < \lambda < +\infty$ 时,$\sum_{n=1}^{\infty} a_n$ 和 $\sum_{n=1}^{\infty} b_n$ 同时收敛或同时发散;

2° 当 $\lambda = 0$ 时,由 $\sum_{n=1}^{\infty} b_n$ 收敛可推出 $\sum_{n=1}^{\infty} a_n$ 收敛;

3° 当 $\lambda = +\infty$ 时,由 $\sum_{n=1}^{\infty} b_n$ 发散可推出 $\sum_{n=1}^{\infty} a_n$ 发散.

证 我们仅证明结论 1°,关于结论 2° 和 3° 的证明留给读者自己写出.

因为 $0 < \lambda < +\infty$,则存在自然数 $N (\geqslant N_0)$,使得当 $n > N$ 时,成立
$$\frac{\lambda}{2} < \frac{a_n}{b_n} < \lambda + \frac{\lambda}{2},$$

即
$$\frac{\lambda}{2} b_n < a_n < \frac{3}{2} \lambda b_n \quad (n > N),$$

则由比较判别法 I 立即知 $\sum\limits_{n=1}^{\infty} a_n$ 和 $\sum\limits_{n=1}^{\infty} b_n$ 同时收敛或同时发散.

读者可以考虑,若 $\lim\limits_{n\to\infty} \dfrac{a_n}{b_n}$ 不存在,能否通过数列 $\left\{\dfrac{a_n}{b_n}\right\}$ 的上下极限得到一些相应的结论.

推论 2(比较判别法 II)　设 $\sum\limits_{n=1}^{\infty} a_n$ 和 $\sum\limits_{n=1}^{\infty} b_n$ 为正项级数,且存在自然数 N,使得 $n > N$ 时,$a_n \neq 0$, $b_n \neq 0$ 以及

$$\frac{a_{n+1}}{a_n} \leqslant \frac{b_{n+1}}{b_n}, \tag{10.9}$$

若 $\sum\limits_{n=1}^{\infty} b_n$ 收敛,则 $\sum\limits_{n=1}^{\infty} a_n$ 也收敛;若 $\sum\limits_{n=1}^{\infty} a_n$ 发散,则 $\sum\limits_{n=1}^{\infty} b_n$ 也发散.

证　由(10.9)式得 $n > N$ 时,成立

$$\frac{a_{n+1}}{b_{n+1}} \leqslant \frac{a_n}{b_n},$$

即 $n > N$ 时,$\left\{\dfrac{a_n}{b_n}\right\}$ 是单调下降非负数列,必有界,于是存在正数 K,使得 $n > N$ 时,有

$$a_n \leqslant K b_n,$$

再由比较判别法 1 可知推论 2 结论成立.

根据比较判别法,可利用已知收敛或者发散的级数作为比较对象来判别其他级数的收敛性. 通常用来作为比较对象的级数为等比级数 $\sum\limits_{n=1}^{\infty} a q^{n-1} (a \neq 0)$ 和 p-级数 $\sum\limits_{n=1}^{\infty} \dfrac{1}{n^p}$.

例 2　讨论级数 $\sum\limits_{n=1}^{\infty} \dfrac{(n!)^2}{(2n)!}$ 的敛散性.

解　因为

$$a_n = \frac{(n!)^2}{(2n)!} = \frac{(n!)^2}{2^n n! \cdot 1 \cdot 3 \cdot \cdots \cdot (2n-1)}$$

$$= \frac{1 \cdot 2 \cdot 3 \cdot \cdots \cdot n}{1 \cdot 3 \cdot 5 \cdot \cdots \cdot (2n-1)} \cdot \frac{1}{2^n} \leqslant \frac{1}{2^n},$$

$\displaystyle\sum_{n=1}^{\infty} \frac{1}{2^n}$ 收敛,故原级数收敛.

例3 讨论 $\displaystyle\sum_{n=2}^{\infty} \frac{1}{(\ln n)^p}$ $(p>0)$ 和 $\displaystyle\sum_{n=2}^{\infty} \frac{1}{(\ln n)^{\ln n}}$ 的敛散性.

解 因为

$$\lim_{n \to \infty} n \cdot \frac{1}{(\ln n)^p} = +\infty,$$

则据推论 1,级数 $\displaystyle\sum_{n=2}^{\infty} \frac{1}{(\ln n)^p}(p>0)$ 发散.

对于级数 $\displaystyle\sum_{n=2}^{\infty} \frac{1}{(\ln n)^{\ln n}}$,由于

$$\ln\left[(\ln n)^{\ln n}\right] = (\ln n) \cdot \ln\ln n,$$

n 充分大时,$\ln\ln n > 2$,则 n 充分大时,有

$$\ln\left[(\ln n)^{\ln n}\right] > \ln(n^2),$$

即

$$(\ln n)^{\ln n} > n^2,$$

$$\frac{1}{(\ln n)^{\ln n}} < \frac{1}{n^2} \ (n\ 充分大后),$$

由定理 10.2 立即知 $\displaystyle\sum_{n=2}^{\infty} \frac{1}{(\ln n)^{\ln n}}$ 收敛.

例4 讨论 $\displaystyle\sum_{n=1}^{\infty} \sin\frac{x}{n}$ $(0 < x < \pi)$ 的敛散性.

解 因为 $0 < x < \pi$ 时

$$\lim_{n \to \infty} \frac{\sin\dfrac{x}{n}}{\dfrac{1}{n}} = x > 0,$$

故 $\sum\limits_{n=1}^{\infty} \sin\dfrac{x}{n}$ $(0 < x < \pi)$ 发散.

同理,由于

$$\lim_{n \to \infty} \frac{1 - \cos\dfrac{x}{n}}{\dfrac{1}{n^2}} = \lim_{n \to \infty} \frac{2\sin^2\dfrac{x}{2n}}{\dfrac{1}{n^2}} = \frac{x^2}{2},$$

则 $\sum\limits_{n=1}^{\infty}\left(1 - \cos\dfrac{x}{n}\right)$ 对一切实数 x 收敛.

例 5 证明级数 $\sum\limits_{n=1}^{\infty}\left[\dfrac{1}{n} - \ln\left(1 + \dfrac{1}{n}\right)\right]$ 收敛.

证 首先,由一元函数微分学易知对一切 n 成立

$$\frac{1}{n} - \ln\left(1 + \frac{1}{n}\right) > 0,$$

再由 $\ln(1 + x)$ 的泰勒公式

$$\frac{1}{n} - \ln\left(1 + \frac{1}{n}\right) = \frac{1}{n} - \left[\frac{1}{n} + o\left(\frac{1}{n^2}\right)\right] = o\left(\frac{1}{n^2}\right),$$

从而据比较判别法 I 知 $\sum\limits_{n=1}^{\infty}\left[\dfrac{1}{n} - \ln\left(1 + \dfrac{1}{n}\right)\right]$ 收敛.

因为

$$\sum_{k=1}^{n} \frac{1}{k} - \ln(n+1) = \sum_{k=1}^{n}\left(\frac{1}{k} - \ln\frac{k+1}{k}\right),$$

据例 5,数列 $a_n = \sum\limits_{k=1}^{n} \dfrac{1}{k} - \ln(n+1)$ 必收敛于

$\sum\limits_{n=1}^{\infty}\left(\dfrac{1}{n} - \ln\left(\dfrac{n+1}{n}\right)\right) = C$ ——**欧拉(Euler)常数**,于是

$$\sum_{k=1}^{n} \frac{1}{k} = \ln n + o(1)$$

或者

$$\sum_{k=1}^{n} \frac{1}{k} = \ln n + C + \varepsilon_n,$$

其中 $\varepsilon_n \to 0 \ (n \to \infty)$.

10.2.2 根值判别法·比值判别法

根据比较判别法,利用几何级数作为比较对象我们能建立在实用上极为方便的根值判别法和比值判别法(或称柯西判别法和达朗贝尔(D'Alembert)判别法).

定理 10.3(柯西判别法) 设 $\sum\limits_{n=1}^{\infty} a_n$ 为正项级数,则

1° 若存在自然数 N,使得 $n > N$ 时,成立

$$\sqrt[n]{a_n} \leqslant q < 1,$$

则级数 $\sum\limits_{n=1}^{\infty} a_n$ 必收敛;

2° 若存在自然数 N,使得 $n > N$ 时,成立

$$\sqrt[n]{a_n} \geqslant 1,$$

则级数 $\sum\limits_{n=1}^{\infty} a_n$ 必发散.

证 1° 因为 $n > N$ 时,$a_n \leqslant q^n$, $0 < q < 1$, $\sum\limits_{n=1}^{\infty} q^n$ 收敛,故 $\sum\limits_{n=1}^{\infty} a_n$ 收敛.

2° 因为 $n > N$ 时,$a_n \geqslant 1$,则 $\lim\limits_{n \to \infty} a_n \neq 0$,故 $\sum\limits_{n=1}^{\infty} a_n$ 必发散. 实际上只要存在无穷多个 a_n,使得 $\sqrt[n]{a_n} \geqslant 1$,就有 $\sum\limits_{n=1}^{\infty} a_n$ 发散.

推论(柯西判别法的极限形式) 设 $\sum\limits_{n=1}^{\infty} a_n$ 为正项级数,且

$$\varlimsup_{n\to\infty} \sqrt[n]{a_n} = \lambda,$$

λ 为有限数或 $+\infty$,则

1° 当 $\lambda < 1$ 时,级数收敛;

2° 当 $\lambda > 1$ 时,级数发散.

证 1° 因为 $\varlimsup\limits_{n\to\infty} \sqrt[n]{a_n} = \lambda < 1$,取 $\varepsilon_0 > 0$,使得,$\lambda + \varepsilon_0 < 1$,由上极限的定义,必存在自然数 N,使得 $n > N$ 时,有

$$\sqrt[n]{a_n} \leqslant \lambda + \varepsilon_0 < 1,$$

于是据定理 10.3,级数 $\sum\limits_{n=1}^{\infty} a_n$ 必收敛.

2° 设 $\varlimsup\limits_{n\to\infty} \sqrt[n]{a_n} = \lambda > 1$,取 $\lambda - \varepsilon_0 > 1$,由上极限的定义,我们容易证明数列 $\{\sqrt[n]{a_n}\}$ 中有无穷多项大于 $\lambda - \varepsilon_0$,则有无穷多项 $\sqrt[n]{a_n} \geqslant 1$,故级数 $\sum\limits_{n=1}^{\infty} a_n$ 发散.

定理 10.4(达朗贝尔判别法) 设 $\sum\limits_{n=1}^{\infty} a_n$ 为正项级数,则

1° 若存在自然数 N,使得 $n > N$ 时,成立

$$\frac{a_{n+1}}{a_n} \leqslant q < 1,$$

则级数 $\sum\limits_{n=1}^{\infty} a_n$ 必收敛;

2° 若存在自然数 N,使得 $n > N$ 时,成立

$$\frac{a_{n+1}}{a_n} \geqslant 1,$$

则级数 $\sum\limits_{n=1}^{\infty} a_n$ 必发散.

证 1° 我们不妨设 $\frac{a_{n+1}}{a_n} \leqslant q < 1 \ (n = 1, 2, 3, \cdots)$,则

$$a_n \leqslant qa_{n-1} \leqslant q^2 a_{n-2} \leqslant \cdots \leqslant a_1 q^{n-1},$$

因为 $0 < q < 1$，$\displaystyle\sum_{n=1}^{\infty} a_1 q^{n-1}$ 收敛，故 $\displaystyle\sum_{n=1}^{\infty} a_n$ 收敛.

2° 设 $n > N$ 时，$\dfrac{a_{n+1}}{a_n} \geqslant 1$，则 $n > N$ 时，$\{a_n\}$ 是一个正的单调

上升数列，$\displaystyle\lim_{n \to \infty} a_n \neq 0$，故 $\displaystyle\sum_{n=1}^{\infty} a_n$ 必发散.

推论(比值判别法的极限形式) 设 $\displaystyle\sum_{n=1}^{\infty} a_n$ 为正项级数，且

$$\lim_{n \to \infty} \frac{a_{n+1}}{a_n} = \lambda,$$

λ 为有限数或 $+\infty$，则

1° 当 $\lambda < 1$ 时，级数 $\displaystyle\sum_{n=1}^{\infty} a_n$ 收敛；

2° 当 $\lambda > 1$ 时，级数 $\displaystyle\sum_{n=1}^{\infty} a_n$ 发散.

本推论的证明留给读者作为练习. 又如果 $\displaystyle\lim_{n \to \infty} \frac{a_{n+1}}{a_n}$ 不存在，我

们还可以证明(本节习题3)：

(a) $\displaystyle\varlimsup_{n \to \infty} \frac{a_{n+1}}{a_n} < 1$ 时，级数 $\displaystyle\sum_{n=1}^{\infty} a_n$ 收敛；

(b) $\displaystyle\varliminf_{n \to \infty} \frac{a_{n+1}}{a_n} > 1$ 时，级数 $\displaystyle\sum_{n=1}^{\infty} a_n$ 发散.

我们指出，在根值判别法和比值判别法的极限形式中，如果

$\lambda = 1$，则无法判别级数的敛散性. 例如级数 $\displaystyle\sum_{n=1}^{\infty} \frac{1}{n}$ 和 $\displaystyle\sum_{n=1}^{\infty} \frac{1}{n^2}$，均有

$\displaystyle\lim_{n \to \infty} \sqrt[n]{a_n} = 1$ 和 $\displaystyle\lim_{n \to \infty} \frac{a_{n+1}}{a_n} = 1$，但 $\displaystyle\sum_{n=1}^{\infty} \frac{1}{n}$ 发散，$\displaystyle\sum_{n=1}^{\infty} \frac{1}{n^2}$ 收敛.

例 1　讨论级数 $\sum\limits_{n=1}^{\infty}\left(1-\dfrac{p}{n}\right)^{n^2}$ 的敛散性(p 为实参数).

解　用根值判别法.因为

$$\sqrt[n]{a_n}=\left(1-\dfrac{p}{n}\right)^{n}\to \mathrm{e}^{-p}\,(n\to\infty),$$

故 $p>0$ 时,原级数收敛;$p<0$ 时,原级数发散;又因为 $p=0$ 时,$a_n=1$,则 $p=0$ 时,原级数也发散.

例 2　讨论级数 $\sum\limits_{n=1}^{\infty}n!\left(\dfrac{x}{n}\right)^{n}$ 的敛散性($x>0$).

解　用比值判别法,因为

$$\lim_{n\to\infty}\dfrac{a_{n+1}}{a_n}=\lim_{n\to\infty}\dfrac{x}{\left(1+\dfrac{1}{n}\right)^{n}}=\dfrac{x}{\mathrm{e}},$$

故当 $0<x<\mathrm{e}$ 时,原级数收敛,$x>\mathrm{e}$ 时,原级数发散,而当 $x=\mathrm{e}$ 时,虽然 $\dfrac{a_{n+1}}{a_n}\to 1\,(n\to\infty)$,由比值判别法极限形式无法判别级数 $\sum\limits_{n=1}^{\infty}n!\left(\dfrac{x}{n}\right)^{n}$ 的敛散性,但由于

$$\left(1+\dfrac{1}{n}\right)^{n}<\mathrm{e}\quad(n=1,2,3,\cdots),$$

$$\dfrac{a_{n+1}}{a_n}\geqslant 1\quad(n=1,2,3,\cdots),$$

故原级数必发散.

最后来考察一下根值判别法和比值判别法的关系.

因为,若 $\lim\limits_{n\to\infty}\dfrac{a_{n+1}}{a_n}=\lambda$(有限或 $+\infty$),则一定有 $\lim\limits_{n\to\infty}\sqrt[n]{a_n}=\lim\limits_{n\to\infty}\dfrac{a_{n+1}}{a_n}$,从而可知若能用比值判别法(极限形式)判定一个级数

的敛散性,则用根值判别法(极限形式)也一定能判定它的敛散性,反过来就不一定. 例如级数

$$\frac{1}{4} + \frac{1}{2} + \frac{1}{8} + \frac{1}{4} + \frac{1}{16} + \frac{1}{8} + \frac{1}{32} + \cdots \tag{10.10}$$

的通项为

$$a_n = \begin{cases} \dfrac{1}{2^k}, & n = 2k, \\[3mm] \dfrac{1}{2^{k+1}}, & n = 2k-1, \end{cases} \quad (k = 1, 2, \cdots)$$

$$\frac{a_{n+1}}{a_n} = \begin{cases} 2, & n \text{ 为奇数时}, \\[3mm] \dfrac{1}{4}, & n \text{ 为偶数时}, \end{cases}$$

故

$$\varlimsup_{n \to \infty} \frac{a_{n+1}}{a_n} = 2 > 1,$$

$$\varliminf_{n \to \infty} \frac{a_{n+1}}{a_n} = \frac{1}{4} < 1,$$

这时比值判别法(见本节习题3)失效,但

$$\lim_{n \to \infty} \sqrt[n]{a_n} = \frac{1}{\sqrt{2}} < 1,$$

由根值判别法,级数(10.10)必收敛.

由此可知根值判别法优于比值判别法,但在实际使用上,一般说来用比值判别法比用根值判别法方便.

10.2.3　柯西积分判别法

定理 10.5(柯西积分判别法)　设 $f(x)$ 是定义在 $[1, +\infty)$ 上的非负单调下降函数,$a_n = f(n)\ (n = 1, 2, \cdots)$,令

$$F(x) = \int_1^x f(t)\,\mathrm{d}t,$$

则级数 $\sum\limits_{n=1}^{\infty} a_n$ 的敛散性与数列 $\{F(n)\}$ 的敛散性相同.

证 因为 $f(x)$ 单调下降,则当 $n \leqslant x \leqslant n+1$ 时,有

$$a_{n+1} = f(n+1) \leqslant f(x) \leqslant f(n) = a_n,$$

于是

$$a_{n+1} \leqslant \int_n^{n+1} f(x)\mathrm{d}x \leqslant a_n.$$

令

$$b_n = \int_n^{n+1} f(x)\mathrm{d}x \quad (n = 1, 2, \cdots),$$

则

$$a_{n+1} \leqslant b_n \leqslant a_n \quad (n = 1, 2, \cdots),$$

而

$$\sum_{k=1}^n b_k = \int_1^{n+1} f(x)\mathrm{d}x = F(n+1),$$

由比较判别法 I,立即知 $\sum\limits_{n=1}^{\infty} a_n$ 的敛散性与 $\{F(n)\}$ 的敛散性相同.

例 讨论级数 $\sum\limits_{n=2}^{\infty} \dfrac{1}{n(\ln n)^p}$ $(p > 0)$ 的敛散性.

解 令

$$a_n = \frac{1}{n(\ln n)^p}, \ f(x) = \frac{1}{x(\ln x)^p},$$

则 $f(x)$ 在 $[2, +\infty)$ 上非负下降,且 $a_n = f(n)$ $(n = 2, 3, \cdots)$,因为

$$F(x) = \int_2^x f(t)\mathrm{d}t = \begin{cases} \dfrac{1}{1-p}(\ln x)^{1-p} - \dfrac{1}{1-p}(\ln 2)^{1-p}, & p \neq 1, \\ \ln\ln x - \ln\ln 2, & p = 1, \end{cases}$$

则 $p > 1$ 时,$\lim\limits_{n \to \infty} F(n)$ 存在有限;$0 < p \leqslant 1$ 时,$\lim\limits_{n \to \infty} F(n) = +\infty$,故按定理 10.5,原级数当 $p > 1$ 时收敛,当 $0 < p \leqslant 1$ 时,发散.

读者可应用定理 10.5 类似地讨论级数

$$\sum_{n=8}^{\infty} \frac{1}{n\ln n(\ln\ln n)^p} \quad (p>0)$$

的敛散性.

10.2.4 拉贝判别法·高斯判别法

根值判别法和比值判别法是取几何级数作比较对象得到的,因此只有对级数通项趋于零的速度比几何级数 $\sum_{n=1}^{\infty} aq^{n-1}(0<q<1)$ 的通项 aq^{n-1} 收敛速度快的级数,才能用这两种方法鉴定出它的收敛性,如果级数通项收敛于零的速度较慢,它们就无能为力了.因此为了得到更精细的判别法,就必须取通项收敛于零速度较慢的级数作为比较对象.

取 p-级数 $\sum_{n=1}^{\infty} \frac{1}{n^p}$(当 $p>1$ 时收敛,$p\leqslant 1$ 时发散)为比较对象,就得到拉贝(Raabe)判别法和高斯(Gauss)判别法.

定理 10.6(拉贝判别法) 设 $\sum_{n=1}^{\infty} a_n$ 为正项级数,那么

1° 如果存在自然数 N 和实数 $p>1$,使得当 $n>N$ 时,有

$$\frac{a_{n+1}}{a_n} \leqslant 1 - \frac{p}{n}, \tag{10.11}$$

则级数 $\sum_{n=1}^{\infty} a_n$ 收敛;

2° 如果存在自然数 N 和实数 $p\leqslant 1$,使得当 $n>N$ 时,有

$$\frac{a_{n+1}}{a_n} \geqslant 1 - \frac{p}{n}, \tag{10.12}$$

则级数 $\sum_{n=1}^{\infty} a_n$ 发散.

证 1° 首先证明 $p > 1$ 时成立

$$\left(1 - \frac{p}{n}\right) < \left(1 - \frac{1}{n}\right)^p \quad (n = 1, 2, \cdots).$$

这是因为当 $0 \leqslant x < 1$ 时,由微分学中值定理可得

$$1 - x^p = p \cdot (\overline{x})^{p-1}(1 - x),$$

其中 $x < \overline{x} < 1$,所以

$$1 - x^p < (1 - x)p.$$

再令 $x = 1 - \dfrac{1}{n}$,便得

$$1 - \frac{p}{n} < \left(1 - \frac{1}{n}\right)^p \quad (p > 1),$$

于是由条件,当 $n > N$ 时,成立

$$\frac{a_{n+1}}{a_n} \leqslant 1 - \frac{p}{n} < \left(1 - \frac{1}{n}\right)^p = \frac{\dfrac{1}{n^p}}{\dfrac{1}{(n-1)^p}},$$

据比较判别法 Ⅱ(定理 10.2 的推论 2),立即得 $\displaystyle\sum_{n=1}^{\infty} a_n$ 收敛.

2° 因为 $p \leqslant 1$,则 $n > N$ 时成立

$$\frac{a_{n+1}}{a_n} \geqslant 1 - \frac{p}{n} \geqslant 1 - \frac{1}{n} = \frac{\dfrac{1}{n}}{\dfrac{1}{n-1}},$$

同样由比较判别法 Ⅱ,$\displaystyle\sum_{n=1}^{\infty} a_n$ 发散.

推论(拉贝判别法的极限形式) 设 $\displaystyle\sum_{n=1}^{\infty} a_n$ 为正项级数,且

$$\lim_{n \to \infty} n\left(1 - \frac{a_{n+1}}{a_n}\right) = p,$$

p 为有限数或 $\pm\infty$,则

1° 当 $p > 1$ 时,级数收敛;

2° 当 $p < 1$ 时,级数发散.

证明留给读者.

例 1 讨论级数

$$\sum_{n=1}^{\infty} \frac{(2n-1)!!}{(2n)!!} \cdot \frac{1}{2n+1}$$

的敛散性,其中 $(2n)!! = 2 \cdot 4 \cdot 6 \cdots 2n$, $(2n-1)!! = 1 \cdot 3 \cdot 5 \cdots (2n-1)$.

解 显然有 $\lim\limits_{n\to\infty} \dfrac{a_{n+1}}{a_n} = 1$,且 $\dfrac{a_{n+1}}{a_n} < 1$,故比值判别法失效.现在应用拉贝判别法来讨论,因为

$$\lim_{n\to\infty} n\left(1 - \frac{a_{n+1}}{a_n}\right) = \lim_{n\to\infty} \frac{6n^2 + 5n}{4n^2 + 10n + 6} = \frac{3}{2},$$

故该级数收敛.

例 2 讨论级数

$$\sum_{n=1}^{\infty} \frac{n!}{(\alpha+1)(\alpha+2)\cdots(\alpha+n)} \quad (\alpha > 0)$$

的收敛性.

解 易知 $\lim\limits_{n\to\infty} \dfrac{a_{n+1}}{a_n} = 1$,且 $\dfrac{a_{n+1}}{a_n} < 1$,故比值判别法失效.应用拉贝判别法,因为

$$\lim_{n\to\infty} n\left(1 - \frac{a_{n+1}}{a_n}\right) = \lim_{n\to\infty} \frac{\alpha n}{n + \alpha + 1} = \alpha,$$

故当 $\alpha > 1$ 时,原级数收敛,$\alpha < 1$ 时,原级数发散,而当 $\alpha = 1$ 时,由于 $a_n = \dfrac{1}{n+1}$,故原级数也发散.

定理 10.7(高斯判别法) 设 $\sum\limits_{n=1}^{\infty} a_n$ 为正项级数,且

$$\frac{a_{n+1}}{a_n} = 1 - \frac{p}{n} + \frac{\theta_n}{n^{1+\mu}}, \tag{10.13}$$

其中 θ_n 有界, $\mu > 0$, 则

　　1° 当 $p > 1$ 时, 级数收敛;

　　2° 当 $p \leqslant 1$ 时, 级数发散.

　　证法 1　应用泰勒公式, $n \to \infty$ 时成立

$$\ln \frac{a_{n+1}}{a_n} = \ln \left[1 - \frac{p}{n} + \frac{\theta_n}{n^{1+\mu}} \right]$$

$$= - \frac{p}{n} + \frac{\theta_n}{n^{1+\mu}} + o\left(\frac{1}{n^2}\right),$$

即

$$\ln a_{n+1} - \ln a_n + \frac{p}{n} = \frac{\theta_n}{n^{1+\mu}} + o\left(\frac{1}{n^2}\right).$$

我们令

$$b_n = \ln a_{n+1} - \ln a_n + \frac{p}{n},$$

则 $\displaystyle\sum_{n=1}^{\infty} b_n$ 必收敛, 记

$$S = \sum_{n=1}^{\infty} b_n, \quad S_n = \sum_{k=1}^{n} b_k,$$

因为 $S_n \to S$, 则

$$S_{n-1} = S + o(1),$$

即

$$\ln a_n - \ln a_1 + p\left(1 + \frac{1}{2} + \cdots + \frac{1}{n-1}\right) = S + o(1).$$

又因为

$$1 + \frac{1}{2} + \cdots + \frac{1}{n-1} = \ln n + C + o(1),$$

其中 C 为欧拉常数,则

$$\ln a_n = \ln a_1 - p\ln n - pC + S + o(1),$$
$$a_n = A \cdot e^{o(1)} n^{-p} \quad (n \to \infty),$$

上式中 A 为一非零常数. 于是由比较判别法知 $p > 1$ 时,级数 $\sum_{n=1}^{\infty} a_n$ 收敛,$p \leqslant 1$ 时级数发散.

证法 2 我们首先证明三个不等式:对给定的 p 和 $\varepsilon_0 > 0$,存在自然数 N,使得 $n > N$ 时,有

$$1 - \frac{p}{n} + \frac{\theta_n}{n^{1+\mu}} \leqslant \left(1 - \frac{1}{n}\right)^{p-\varepsilon_0}, \tag{10.14}$$

$$1 - \frac{p}{n} + \frac{\theta_n}{n^{1+\mu}} \geqslant \left(1 - \frac{1}{n}\right)^{p+\varepsilon_0}, \tag{10.15}$$

$$1 - \frac{1}{n} + \frac{\theta_n}{n^{1+\mu}} \geqslant \left(1 - \frac{1}{n}\right)\frac{\ln(n-1)}{\ln n}. \tag{10.16}$$

对于不等式(10.14),据泰勒公式

$$\left(1 - \frac{1}{n}\right)^{p-\varepsilon_0} = 1 - \frac{p-\varepsilon_0}{n} + o\left(\frac{1}{n^2}\right)$$
$$= 1 - \frac{p}{n} + \frac{\varepsilon_0}{n} + o\left(\frac{1}{n^2}\right),$$

因为 $\mu > 0$,θ_n 有界,则

$$\frac{\theta_n}{n^{1+\mu}} \bigg/ \left(\frac{\varepsilon_0}{n} + o\left(\frac{1}{n^2}\right)\right) \longrightarrow 0 \ (n \to \infty),$$

故存在自然数 N,使得 $n > N$ 时,有

$$\frac{\varepsilon_0}{n} + o\left(\frac{1}{n^2}\right) \geqslant \frac{\theta_n}{n^{1+\mu}},$$

从而

$$1 - \frac{p}{n} + \frac{\theta_n}{n^{1+\mu}} \leqslant \left(1 - \frac{1}{n}\right)^{p-\varepsilon_0} \quad (n > N),$$

不等式(10.14)得证. 不等式(10.15)同理可证,对于(10.16)式,我们首先估计

$$\left(1-\frac{1}{n}\right)-\left(1-\frac{1}{n}\right)\frac{\ln(n-1)}{\ln n}.$$

由泰勒公式,

$$\left(1-\frac{1}{n}\right)-\left(1-\frac{1}{n}\right)\frac{\ln(n-1)}{\ln n}$$

$$=\left(1-\frac{1}{n}\right)\left[\frac{\ln n-\ln(n-1)}{\ln n}\right]$$

$$=\left(1-\frac{1}{n}\right)\frac{\ln\left(1+\frac{1}{n-1}\right)}{\ln n}$$

$$=\left(1-\frac{1}{n}\right)\frac{\frac{1}{n-1}+o\left(\frac{1}{n^2}\right)}{\ln n}$$

$$=\frac{1}{(n-1)\ln n}+o\left(\frac{1}{n^2}\right),$$

又因为 $\mu>0$, 则

$$\left[\frac{\theta_n}{n^{1+\mu}}+o\left(\frac{1}{n^2}\right)\right]\Big/\frac{1}{(n-1)\ln n}\to 0 \quad (n\to\infty),$$

于是存在自然数 N, 使得 $n>N$ 时, 有

$$\frac{1}{(n-1)\ln n}+\frac{\theta_n}{n^{1+\mu}}+o\left(\frac{1}{n^2}\right)\geqslant 0,$$

即

$$\left(1-\frac{1}{n}\right)-\left(1-\frac{1}{n}\right)\frac{\ln(n-1)}{\ln n}+\frac{\theta_n}{n^{1+\mu}}\geqslant 0 \quad (n>N),$$

从而不等式(10.16)成立.

利用(10.14)式可以证明 $p>1$ 时,级数收敛. 事实上,取 $\varepsilon_0>$

0,使 $p-\varepsilon_0>1$,则

$$\frac{a_{n+1}}{a_n} \leqslant \left(\frac{n-1}{n}\right)^{p-\varepsilon_0} = \frac{\left(\frac{1}{n}\right)^{p-\varepsilon_0}}{\left(\frac{1}{n-1}\right)^{p-\varepsilon_0}} \quad (n>N),$$

因为 $p-\varepsilon_0>1$,$\sum\limits_{n=1}^{\infty}\frac{1}{n^{p-\varepsilon_0}}$ 收敛,由比较判别法 Ⅱ 知级数 $\sum\limits_{n=1}^{\infty}a_n$ 必收敛.

$p<1$ 时,取 $\varepsilon_0>0$,使 $p+\varepsilon_0=1$,由不等式(10.15) 必可得

$$\frac{a_{n+1}}{a_n} \geqslant \frac{\frac{1}{n}}{\frac{1}{n-1}} \quad (n>N),$$

由比较判别法Ⅱ知级数 $\sum\limits_{n=1}^{\infty}a_n$ 必发散.

$p=1$ 时,由不等式(10.16)可得

$$\frac{a_{n+1}}{a_n} \geqslant \frac{\frac{1}{n\ln n}}{\frac{1}{(n-1)\ln(n-1)}} \quad (n>N),$$

因 $\sum\limits_{n=2}^{\infty}\frac{1}{n\ln n}$ 发散,故 $\sum\limits_{n=1}^{\infty}a_n$ 也发散.

例3 讨论级数

$$\sum_{n=1}^{\infty}\left(\frac{1\cdot3\cdot5\cdot\cdots\cdot(2n-1)}{2\cdot4\cdot6\cdot\cdots\cdot2n}\right)^s \quad (s>0)$$

的收敛性.

解 因为

$$\frac{a_{n+1}}{a_n} = \left(\frac{2n+1}{2n+2}\right)^s \to 1 \quad (n\to\infty),$$

且 $\dfrac{a_{n+1}}{a_n} < 1$,故比值判别法失效.

应用拉贝判别法,因为

$$n\left(1-\frac{a_{n+1}}{a_n}\right) = n\left[1-\left(\frac{2n+1}{2n+2}\right)^s\right]$$

$$= n\left[1-\left(1-\frac{1}{2(n+1)}\right)^s\right]$$

$$= n\left[1-\left(1-\frac{s}{2(n+1)}\right)+o\left(\frac{1}{n^2}\right)\right]$$

$$= \frac{s}{2}+o\left(\frac{1}{n}\right),$$

$$\lim_{n\to\infty} n\left(1-\frac{a_{n+1}}{a_n}\right) = \frac{s}{2},$$

则 $s>2$ 时收敛,$s<2$ 时发散,$s=2$ 时,拉贝判别法(极限形式)失效.

如果直接应用定理 10.6(拉贝判别法),因为 $s=2$ 时,有

$$\frac{a_{n+1}}{a_n} = \left(1-\frac{1}{2(n+1)}\right)^2 = 1-\frac{1}{n+1}+\frac{1}{4(n+1)^2}$$

$$\geqslant 1-\frac{1}{n+1} \geqslant 1-\frac{1}{n},$$

故当 $s=2$ 时,级数 $\displaystyle\sum_{n=1}^{\infty} a_n$ 也发散.

如果应用高斯判别法,因为

$$\frac{a_{n-1}}{a_n} = 1-\frac{\dfrac{s}{2}}{n}+o\left(\frac{1}{n^2}\right),$$

则立即可知级数 $\displaystyle\sum_{n=1}^{\infty} a_n$ 当 $s>2$ 时收敛,$s\leqslant 2$ 时发散.

注 1 从例 1,例 2 及例 3 可知,一般情况下,当比值判别法失

效时,可应用拉贝判别法和高斯判别法. 由高斯判别法的证明过程也容易得到如下结论:

1° 如果存在自然数 N,使得 $n > N$ 时,成立

$$\frac{a_{n+1}}{a_n} \leqslant 1 - \frac{p}{n} + \frac{\theta_n}{n^{1+\mu}},$$

其中 $\mu > 0$, θ_n 有界, $p > 1$,则级数 $\sum\limits_{n=1}^{\infty} a_n$ 必收敛,

2° 如果存在自然数 N,使得 $n > N$ 时,成立

$$\frac{a_{n+1}}{a_n} \geqslant 1 - \frac{p}{n} + \frac{\theta_n}{n^{1+\mu}},$$

其中, $\mu > 0$, θ_n 有界, $p \leqslant 1$,则级数 $\sum\limits_{n=1}^{\infty} a_n$ 必发散.

因此从理论上讲,拉贝判别法就是上述高斯判别法中 $\theta_n = 0$ 的情形,故高斯判别法优于拉贝判别法,但在实际应用中,利用拉贝判别法的极限形式较方便.

注 2 由高斯判别法的证法二还可以看到(10.13)式中 $\dfrac{\theta_n}{n^{1+\mu}}$ ($\mu > 0$, θ_n 有界) 这一项用 $\mathrm{O}\left(\dfrac{1}{n \ln n}\right)$ 代替时,定理 10.7 的结论仍然成立,证明留给读者.

除了掌握本节介绍的几种常用收敛判别法,在具体问题中,通常要结合使用阶的估计来讨论正项级数的敛散性.

例 4 讨论级数 $\sum\limits_{n=2}^{\infty} (\ln n)^{-\ln \ln n}$ 的敛散性.

解 由于 $\ln n = \mathrm{e}^{\ln(\ln n)}$,所以

$$a_n = (\ln n)^{-\ln \ln n} = \mathrm{e}^{-(\ln \ln n)^2}$$
$$= (\mathrm{e}^{\ln n})^{\frac{-(\ln \ln n)^2}{\ln n}} = n^{\frac{-(\ln \ln n)^2}{\ln n}}$$

$$=n^{-o(1)},$$

但 n 充分大后,有

$$\frac{1}{n^{o(1)}}>\frac{1}{n},$$

故级数 $\sum\limits_{n=2}^{\infty}(\ln n)^{-\ln\ln n}$ 发散.

例 5　讨论 $\sum\limits_{n=1}^{\infty}\dfrac{1}{\ln(n+1)}\cdot\sin\dfrac{1}{n^{\beta}}\ (\beta>0)$ 的敛散性.

解　由于 $\beta>0,\ n\to\infty$ 时,有

$$\frac{1}{\ln(n+1)}\cdot\sin\frac{1}{n^{\beta}}=\frac{1}{\ln(n+1)}\cdot\left[\frac{1}{n^{\beta}}+O\left(\frac{1}{n^{3\beta}}\right)\right],$$

故原级数当 $\beta>1$ 时收敛,$0<\beta\leqslant1$ 时发散.

习　　题

1. 应用比较判别法判别下列级数的敛散性:

(1) $\sum\limits_{n=1}^{\infty}\dfrac{1}{\sqrt{n^3+1}}$;　　(2) $\sum\limits_{n=1}^{\infty}\dfrac{1}{\sqrt{n^2+1}}$;

(3) $\sum\limits_{n=1}^{\infty}\dfrac{1}{n}\tan\dfrac{1}{n}$;　　(4) $\sum\limits_{n=1}^{\infty}\dfrac{1}{\ln(n+1)}\sin\dfrac{1}{n}$;

(5) $\sum\limits_{n=1}^{\infty}\dfrac{1}{n\cdot\sqrt[n]{n}}$;　　(6) $\sum\limits_{n=2}^{\infty}\dfrac{1}{(\ln n)^n}$.

2. 应用根值判别法或比值判别法判别下列级数的敛散性:

(1) $\sum\limits_{n=1}^{\infty}\dfrac{1\cdot3\cdot5\cdot\cdots\cdot(2n-1)}{n!}$;　(2) $\sum\limits_{n=1}^{\infty}\dfrac{n!}{n^n}$;

(3) $\sum\limits_{n=1}^{\infty}\dfrac{n^2}{2^n}$;　　(4) $\sum\limits_{n=1}^{\infty}\left(\dfrac{n}{2n+1}\right)^n$;

(5) $\sum\limits_{n=1}^{\infty} \dfrac{n^3\left[\sqrt{2}+(-1)^n\right]^n}{3^n}$;

(6) $\sum\limits_{n=1}^{\infty}\left(\dfrac{b}{a_n}\right)^n$,其中 $a_n \rightarrow a\ (n \rightarrow \infty)$,$a_n$,$a$,$b > 0$.

3. 设 $\sum\limits_{n=1}^{\infty} a_n$ 为正项级数,试证明:

(1) 若 $\varlimsup\limits_{n \rightarrow \infty} \dfrac{a_{n+1}}{a_n} < 1$,则级数 $\sum\limits_{n=1}^{\infty} a_n$ 收敛;

(2) 若 $\varliminf\limits_{n \rightarrow \infty} \dfrac{a_{n+1}}{a_n} > 1$,则级数 $\sum\limits_{n=1}^{\infty} a_n$ 发散.

4. 利用拉贝判别法或高斯判别法研究下面级数的敛散性:

(1) $\dfrac{a}{b} + \dfrac{a(a+d)}{b(b+d)} + \dfrac{a(a+d)(a+2d)}{b(b+d)(b+2d)} + \cdots$ ($a > 0$, $b > 0$,

$d > 0$);

(2) $\sum\limits_{n=1}^{\infty} \dfrac{\sqrt{n!}}{(10+\sqrt{1})(10+\sqrt{2})\cdots(10+\sqrt{n})}$;

(3) $\sum\limits_{n=1}^{\infty} \dfrac{n!\,\mathrm{e}^n}{n^{n+p}}$;

(4) $\sum\limits_{n=1}^{\infty} \dfrac{p(p+1)\cdots(p+n-1)}{n!} \cdot \dfrac{1}{n^q}$ ($p > 0$, $q > 0$).

5. 设正项级数 $\sum\limits_{n=1}^{\infty} a_n$ 收敛,证明级数 $\sum\limits_{n=1}^{\infty} a_n^2$ 也收敛,试问反之是否成立?

6. 设正项级数 $\sum\limits_{n=1}^{\infty} u_n$ 收敛,证明级数 $\sum\limits_{n=1}^{\infty} \sqrt{u_n u_{n+1}}$ 也收敛;试问反之是否成立?

7. 若 $\lim n a_n = a \neq 0$(a 为有限数或 $\pm \infty$),则级数 $\sum\limits_{n=1}^{\infty} a_n$ 发散.

8. 证明对数判别法：设 $\sum\limits_{n=1}^{\infty} a_n$ 为正项级数,那么

（1）若存在自然数 N,使得 $n > N$ 时,有

$$\frac{\ln \dfrac{1}{a_n}}{\ln n} \geqslant p > 1,$$

则 $\sum\limits_{n=1}^{\infty} a_n$ 收敛；

（2）若存在自然数 N,使得 $n > N$ 时,有

$$\frac{\ln \dfrac{1}{a_n}}{\ln n} \leqslant 1,$$

则 $\sum\limits_{n=1}^{\infty} a_n$ 发散；

（3）若

$$\lim_{n \to \infty} \frac{\ln \dfrac{1}{a_n}}{\ln n} = p,$$

则 $p > 1$ 时,级数 $\sum\limits_{n=1}^{\infty} a_n$ 收敛,$p < 1$ 时,级数 $\sum\limits_{n=1}^{\infty} a_n$ 发散.

9. 试用对数判别法讨论级数

$$\sum_{n=1}^{\infty} \frac{1}{n^p} \left(1 + \frac{\ln n}{n}\right)^n \quad (p > 0)$$

的敛散性.

10. 若正项级数 $\sum\limits_{n=1}^{\infty} a_n$ 收敛,且 $a_{n+1} \leqslant a_n (n = 1, 2, \cdots)$,则 $\lim\limits_{n \to \infty} na_n = 0$.

11. 求下列极限：

（1）$\lim\limits_{n \to \infty} \dfrac{n^n}{(n!)^2}$；　　　　（2）$\lim\limits_{n \to \infty} \dfrac{(2n)!}{a^{n!}}$　$(a > 1)$；

(3) $\lim\limits_{n \to \infty} \left(\dfrac{1}{(n+1)^p} + \dfrac{1}{(n+2)^p} + \cdots + \dfrac{1}{(2n)^p} \right)$ $(p > 1)$.

12. 应用阶的估计讨论下列级数敛散性:

(1) $\sum\limits_{n=1}^{\infty} (\sqrt{n+a} - \sqrt[4]{n^2+n+b})$;

(2) $\sum\limits_{n=1}^{\infty} \left(\dfrac{1}{\sqrt{n}} - \sqrt{\ln \dfrac{n+1}{n}} \right)$;　　(3) $\sum\limits_{n=1}^{\infty} (n^{\frac{1}{n^2+1}} - 1)$.

13. 试证明 $\sum\limits_{k=n}^{\infty} \dfrac{1}{k^p} = O\left(\dfrac{1}{n^{p-1}} \right)$ $(p > 1, n \to \infty)$.

10.3　任意项级数敛散性

本节我们讨论各项有任意正负号的级数的敛散性.

10.3.1　绝对收敛定理·交错级数收敛判别法

定义(绝对收敛·条件收敛)　若 $\sum\limits_{n=1}^{\infty} |a_n|$ 收敛,则称级数

$\sum\limits_{n=1}^{\infty} a_n$ 绝对收敛;若 $\sum\limits_{n=1}^{\infty} |a_n|$ 发散,但 $\sum\limits_{n=1}^{\infty} a_n$ 收敛,则称级数 $\sum\limits_{n=1}^{\infty} a_n$

条件收敛.

定理 10.8(绝对收敛定理)　绝对收敛级数一定收敛.

证　因为

$$|a_{n+1} + a_{n+2} + \cdots + a_{n+p}| \leqslant |a_{n+1}| + |a_{n+2}| + \cdots + |a_{n+p}|,$$

由柯西收敛准则立即知定理 10.8 结论成立.

判别一个级数是否绝对收敛相当于判别一个正项级数的收敛性.

若级数的各项正负相间,即

$$a_1 - a_2 + a_3 - a_4 + \cdots + (-1)^{n-1} a_n + \cdots \tag{10.17}$$

$(a_n > 0, n = 1, 2, \cdots)$,则称(10.17)为**交错级数**,记作

$$\sum_{n=1}^{\infty} (-1)^{n-1} a_n \quad (a_n > 0).$$

定理 10.9(莱布尼兹判别法) 如果交错级数 $\displaystyle\sum_{n=1}^{\infty} (-1)^{n-1} a_n$

$(a_n > 0)$ 满足下述两个条件:

(i) $a_{n+1} \leqslant a_n (n = 1, 2, \cdots)$;

(ii) $\displaystyle\lim_{n \to \infty} a_n = 0$,

则 $\displaystyle\sum_{n=1}^{\infty} (-1)^{n-1} a_n$ 收敛,其和 S 满足 $0 \leqslant S \leqslant a_1$,且余项满足

$$|r_n| = |S - S_n| \leqslant a_{n+1},$$

证 考察

$$S_{2k} = a_1 - a_2 + a_3 - a_4 + \cdots + a_{2k-1} - a_{2k}$$
$$= (a_1 - a_2) + (a_3 - a_4) + \cdots + (a_{2k-1} - a_{2k}),$$

由条件(i),上述每个括号内的差是非负数,故

$$0 \leqslant S_2 \leqslant S_4 \leqslant \cdots \leqslant S_{2k} \leqslant \cdots.$$

另一方面

$$S_{2k} = a_1 - (a_2 - a_3) - (a_4 - a_5) - \cdots - (a_{2k-2} - a_{2k-1}) - a_{2k},$$

仍由条件(i)知 $S_{2k} \leqslant a_1$,则 $\{S_{2k}\}$ 是一个单调上升有界数列,必有极限,记

$$S = \lim_{k \to \infty} S_{2k}.$$

又因为

$$S_{2k+1} = S_{2k} + a_{2k+1},$$

再利用条件(ii)得

$$\lim_{k \to \infty} S_{2k+1} = \lim_{k \to \infty} S_{2k} = S,$$

故 $\displaystyle\sum_{n=1}^{\infty} (-1)^{n-1} a_n$ 收敛,且 $0 \leqslant S \leqslant a_1$.

$$|r_n| = |S - S_n| = |a_{n+1} - a_{n+2} + a_{n+3} - a_{n+4} + \cdots| \leqslant a_{n+1}.$$

由莱布尼兹判别法易知 $\sum\limits_{n=1}^{\infty}(-1)^{n-1}\dfrac{1}{n}$ 和 $\sum\limits_{n=1}^{\infty}(-1)^{n-1}\dfrac{n}{10^n}$ 是收敛的,我们还可以证明 $\sum\limits_{n=1}^{\infty}(-1)^{n-1}\dfrac{n}{10^n}$ 是绝对收敛的,但 $\sum\limits_{n=1}^{\infty}(-1)^{n-1}\dfrac{1}{n}$ 显然非绝对收敛.

例 1 讨论级数 $\sum\limits_{n=1}^{\infty}(-1)^{n-1}\dfrac{x^n}{n}$ 的敛散性(x 为实数).

解 对该任意项级数,我们先考虑它的绝对收敛性,令

$$a_n = \frac{|x|^n}{n},$$

用比值判别法,因为

$$\lim_{n\to\infty}\frac{a_{n+1}}{a_n} = \lim_{n\to\infty}\frac{n}{n+1}|x| = |x|,$$

所以当 $|x|<1$ 时,级数 $\sum\limits_{n=1}^{\infty}(-1)^{n-1}\dfrac{x^n}{n}$ 绝对收敛;当 $|x|>1$ 时,显然有 $\lim\limits_{n\to\infty}\dfrac{x^n}{n}\neq 0$,故级数 $\sum\limits_{n=1}^{\infty}(-1)^{n-1}\dfrac{x^n}{n}$ 发散;$x=-1$ 时,原级数为 $-\sum\limits_{n=1}^{\infty}\dfrac{1}{n}$,故发散;$x=1$ 时,原级数为 $\sum\limits_{n=1}^{\infty}(-1)^{n-1}\dfrac{1}{n}$,条件收敛,因此原级数的收敛区域是 $-1<x\leqslant 1$.

例 2 设 $0<p\leqslant 1$,证明级数 $\sum\limits_{n=2}^{\infty}\dfrac{(-1)^n}{[n+(-1)^n]^p}$ 是条件收敛的.

证 级数 $\sum\limits_{n=2}^{\infty}\dfrac{(-1)^n}{[n+(-1)^n]^p}$ 是一个交错级数,设

$$a_n = \frac{1}{[n+(-1)^n]^p},$$

易知 $\lim\limits_{n\to\infty} a_n = 0$，但它不满足莱布尼兹判别法条件(i)，故不能应用定理 10.9. 我们仿照定理 10.9 的证明方法来证明该级数收敛. 事实上，因为

$$S_{2k} = \left(\frac{1}{3^p} - \frac{1}{2^p}\right) + \left(\frac{1}{5^p} - \frac{1}{4^p}\right) + \cdots + \left(\frac{1}{(2k+1)^p} - \frac{1}{(2k)^p}\right)$$

$$= -\frac{1}{2^p} + \left(\frac{1}{3^p} - \frac{1}{4^p}\right) + \left(\frac{1}{5^p} - \frac{1}{6^p}\right) + \cdots$$

$$+ \left(\frac{1}{(2k-1)^p} - \frac{1}{(2k)^p}\right) + \frac{1}{(2k+1)^p},$$

故 $\{S_{2k}\}$ 单调下降，且 $S_{2k} \geqslant -\dfrac{1}{2^p}$，从而 $\lim\limits_{k\to\infty} S_{2k} = S$ 存在有限.

或者由于

$$S_{2k} = -\left[\left(\frac{1}{2^p} - \frac{1}{3^p}\right) + \left(\frac{1}{4^p} - \frac{1}{5^p}\right) + \cdots\right.$$

$$\left. + \left(\frac{1}{(2k)^p} - \frac{1}{(2k+1)^p}\right)\right],$$

则 S_{2k} 是级数 $-\sum\limits_{n=1}^{\infty} (-1)^{n-1} \dfrac{1}{(n+1)^p}$ 的前 $2k$ 项之和，$p > 0$ 时必收敛. 又因为

$$S_{2k+1} = S_{2k} + \frac{1}{(2k+3)^p},$$

故 $\lim\limits_{k\to\infty} S_{2k+1} = S$，原级数收敛. 由比较判别法可以证明当 $0 < p \leqslant 1$ 时，级数 $\sum\limits_{n=2}^{\infty} \dfrac{1}{[n+(-1)^n]^p}$ 发散，从而 $\sum\limits_{n=2}^{\infty} \dfrac{(-1)^n}{[n+(-1)^n]^p}$ 当 $0 < p \leqslant 1$ 时是条件收敛的.

读者不妨自行考察 $p > 1$ 的情形.

10.3.2 阿贝尔判别法 · 狄利克雷判别法

下面我们介绍形如 $\sum\limits_{n=1}^{\infty} a_n b_n$ 的任意项级数收敛判别法,为此,先引进一个分部求和公式,或称阿贝尔变换.

阿贝尔(Abel)变换(分部求和公式) 若 a_i, $b_i (i = 1, 2, \cdots, m)$ 为两组实数,记

$$B_i = b_1 + b_2 + \cdots + b_i \quad (i = 1, 2, \cdots, m),$$

则

$$\sum_{i=1}^{m} a_i b_i = \sum_{i=1}^{m-1} (a_i - a_{i+1}) B_i + a_m B_m.$$

证 因为 $b_1 = B_1$, $b_2 = B_2 - B_1$, $b_3 = B_3 - B_2$, $\cdots$, $b_m = B_m - B_{m-1}$,则

$$\begin{aligned}
\sum_{i=1}^{m} a_i b_i &= a_1 B_1 + a_2 (B_2 - B_1) + a_3 (B_3 - B_2) + \cdots \\
&\quad + a_m (B_m - B_{m-1}) \\
&= (a_1 - a_2) B_1 + (a_2 - a_3) B_2 + \cdots \\
&\quad + (a_{m-1} - a_m) B_{m-1} + a_m B_m \\
&= \sum_{i=1}^{m-1} (a_i - a_{i+1}) B_i + a_m B_m.
\end{aligned}$$

引理 10.10(阿贝尔引理) 如果 $a_1, a_2, \cdots, a_m$ 是单调数组,且

$$|B_i| \leqslant M \quad (i = 1, 2, \cdots, m),$$

则

$$\left| \sum_{i=1}^{m} a_i b_i \right| \leqslant M(|a_1| + 2|a_m|).$$

证 利用阿贝尔变换

$$\left| \sum_{i=1}^{m} a_i b_i \right| \leqslant \sum_{i=1}^{m-1} |(a_i - a_{i+1})| \cdot |B_i| + |a_m B_m|,$$

由于每个 $(a_i - a_{i+1})$ $(i = 1, 2, \cdots, m-1)$ 都是同号的,且 $|B_i| \leqslant M$ $(i = 1, 2, \cdots, m)$,则

$$\left| \sum_{i=1}^{m} a_i b_i \right| \leqslant M \left| \sum_{i=1}^{m-1} (a_i - a_{i+1}) \right| + M \cdot |a_m|$$

$$\leqslant M(|a_1| + 2|a_m|).$$

今后我们将看到阿贝尔变换及阿贝尔引理在判别一般项级数收敛性中起着重要作用.

定理 10.11(阿贝尔判别法) 如果级数 $\sum\limits_{n=1}^{\infty} b_n$ 收敛,且数列 $\{a_n\}$ 单调有界,则级数 $\sum\limits_{n=1}^{\infty} a_n b_n$ 收敛.

证 设 $|a_n| \leqslant K$ $(n = 1, 2, 3, \cdots)$,由于级数 $\sum\limits_{n=1}^{\infty} b_n$ 收敛,根据柯西收敛准则,对任给的 $\varepsilon > 0$,存在自然数 N,使得 $n > N$ 时,对一切自然数 p,都有

$$|b_{n+1} + b_{n+2} + \cdots + b_{n+p}| < \varepsilon,$$

又因为数列 $\{a_n\}$ 单调,应用阿贝尔引理可得

$$\left| \sum_{k=n+1}^{n+p} a_k b_k \right| = \left| \sum_{i=1}^{p} a_{n+i} b_{n+i} \right|$$

$$\leqslant \varepsilon(|a_{n+1}| + 2|a_{n+p}|) \leqslant 3K\varepsilon,$$

故由柯西收敛准则知级数 $\sum\limits_{n=1}^{\infty} a_n b_n$ 收敛.

定理 10.12(狄利克雷判别法) 设级数 $\sum\limits_{n=1}^{\infty} b_n$ 的部分和数列有界,且数列 $\{a_n\}$ 单调趋于零,则级数 $\sum\limits_{n=1}^{\infty} a_n b_n$ 收敛.

本定理的证明方法类似于定理 10.11,请读者自证.

例 1 若数列 $\{a_n\}$ 单调趋于零,试证明:

(a) $\displaystyle\sum_{n=1}^{\infty} a_n \sin nx$ 对一切实数 x 都收敛;

(b) $\displaystyle\sum_{n=1}^{\infty} a_n \cos nx$ 对一切 $x \neq 2k\pi$ $(k=0, \pm1, \pm2, \cdots)$ 都收敛.

证 利用三角恒等式

$$\sin A \sin B = \frac{1}{2}\big[\cos(A-B) - \cos(A+B)\big],$$

得

$$2\sin\frac{x}{2}\big[\sin x + \sin 2x + \cdots + \sin nx\big]$$

$$= \cos\frac{x}{2} - \cos\left(n+\frac{1}{2}\right)x,$$

故当 $x \neq 2k\pi$ 时,对任何正整数 n,成立

$$\sum_{k=1}^{n} \sin kx = \frac{\cos\dfrac{x}{2} - \cos\left(n+\dfrac{1}{2}\right)x}{2\sin\dfrac{x}{2}},$$

则由狄利克雷判别法,当 $x \neq 2k\pi$ 时,$\displaystyle\sum_{n=1}^{\infty} a_n \sin nx$ 收敛. 又 $x = 2k\pi$ 时,$\displaystyle\sum_{n=1}^{\infty} a_n \sin nx = 0$,故 $\displaystyle\sum_{n=1}^{\infty} a_n \sin nx$ 对一切 x 收敛. 同理可证级数 $\displaystyle\sum_{n=1}^{\infty} a_n \cos nx$ 对一切 $x \neq 2k\pi$ 收敛.

例 2 讨论级数 $\displaystyle\sum_{n=1}^{\infty}\left(1+\frac{1}{2}+\cdots+\frac{1}{n}\right)\frac{\sin nx}{n}$ $(0<x<\pi)$ 的敛散性.

解 令

$$a_n = \frac{1+\dfrac{1}{2}+\cdots+\dfrac{1}{n}}{n},$$

由 Stolz 定理(第一章) $\lim\limits_{n\to\infty} a_n = 0$,且容易验证 $a_{n+1} - a_n < 0$ ($n = 1, 2, \cdots$),则由例 1 知 $0 < x < \pi$ 时,$\sum\limits_{n=1}^{\infty} a_n \sin nx$ 收敛,又因为

$$a_n \mid \sin nx \mid \geqslant a_n \sin^2 nx$$
$$= \left(1 + \frac{1}{2} + \cdots + \frac{1}{n}\right) \frac{1 - \cos 2nx}{2n},$$

当 $0 < x < \pi$ 时,$\sum\limits_{n=1}^{\infty} \left(1 + \frac{1}{2} + \cdots + \frac{1}{n}\right) \frac{\cos 2nx}{2n}$ 收敛,而级数

$\sum\limits_{n=1}^{\infty} \dfrac{1 + \frac{1}{2} + \cdots + \frac{1}{n}}{2n}$ 显然发散,故 $\sum\limits_{n=1}^{\infty} \left(1 + \frac{1}{2} + \cdots + \frac{1}{n}\right) \dfrac{\mid \sin nx \mid}{n}$

$(0 < x < \pi)$ 发散,即原级数条件收敛.

在结束讨论任意项级数敛散性之前,我们再给出几个讨论级数的敛散性的例子.

例 3 设 $a_n > 0$ ($n = 1, 2, 3, \cdots$),且 $\{a_n\}$ 单调下降,则级数 $\sum\limits_{n=1}^{\infty} a_n$ 和 $\sum\limits_{k=0}^{\infty} 2^k a_{2^k}$ 敛散性相同.

证 因为

$$a_1 + a_2 + a_3 + \cdots = a_1 + (a_2 + a_3) + \cdots$$
$$+ (a_4 + a_5 + a_6 + a_7) + \cdots$$
$$\leqslant a_1 + 2a_2 + 2^2 a_4 + 2^3 a_{2^3} + \cdots$$

及

$$2\sum\limits_{n=1}^{\infty} a_n = 2a_1 + 2a_2 + 2(a_3 + a_4) + 2(a_5 + a_6 + a_7 + a_8) + \cdots$$
$$\geqslant a_1 + 2a_2 + 2^2 a_4 + 2^3 a_{2^3} + \cdots,$$

则据 10.1 性质 5 和它的注,级数 $\sum\limits_{n=1}^{\infty} a_n$ 和 $\sum\limits_{k=0}^{\infty} 2^k a_{2^k}$ 收敛性相同.

作为进一步的练习,读者可用例 3 的结论来讨论 p-级数和级

数 $\sum\limits_{n=2}^{\infty} \dfrac{1}{n\ln n}$ 的敛散性.

例 4 设每个 $a_n > 0$，$S_n = a_1 + a_2 + \cdots + a_n$，级数 $\sum\limits_{n=1}^{\infty} a_n$ 发散，试证明：

1° 级数 $\sum\limits_{n=1}^{\infty} \dfrac{a_n}{S_n}$ 发散；

2° 级数 $\sum\limits_{n=1}^{\infty} \dfrac{a_n}{S_n^2}$ 收敛.

证 1° 由于数列 $\{S_n\}$ 单调上升趋于 $+\infty$，则

$$\frac{a_{N+1}}{S_{N+1}} + \frac{a_{N+2}}{S_{N+2}} + \cdots + \frac{a_{N+P}}{S_{N+P}} \geqslant \frac{S_{N+P} - S_N}{S_{N+P}} = 1 - \frac{S_N}{S_{N+P}}.$$

因为对任一自然数 N，有

$$\lim_{p \to \infty} \left(1 - \frac{S_N}{S_{N+P}}\right) = 1,$$

则据柯西收敛准则知级数 $\sum\limits_{n=1}^{\infty} \dfrac{a_n}{S_n}$ 发散.

2° 因为

$$\sum_{n=1}^{m} \frac{a_n}{S_n^2} \leqslant \frac{1}{a_1} + \sum_{n=2}^{m} \left(\frac{S_n - S_{n-1}}{S_{n-1} \cdot S_n}\right)$$

$$= \frac{1}{a_1} + \sum_{n=2}^{m} \left(\frac{1}{S_{n-1}} - \frac{1}{S_n}\right) = \frac{2}{a_1} - \frac{1}{S_m},$$

故级数 $\sum\limits_{n=1}^{\infty} \dfrac{a_n}{S_n^2}$ 收敛.

例 5 讨论级数 $\sum\limits_{n=1}^{\infty} \left\{ \sin\dfrac{1}{n^p} - \left[\ln\left(1 + \dfrac{1}{n}\right)\right]^p \right\} \left(p > \dfrac{1}{3}\right)$ 的敛散性.

解 令

$$a_n = \sin\frac{1}{n^p} - \left[\ln\left(1+\frac{1}{n}\right)\right]^p,$$

由泰勒公式

$$a_n = \frac{1}{n^p} + O\left(\frac{1}{n^{3p}}\right) - \left[\frac{1}{n} + O\left(\frac{1}{n^2}\right)\right]^p$$

$$= O\left(\frac{1}{n^{3p}}\right) + O\left(\frac{1}{n^{p+1}}\right) \quad (n \to \infty),$$

因为 $p > \dfrac{1}{3}$，$\displaystyle\sum_{n=1}^{\infty}\frac{1}{n^{3p}}$ 和 $\displaystyle\sum_{n=1}^{\infty}\frac{1}{n^{p+1}}$ 收敛，故原级数绝对收敛.

例 6 设级数

$$a_{n1} + a_{n2} + \cdots + a_{nk} + \cdots = S_n \quad (n = 1, 2, 3, \cdots)$$

满足条件：

(i) $|a_{nk}| \leqslant A_k \quad (n, k = 1, 2, \cdots)$，且 $\displaystyle\sum_{k=1}^{\infty} A_k$ 收敛；

(ii) $\displaystyle\lim_{n\to\infty} a_{nk} = a_k \quad (k = 1, 2, \cdots)$，

试证明：

(1°) 级数 $\displaystyle\sum_{k=1}^{\infty} a_k = S$ 收敛；

(2°) $\displaystyle\lim_{n\to\infty} S_n = S$.

证 (1°) 因为 $|a_{nk}| \leqslant A_k$，$\displaystyle\lim_{n\to\infty} a_{nk} = a_k$，所以有 $|a_k| \leqslant A_k$，

据条件(i)，级数 $\displaystyle\sum_{k=1}^{\infty} a_k$ 绝对收敛.

(2°) 因为

$$|S_n - S| = \left|\sum_{k=1}^{\infty}(a_{nk} - a_k)\right|$$

$$\leqslant \sum_{k=1}^{m} |a_{nk} - a_k| + \sum_{k=m+1}^{\infty} |a_{nk} - a_k|,$$

由条件(i),(ii),对任给的 $\varepsilon>0$,存在自然数 m,使得

$$\sum_{k=m+1}^{\infty}|a_{nk}-a_k|\leqslant 2\sum_{k=m+1}^{\infty}A_k<\frac{\varepsilon}{2},$$

对上面取定的 m,利用条件(ii),存在自然数 N,使得当 $n>N$ 时,对 $k=1,2,\cdots,m$,成立

$$|a_{nk}-a_k|<\frac{\varepsilon}{2m},$$

则当 $n>N$ 时,有

$$|S_n-S|<\varepsilon,$$

故 $\lim\limits_{n\to\infty}S_n=S.$

习　题

1. 下列级数哪些是绝对收敛、条件收敛或发散的:

(1) $\sum\limits_{n=1}^{\infty}\dfrac{\sin nx}{n!}$;

(2) $\sum\limits_{n=1}^{\infty}(-1)^{n-1}\left(\dfrac{2n+100}{3n+1}\right)^n$;

(3) $\sum\limits_{n=1}^{\infty}\left(\dfrac{(-1)^n}{\sqrt{n}}+\dfrac{1}{n}\right)$;

(4) $\sum\limits_{n=1}^{\infty}(-1)^{n-1}\sin\dfrac{2}{n}$;

(5) $\sum\limits_{n=1}^{\infty}\dfrac{(-1)^{n-1}}{n^{p+\frac{1}{n}}}$ (p 为实参数);

(6) $\sum\limits_{n=1}^{\infty}\dfrac{(-1)^{n-1}\ln(n+1)}{n+1}$;

(7) $\sum\limits_{n=1}^{\infty}\dfrac{(-1)^n}{x+n}$ (x 不为负整数);

(8) $\displaystyle\sum_{n=1}^{\infty} \sin(\pi\sqrt{n^2+k^2})$.

2. 应用阿贝尔判别法或狄利克雷判别法讨论下列级数的敛散性:

(1) $\displaystyle\sum_{n=1}^{\infty} \dfrac{(-1)^n}{n} \cdot \dfrac{x^n}{1+x^n}$ $(x>0)$;

(2) $\displaystyle\sum_{n=1}^{\infty} \dfrac{\ln^{100} n}{n} \cdot \sin\dfrac{n\pi}{4}$; (3) $\displaystyle\sum_{n=1}^{\infty} (-1)^n \dfrac{\sin^2 n}{n}$.

3. 讨论下列级数的绝对收敛性和条件收敛性:

(1) $\displaystyle\sum_{n=1}^{\infty} \dfrac{(-1)^{n-1}}{n^p}$ $(p>0)$;

(2) $\displaystyle\sum_{n=1}^{\infty} (-1)^{n-1} \dfrac{2^n \sin^{2n} x}{n}$ $\left(|x| \leqslant \dfrac{\pi}{2}\right)$.

4. 若级数 $\displaystyle\sum_{n=1}^{\infty} a_n$ 收敛,且

$$\lim_{n \to \infty} \dfrac{a_n}{b_n} = 1,$$

则能否断定级数 $\displaystyle\sum_{n=1}^{\infty} b_n$ 也收敛?

5. 证明定理 10.12(狄利克雷判别法).

10.4　绝对收敛级数的性质

我们已经知道收敛级数具有可结合性(即可以任意加括号),本节将讨论绝对收敛级数的两个重要性质:可交换性和级数的乘法.

10.4.1　绝对收敛级数的可交换性

设 $\displaystyle\sum_{n=1}^{\infty} a_n$ 收敛于 S,试问变序以后所得到的级数 $\displaystyle\sum_{n=1}^{\infty} a_n'$ $(\{a_n'\} =$

$\{a_{N(n)}\}$ 是数列 $\{a_n\}$ 的一个重排)是否仍然收敛于 S, 一般说来不一定成立, 对绝对收敛级数我们可以证明结论成立.

定理 10.13 设 $\sum\limits_{n=1}^{\infty} a_n$ 绝对收敛, 则变序后得级数 $\sum\limits_{n=1}^{\infty} a_n'$ 也绝对收敛, 且有相同的和数.

证 首先假设 $\sum\limits_{n=1}^{\infty} a_n$ 为正项级数, $\sum\limits_{n=1}^{\infty} a_n = S$, 令
$$S_n = a_1 + a_2 + \cdots + a_n,$$
$$S_k' = a_1' + a_2' + \cdots + a_k',$$
其中 $\quad a_1' = a_{N(1)}$, $a_2' = a_{N(2)}$, $\cdots$, $a_k' = a_{N(k)}$, 若令
$$N = \max(N(1), N(2), \cdots, N(k)),$$
则得
$$S_k' \leqslant a_1 + a_2 + \cdots + a_N \leqslant S,$$
故 $\sum\limits_{n=1}^{\infty} a_n'$ 收敛, 且 $S' = \sum\limits_{n=1}^{\infty} a_n' \leqslant S$.

由于级数 $\sum\limits_{n=1}^{\infty} a_n$ 也可看作 $\sum\limits_{n=1}^{\infty} a_n'$ 的一个更序级数, 所以 $S \leqslant S'$, 从而 $S = S'$.

现设 $\sum\limits_{n=1}^{\infty} a_n$ 为绝对收敛的任意项级数, 则级数 $\sum\limits_{n=1}^{\infty} |a_n|$ 为收敛的正项级数, 由前面所证, 知级数 $\sum\limits_{n=1}^{\infty} |a_n'|$ 收敛, 且 $\sum\limits_{n=1}^{\infty} |a_n| = \sum\limits_{n=1}^{\infty} |a_n'|$. 余下只要证明
$$\sum\limits_{n=1}^{\infty} a_n = \sum\limits_{n=1}^{\infty} a_n'.$$
为此我们令
$$\alpha_n = \frac{1}{2}(|a_n| + a_n), \quad \beta_n = \frac{1}{2}(|a_n| - a_n) \quad (n = 1, 2, \cdots),$$

亦即

$$\alpha_n = \begin{cases} a_n, & a_n \geqslant 0 \text{ 时}, \\ 0, & a_n < 0 \text{ 时}, \end{cases}$$

$$\beta_n = \begin{cases} 0, & a_n \geqslant 0 \text{ 时}, \\ -a_n, & a_n < 0 \text{ 时}. \end{cases}$$

因为 $\alpha_n, \beta_n \geqslant 0$，且 $\alpha_n \leqslant |a_n|, \beta_n \leqslant |a_n|$，所以 $\sum\limits_{n=1}^{\infty} \alpha_n$ 和 $\sum\limits_{n=1}^{\infty} \beta_n$ 都是收敛的正项级数，又因为

$$a_n = \alpha_n - \beta_n,$$

则

$$\sum_{n=1}^{\infty} a_n = \sum_{n=1}^{\infty} \alpha_n - \sum_{n=1}^{\infty} \beta_n,$$

对于 $\sum\limits_{n=1}^{\infty} a_n'$ 同样可作出正项收敛级数 $\sum\limits_{n=1}^{\infty} \alpha_n'$ 和 $\sum\limits_{n=1}^{\infty} \beta_n'$，满足

$$\sum_{n=1}^{\infty} a_n' = \sum_{n=1}^{\infty} \alpha_n' - \sum_{n=1}^{\infty} \beta_n',$$

由前面所证知 $\sum\limits_{n=1}^{\infty} \alpha_n = \sum\limits_{n=1}^{\infty} \alpha_n', \sum\limits_{n=1}^{\infty} \beta_n = \sum\limits_{n=1}^{\infty} \beta_n'$，故

$$\sum_{n=1}^{\infty} a_n = \sum_{n=1}^{\infty} a_n'.$$

注 定理 10.13 的结论对条件收敛级数不一定成立. 例如级数

$$\sum_{n=1}^{\infty} \frac{(-1)^{n-1}}{n} = 1 - \frac{1}{2} + \frac{1}{3} - \frac{1}{4} + \cdots = S, \quad (10.18)$$

因为

$$S_{2m} = \left(1 - \frac{1}{2}\right) + \left(\frac{1}{3} - \frac{1}{4}\right) + \cdots + \left(\frac{1}{2m-1} - \frac{1}{2m}\right) \geqslant \frac{1}{2},$$

则 $S \geqslant \frac{1}{2}$，如果定理 10.13 的结论对级数(10.18)也成立，我们重

排级数(10.18)(使每个正项之后出现二个负项)为

$$1 - \frac{1}{2} - \frac{1}{4} + \frac{1}{3} - \frac{1}{6} - \frac{1}{8} + \cdots$$
$$+ \frac{1}{2k-1} - \frac{1}{4k-2} - \frac{1}{4k} + \cdots. \qquad (10.19)$$

记(10.19)的部分和为 S_n'，则

$$S_{3m}' = \sum_{k=1}^{m} \left(\frac{1}{2k-1} - \frac{1}{4k-2} - \frac{1}{4k} \right) = \sum_{k=1}^{m} \left(\frac{1}{4k-2} - \frac{1}{4k} \right)$$
$$= \frac{1}{2} \sum_{k=1}^{m} \left(\frac{1}{2k-1} - \frac{1}{2k} \right) = \frac{1}{2} S_{2m},$$

$$S = \lim_{m \to \infty} S_{3m}' = \frac{1}{2} \lim_{m \to \infty} S_{2m} = \frac{1}{2} S,$$

从而得 $S = 0$，这与 $S \geqslant \frac{1}{2}$ 矛盾.

对于条件收敛级数我们还可以证明下面的结论.

*定理 10.14(黎曼定理) 设级数 $\sum\limits_{n=1}^{\infty} a_n$ 条件收敛，则对任给的数 L(有限或无穷)，总存在一个更序级数 $\sum\limits_{n=1}^{\infty} a_n'$，使

$$\sum_{n=1}^{\infty} a_n' = L.$$

证 先设 L 为有限数，因为 $\sum\limits_{n=1}^{\infty} a_n$ 收敛，$\sum\limits_{n=1}^{\infty} |a_n|$ 发散，则 $\sum\limits_{n=1}^{\infty} \alpha_n$ 和 $\sum\limits_{n=1}^{\infty} \beta_n$ 均发散，从而它们的余项也将发散，利用这个结论，存在 k_1，使得

$$L < \alpha_1 + \alpha_2 + \cdots + \alpha_{k_1} \leqslant L + \alpha_{k_1},$$

又存在 m_1，使

$$L - \beta_{m_1} \leqslant \alpha_1 + \cdots + \alpha_{k_1} - \beta_1 - \beta_2 - \cdots - \beta_{m_1} < L,$$

然后再取 k_2, m_2 使

$$L < \alpha_1 + \alpha_2 + \cdots + \alpha_{k_2} - \beta_1 - \beta_2 - \cdots - \beta_{m_1} + \alpha_{k_1+1} + \cdots$$
$$+ \alpha_{k_2} \leqslant L + \alpha_{k_2},$$

$$L - \beta_{m_2} \leqslant \alpha_1 + \cdots + \alpha_{k_1} - \beta_1 - \beta_2 - \cdots - \beta_{m_1}$$
$$+ \alpha_{k_1+1} + \cdots + \alpha_{k_2} - \beta_{m_1+1} - \cdots - \beta_{m_2} < L,$$

按这一方法一步一步做下去,可得到一个无穷级数

$$(\alpha_1 + \alpha_2 + \cdots + \alpha_{k_1}) - (\beta_1 + \beta_2 + \cdots + \beta_{m_1}) + \cdots$$
$$+ (\alpha_{k_{i-1}+1} + \cdots + \alpha_{k_i}) - (\beta_{m_{i-1}+1} + \cdots + \beta_{m_i}) + \cdots,$$

$$(10.20)$$

它满足

$$L < (\alpha_1 + \alpha_2 + \cdots + \alpha_{k_1}) - (\beta_1 + \beta_2 + \cdots + \beta_{m_1})$$
$$+ \cdots + (\alpha_{k_{i-1}+1} + \cdots + \alpha_{k_i}) \leqslant L + \alpha_{k_i},$$

$$L - \beta_{m_i} \leqslant (\alpha_1 + \alpha_2 + \cdots + \alpha_{k_1}) - (\beta_1 + \beta_2 + \cdots + \beta_{m_1})$$
$$+ \cdots + (\alpha_{k_{i-1}+1} + \cdots + \alpha_{k_i})$$
$$- (\beta_{m_{i-1}+1} + \cdots + \beta_{m_i}) < L.$$

显然原级数 $\sum\limits_{n=1}^{\infty} a_n$ 的每项连同其正负号都将于(10.20)的某一位置出现. 用 S'_i 表示(10.20)每一括号看作一项所成级数的前 i 项之和,则

$$L < S'_{2i-1} \leqslant L + \alpha_{k_i}, \qquad (i = 1, 2, \cdots)$$
$$L - \beta_{m_i} \leqslant S'_{2i} < L,$$

但由 $\lim\limits_{n\to\infty} a_n = 0$ 可推得 $\lim\limits_{n\to\infty} \alpha_n = \lim\limits_{n\to\infty} \beta_n = 0$,从而显然有

$$\lim_{i\to\infty} S'_i = L,$$

即级数(10.20)收敛于 L,再由 10.1 性质 5 注,级数(10.20)去括号后仍然收敛于 L,这样就得到了一个更序级数 $\sum\limits_{n=1}^{\infty} a'_n$ 以 L 为和.

如果 $L = +\infty$，首先取 k_1，使
$$\alpha_1 + \alpha_2 + \cdots + \alpha_{k_1} > 1 + \beta_1,$$
再取 $k_2 > k_1$，使
$$\alpha_1 + \alpha_2 + \cdots + \alpha_{k_1} + \alpha_{k_1+1} + \cdots + \alpha_{k_2} > 2 + \beta_1 + \beta_2,$$
一般地，取 $k_i > k_{i-1}$，使
$$\alpha_1 + \alpha_2 + \cdots + \alpha_{k_1} + \cdots + \alpha_{k_i} > i + \beta_1 + \beta_2 + \cdots$$
$$+ \beta_i, \quad (i = 1, 2, 3, \cdots)$$
于是得级数
$$(\alpha_1 + \alpha_2 + \cdots + \alpha_{k_1}) - \beta_1 + (\alpha_{k_1+1} + \cdots + \alpha_{k_2}) - \beta_2 + \cdots$$

发散于 $+\infty$，再去括号就得了一个 $\sum\limits_{n=1}^{\infty} a_n$ 的更序级数 $\sum\limits_{n=1}^{\infty} a'_n$，其和为 $+\infty$.

$L = -\infty$ 时也可类似地证明.

10.4.2 级数的乘法

下面我们讨论级数的乘法. 设
$$\sum_{n=1}^{\infty} a_n = A, \quad \sum_{n=1}^{\infty} b_n = B,$$
由 10.1 性质 3 知道
$$(a_1 + a_2 + \cdots + a_m) \sum_{n=1}^{\infty} b_n = \sum_{n=1}^{\infty} \left(\sum_{k=1}^{m} a_k b_n \right),$$
即收敛级数与有限项之和相乘,满足乘法分配律,现在要问什么条件下能把它推广到两个无穷级数之间的乘积上去?

我们先按照有穷和的乘法规则,把所有可能的乘积 $a_i b_i$ 列成下表:

$$
\begin{array}{llllll}
a_1b_1 & a_1b_2 & a_1b_3 & \cdots & a_1b_k & \cdots \\
a_2b_1 & a_2b_2 & a_2b_3 & \cdots & a_2b_k & \cdots \\
a_3b_1 & a_3b_2 & a_3b_3 & \cdots & a_3b_k & \cdots \\
\quad\vdots & & & & & \\
a_ib_1 & a_ib_2 & a_ib_3 & \cdots & a_ib_k & \cdots \\
\quad\vdots & & & & &
\end{array}
$$

这些乘积 a_ib_k 可以按各种方式排成一个级数,常用的有按正方形顺序和按对角线顺序(下面两表所示)依次相加:

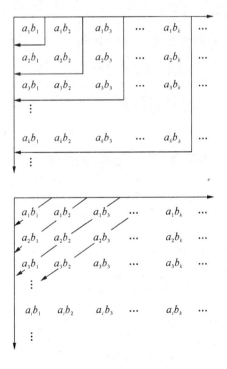

于是分别得级数

$$a_1b_1 + a_1b_2 + a_2b_2 + a_2b_1 + a_1b_3 + a_2b_3$$
$$+ a_3b_3 + a_3b_2 + a_3b_1 + \cdots, \tag{10.21}$$

$$a_1b_1 + a_1b_2 + a_2b_1 + a_1b_3 + a_2b_2 + a_3b_1 + \cdots. \tag{10.22}$$

如果把同一对角线上各项括在一起,便得

$$\sum_{n=1}^{\infty} C_n = \sum_{n=1}^{\infty}(a_1b_n + a_2b_{n-1} + \cdots + a_nb_1). \tag{10.23}$$

我们称 $\sum_{n=1}^{\infty} C_n$ (其中 $C_n = a_1b_n + a_2b_{n-1} + \cdots + a_nb_1$) 为级数 $\sum_{n=1}^{\infty} a_n$

和 $\sum_{n=1}^{\infty} b_n$ 的**柯西乘积**.下面将证明在一定条件下按任何方式排列所成的级数都收敛于 $A \cdot B$.

定理 10.15(柯西定理) 若级数 $\sum_{n=1}^{\infty} a_n$ 和 $\sum_{n=1}^{\infty} b_n$ 都绝对收敛,其和分别为 A 和 B,则它们各项之积 $a_ib_k(i, k = 1, 2, 3, \cdots)$ 按任意顺序排列所得到的级数 $\sum_{n=1}^{\infty} u_n$ 也绝对收敛,且其和等于 $A \cdot B$.

证 以 S_n^* 表示 $\sum_{n=1}^{\infty} |u_n|$ 的部分和,即

$$S_n^* = |u_1| + |u_2| + \cdots + |u_n|,$$

其中 $|u_k| = |a_{i_k}b_{j_k}|\ (k = 1, 2, \cdots, n)$,记

$$m = \max\{i_1, j_1, i_2, j_2, \cdots, i_n, j_n\},$$
$$A_m^* = |a_1| + |a_2| + \cdots + |a_m|,$$
$$B_m^* = |b_1| + |b_2| + \cdots + |b_m|,$$

则必有

$$S_n^* \leqslant A_m^* B_m^* \leqslant A^* B^*,$$

其中 $A^* = \sum_{n=1}^{\infty} |a_n|$,$B^* = \sum_{n=1}^{\infty} |b_n|$,故 $\sum_{n=1}^{\infty} u_n$ 绝对收敛.

由于绝对收敛级数具有可交换性,也就是说级数 $\sum\limits_{n=1}^{\infty} u_n$ 的和数对任何排列不变,我们考察按正方形顺序依次相加并加括号所成的级数

$$a_1 b_1 + (a_1 b_2 + a_2 b_2 + a_2 b_1)$$
$$+ (a_1 b_3 + a_2 b_3 + a_3 b_3 + a_3 b_2 + a_3 b_1) + \cdots. \qquad (10.24)$$

级数(10.24)的部分和序列记为$\{P_n\}$,显然有

$$P_n = A_n B_n,$$

这里 A_n, B_n 分别为 $\sum\limits_{n=1}^{\infty} a_n$ 和 $\sum\limits_{n=1}^{\infty} b_n$ 的部分和,故

$$\sum_{n=1}^{\infty} u_n = \lim_{n \to \infty} P_n = A \cdot B.$$

例 1 几何级数

$$\frac{1}{1-x} = 1 + x + x^2 + \cdots + x^n + \cdots \quad (\mid x \mid < 1)$$

是绝对收敛的,则按柯西乘积可得

$$\frac{1}{(1-x)^2} = \left(\sum_{n=0}^{\infty} x^n\right)\left(\sum_{n=0}^{\infty} x^n\right) = \sum_{n=1}^{\infty} n x^{n-1} \quad (\mid x \mid < 1).$$

例 2 研究级数 $\sum\limits_{n=1}^{\infty} \dfrac{(-1)^{n-1}}{\sqrt{n}}$ 按柯西乘积所得级数的收敛性.

解 设 $\sum\limits_{n=1}^{\infty} \dfrac{(-1)^{n-1}}{\sqrt{n}}$ 按柯西乘积自乘所得级数为 $\sum\limits_{n=1}^{\infty} C_n$,则

$$C_n = (-1)^{n-1}\left[\frac{1}{\sqrt{1} \cdot \sqrt{n}} + \frac{1}{\sqrt{2} \cdot \sqrt{n-1}} + \cdots\right.$$
$$\left. + \frac{1}{\sqrt{k} \cdot \sqrt{n-k+1}} + \cdots + \frac{1}{\sqrt{n} \cdot 1}\right],$$

显然有

$$\mid C_n \mid \geqslant \frac{1}{\sqrt{n} \cdot \sqrt{n}} + \frac{1}{\sqrt{n} \cdot \sqrt{n}} + \cdots + \frac{1}{\sqrt{n} \cdot \sqrt{n}} = 1,$$

由级数收敛的必要条件得 $\sum\limits_{n=1}^{\infty} C_n$ 必发散.

由例 2 可以看到定理 10.15 的结论对两个都是条件收敛的级数就不一定成立,但是我们可以证明定理 10.15 的一个推广结果.

定理 10.16(麦尔滕(Mertens)定理) 如果收敛级数 $\sum\limits_{n=1}^{\infty} a_n = A$ 和 $\sum\limits_{n=1}^{\infty} b_n = B$ 中有一个绝对收敛,则它们的柯西乘积 $\sum\limits_{n=1}^{\infty} C_n$ 收敛,且 $\sum\limits_{n=1}^{\infty} C_n = A \cdot B$.

证 令 $A_n = \sum\limits_{k=1}^{n} a_k$, $B_n = \sum\limits_{k=1}^{n} b_k$, $S_n = \sum\limits_{k=1}^{n} C_k$, $\beta_n = B_n - B$, 则

$$
\begin{aligned}
S_n &= a_1 b_1 + (a_1 b_2 + a_2 b_1) + \cdots + \\
&\quad (a_1 b_n + a_2 b_{n-1} + \cdots + a_n b_1) \\
&= a_1 B_n + a_2 B_{n-1} + \cdots + a_n B_1 \\
&= a_1 (B + \beta_n) + a_2 (B + \beta_{n-1}) + \cdots + a_n (B + \beta_1) \\
&= A_n B + a_1 \beta_n + a_2 \beta_{n-1} + \cdots + a_n \beta_1 \\
&= A_n B + r_n,
\end{aligned}
$$

其中

$$r_n = a_1 \beta_n + a_2 \beta_{n-1} + \cdots + a_n \beta_1,$$

设 $\alpha = \sum\limits_{n=1}^{\infty} |a_n| < +\infty$,因为 $\beta_n \to 0\ (n \to \infty)$,故对任给的 $\varepsilon > 0$,存在自然数 N,使得当 $n > N$ 时,有

$$|\beta_n| < \varepsilon,$$

从而 $n > N$ 时,有

$$
\begin{aligned}
|r_n| &\leqslant |\beta_1 a_n + \beta_2 a_{n-1} + \cdots + \beta_N a_{n-N+1}| \\
&\quad + |\beta_{N+1} a_{n-N} + \cdots + \beta_n a_1| \\
&\leqslant |\beta_1 a_n + \beta_2 a_{n-1} + \cdots + \beta_N a_{n-N+1}| + \varepsilon \cdot \alpha,
\end{aligned}
$$

固定 N，上式中令 $n \to \infty$，得

$$\varlimsup_{n \to \infty} \mid r_n \mid \leqslant \varepsilon \cdot \alpha.$$

又因为 $\varepsilon > 0$ 是任意的，故

$$\lim_{n \to \infty} r_n = 0,$$

于是

$$\sum_{n=1}^{\infty} C_n = \lim_{n \to \infty} A_n B = A \cdot B.$$

习   题

1. 计算下列级数的柯西乘积：

(1) $\left(\sum\limits_{n=1}^{\infty} n x^{n-1} \right) \left(\sum\limits_{n=1}^{\infty} (-1)^{n-1} n x^{n-1} \right)$ $(\mid x \mid < 1)$；

(2) $\left(\sum\limits_{n=0}^{\infty} \dfrac{1}{n!} \right) \left(\sum\limits_{n=0}^{\infty} \dfrac{(-1)^n}{n!} \right).$

2. 如果将级数

$$1 - \frac{1}{2^2} - \frac{1}{4^2} + \frac{1}{3^2} - \frac{1}{6^2} - \frac{1}{8^2} + \cdots \qquad (\text{A})$$

的各项重新排列成下述级数

$$1 - \frac{1}{2^2} + \frac{1}{3^2} - \frac{1}{4^2} + \frac{1}{5^2} - \frac{1}{6^2} + \cdots. \qquad (\text{B})$$

用 S_n 和 S_n' 分别表示级数（A）和（B）的部分和，试证明：

$$\lim_{n \to \infty} \frac{S_{3n}}{S'_{2n}} = 1.$$

*3. 试按黎曼定理（定理 10.14）证明方法重排级数 $\sum\limits_{n=1}^{\infty} (-1)^{n-1} \dfrac{1}{n}$，使它成为发散级数.

*10.5 二重级数·无穷乘积

10.5.1 二重级数

设$\{a_{ik}\}$(i, $k=1$, 2, $\cdots$)是由两个自然数附标决定的无穷数集,作这些元素的"无穷和"并记作

$$\sum_{i,\,k=1}^{\infty} a_{ik}, \tag{10.25}$$

称(10.25)为**二重级数**. 记

$$S_{m,\,n} = \sum_{i=1}^{m} \sum_{k=1}^{n} a_{ik},$$

并称$S_{m,\,n}$为二重级数(10.25)的**部分和**,如果二重极限

$$\lim_{m,\,n\to\infty} S_{m,\,n} = S$$

有限,则称二重级数(10.25)收敛于S.

由a_{ik}(i, $k=1$, 2, $\cdots$)还可以作出两个**累级数**

$$\sum_{i=1}^{\infty} \Big(\sum_{k=1}^{\infty} a_{ik} \Big), \tag{10.26}$$

$$\sum_{k=1}^{\infty} \Big(\sum_{i=1}^{\infty} a_{ik} \Big), \tag{10.27}$$

把(10.26)和(10.27)的内层级数分别称为**行级数**和**列级数**.

关于级数的很多性质都可以搬到二重级数上来,我们仅举两个性质,其他不一一赘述.

1° 二重级数收敛的一个必要条件是:它的通项 $a_{ik} \to 0$ (i, $k \to \infty$).

这是因为

$$a_{ik} = S_{i,\,k} - S_{i,\,k-1} - S_{i-1,\,k} + S_{i-1,\,k-1}.$$

2° 若$a_{ik} \geqslant 0$ (i, $k=1$, 2, $\cdots$),则$\displaystyle\sum_{i,\,k=1}^{\infty} a_{ik}$收敛的充要条件是

$S_{m,n}$ 有界.

证明留给读者作为练习.

在二重级数理论中最主要的问题是研究二重级数(10.25)与累级数(10.26)、(10.27)之间的关系.

首先利用二重极限和累次极限的关系读者可以证明下面的定理.

定理 10.17　设二重级数(10.25)收敛于 S, 若对每个 k, $\sum\limits_{i=1}^{\infty} a_{ik}$ 收敛于 A_k, 则 $\sum\limits_{k=1}^{\infty} A_k$ 也收敛于 S, 即

$$\sum_{k=1}^{\infty} \left(\sum_{i=1}^{\infty} a_{ik} \right) = \sum_{i,\,k=1}^{\infty} a_{ik}.$$

如果(10.25)收敛, 且对每个 i, $\sum\limits_{k=1}^{\infty} a_{ik}$ 也收敛, 则

$$\sum_{i=1}^{\infty} \left(\sum_{k=1}^{\infty} a_{ik} \right) = \sum_{i,\,k=1}^{\infty} a_{ik}.$$

注意, 二重级数收敛时, 未必有累级数收敛, 例如:

$$
\begin{array}{ccccccc}
1 & -1 & 1 & -1 & 1 & -1 & \cdots \\[4pt]
-1 & 1 & -1 & 1 & -1 & 1 & \cdots \\[4pt]
\dfrac{1}{2} & -\dfrac{1}{2} & \dfrac{1}{2} & -\dfrac{1}{2} & \dfrac{1}{2} & -\dfrac{1}{2} & \cdots \\[6pt]
-\dfrac{1}{2} & \dfrac{1}{2} & \dfrac{1}{2} & \dfrac{1}{2} & -\dfrac{1}{2} & \dfrac{1}{2} & \cdots \\[6pt]
\dfrac{1}{3} & -\dfrac{1}{3} & \dfrac{1}{3} & -\dfrac{1}{3} & \dfrac{1}{3} & -\dfrac{1}{3} & \cdots \\[6pt]
-\dfrac{1}{3} & \dfrac{1}{3} & -\dfrac{1}{3} & \dfrac{1}{3} & -\dfrac{1}{3} & \dfrac{1}{3} & \cdots \\[6pt]
& & & \vdots
\end{array}
$$

二重级数之和显然为 0, 但所有行级数均发散, 故更谈不上累级数

(10.26)的收敛性.

关于正项二重级数，我们有下面的

定理 10.18　设 $a_{ik} \geqslant 0\ (i,\ k = 1,\ 2,\ \cdots)$，则 (10.25)，(10.26)，(10.27) 中有一个收敛就可推出其余两个也收敛，且和数相同.

证　如果 (10.25) 收敛于 S，则对每个 i，有 $\sum\limits_{k=1}^{n} a_{ik} \leqslant S$，同理对每个 k，有 $\sum\limits_{i=1}^{m} a_{ik} \leqslant S$，从而对每个 $i(k)$，$\sum\limits_{k=1}^{\infty} a_{ik} \left(\sum\limits_{i=1}^{\infty} a_{ik} \right)$ 收敛，再由定理 10.17 知

$$\sum_{i,\,k=1}^{\infty} a_{ik} = \sum_{i=1}^{\infty} \left(\sum_{k=1}^{\infty} a_{ik} \right) = \sum_{k=1}^{\infty} \left(\sum_{i=1}^{\infty} a_{ik} \right).$$

如果有一个累级数收敛，不妨设 $\sum\limits_{i=1}^{\infty} \left(\sum\limits_{k=1}^{\infty} a_{ik} \right)$ 收敛，则显然有

$$S_{m,\,n} = \sum_{i=1}^{m} \sum_{k=1}^{n} a_{ik} \leqslant \sum_{i=1}^{\infty} \left(\sum_{k=1}^{\infty} a_{ik} \right),$$

$S_{m,\,n}$ 有界，必收敛，从而三者都收敛，且和数相同.

定理 10.19　设 $\sum\limits_{i,\,k=1}^{\infty} a_{ik}$ 为正项二重级数，把 $a_{ik}\,(i,\ k = 1,\ 2,\ \cdots)$ 按任一规律排成简单级数

$$\sum_{j=1}^{\infty} u_j, \tag{10.28}$$

则二重级数 (10.25) 与简单级数 (10.28) 的收敛性相同，且如果收敛其和数也相同.

证　因为 $\sum\limits_{j=1}^{\infty} u_j$ 的部分和必小于等于 $\sum\limits_{i,\,k=1}^{\infty} a_{ik}$ 的某一部分和，$\sum\limits_{i,\,k=1}^{\infty} a_{ik}$ 的部分和也小于等于 $\sum\limits_{j=1}^{\infty} u_j$ 的某一部分和，从而易证 (10.25) 和 (10.28) 敛散性相同，且收敛时其和数相同.

由定理 10.19 可知,正项二重级数可按任意方式求和.

下面讨论变号二重级数. 如果只有有限多个正项或有限多个负号,则除去有限项后,便得到同号级数,因此我们讨论要有无穷多正项和无穷多负项的级数.

类似地可以证明:若 $\sum\limits_{i,\,k=1}^{\infty} |a_{ik}|$ 收敛,则 $\sum\limits_{i,\,k=1}^{\infty} a_{ik}$ 收敛,并称 $\sum\limits_{i,\,k=1}^{\infty} a_{ik}$ **绝对收敛**.

事实上,只要令

$$\alpha_{ik} = \frac{|a_{ik}| + a_{ik}}{2},$$

$$\beta_{ik} = \frac{|a_{ik}| - a_{ik}}{2},$$

则 $0 \leqslant \alpha_{ik} \leqslant |a_{ik}|$,$0 \leqslant \beta_{ik} \leqslant |a_{ik}|$,$a_{ik} = \alpha_{ik} - \beta_{ik} (i,\,k=1,\,2,\,\cdots)$,于是由 $\sum\limits_{i,\,k=1}^{\infty} |a_{ik}|$ 收敛可推出 $\sum\limits_{i,\,k=1}^{\infty} \alpha_{ik}$,$\sum\limits_{i,\,k=1}^{\infty} \beta_{ik}$ 收敛,从而

$$\sum_{i,\,k=1}^{\infty} a_{ik} = \sum_{i,\,k=1}^{\infty} \alpha_{ik} - \sum_{i,\,k=1}^{\infty} \beta_{ik}$$

也收敛.

定理 10.20 如果 $\sum\limits_{i,\,k=1}^{\infty} |a_{ik}|$,$\sum\limits_{i=1}^{\infty} \left(\sum\limits_{k=1}^{\infty} |a_{ik}|\right)$,$\sum\limits_{k=1}^{\infty} \left(\sum\limits_{i=1}^{\infty} |a_{ik}|\right)$ 中有一个收敛,则其余两个也都收敛,且 (10.25),(10.26),(10.27) 有相同的和数.

证 首先由定理 10.18 可得

$$\sum_{i,\,k=1}^{\infty} |a_{ik}| = \sum_{i=1}^{\infty} \left(\sum_{k=1}^{\infty} |a_{ik}|\right) = \sum_{k=1}^{\infty} \left(\sum_{i=1}^{\infty} |a_{ik}|\right)$$

$$(10.29)$$

(有限或无穷),故第一个结论显然成立. 现证明 (10.25),

(10.26),(10.27)有相同的和数. 我们不妨设 $\sum\limits_{i,\,k=1}^{\infty}|a_{ik}|$ 收敛,则

$\sum\limits_{i,\,k=1}^{\infty}a_{ik}$ 收敛,且对每个 i(每个 k), $\sum\limits_{k=1}^{\infty}a_{ik}\left(\sum\limits_{i=1}^{\infty}a_{ik}\right)$ 收敛,则由定理 10.17 知

$$\sum_{i,\,k=1}^{\infty}a_{ik}=\sum_{i=1}^{\infty}\left(\sum_{k=1}^{\infty}a_{ik}\right)=\sum_{k=1}^{\infty}\left(\sum_{i=1}^{\infty}a_{ik}\right).$$

例 1 讨论二重级数 $\sum\limits_{i,\,k=1}^{\infty}x^{i}y^{k}$ 的敛散性,

解 当 $x=0$ 或 $y=0$ 时,原二重级数显然收敛,且有和数零. 当 $|x|<1$ 且 $|y|<1$ 时,因为累级数

$$\sum_{i=1}^{\infty}|x|^{i}\left(\sum_{k=1}^{\infty}|y|^{k}\right)$$

收敛,则据定理 10.20

$$\sum_{i,\,k=1}^{\infty}x^{i}y^{k}=\sum_{i=1}^{\infty}x^{i}\left(\sum_{k=1}^{\infty}y^{k}\right)$$

绝对收敛.

如果 $|x|>1$ 且 $y\neq0$,或者 $|y|>1$ 且 $x\neq0$,则通项不趋于零,故原二重级数发散.

若 $|x|=1$(或 $|y|=1$),因为 $|x|=|y|=1$ 时,通项不趋于零,原二重级数必发散; $|x|=1$, $|y|<1$ 时,因为累级数 $\sum\limits_{i=1}^{\infty}x^{i}\left(\sum\limits_{k=1}^{\infty}y^{k}\right)$ 发散,由定理 10.17 可知原二重级数也发散, $|y|=1$, $|x|<1$ 时同理可证二重级数 $\sum\limits_{i,\,k=1}^{\infty}x^{i}y^{k}$ 发散.

例 2 讨论二重级数

$$\sum_{i,\,k=1}^{\infty}\frac{1}{(i+k)^{a}}\quad(a>0)$$

的敛散性.

解 由于 $\dfrac{1}{(i+k)^a} > 0$ $(i, k=1, 2, \cdots)$，则我们可依对角线顺序求和，得

$$\sum_{i,\,k=1}^{\infty} \frac{1}{(i+k)^a} = \sum_{n=2}^{\infty} (n-1)\frac{1}{n^a}.$$

$n \geqslant 2$ 时，显然有

$$\frac{n}{2} \leqslant n-1 < n,$$

故

$$\frac{1}{2} \cdot \frac{1}{n^{a-1}} \leqslant (n-1)\frac{1}{n^a} \leqslant \frac{1}{n^{a-1}} \quad (n \geqslant 2),$$

从而 $a>2$ 时原二重级数收敛，$a \leqslant 2$ 时发散.

10.5.2 无穷乘积

设 $p_1, p_2, \cdots, p_n, \cdots$ 是一无穷数列，则表达式

$$p_1 \cdot p_2 \cdot p_3 \cdot \cdots \cdot p_n \cdot \cdots = \prod_{n=1}^{\infty} p_n \qquad (10.30)$$

称作**无穷乘积**(不妨设每个 p_n 都不为 0)，前 n 项乘积记作

$$P_n = \prod_{k=1}^{n} p_k,$$

称作**部分乘积**，如果 $\lim\limits_{n \to \infty} P_n = P \neq 0$ (有限)，则称 (10.30) 收敛，并记作

$$\prod_{n=1}^{\infty} p_n = P,$$

否则称 (10.30) 发散.

例 1 计算 $\prod\limits_{n=2}^{\infty} \left(1 - \dfrac{1}{n^2}\right)$.

解 因为

$$P_n = \left(1 - \frac{1}{2^2}\right)\left(1 - \frac{1}{3^2}\right)\cdots\left(1 - \frac{1}{n^2}\right)\left(1 - \frac{1}{(n+1)^2}\right)$$

$$= \frac{1}{2}\frac{n+2}{n+1},$$

所以

$$\prod_{n=2}^{\infty}\left(1 - \frac{1}{n^2}\right) = \frac{1}{2}.$$

例2 证明 $\displaystyle\prod_{n=1}^{\infty}\cos\frac{\varphi}{2^n} = \frac{\sin\varphi}{\varphi}$ $(\varphi \neq 0)$.

证 因为

$$P_n = \cos\frac{\varphi}{2}\cos\frac{\varphi}{2^2}\cdots\cos\frac{\varphi}{2^n},$$

$$2^n\sin\frac{\varphi}{2^n}\cdot P_n = \sin\varphi,$$

则

$$P_n = \frac{\sin\varphi}{2^n\sin\dfrac{\varphi}{2^n}} \longrightarrow \frac{\sin\varphi}{\varphi} \quad (n \to \infty),$$

所以

$$\prod_{n=1}^{\infty}\cos\frac{\varphi}{2^n} = \frac{\sin\varphi}{\varphi}.$$

对于无穷乘积,我们可以建立许多相似于无穷级数的性质以及无穷乘积收敛性与无穷级数收敛性的联系. 为此,我们通常令

$$p_n = 1 + a_n, \quad \prod_{n=1}^{\infty}p_n = \prod_{n=1}^{\infty}(1 + a_n).$$

性质1 若记 $\displaystyle\prod_m = \prod_{k=m+1}^{\infty}(1 + a_k)$,并称 $\displaystyle\prod_m$ 为**余乘积**,则 $\displaystyle\prod_{n=1}^{\infty}(1 + a_n)$ 收敛时必有 $\displaystyle\lim_{m\to\infty}\prod_m = 1$.

这个结论可由等式 $\prod_m = \dfrac{P}{P_m}$ 及 $\lim\limits_{m\to\infty} P_m = P \ne 0$ 推出.

性质 2 若 $\prod\limits_{n=1}^{\infty}(1+a_n)$ 收敛,则 $\lim\limits_{n\to\infty} a_n = 0$.

事实上,

$$\lim_{n\to\infty}(1+a_n) = \lim_{n\to\infty}\frac{P_n}{P_{n-1}} = 1,$$

故 $\lim\limits_{n\to\infty} a_n = 0$.

性质 3 设每个 $1+a_n > 0$,则

$1°$ $\prod\limits_{n=1}^{\infty}(1+a_n)$ 收敛的充要条件是 $\sum\limits_{n=1}^{\infty}\ln(1+a_n)$ 收敛,且收敛时,成立

$$\prod_{n=1}^{\infty}(1+a_n) = \mathrm{e}^L,$$

其中 $L = \sum\limits_{n=1}^{\infty}\ln(1+a_n)$.

$2°$ $P = 0$ 的充要条件是 $L = -\infty$;$P = +\infty$ 的充要条件是 $L = +\infty$.

性质 4 若存在自然数 N,使得 $n > N$ 时,$a_n > 0$(或 $a_n < 0$),则 $\prod\limits_{n=1}^{\infty}(1+a_n)$ 收敛的充要条件是级数 $\sum\limits_{n=1}^{\infty} a_n$ 收敛.

证 因为当 $\prod\limits_{n=1}^{\infty}(1+a_n)$ 或 $\sum\limits_{n=1}^{\infty} a_n$ 收敛时,均有

$$\lim_{n\to\infty} a_n = 0,$$

则

$$\lim_{n\to\infty}\frac{\ln(1+a_n)}{a_n} = 1,$$

由正项级数比较判别法和性质 3 立即知性质 4 结论成立.

性质5 若存在自然数 N,使得 $n>N$ 时,有 $-1<a_n<0$,且 $\sum\limits_{n=1}^{\infty}a_n$ 发散,则 $\prod\limits_{n=1}^{\infty}(1+a_n)=0$.

证 不妨设 $-1<a_n<0$ $(n=1,2,\cdots)$,首先由性质4,得 $\prod\limits_{n=1}^{\infty}(1+a_n)$ 发散,因为 $1+a_n>0$,再由性质3知 $\sum\limits_{n=1}^{\infty}\ln(1+a_n)$ 发散,现在 $0<1+a_n<1$ $(n=1,2,\cdots)$,则

$$\sum_{n=1}^{\infty}\ln(1+a_n)=-\infty,$$

从而

$$\prod_{n=1}^{\infty}(1+a_n)=0.$$

注意,若在性质5中把条件 $a_n>-1$ 除去,则结论显然不一定成立,请读者举反例说明.

例3 设 $a>b>0$,试证明

$$\lim_{n\to\infty}\frac{b(b+1)\cdots(b+n)}{a(a+1)\cdots(a+n)}=0.$$

证 令

$$x_n=\frac{b(b+1)\cdots(b+n)}{a(a+1)\cdots(a+n)},$$

则

$$\lim_{n\to\infty}x_n=\prod_{n=0}^{\infty}\frac{b+n}{a+n}=\prod_{n=0}^{\infty}\left(1+\frac{b-a}{a+n}\right),$$

因为 $b-a<0$,则

$$\sum_{n=0}^{\infty}\frac{b-a}{a+n}=-\infty,$$

由性质5立即知 $\prod\limits_{n=0}^{\infty}\left(1+\dfrac{b-a}{a+n}\right)=0$,从而

$$\lim_{n \to \infty} \frac{b(b+1)\cdots(b+n)}{a(a+1)\cdots(a+n)} = 0.$$

习 题

1. 设 $S_n = \dfrac{1}{2^n} + \dfrac{1}{3^n} + \dfrac{1}{4^n} + \cdots$，试证明

(1) $S_2 + S_3 + S_4 + \cdots = 1$；

(2) $S_2 + S_4 + S_6 + \cdots = 3/4$.

2. 已知级数 $\displaystyle\sum_{n=1}^{\infty} \frac{C_n}{n}$ 收敛 $(C_n \geqslant 0, \ n=1, 2, \cdots)$，证明二重级

数 $\displaystyle\sum_{k, n=1}^{\infty} \frac{C_n}{k^2 + n^2}$ 收敛.

3. 讨论下列无穷乘积的敛散性:

(1) $\displaystyle\prod_{n=1}^{\infty} \left(1 + \frac{1}{n^p}\right)$；　　　　　(2) $\displaystyle\prod_{n=2}^{\infty} \left(1 - \frac{1}{n}\right)$；

(3) $\displaystyle\prod_{n=1}^{\infty} (1 - x^n) \quad (x > 0)$；　(4) $\displaystyle\prod_{n=1}^{\infty} \left(1 + \frac{x^n}{2^n}\right) \quad (x > 0)$.

4. 证明：若级数 $\displaystyle\sum_{n=1}^{\infty} x_n^2$ 收敛，则无穷乘积

$$\prod_{n=1}^{\infty} \cos x_n$$

也收敛.

5. 如果 $\displaystyle\sum_{n=1}^{\infty} a_n^2$ 和 $\displaystyle\sum_{n=1}^{\infty} a_n$ 同时收敛，则无穷乘积

$$\prod_{n=1}^{\infty} (1 + a_n)$$

收敛.

6. 讨论下列无穷乘积的收敛性,并求出每一个收敛无穷乘积之值:

(1) $\prod_{n=2}^{\infty} \left(1 - \dfrac{2}{n(n+1)}\right);$ (2) $\prod_{n=2}^{\infty} \dfrac{n^3-1}{n^3+1};$

(3) $\prod_{n=0}^{\infty} (1 + x^{2^n}),\ (|x| < 1).$

第 10 章总习题

1. 讨论下列级数的敛散性:

(1) $\sum_{n=1}^{\infty} \dfrac{1}{n^{2n\sin\frac{1}{n}-p}}$ $(p > 0)$;   (2) $\sum_{n=2}^{\infty} \dfrac{1}{\ln n!};$

(3) $\sum_{n=2}^{\infty} (\sqrt{n+1} - \sqrt{n})^p \ln \dfrac{n-1}{n+1};$

(4) $\sum_{n=2}^{\infty} \left[\mathrm{e} - \left(1 + \dfrac{1}{n}\right)^n \right]^p;$

(5) $\sum_{n=1}^{\infty} \left(\ln \dfrac{1}{n^\alpha} - \ln \left(\sin \dfrac{1}{n^\alpha} \right) \right)$ $(\alpha \geqslant 0).$

2. 设 $a_n > 0\ (n = 1, 2, \cdots)$,$\sum\limits_{n=1}^{\infty} a_n$ 发散,试证明:

(1) $\sum_{n=1}^{\infty} \dfrac{a_n}{1 + n^2 a_n}$ 收敛;   (2) $\sum_{n=1}^{\infty} \dfrac{a_n}{1 + a_n}$ 发散.

3. 设 $a_n > 0\ (n = 1, 2, \cdots)$,$\sum\limits_{n=1}^{\infty} a_n$ 收敛,$r_n = \sum\limits_{k=n}^{\infty} a_k$,试证明:

(1) $\sum_{n=1}^{\infty} \dfrac{a_n}{r_n}$ 发散;   (2) $\sum_{n=1}^{\infty} \dfrac{a_n}{\sqrt{r_n}}$ 收敛.

4. 设 $a_n > 0,\ a_n > a_{n+1}(n = 1, 2, \cdots)$,且 $\lim\limits_{n \to \infty} a_n = 0$,证明

级数

$$\sum_{n=1}^{\infty} (-1)^{n-1} \frac{a_1 + a_2 + \cdots + a_n}{n}$$

是收敛的.

5. 设 $\{x_n\}$ 为正的单调上升数列, 试证明级数

$$\sum_{n=1}^{\infty} \left(1 - \frac{x_n}{x_{n+1}} \right)$$

当 $\{x_n\}$ 有界时收敛; $\{x_n\}$ 无界时发散.

6. 如果级数 $\sum_{n=1}^{\infty} a_n$ 收敛, $\sum_{n=1}^{\infty} (b_{n+1} - b_n)$ 绝对收敛, 试证明级

数 $\sum_{n=1}^{\infty} a_n b_n$ 也收敛.

7. 设 $\sum_{n=1}^{\infty} u_n$ 收敛, 试证明

$$\lim_{n \to \infty} \frac{u_1 + 2u_2 + \cdots + n u_n}{n} = 0.$$

8. 设 $u_n > 0 \ (n = 1, 2, \cdots)$, $\sum_{n=1}^{\infty} u_n^2$ 收敛, 试证明级数 $\sum_{n=1}^{\infty} \frac{u_n}{n}$

收敛.

9. 设 $u_n > 0 \ (n = 1, 2, \cdots)$, 且

$$\lim_{n \to \infty} n \ln \frac{u_n}{u_{n+1}} = l,$$

证明当 $l > 1$ 时, 级数 $\sum_{n=1}^{\infty} u_n$ 收敛; 当 $l < 1$ 时, 级数 $\sum_{k=1}^{\infty} u_n$ 发散.

10. 讨论下列数列的敛散性:

(1) $x_n = 1 + \frac{1}{\sqrt{2}} + \cdots + \frac{1}{\sqrt{n}} - 2\sqrt{n}$;

(2) $x_n = \sum_{k=1}^{n} \frac{\ln k}{k} - \frac{(\ln n)^2}{2}$.

11. 证明级数 $\sum\limits_{n=0}^{\infty} \dfrac{a^n}{n!}$ 与 $\sum\limits_{n=0}^{\infty} \dfrac{b^n}{n!}$ 绝对收敛,且它们的乘积等于 $\sum\limits_{n=0}^{\infty} \dfrac{(a+b)^n}{n!}$.

12. 设 $a_n > 0 \ (n=1, 2, \cdots)$,证明级数

$$\sum_{n=1}^{\infty} \frac{a_n}{(1+a_1)(1+a_2)\cdots(1+a_n)}$$

是收敛的.

13. 设 $a_n > 0, u_n > 0 \ (n=1, 2, \cdots)$,若

$$\varliminf_{n \to \infty} \left(\frac{u_n}{u_{n+1}} a_n - a_{n+1} \right) > 0,$$

则级数 $\sum\limits_{n=1}^{\infty} u_n$ 收敛.

若级数 $\sum\limits_{n=1}^{\infty} \dfrac{1}{a_n}$ 发散,且

$$\varlimsup_{n=\infty} \left(\frac{u_n}{u_{n+1}} a_n - a_{n+1} \right) < 0,$$

则级数 $\sum\limits_{n=1}^{\infty} u_n$ 发散.

14. 设 $b_n > 0 \ (n=1, 2, \cdots)$,且

$$\lim_{n \to \infty} n\left(\frac{b_n}{b_{n+1}} - 1 \right) > 0,$$

试证明交错级数 $\sum\limits_{n=1}^{\infty} (-1)^{n+1} b_n$ 收敛.

15. 设 $\sum\limits_{n=1}^{\infty} a_n$ 为条件收敛级数,记

$$P_n = \sum_{i=1}^{n} \frac{|a_i|+a_i}{2}, \ N_n = \sum_{i=1}^{n} \frac{|a_i|-a_i}{2},$$

试证明:

$$\lim_{n\to\infty}\frac{N_n}{P_n}=1.$$

16. 设 $f(x)$ 在 $[a,b]$ 上正常可积, 令

$$\delta_n=\frac{b-a}{n},\ f_{in}=f(a+i\delta_n)\quad(i=1,2,\cdots,n),$$

试证明:

$$\lim_{n\to\infty}\prod_{i=1}^{n}(1+\delta_nf_{in})=\exp\Big(\int_a^b f(x)\,\mathrm{d}x\Big).$$

17. 设 $\sum\limits_{n=1}^{\infty}a_n$ 为正项级数, 若

$$\frac{a_{n+1}}{a_n}=1-\frac{p}{n}+O\Big(\frac{1}{n\ln^2 n}\Big)\quad(n\to\infty),$$

则 (1) $p>1$ 时, 级数 $\sum\limits_{n=1}^{\infty}a_n$ 收敛; (2) $p\leqslant 1$ 时, 级数 $\sum\limits_{n=1}^{\infty}a_n$ 发散.

第 11 章 函数序列和函数项级数

本章讨论形如 $\sum\limits_{n=1}^{\infty} u_n(x)$（其中每一项 $u_n(x)$ 是 x 的函数）的函数项级数一般理论，并研究了函数项级数的主要特例——幂级数以及它的有关性质. 由于函数项级数的一般理论等价于函数序列的一般理论，因此下面我们始终把函数序列和函数项级数统一起来处理.

11.1 函数序列和函数项级数的一致收敛性

设 $u_1(x)，u_2(x)，\cdots，u_n(x)，\cdots$ 是定义在 $[a，b]$ 上的函数序列，则称

$$u_1(x) + u_2(x) + \cdots + u_n(x) + \cdots \tag{11.1}$$

为**函数项级数**，称

$$S_n(x) = \sum_{k=1}^{n} u_k(x)$$

为级数 (11.1) 的**部分和函数**. 若 $x_0 \in [a，b]$ 时，极限 $\lim\limits_{n\to\infty} S_n(x_0) = S(x_0)$ 存在有限，则称级数 (11.1) 在点 x_0 **收敛**，若对 $[a，b]$ 上的一切 x，级数 (11.1) 都收敛，则称 $\sum\limits_{n=1}^{\infty} u_n(x)$ 在 $[a，b]$ 上**处处收敛**，并记

$$\sum_{n=1}^{\infty} u_n(x) = S(x)，x \in [a，b]，$$

称 $S(x)$ 为级数 (11.1) 的**和函数**. 由此，函数项级数的收敛性问题

完全可归结为讨论它的部分和函数序列 $\{S_n(x)\}$ 的收敛性问题.

11.1.1　一致收敛性·函数空间

由于函数项级数之和是 x 的函数,所以我们可以讨论和函数 $S(x)$ 的分析性质——连续性、可微性和可积性. 众所周知,有限个连续(可导或可积)函数的和函数必连续(可导或可积),且可以逐项求导数和逐项求积分. 现在要问这些性质对无穷个函数之和是否仍然成立,也就是说:如果 $\sum\limits_{n=1}^{\infty} u_n(x)$ 在 $[a,b]$ 上收敛于 $S(x)$,每个 $u_n(x)$ 连续(可导或可积)时,$S(x)$ 是否连续(可导或可积)? 且是否成立

$$S'(x) = \Big(\sum_{n=1}^{\infty} u_n(x)\Big)' = \sum_{n=1}^{\infty} u_n'(x)$$

或记成

$$[\lim S_n(x)]' = \lim_{n\to\infty} S_n'(x);$$

$$\int_a^b S(x)\mathrm{d}x = \int_a^b \Big(\sum_{n=1}^{\infty} u_n(x)\Big)\mathrm{d}x = \sum_{n=1}^{\infty}\int_a^b u_n(x)\mathrm{d}x$$

或记成

$$\int_a^b \lim_{n\to\infty} S_n(x)\mathrm{d}x = \lim_{n\to\infty}\int_a^b S_n(x)\mathrm{d}x.$$

一般说来不一定成立,关于这一点,我们有下面几个例子.

例 1　设

$$\sum_{n=1}^{\infty} u_n(x) = x + (x^2-x) + \cdots + (x^n - x^{n-1}) + \cdots \quad x \in [0,1].$$

显然 $u_1(x) = x$,$u_n(x) = x^n - x^{n-1}(n=2,3,\cdots)$ 在 $[0,1]$ 上都连续,部分和函数 $S_n(x) = x^n$,所以和函数

$$S(x) = \begin{cases} 0, & 0 \leqslant x < 1, \\ 1, & x = 1, \end{cases}$$

$S(x)$ 在 $x=1$ 不连续.

例 2　设 $f_n(x)=\dfrac{\sin nx}{\sqrt{n}}$ $(n=1,2,\cdots)$，则显然有 $\{f_n(x)\}$ 处处收敛于 $f(x)\equiv 0$，但

$$f_n'(x)=\sqrt{n}\cos nx,$$

$$\lim_{n\to\infty}f_n'(0)=\lim_{n\to\infty}\sqrt{n}=+\infty,$$

故

$$\lim_{n\to\infty}f_n'(0)\neq f'(0)=0.$$

例 3　设 $f_n(x)=2n^2xe^{-n^2x^2}$ $(n=1,2,\cdots)$，显然当 $x\in[0,1]$ 时，有

$$\lim_{n\to\infty}f_n(x)=f(x)=0,$$

$$\lim_{n\to\infty}\int_0^1 f_n(x)\mathrm{d}x=\lim_{n\to\infty}(1-e^{-n^2})=1,$$

故

$$\int_0^1 f(x)\mathrm{d}x\neq\lim_{n\to\infty}\int_0^1 f_n(x)\mathrm{d}x.$$

为了要研究在什么条件下能使以上问题有肯定结论，我们现在引进一种不同于处处收敛的一致收敛性概念.

定义（一致收敛性）　设函数序列 $\{f_n(x)\}$ $(n=1,2,\cdots)$ 的每个函数 $f_n(x)$ 及函数 $f(x)$ 定义在 $[a,b]$ 上，如果对任给的 $\varepsilon>0$，存在自然数 $N(\varepsilon)$，使得 $n>N(\varepsilon)$ 时，对一切 $x\in[a,b]$ 成立

$$|f_n(x)-f(x)|<\varepsilon,$$

则称 $\{f_n(x)\}$ 在 $[a,b]$ 上**一致收敛**于 $f(x)$，常记作

$$f_n(x)\rightrightarrows f(x),\ x\in[a,b].$$

如果级数(11.1)的部分和序列 $\{S_n(x)\}$ 在 $[a,b]$ 上一致收敛于 $S(x)$，则称级数(11.1)在 $[a,b]$ 上一致收敛.

由一致收敛性定义显然可得：

$1°$ $\displaystyle\sum_{n=1}^{\infty} u_n(x)$ 在$[a, b]$上一致收敛于 $S(x)$等价于

$$r_n(x) = S(x) - S_n(x),$$

在$[a, b]$上一致收敛于 0;

$2°$ $f_n(x) \rightrightarrows f(x)$, $x \in [a, b]$ 等价于

$$\lim_{n \to \infty} \left(\sup_{x \in [a, b]} \mid f_n(x) - f(x) \mid \right) = 0,$$

即对任给的$\varepsilon > 0$,存在自然数 $N(\varepsilon)$. 使得 $n > N(\varepsilon)$ 时,有

$$\sup_{x \in [a, b]} \mid f_n(x) - f(x) \mid < \varepsilon.$$

注　我们同样可以定义点集$E \subset (-\infty, +\infty)$上函数序列或函数项级数的一致收敛性,只要把定义中的区间$[a, b]$改为点集 E即可.

例 4　设$f_n(x) = \dfrac{x}{1 + n^2 x^2}$, $x \in [-1, 1]$, $n = 1, 2, \cdots$,函数序列$\{f_n(x)\}$在$[-1, 1]$上显然处处收敛于 0,又因为

$$\mid f_n(x) - 0 \mid = \frac{1}{2n} \left| \frac{2nx}{1 + n^2 x^2} \right| \leqslant \frac{1}{2n},$$

则对任给的$\varepsilon > 0$,取 $N(\varepsilon) > \dfrac{1}{2\varepsilon}$,就有 $n > N(\varepsilon)$ 时对一切 $x \in [-1, 1]$成立

$$\mid f_n(x) - 0 \mid < \varepsilon,$$

故$\{f_n(x)\}$在$[-1, 1]$上一致收敛于 0.

例 5　设$f_n(x) = x^n$, $n = 1, 2, \cdots$,试证明$\{f_n(x)\}$在$(0, 1)$内不一致收敛于 0.

证　易知$x \in (0, 1)$时,$\displaystyle\lim_{n \to \infty} f_n(x) = f(x) \equiv 0$,且对任给的$\varepsilon > 0$(不妨设$\varepsilon < 1$),

$$x^n < \varepsilon, \quad x \in (0, 1),$$

等价于

$$n > \frac{\ln \varepsilon}{\ln x}, \ x \in (0, 1),$$

因为当 $x \to 1-$ 时,

$$\frac{\ln \varepsilon}{\ln x} \to +\infty,$$

故找不到公共的 $N(\varepsilon)$,使得 $n > N(\varepsilon)$ 时,对一切 $x \in (0, 1)$ 有,

$$x^n < \varepsilon,$$

从而 $\{f_n(x)\}$ 在 $(0, 1)$ 内不一致收敛.

或者因为对每个 n 有,

$$\sup_{x \in (0, 1)} |x^n - 0| = 1,$$

则 $\{x^n\}$ 在 $(0, 1)$ 上不一致收敛.

函数序列 $\{f_n(x)\}$ 在 $[a, b]$ 上一致收敛于 $f(x)$,从几何上讲:对任给的 $\varepsilon > 0$,存在自然数 N,使得 $n > N$ 时,曲线 $y = f_n(x)$ 都落在以曲线 $y = f(x) + \varepsilon$ 与 $y = f(x) - \varepsilon$ 为边(即以曲线 $y = f(x)$ 为"中心线",宽度为 2ε)的带形区域内(如图 11-1 所示).

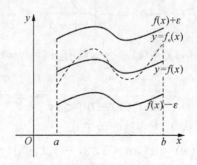

图 11-1

函数序列 $\{x^n\}$ 在 $(0, 1)$ 内不一致收敛,从几何上讲:对任给的正数 ε ($\varepsilon < 1$),无论 N 多大,总有曲线 $y = x^n (n > N)$ 不能全部落在以 $y = \varepsilon$ 和 $y = -\varepsilon$ 为边的带形区域内(如图 11-2 所示).

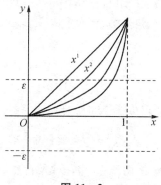

图 11-2

例 6　讨论 $f_n(x) = \dfrac{nx}{1 + n^2 x^2}$，$x \in (-\infty, +\infty)$　$(n = 1,$ $2，\cdots)$ 的一致收敛性.

解　显然 $x \in (-\infty, +\infty)$ 时，

$$\lim_{n \to \infty} f_n(x) = f(x) \equiv 0,$$

但由于

$$\sup_{x \in (-\infty, +\infty)} | f_n(x) - f(x) | \geqslant f_n\left(\frac{1}{n}\right) = \frac{1}{2},$$

$$\lim_{n \to \infty} \left(\sup_{x \in (-\infty, +\infty)} | f_n(x) - f(x) | \right) \neq 0,$$

故 $\{f_n(x)\}$ 在 $(-\infty, +\infty)$ 上不一致收敛.

定理 11.1（一致收敛柯西收敛准则）　函数序列 $\{f_n(x)\}$ 在 $[a, b]$ 上一致收敛于 $f(x)$ 的充要条件是：对任给的 $\varepsilon > 0$，存在自然数 N，使得当 $n > N$ 时，对一切 $x \in [a, b]$ 和自然数 p 成立

$$| f_{n+p}(x) - f_n(x) | < \varepsilon$$

或者对任给的 $\varepsilon > 0$，存在自然数 N，使得当 $n > N$ 时，对一切自然数 p 成立

$$\sup_{x \in [a, b]} | f_{n+p}(x) - f_n(x) | < \varepsilon. \tag{11.2}$$

对于函数项级数(11.1),在$[a, b]$上一致收敛的充要条件是:对任给的$\varepsilon > 0$,存在自然数N,使得当$n > N$时,对一切$x \in [a, b]$和自然数p成立

$$| u_{n+1}(x) + u_{n+2}(x) + \cdots + u_{n+p}(x) | < \varepsilon.$$

证 (必要性)设$f_n(x) \rightrightarrows f(x)$, $x \in [a, b]$,则对任给的$\varepsilon > 0$,存在自然数N,使得$n > N$时,对一切$x \in [a, b]$,有

$$| f_n(x) - f(x) | < \frac{\varepsilon}{2},$$

从而当$n > N$时,对一切$x \in [a, b]$及自然数p,有

$$| f_{n+p}(x) - f_n(x) | \leqslant | f_{n+p}(x) - f(x) |$$
$$+ | f_n(x) - f(x) | < \varepsilon.$$

(充分性) 设条件(11.2)成立,则对每个$x \in [a, b]$,数列$\{f_n(x)\}$满足柯西收敛准则,故$\{f_n(x)\}$在$[a, b]$上处处收敛,记

$$\lim_{n \to \infty} f_n(x) = f(x), \quad x \in [a, b],$$

在(11.2)式中固定$n > N$,让$p \to \infty$,便得

$$| f_n(x) - f(x) | \leqslant \varepsilon \quad (n > N, x \in [a, b]),$$

故$\{f_n(x)\}$在$[a, b]$上一致收敛于$f(x)$.

注 根据定理11.1读者容易证明:若$\sum\limits_{n=1}^{\infty} u_n(x)$在$[a, b]$上一致收敛,则$\{u_n(x)\}$在$[a, b]$上必一致收敛于0,反之则不一定成立,因此通项$u_n(x)$在$[a, b]$上一致收敛于0是函数项级数$\sum\limits_{n=1}^{\infty} u_n(x)$在$[a, b]$上一致收敛的一个必要条件.

类似于常数项级数,利用这个必要条件可以判别$\sum\limits_{n=1}^{\infty} u_n(x)$的非一致收敛性.

例7 设

$$u_n(x) = \frac{1}{n^2} \left[e^x - \left(1 + \frac{x}{n} \right)^n \right] \quad (n = 1, 2, \cdots),$$

试证明函数项级数 $\sum\limits_{n=1}^{\infty} u_n(x)$ 在$[0,+\infty)$ 上处处收敛,但非一致收敛.

证　$\sum\limits_{n=1}^{\infty} u_n(x)$ 在$[0,+\infty)$上处处收敛显然成立. 又因为对每个自然数 n

$$\sup_{x\in[0,+\infty)} |u_n(x)| \geqslant u_n(n) = \frac{1}{n^2} |\mathrm{e}^n - 2^n| = \frac{\mathrm{e}^n}{n^2}\left(1 - \left(\frac{2}{\mathrm{e}}\right)^n\right),$$

$$\lim_{n\to\infty} \frac{\mathrm{e}^n}{n^2} = +\infty,$$

则$\{u_n(x)\}$在$[0,+\infty)$上不一致收敛于 0,故 $\sum\limits_{n=1}^{\infty} u_n(x)$ 在区间$[0,+\infty)$ 上非一致收敛.

为了弄清一致收敛性的本质,我们在这里介绍一点函数空间的有关概念. 为了方便起见,我们用 $C_{[a,b]}(M_{[a,b]})$ 表示$[a,b]$上所有连续函数组成的集合($[a,b]$上所有有界函数的集合),按照通常的加法和数乘运算来定义 $C_{[a,b]}(M_{[a,b]})$ 中元素的加法以及数乘运算,即假设 α 是实数,$f(x)$,$g(x) \in C_{[a,b]}(M_{[a,b]})$,则

$$(\alpha f)(x) = \alpha f(x),$$
$$(f+g)(x) = f(x) + g(x).$$

显然 $\alpha f \in C_{[a,b]}(M_{[a,b]})$, $f+g \in C_{[a,b]}(M_{[a,b]})$,且容易验证函数加法满足交换律、结合律,具有零元和逆元,数乘运算也满足:

$$1 \cdot f = f, \ \alpha(\beta f) = (\alpha\beta)f,$$

和

$$(\alpha+\beta)f = \alpha f + \beta f, \ \alpha(f+g) = \alpha f + \alpha g.$$

故 $C_{[a,b]}(M_{[a,b]})$ 是一个线性空间.

又如我们常用 $R_{[a,b]}$ 表示在$[a,b]$上正常可积函数全体,$C_{[a,b]}^n$ 和 $C_{[a,b]}^\infty$ 分别表示在$[a,b]$上 n 次连续可微和无穷次可微函

数全体,按通常的加法和数乘运算来定义 $R_{[a,b]}$, $C_{[a,b]}^n$ 和 $C_{[a,b]}^\infty$ 中元素的加法和数乘运算,则它们也都是线性空间.

在线性空间 $C_{[a,b]}$ ($M_{[a,b]}$) 中,若对任一元素 $f \in C_{[a,b]}$ ($M_{[a,b]}$)定义范数 $\|f\|$ 如下:

$$\|f\| = \sup_{x \in [a,b]} |f(x)| \tag{11.3}$$

(称它为上确界范数),我们容易验证它具有和绝对值相似的三个基本性质:

(i) $\|f\| \geqslant 0$; $\|f\| = 0$ 当且仅当 $f = \mathbf{0}$;

(ii) $\|\alpha f\| = |\alpha| \cdot \|f\|$;

(iii) $\|f+g\| \leqslant \|f\| + \|g\|$.

一般地,一个线性空间 E,定义了一个满足上述性质(i),(ii),(iii)的范数,就称 E 为**赋范线性空间**.

现在我们把连续函数 $f(x)$, $g(x)$ 视为 $C_{[a,b]}$ 中两个元素,利用范数还可以定义 f 和 g 之间的距离 $\rho(f, g)$:

$$\rho(f, g) = \|f - g\| = \sup_{x \in [a,b]} |f(x) - g(x)|. \tag{11.4}$$

于是,若 $f_n(x) \in C_{[a,b]}$, $f(x) \in C_{[a,b]}$,则 $\{f_n(x)\}$ 在 $[a,b]$ 上一致收敛于 $f(x)$ 实质上就是 $C_{[a,b]}$ 中元素序列 $\{f_n\}$ 在距离 ρ(见(11.4)式)意义下收敛于元素 f(或者说元素序列 $\{f_n\}$ 按照这个距离 ρ 无限接近于元素 f),即在 $C_{[a,b]}$ 中

$$f_n(x) \rightrightarrows f(x), \ x \in [a, b]$$

等价于

$$\|f_n - f\| \to 0 \quad (n \to \infty).$$

也等价于对任给的 $\varepsilon > 0$,存在自然数 N,使得当 $n > N$,对一切自然数 p 成立

$$\|f_{n+p} - f_n\| < \varepsilon.$$

如果我们在 $C_{[a,b]}$ 中引进另一个范数

$$\|f\|_2 = \left(\int_a^b |f(x)|^2 \mathrm{d}x \right)^{\frac{1}{2}}. \tag{11.5}$$

　　显然 $\|f\|_2$ 满足范数基本性质(i)和(ii),对性质(iii),我们先证明许瓦尔茨不等式:

$$\int_a^b |f(x)g(x)| \, \mathrm{d}x \leqslant \|f\|_2 \cdot \|g\|_2. \tag{11.6}$$

为此,令

$$\varphi(u) = \int_a^b [u \, | f(x) \, | + | \, g(x) \, |]^2 \mathrm{d}x, \quad u \in (-\infty, +\infty)$$

因为

$$\varphi(u) = \|f\|_2^2 \cdot u^2 + \left(2\int_a^b |f(x) \cdot g(x)| \, \mathrm{d}x\right)u + \|g\|_2^2 \geqslant 0$$

故必有

$$\left(\int_a^b |f(x) \cdot g(x)| \, \mathrm{d}x\right)^2 \leqslant \|f\|_2^2 \cdot \|g\|_2^2,$$

即(11.6)式成立. 利用许瓦尔兹不等式(11.6)可得

$$\begin{aligned}
\|f+g\|_2^2 &= \int_a^b |f(x)+g(x)|^2 \mathrm{d}x \\
&\leqslant \|f\|_2^2 + 2\|f\|_2 \cdot \|g\|_2 + \|g\|_2^2 \\
&= (\|f\|_2 + \|g\|_2)^2,
\end{aligned}$$

故

$$\|f+g\|_2 \leqslant \|f\|_2 + \|g\|_2.$$

在 $C_{[a,b]}$ 中利用(11.5)式定义的范数引进距离

$$\rho_2(f, g) = \|f-g\|_2 = \left(\int_a^b |f(x)-g(x)|^2 \mathrm{d}x\right)^{\frac{1}{2}}. \tag{11.7}$$

则可以得到 $C_{[a,b]}$ 中平方平均收敛,即

$$\lim_{n \to \infty} \int_a^b |f_n(x)-f(x)|^2 \mathrm{d}x = 0$$

或者

$$\|f_n - f\|_2 \to 0 \quad (n \to \infty).$$

由此我们可以在 $C_{[a,b]}$ 中引进各种不同的范数来讨论函数序列的

各种收敛性.

11.1.2 函数项级数的一致收敛性判别法

对于函数项级数的一致收敛性除了按照它的定义和柯西准则(定理 11.1)来确定外,我们还有下面几个方便的判别法则.

定理 11.2(维尔斯特拉斯判别法) 设存在自然数 N,使得 $n > N$ 时,对一切 $x \in E$,有

$$| u_n(x) | \leqslant M_n,$$

且常数项级数 $\sum\limits_{n=1}^{\infty} M_n$ 收敛,则 $\sum\limits_{n=1}^{\infty} u_n(x)$ 在 E 上一致收敛.通常简称它为 **M-判别法**.

证 因为 $\sum\limits_{n=1}^{\infty} M_n$ 收敛,则对任给的 $\varepsilon > 0$,存在自然数 $N_1(\varepsilon) > N$,使得 $n > N_1(\varepsilon)$ 时,对一切自然数 p,有

$$M_{n+1} + M_{n+2} + \cdots + M_{n+p} < \varepsilon,$$

从而 $n > N_1(\varepsilon)$ 时,对一切 $x \in E$ 和自然数 p,有

$$\Big| \sum_{k=n+1}^{n+p} u_k(x) \Big| \leqslant \sum_{k=n+1}^{n+p} M_k < \varepsilon,$$

根据定理 11.1(柯西准则),$\sum\limits_{u=1}^{\infty} u_n(x)$ 在 E 上一致收敛.

例 1 讨论函数项级数

$$\sum_{n=1}^{\infty} \frac{1}{n^3} \ln(1 + n^2 x^2)$$

在 $[0,1]$ 上的一致收敛性.

解 设 $u_n(x) = \dfrac{1}{n^3} \ln(1 + n^2 x^2)$,显然 $x \in [0, 1]$ 时,有

$$| u_n(x) | \leqslant \frac{1}{n^3} \ln(1 + n^2), \quad (n = 1, 2, \cdots)$$

且由比较判别法易知常数项级数

$$\sum_{n=1}^{\infty} \frac{1}{n^3} \ln(1+n^2)$$

收敛,则据 M-判别法,$\sum_{n=1}^{\infty} \frac{1}{n^3} \ln(1+n^2 x^2)$ 在 $[0,1]$ 上一致收敛.

定理 11.3(阿贝尔判别法)　设

(i) 级数 $\sum_{n=1}^{\infty} b_k(x)$ 在 E 上一致收敛;

(ii) $\{a_n(x)\}$ 对每个 $x \in E$,关于 n 单调,且在 E 上一致有界,即存在常数 $K > 0$,使得

$$|a_n(x)| \leqslant K, \quad (x \in E, n = 1, 2, \cdots)$$

则级数 $\sum_{n=1}^{\infty} a_n(x) b_n(x)$ 在 E 上一致收敛.

定理 11.4(狄利克雷判别法)　设

(i) 级数 $\sum_{n=1}^{\infty} b_n(x)$ 的部分和 $B_n(x) = \sum_{k=1}^{n} b_k(x)$ 在 E 上一致有界,即存在常数 $K > 0$,使得对一切 $x \in E$ 和 $n = 1, 2, \cdots$,有 $|B_n(x)| \leqslant K$;

(ii) 对每个 $x \in E$,$\{a_n(x)\}$ 关于 n 单调 ,且 $\{a_n(x)\}$ 在 E 上一致收敛于零.

则级数 $\sum_{n=1}^{\infty} a_n(x) b_n(x)$ 在 E 上一致收敛.

这两个判别法的证明与常数项级数相应判别法的证明完全相似,只要应用阿贝尔引理和一致收敛性柯西准则(定理 11.1)即可证得.详细的证明过程请读者自己写出.此外,读者还可以发现:条件$\{a_n(x)\}$的单调性对不同的 x 关于 n 上升、下降可以不同.

例 2　函数项级数

$$\sum_{n=1}^{\infty} (-1)^{n+1} \frac{(x+n)^n}{n^{1+n}}$$

在$[0,1]$上一致收敛. 这是因为若令

$$b_n(x) = \frac{(-1)^{n+1}}{n}, \quad a_n(x) = \left(1 + \frac{x}{n}\right)^n,$$

则容易验证它满足阿贝尔判别法（定理 11.3）的条件.

例 3 如果数列$\{a_n\}$单调趋于零, 则级数

$$\sum_{n=1}^{\infty} a_n \sin nx \quad \text{和} \quad \sum_{n=1}^{\infty} a_n \cos nx$$

在$[\delta, 2\pi - \delta]$ $(0 < \delta < \pi)$上一致收敛.

证 由 10.3.2 例 1, 在区间$[\delta, 2\pi - \delta]$上有

$$\left| \sum_{k=1}^{n} \sin kx \right| \leqslant \frac{1}{\left| \sin \dfrac{x}{2} \right|} \leqslant \frac{1}{\sin \dfrac{\delta}{2}},$$

$$\left| \sum_{k=1}^{n} \cos kx \right| \leqslant \frac{1}{\left| \sin \dfrac{x}{2} \right|} \leqslant \frac{1}{\sin \dfrac{\delta}{2}},$$

则据狄利克雷判别法（定理 11.4）立即知$\displaystyle\sum_{n=1}^{\infty} a_n \sin nx$ 和 $\displaystyle\sum_{n=1}^{\infty} a_n \cos nx$ 在$[\delta, 2\pi - \delta]$上一致收敛.

例 4 证明$\displaystyle\sum_{n=1}^{\infty} \frac{\sin nx}{n}$在$[0, 2\pi]$上非一致收敛.

证 因为

$$\left| S_{2n}(x) - S_n(x) \right| = \left| \frac{\sin(n+1)x}{n+1} + \frac{\sin(n+2)x}{n+2} \right.$$
$$\left. + \cdots + \frac{\sin 2nx}{2n} \right|,$$

我们取$x_n = \dfrac{\pi}{4n}$, 则

$$\| \boldsymbol{S}_{2n} - \boldsymbol{S}_n \| = \sup_{x \in [0, 2\pi]} \left| S_{2n}(x) - S_n(x) \right|$$

$$\geqslant | S_{2n}(x_n) - S_n(x_n) |$$

$$\geqslant \frac{n\sin nx_n}{2n} = \frac{1}{2\sqrt{2}},$$

据一致收敛柯西准则，$\sum\limits_{n=1}^{\infty} \dfrac{\sin nx}{n}$ 在 $[0, 2\pi]$ 上非一致收敛.

例 5　设 $\sum\limits_{n=1}^{\infty} u_n(x)$ 在 (a, b) 内收敛，每个 $u_n(x)$ 在 $x = b$ 左连续，若 $\sum\limits_{n=1}^{\infty} u_n(b)$ 发散，则 $\sum\limits_{n=1}^{\infty} u_n(x)$ 在 (a, b) 内非一致收敛.

证　用反证法. 设 $\sum\limits_{n=1}^{\infty} u_n(x)$ 在 (a, b) 内一致收敛，则对任给的 $\varepsilon > 0$，存在自然数 N，使得当 $n > N$ 时，对一切 $x \in (a, b)$ 和自然数 p，有

$$| S_{n+p}(x) - S_n(x) | = | u_{n+1}(x) + u_{n+2}(x)$$
$$+ \cdots + u_{n+p}(x) | < \varepsilon,$$

令 $x \to b_-$，则 $n > N$ 时，对一切自然数 p 成立，

$$| S_{n+p}(b) - S_n(b) | \leqslant \varepsilon,$$

这就推出级数 $\sum\limits_{n=1}^{\infty} u_n(b)$ 收敛，与题设 $\sum\limits_{n=1}^{\infty} u_n(b)$ 发散矛盾，故 $\sum\limits_{n=1}^{\infty} u_n(x)$ 在 (a, b) 内非一致收敛.

利用例 5 的结论可以判别函数项级数在开区间 (a, b) 内的非一致收敛性，例如 $\sum\limits_{n=1}^{\infty} \dfrac{1}{1 + n^2 x}$ 在无穷区间 $(0, +\infty)$ 内一定非一致收敛，$\sum\limits_{n=1}^{\infty} x^n$ 在 $(0, 1)$ 内也非一致收敛.

例 6　设

$$u_n(x) = \frac{1}{(\sin x + \cos x)^n}, \quad (n = 1, 2, \cdots)$$

1° 讨论 $\sum\limits_{n=1}^{\infty} u_n(x)$ 在 $\left(0, \dfrac{\pi}{2}\right)$ 中的一致收敛性；

2° 证明 $\{u_n(x)\}$ 在 $\left(0, \dfrac{\pi}{2}\right)$ 中非一致收敛.

解 1° 首先利用三角恒等式容易证明：当 $x \in \left(0, \dfrac{\pi}{2}\right)$ 时，成立

$$\frac{\sqrt{2}}{2} \leqslant \frac{1}{\sin x + \cos x} < 1,$$

故对一切 $x \in \left(0, \dfrac{\pi}{2}\right)$，$\sum\limits_{n=1}^{\infty} u_n(x)$ 收敛，由于 $\sum\limits_{n=1}^{\infty} u_n(0)$ 发散，则据例 5 知 $\sum\limits_{n=1}^{\infty} u_n(x)$ 在 $\left(0, \dfrac{\pi}{2}\right)$ 内非一致收敛.

但是对任给的 $\delta > 0$ $\left(\delta < \dfrac{\pi}{4}\right)$，对一切 $x \in \left[\delta, \dfrac{\pi}{2} - \delta\right]$，成立

$$0 < \frac{1}{\sin x + \cos x} \leqslant q < 1,$$

故 $\sum\limits_{n=1}^{\infty} u_n(x)$ 在 $\left[\delta, \dfrac{\pi}{2} - \delta\right]$ 上一致收敛. 凡在区间 I 上的任一闭区间上一致收敛的级数称为在 I 上**内闭一致收敛**.

2° 显然 $\{u_n(x)\}$ 在 $\left(0, \dfrac{\pi}{2}\right)$ 内处处收敛于 0，因为

$$\lim_{x \to 0_+} \frac{1}{\sin x + \cos x} = 1,$$

则对每个自然数 n，存在点 $x_n \in \left(0, \dfrac{\pi}{2}\right)$，使

$$\frac{1}{\sin x_n + \cos x_n} > \frac{1}{\sqrt[n]{2}},$$

于是

$$\sup_{x \in \left(0, \frac{\pi}{2}\right)} | u_n(x) | \geqslant \frac{1}{(\sin x_n + \cos x_n)^n} > \frac{1}{2},$$

故 $\{u_n(x)\}$ 在 $\left(0, \dfrac{\pi}{2}\right)$ 中非一致收敛.

习　题

1. 定出下列函数项级数的(绝对的和条件的)收敛域:

(1) $\displaystyle\sum_{n=1}^{\infty} \frac{n}{n+1} \left(\frac{x}{2x+1}\right)^n$;

(2) $\displaystyle\sum_{n=1}^{\infty} \frac{2^n \sin^n x}{n^2}$;

(3) $\displaystyle\sum_{n=1}^{\infty} n \mathrm{e}^{-nx}$;

(4) $\displaystyle\sum_{n=1}^{\infty} \frac{(-1)^n}{(x+n)^p}$;

(5) $\displaystyle\sum_{n=1}^{\infty} \frac{(n+x)^n}{n^{n+x}}$.

2. 讨论下列函数序列在所示区间上的一致收敛性:

(1) $f_n(x) = \dfrac{1}{x+n} \qquad (0 < x < +\infty)$;

(2) $f_n(x) = \dfrac{1}{1+nx} \qquad (0 < \alpha < x < +\infty)$;

(3) $f_n(x) = \mathrm{e}^{-(x-n)^2}$:

  (a) $x \in (-l, l)$;   (b) $x \in (-\infty, +\infty)$;

(4) $f_n(x) = \begin{cases} -(n+1)x+1, & 0 \leqslant x \leqslant \dfrac{1}{n+1}, \\ 0, & \dfrac{1}{n+1} < x \leqslant 1 \end{cases} \qquad (x \in [0, 1])$;

(5) $f_n(x) = \dfrac{x^n}{1+x^n} \qquad (x \in [0, 1))$;

(6) $f_n(x) = \dfrac{1}{1+nx}$ $(x \in (0, +\infty))$.

3. 用 $\varepsilon - N$ 语言叙述 $\{f_n(x)\}$ 在 $[a, b]$ 上不一致收敛于 $f(x)$.

4. 讨论下列函数项级数的一致收敛性：

(1) $\displaystyle\sum_{n=1}^{\infty} \dfrac{1}{x^2+n^2}$, $x \in (-\infty, +\infty)$;

(2) $\displaystyle\sum_{n=1}^{\infty} \dfrac{nx}{1+n^5 x^2}$, $x \in (-\infty, +\infty)$;

(3) $\displaystyle\sum_{n=1}^{\infty} \dfrac{(-1)^{n-1}}{x^2+n}$, $x \in (-\infty, +\infty)$;

(4) $\displaystyle\sum_{n=1}^{\infty} \dfrac{\sin x \sin nx}{\sqrt{n+x}}$, $x \in [0, +\infty)$;

(5) $\displaystyle\sum_{n=1}^{\infty} (-1)^{n-1} \dfrac{x^{2n+1}}{2n+1}$, $x \in [-1, 1]$;

(6) $\displaystyle\sum_{n=1}^{\infty} \dfrac{(-1)^{n-1} x^2}{(1+x^2)^n}$, $x \geqslant \delta > 0$.

5. 证明函数项级数

$$\sum_{n=1}^{\infty} \dfrac{\ln(1+nx)}{nx^n}$$

在 $(1, +\infty)$ 中内闭一致收敛(即对任意的 $\delta > 0$ 和 $T > 1+\delta$, 级数在 $[1+\delta, T]$ 上一致收敛).

6. 试证函数项级数

$$\sum_{n=1}^{\infty} \dfrac{x^n}{1+x^n}$$

在 $(-1, 1)$ 内非一致收敛, 但内闭一致收敛.

7. 设 $f(x)$ 为定义在区间 (a, b) 内的任一函数, 记

$$f_n(x) = \dfrac{[nf(x)]}{n}, \quad (n = 1, 2, \cdots)$$

证明$\{f_n(x)\}$在(a, b)内一致收敛于$f(x)$(这里记号$[x]$表示不超过x的最大整数).

8. 设$f_1(x) \in C_{[a, b]}$,定义函数序列

$$f_{n+1}(x) = \int_a^x f_n(t)\mathrm{d}t, \quad (n = 1, 2, \cdots)$$

试证$\{f_n(x)\}$在$[a, b]$上一致收敛于零.

9. 试证:$C_{[a, b]}$中函数序列一致收敛性蕴含平方平均收敛性,反之不然.

11.2 一致收敛函数序列与函数项级数的性质

本节讨论函数项级数的连续性、可微性和可积性.

定理 11.5a(连续性) 设每个$u_n(x)$在$[a, b]$上连续,且$\sum_{n=1}^{\infty} u_n(x)$在$[a, b]$上一致收敛于$S(x)$,则$S(x)$在$[a, b]$上连续.

定理 11.5b 设每个$f_n(x)$在$[a, b]$上连续,且$\{f_n(x)\}$在$[a, b]$上一致收敛于$f(x)$,则$f(x)$在$[a, b]$上连续.

证 任取$x_0 \in [a, b]$,由$\{S_n(x)\}$在$[a, b]$上一致收敛于$S(x)$,则对任给的$\varepsilon > 0$,存在自然数N,使得对一切$x \in [a, b]$,有

$$|S_N(x) - S(x)| < \frac{\varepsilon}{3},$$

从而对一切h,当$x_0 + h \in [a, b]$时,有

$$|S_N(x_0 + h) - S(x_0 + h)| < \frac{\varepsilon}{3},$$

又因为$S_N(x)$连续,故存在$\delta > 0$,使得当$|h| < \delta$时有

$$|S_N(x_0 + h) - S_N(x_0)| < \frac{\varepsilon}{3},$$

于是对任给的 $\varepsilon > 0$,只要 $|h| < \delta$ 时,有

$$|S(x_0+h)-S(x_0)| \leqslant |S(x_0+h)-S_N(x_0+h)|$$
$$+|S_N(x_0+h)-S_N(x_0)|$$
$$+|S_N(x_0)-S(x_0)| < \varepsilon,$$

故 $S(x)$ 在 $[a,b]$ 上连续.

下面我们考虑定理 11.5 的反问题:设每个 $u_n(x)$ 在 $[a,b]$ 上连续,$\sum\limits_{n=1}^{\infty} u_n(x)$ 在 $[a,b]$ 上处处收敛于 $S(x)$,若 $S(x)$ 在 $[a,b]$ 上连续,是否一定有 $\sum\limits_{n=1}^{\infty} u_n(x)$ 在 $[a,b]$ 上一致收敛,一般说来,不一定成立,但可以证明.

定理 11.6a(狄尼(Dini)定理) 设每个 $u_n(x)$ 在有穷闭区间 $[a,b]$ 上连续而且非负,若 $\sum\limits_{n=1}^{\infty} u_n(x)$ 在 $[a,b]$ 上处处收敛于连续函数 $S(x)$,则 $\sum\limits_{n=1}^{\infty} u_n(x)$ 在 $[a,b]$ 上一致收敛.

定理 11.6b 设每个 $f_n(x)$ 在有穷闭区间 $[a,b]$ 上连续,且对一切 $x \in [a,b]$ 有 $f_{n+1}(x) \geqslant f_n(x)$(或者 $f_{n+1}(x) \leqslant f_n(x)$),$n=1,2,\cdots$,若 $\{f_n(x)\}$ 在 $[a,b]$ 上收敛于连续函数 $f(x)$,则 $\{f(x)\}$ 在 $[a,b]$ 一致收敛于 $f(x)$.

证 用反证法.设 $\sum\limits_{n=1}^{\infty} u_n(x)$ 在 $[a,b]$ 上不一致收敛,即 $r_n(x) = S(x)-S_n(x)$ 不一致收敛于零,则存在某个正数 $\varepsilon_0 > 0$,对每一个自然数 k,存在自然数 $n_k > k$ 和点 $x_k \in [a,b]$ 满足不等式

$$|r_{n_k}(x_k)| \geqslant \varepsilon_0.$$

由于每个 $u_n(x) \geqslant 0$,则 $\{r_n(x)\}$ 关于 n 单调下降,利用 $\{r_n(x)\}$ 的单调下降性我们容易知道如果 $\{r_n(x)\}$ 不一致收敛于零,则存在某个 $\varepsilon_0 > 0$,对每个自然数 n,存在点 $x_n \in [a,b]$,使

$$r_n(x_n) \geqslant \varepsilon_0.$$

由于 $\{x_n\}$ 是有界点列,我们不妨设 $x_n \to x_0 \in [a, b]$,则

$$\lim_{m \to \infty} r_m(x_0) = 0,$$

又因为对每一个自然数 m, $r_m(x)$ 在 $[a, b]$ 上连续,故

$$\lim_{n \to \infty} r_m(x_n) = r_m(x_0),$$

但当 $n \geqslant m$ 时,

$$r_m(x_n) \geqslant r_n(x_n) \geqslant \varepsilon_0,$$

令 $n \to \infty$,得

$$r_m(x_0) \geqslant \varepsilon_0,$$

这与 $\lim\limits_{m \to \infty} r_m(x_0) = 0$ 矛盾,故 $\sum\limits_{n=1}^{\infty} u_n(x)$ 在 $[a, b]$ 上一致收敛.

由狄尼定理易知若

$$f_n(x) = \frac{x}{1 + nx^2}, \quad (x \in [0, 1], n = 1, 2, \cdots)$$

则 $\{f_n(x)\}$ 在 $[0, 1]$ 上一致收敛于零.

注　定理 11.6a(定理 11.6b) 对无穷区间和非闭的有穷区间不一定成立. 例如

$$f_n(x) = \frac{x^4}{1 + n^2 x^2}, \quad (x \in (-\infty, +\infty), n = 1, 2, \cdots)$$

则 $\{f_n(x)\}$ 处处收敛于零,且 $f_{n+1}(x) \leqslant f_n(x) \ (n = 1, 2, \cdots)$,但 $\{f_n(x)\}$ 在 $(-\infty, +\infty)$ 上不一致收敛于零. 这是因为

$$|f_n(n)| = \frac{n^4}{1 + n^4},$$

则

$$\sup_{x \in (-\infty, +\infty)} |f_n(x)| \geqslant \frac{1}{2}, \quad (n = 1, 2, \cdots)$$

故 $\{f_n(x)\}$ 在 $(-\infty, +\infty)$ 上不一致收敛于零.

又如

$$f_n(x) = x^n, (x \in (0, 1), n = 1, 2, \cdots)$$

显然 $\{f_n(x)\}$ 在 $(0, 1)$ 上满足定理 11.6b 条件,但 $\{f_n(x)\}$ 在 $(0, 1)$ 上不一致收敛(见 11.1.1 段例 5).

定理 11.5 告诉我们,若每个 $u_n(x)$ 在 $[a, b]$ 上连续,且 $\sum_{n=1}^{\infty} u_n(x)$ 在 $[a, b]$ 上一致收敛于 $S(x)$,则对每个 $x_0 \in [a, b]$,有

$$\lim_{x \to x_0} S(x) = S(x_0),$$

即

$$\lim_{x \to x_0} \sum_{n=1}^{\infty} u_n(x) = \sum_{n=1}^{\infty} (\lim_{x \to x_0} u_n(x)). \tag{11.8}$$

从(11.8)式可以知道,如果定理 11.5 条件成立,则函数项级数可以逐项求极限. 一般还可以证明

定理 11.7(逐项求极限) 设 $\sum_{n=1}^{\infty} u_n(x)$ 在 $[x_0 - \delta, x_0 + \delta]$ $(\delta > 0)$ 上一致收敛,$\lim_{x \to x_0} u_n(x) = c_n (n = 1, 2, \cdots)$,则级数 $\sum_{n=1}^{\infty} c_n$ 收敛,且

$$\lim_{x \to x_0} \sum_{n=1}^{\infty} u_n(x) = \sum_{n=1}^{\infty} (\lim_{x \to x_0} u_n(x)). \tag{11.9}$$

证 因为 $\sum_{n=1}^{\infty} u_n(x)$ 在 $[x_0 - \delta, x_0 + \delta]$ 上一致收敛,则对任给的 $\varepsilon > 0$,存在自然数 N,使得 $n > N$ 时,对一切 $x \in [x_0 - \delta, x_0 + \delta]$ 和自然数 p,有

$$| u_{n+1}(x) + u_{n+2}(x) + \cdots + u_{n+p}(x) | < \varepsilon,$$

上式中固定 $n > N$,令 $x \to x_0$,得

$$| c_{n+1} + c_{n+2} + \cdots + c_{n+p} | \leqslant \varepsilon \ (n > N),$$

故 $\sum_{n=1}^{\infty} c_n$ 收敛.

现在令

$$S_n(x) = \sum_{k=1}^{n} u_k(x), \; A_n = \sum_{k=1}^{n} c_k,$$

$$S(x) = \sum_{k=1}^{\infty} u_k(x), \; A = \sum_{k=1}^{\infty} c_k,$$

$$r_n(x) = S(x) - S_n(x), \; r_n = A - A_n,$$

则

$$| S(x) - A | \leqslant | S_n(x) - A_n | + | r_n(x) | + | r_n |.$$

$$(11.10)$$

由于 $\sum_{n=1}^{\infty} c_n$ 收敛以及 $\sum_{n=1}^{\infty} u_n(x)$ 在 $[x_0 - \delta, \; x_0 + \delta]$ 上一致收敛,则对任给的 $\varepsilon > 0$,存在自然数 N,使得 $n > N$ 时,有

$$| r_n(x) | < \frac{\varepsilon}{3}, \; x \in [x_0 - \delta, \; x_0 + \delta] \qquad (11.11)$$

和

$$| r_n | < \frac{\varepsilon}{3}. \qquad (11.12)$$

又因为对固定的 n,

$$\lim_{x \to x_0} S_n(x) = \sum_{k=1}^{n} c_k = A_n,$$

故对固定的 $n > N$,存在 $\delta_0 > 0 \; (\delta_0 < \delta)$,当 $0 < | x - x_0 | < \delta_0$ 时,有

$$| S_n(x) - A_n | < \frac{\varepsilon}{3}. \qquad (11.13)$$

由 (11.10),(11.11),(11.12) 和 (11.13) 式,则可得

$$| S(x) - A | < \varepsilon, \; (0 < | x - x_0 | < \delta_0 \text{ 时}),$$

故

$$\lim_{x \to x_0} \sum_{n=1}^{\infty} u_n(x) = \sum_{n=1}^{\infty} c_n = \sum_{n=1}^{\infty} (\lim_{x \to x_0} u_n(x)).$$

由本定理的证明易知,若 $\sum\limits_{n=1}^{\infty} u_n(x)$ 在 $(x_0-\delta,\ x_0)$ 内一致收

敛, $\lim\limits_{x \to x_0^-} u_n(x) = c_n$, 则 $\sum\limits_{n=1}^{\infty} c_n$ 收敛,且

$$\lim_{x \to x_0^-} \sum_{n=1}^{\infty} u_n(x) = \sum_{n=1}^{\infty} c_n.$$

对右极限也有类似的结论.

例1　求极限

$$\lim_{x \to 1_-} (1-x) \sum_{n=1}^{\infty} (-1)^{n-1} \frac{x^n}{1-x^n}.$$

解

$$(1-x) \sum_{n=1}^{\infty} (-1)^{n-1} \frac{x^n}{1-x^n}$$

$$= \sum_{n=1}^{\infty} (-1)^{n-1} \frac{x^n}{1+x+x^2+\cdots+x^{n-1}},$$

考察级数

$$\sum_{n=1}^{\infty} (-1)^{n-1} \frac{x^n}{1+x+x^2+\cdots+x^{n-1}}, \ x \in (0,\ 1],$$

$$(11.14)$$

因为 $\sum\limits_{n=1}^{N} (-1)^{n-1}$ 关于 N 有界,对每个 $x \in (0,\ 1]$,

$$\frac{x^n}{1+x+x^2+\cdots+x^{n-1}}$$

关于 n 单调下降,且对一切 $x \in (0,\ 1]$,有

$$0 \leqslant \frac{x^n}{1+x+x^2+\cdots+x^{n-1}} \leqslant \frac{1}{n},$$

故 $\left\{ \dfrac{x^n}{1+x+x^2+\cdots+x^{n-1}} \right\}$ 在 $(0,\ 1]$ 一致收敛于零,由 11.1.2

段定理 11.4(狄利克雷判别法)知级数(11.14)在(0，1]上一致收敛，从而

$$\lim_{x \to 1_-} (1-x) \sum_{n=1}^{\infty} (-1)^{n-1} \frac{x^n}{1-x^n} = \sum_{n=1}^{\infty} (-1)^{n-1} \frac{1}{n} = \ln 2.$$

$\left(\sum_{n=1}^{\infty} (-1)^{n-1} \dfrac{1}{n} = \ln 2 \right.$ 可参阅 11.3.2 段例 1$\left. \right)$.

定理 11.8a(逐项求积分)　设每个 $u_n(x)$ 在$[a，b]$上连续，且 $\sum_{n=1}^{\infty} u_n(x)$ 在$[a，b]$上一致收敛于 $S(x)$，则

$$\int_a^b S(x)\mathrm{d}x = \sum_{n=1}^{\infty} \int_a^b u_n(x)\mathrm{d}x. \tag{11.15}$$

定理 11.8b　设每个 $f_n(x)$ 在$[a，b]$上连续，且$\{f_n(x)\}$在$[a，b]$上一致收敛于 $f(x)$，则

$$\int_a^b f(x)\mathrm{d}x = \lim_{n \to \infty} \int_a^b f_n(x)\mathrm{d}x.$$

证　令 $r_n(x) = S(x) - S_n(x)$，由定理 11.1 知 $S(x)$ 在$[a，b]$上连续，故 $r_n(x)$ 也在$[a，b]$上连续，于是

$$\int_a^b S(x)\mathrm{d}x = \int_a^b S_n(x)\mathrm{d}x + \int_a^b r_n(x)\mathrm{d}x.$$

因为 $r_n(x)$ 在$[a，b]$上一致收敛于零，则对任给的 $\varepsilon > 0$，存在自然数 N，使得 $n > N$ 时，对一切 $x \in [a，b]$，有

$$|r_n(x)| < \frac{\varepsilon}{b-a},$$

从而 $n > N$ 时，有

$$\left| \int_a^b r_n(x)\mathrm{d}x \right| < \varepsilon,$$

即

$$\lim_{n \to \infty} \int_a^b r_n(x)\mathrm{d}x = 0,$$

即

$$\int_a^b S(x)\mathrm{d}x = \lim_{n\to\infty}\int_a^b S_n(x)\mathrm{d}x$$

$$= \sum_{n=1}^{\infty}\int_a^b u_n(x)\mathrm{d}x.$$

定理 11.9a(逐项求导数) 设每个 $u_n(x)$ 在 $[a, b]$ 上有连续导数,$\sum_{n=1}^{\infty} u_n(x)$ 在 $[a, b]$ 上收敛于 $S(x)$,$\sum_{n=1}^{\infty} u'_n(x)$ 在 $[a, b]$ 上一致收敛于 $S^*(x)$,则

$$S'(x) = S^*(x) = \sum_{n=1}^{\infty} u'_n(x), \qquad (11.16)$$

且 $\sum_{n=1}^{\infty} u_n(x)$ 在 $[a, b]$ 上一致收敛于 $S(x)$.

定理 11.9b 设每个 $f_n(x)$ 在 $[a, b]$ 上有连续导数,$\{f_n(x)\}$ 处处收敛于 $f(x)$,$\{f'_n(x)\}$ 在 $[a, b]$ 上一致收敛于 $f^*(x)$,则

$$f'(x) = f^*(x) = \lim_{n\to\infty} f'_n(x),$$

且 $\{f_n(x)\}$ 在 $[a, b]$ 上一致收敛于 $f(x)$.

证 任取 $x \in [a, b]$,在区间 $[a, x]$ 上对 $\sum_{n=1}^{\infty} u'_n(x)$ 应用定理 11.8 得

$$\int_a^x S^*(t)\mathrm{d}t = \sum_{n=1}^{\infty}\int_a^x u'_n(t)\mathrm{d}t$$

$$= \sum_{n=1}^{\infty}(u_n(x) - u_n(a))$$

$$= S(x) - S(a),$$

上式两边对 x 求导数,即得

$$S'(x) = S^*(x) = \sum_{n=1}^{\infty} u'_n(x).$$

下面证明 $\sum_{n=1}^{\infty} u_n(x)$ 在 $[a, b]$ 上一致收敛. 因为

$$S_n(x) = S_n(a) + \int_a^x S'_n(t) \, \mathrm{d}t,$$

$$S(x) = S(a) + \int_a^x S'(t) \, \mathrm{d}t,$$

则

$$S_n(x) - S(x) = S_n(a) - S(a) + \int_a^x [S'_n(t) - S'(t)] \mathrm{d}t,$$

$$\begin{aligned} \mid S_n(x) - S(x) \mid &\leqslant \mid S_n(a) - S(a) \mid \\ &\quad + \parallel S'_n(t) - S'(t) \parallel \cdot (b - a), \end{aligned}$$

故 $\sum\limits_{n=1}^{\infty} u_n(x)$ 在 $[a, b]$ 上一致收敛于 $S(x)$.

从定理 11.9 的证明读者不难发现：条件 $\sum\limits_{n=1}^{\infty} u_n(x)$ 在 $[a, b]$ 上处处收敛可改弱为存在一点 $x_0 \in [a, b]$，使 $\sum\limits_{n=1}^{\infty} u_n(x_0)$ 收敛于 $S(x_0)$.

例 2　讨论 $S(x) = \sum\limits_{n=1}^{\infty} \dfrac{1}{n^3} \ln(1 + n^2 x^2)$ 在 $[0, 1]$ 上的连续性、可微性.

解　据 11.1.2 段例 1 知 $S(x)$ 在 $[0, 1]$ 上连续，现令

$$u_n(x) = \frac{1}{n^3} \ln(1 + n^2 x^2) \quad (n = 1, 2, \cdots),$$

则

$$u'_n(x) = \frac{2x}{n(1 + n^2 x^2)} \quad (n = 1, 2, \cdots),$$

易知 $x \in [0, 1]$ 时，

$$0 \leqslant u'_n(x) \leqslant u'_n\left(\frac{1}{n}\right) = \frac{1}{n^2} \quad (n = 1, 2, \cdots),$$

则由 M-判别法知 $\sum\limits_{n=1}^{\infty} u_n'(x)$ 在 $[0, 1]$ 上一致收敛,再据定理11.9,$S(x)$ 在 $[0, 1]$ 连续可微,且

$$S'(x) = \sum_{n=1}^{\infty} \frac{2x}{n(1+n^2 x^2)}.$$

例3 设 $0 < a < 1$,试讨论函数项级数

$$\sum_{n=1}^{\infty} (-1)^{n-1} \frac{t^{n-1}}{1+t^{2n}}$$

在 $[0, a]$ 和 $[0, 1)$ 上的一致收敛性,并求极限

$$\lim_{a \to 1_-} \left(\int_0^a \sum_{n=1}^{\infty} (-1)^{n-1} \frac{t^{n-1}}{1+t^{2n}} dt \right).$$

解 令 $u_n(t) = (-1)^{n-1} \dfrac{t^{n-1}}{1+t^{2n}}$,则对一切 $t \in [0, a]$,

$$| u_n(t) | \leqslant a^{n-1} \quad (n = 1, 2, \cdots),$$

$0 < a < 1$,故 $\sum\limits_{n=1}^{\infty} u_n(t)$ 在 $[0, a]$ 上一致收敛. 又因为 $\sum\limits_{n=1}^{\infty} u_n(1)$ 发散,故 $\sum\limits_{n=1}^{\infty} u_n(t)$ 在 $[0, 1)$ 上非一致收敛.

利用定理11.8,当 $0 < a < 1$ 时,有

$$\int_0^a \left(\sum_{n=1}^{\infty} u_n(t) \right) dt = \sum_{n=1}^{\infty} \int_0^a (-1)^{n-1} \frac{t^{n-1}}{1+t^{2n}} dt$$
$$= \sum_{n=1}^{\infty} \frac{(-1)^{n-1}}{n} \cdot \arctan a^n.$$

因为 $\sum\limits_{n=1}^{\infty} \dfrac{(-1)^{n-1}}{n}$ 收敛,$\arctan a^n$ 对每个 $a \in [0, 1)$ 单调,且一致有界,据阿贝尔判别法,函数项级数

$$\sum_{n=1}^{\infty} \frac{(-1)^{n-1}}{n} \arctan a^n$$

关于 $a \in [0, 1)$ 一致收敛,故

$$\lim_{a \to 1_-} \left(\int_0^a \sum_{n=1}^{\infty} (-1)^{n-1} \frac{t^{n-1}}{1+t^{2n}} \mathrm{d}t \right)$$

$$= \lim_{a \to 1_-} \left(\sum_{n=1}^{\infty} \frac{(-1)^{n-1}}{n} \arctan a^n \right)$$

$$= \sum_{n=1}^{\infty} \frac{(-1)^{n-1}}{n} \cdot \frac{\pi}{4} = \frac{\pi}{4} \ln 2.$$

本节结尾我们利用函数项级数理论给出一个定义在整个实数轴上处处不可导的实连续函数.

设 $\varphi(x) = |x|$, $(-1 \leqslant x \leqslant 1)$, 并满足

$$\varphi(x+2) = \varphi(x), \quad x \in (-\infty, +\infty),$$

于是 $\varphi(x)$ 是 $(-\infty, +\infty)$ 上的连续函数(如图 11-3 所示).

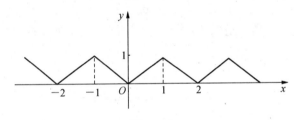

图 11-3

显然,对一切实数 s, t 有

$$|\varphi(s) - \varphi(t)| \leqslant |s-t|. \tag{11.17}$$

且当 s 和 t 之间没有整数时,(11.17)等号成立. 再令

$$f(x) = \sum_{n=0}^{\infty} \left(\frac{3}{4} \right)^n \varphi(4^n x), \tag{11.18}$$

由于 $0 \leqslant \varphi(x) \leqslant 1$,级数(11.18) 在 $(-\infty, +\infty)$ 上必一致收敛,故 $f(x)$ 在 $(-\infty, +\infty)$ 上连续,下面证明 $f(x)$ 处处不可导. 固定 x 和一个正整数 m,令

$$\delta_m = \pm \frac{1}{2} (4^{-m}). \tag{11.19}$$

因为 $4^m \mid \delta_m \mid = \dfrac{1}{2}$，$4^m x - \dfrac{1}{2}$ 和 $4^m x + \dfrac{1}{2}$ 之间最多只能有一个整数，故总可取 δ_m 的符号使 $4^m x$ 与 $4^m x + 4^m \delta_m$ 之间没有整数. 考察

$$\Delta = \left| \frac{f(x + \delta_m) - f(x)}{\delta_m} \right|$$

$$= \left| \sum_{n=0}^{\infty} \left(\frac{3}{4} \right)^n \frac{\varphi(4^n(x + \delta_m)) - \varphi(4^n x)}{\delta_m} \right|$$

$$= \left| \sum_{n=0}^{\infty} \left(\frac{3}{4} \right)^n r_n \right|,$$

其中

$$r_n = \frac{\varphi(4^n(x + \delta_m)) - \varphi(4^n x)}{\delta_m},$$

当 $n > m$ 时，$4^n \delta_m$ 是偶数，则 $r_n = 0$，而当 $n \leqslant m$ 时，据(11.17)式得

$$\mid r_n \mid \leqslant 4^m,$$

特别地，因为 $4^m x + 4^m \delta_m$ 与 $4^m x$ 之间无整数，则

$$\mid r_m \mid = \frac{\dfrac{1}{2}}{\mid \delta_m \mid} = 4^m,$$

故对一切 m，有

$$\Delta = \left| \sum_{n=0}^{m} \left(\frac{3}{4} \right)^n r_n \right| \geqslant 3^m - \sum_{n=0}^{m-1} 3^n$$

$$= \frac{1}{2}(3^m + 1) \to +\infty \quad (m \to \infty),$$

从而 $f(x)$ 处处不可导.

习　题

1. 证明函数

$$f(x) = \sum_{n=1}^{\infty} \frac{\sin nx}{n^3}$$

在$(-\infty, +\infty)$上连续,且有连续导数.

2. 证明函数

$$\varphi(x) = \sum_{n=1}^{\infty} \frac{1}{n^x}$$

在$(1, \infty)$内连续,且有各阶连续导数,但级数 $\sum_{n=1}^{\infty} \frac{1}{n^x}$ 在$(1, \infty)$ 内非一致收敛.

3. 证明级数

$$\sum_{n=1}^{\infty} \left[nx\mathrm{e}^{-nx} - (n-1)x\mathrm{e}^{-(n-1)x} \right]$$

在闭区间$[0, 1]$上收敛,但不一致收敛,而它的和函数 $S(x)$ 在$[0, 1]$上连续.

4. 求函数项级数

$$\sum_{n=1}^{\infty} \frac{x^2}{(1+x^2)^{n-1}}, \ x \in (-\infty, +\infty)$$

的和函数,并讨论它的一致收敛性.

5. 设

$$f(x) = \sum_{n=1}^{\infty} \left(x + \frac{1}{n} \right)^n,$$

研究 $f(x)$ 的存在域,并讨论它的连续性.

6. 求极限

$$\lim_{x \to 1_-} \sum_{n=1}^{\infty} \frac{(-1)^{n-1} x^n}{n(x^n+1)}.$$

7. 设

$$f(x) = \sum_{n=1}^{\infty} \frac{e^{-nx}}{n} \quad (x > 0),$$

研究 $f(x)$ 在 $(0, +\infty)$ 上的连续性、可微性,并求 $f'(x)$.

8. 设

$$f_n(x) = n^\alpha x e^{-nx} \quad (n = 1, 2, \cdots),$$

试研究参数 α 取什么值时,

(1) $\{f_n(x)\}$ 在 $[0, 1]$ 上收敛;

(2) $\{f_n(x)\}$ 在 $[0, 1]$ 上一致收敛;

(3) $\lim_{n \to \infty} \int_0^1 f_n(x) dx$ 可在积分号下取极限.

9. 计算

$$\lim_{x \to 1_-} (1 - x^2) \sum_{n=1}^{\infty} (-1)^{n-1} \frac{x^n}{1 - x^{2n}}.$$

10. 已知 $\ln(1+x) = \sum_{n=1}^{\infty} (-1)^{n-1} \frac{x^n}{n}$, $(|x| < 1)$,证明级数

$$\sum_{n=0}^{\infty} \left(\frac{x^{2n+1}}{2n+1} - \frac{x^{n+1}}{2n+2} \right)$$

在 $[0, 1]$ 上处处收敛,但非一致收敛.

11. 试用有限覆盖定理证明定理 11.6(狄尼定理).

11.3 幂 级 数

如果 $u_n(x) = a_n x^n$ 或者 $u_n(x) = a_n(x - x_0)^n$, $n = 0, 1,$

$2, \cdots$,其中 $a_n(n = 0, 1, 2, \cdots)$ 为常数,则称 $\sum_{n=0}^{\infty} u_n(x)$ 为**幂级数**.

由于若令 $y = x - x_0$，则 $\sum\limits_{n=0}^{\infty} a_n (x - x_0)^n$ 就可化为 $\sum\limits_{n=0}^{\infty} a_n x^n$ 形式，故为了简单起见，下面仅考察形如

$$\sum_{n=0}^{\infty} a_n x^n = a_0 + a_1 x + a_2 x^2 + \cdots + a_n x^n + \cdots \quad (11.20)$$

的幂级数.

（11.20）的部分和

$$S_n(x) = a_0 + a_1 x + \cdots + a_n x^n,$$

它是一个 n 次多项式，若 $\{S_n(x)\}$ 收敛，则

$$\sum_{n=0}^{\infty} a_n x^n = \lim_{n \to \infty} S_n(x),$$

它是多项式序列的极限，因此，幂级数（11.20）是一种结构最简单应用最广泛的函数项级数，它具有一些特殊性质.

11.3.1　幂级数的收敛半径

首先我们讨论幂级数（11.20）的收敛半径和收敛区间.

定理 11.10（阿贝尔第一定理）　设 $\bar{x} \neq 0$，若幂级数 $\sum\limits_{n=0}^{\infty} a_n \bar{x}^n$ 收敛，则对满足不等式 $|x| < |\bar{x}|$ 的任何实数 x，$\sum\limits_{n=0}^{\infty} a_n x^n$ 绝对收敛；若 $\sum\limits_{n=0}^{\infty} a_n \bar{x}^n$ 发散，则对满足不等式 $|x| > |\bar{x}|$ 的任何实数 x，$\sum\limits_{n=0}^{\infty} a_n x^n$ 发散.

证　设 $\sum\limits_{n=0}^{\infty} a_n \bar{x}^n$ 收敛，则数列 $\{a_n \bar{x}^n\}$ 必有界，即存在 $M > 0$，使得

$$|a_n \bar{x}^n| \leqslant M \quad (n = 0, 1, 2, \cdots),$$

则

$$|a_n| \leqslant \frac{M}{|\bar{x}|^n}, \quad |a_n x^n| \leqslant M \cdot \left|\frac{x}{\bar{x}}\right|^n, \quad (n = 0, 1, 2, \cdots)$$

于是当 $|x| < |\bar{x}|$ 时，必有 $\sum\limits_{n=0}^{\infty} |a_n x^n|$ 收敛.

设 $\sum\limits_{n=0}^{\infty} a_n \bar{x}^n$ 发散，若存在一点 x_0，$|x_0| > |\bar{x}|$，使得级数 $\sum\limits_{n=0}^{\infty} a_n x_0^n$ 收敛，则由定理第一部分结论知 $\sum\limits_{n=0}^{\infty} a_n \bar{x}^n$ 绝对收敛，这与假设有矛盾，故对满足 $|x| > |\bar{x}|$ 的任何实数 x，$\sum\limits_{n=0}^{\infty} a_n x^n$ 必发散.

由定理 11.10 可以看出，幂级(11.20)的收敛域是以原点为中心的区间. 现在要问最大的这种区间如何求得，为此，我们引进收敛半径 R 之定义.

定义(收敛半径) 如果存在实数 R，$0 < R < +\infty$，使得 $|x| < R$ 时，(11.20)绝对收敛，$|x| > R$ 时，(11.20)发散，则称 R 为幂级数(11.20)的**收敛半径**；又若(11.20)处处收敛，则称 (11.20)的收敛半径为 $+\infty$；若(11.20)仅在 $x = 0$ 处收敛，则称 (11.20)的收敛半径为 0.

根据上极限运算法则，得

$$\varlimsup_{n\to\infty} \sqrt[n]{|a_n x^n|} = |x| \cdot \varlimsup_{n\to\infty} \sqrt[n]{|a_n|}.$$

因此，如果 $0 < \varlimsup\limits_{n\to\infty} \sqrt[n]{|a_n|} < +\infty$，则由正项级数柯西判别法(第 10 章 10.2 定理 10.3 推论)可知，当 $|x| < \dfrac{1}{\varlimsup\limits_{n\to\infty} \sqrt[n]{|a_n|}}$ 时，

$\sum\limits_{n=0}^{\infty} a_n x^n$ 绝对收敛，当 $|x| > \dfrac{1}{\varlimsup\limits_{n\to\infty} \sqrt[n]{|a_n|}}$ 时，$\sum\limits_{n=0}^{\infty} a_n x^n$ 发散；如果 $\varlimsup\limits_{n\to\infty} \sqrt[n]{|a_n|} = 0$，则显然有 $\sum\limits_{n=0}^{\infty} a_n x^n$ 处处收敛；如果 $\varlimsup\limits_{n\to\infty} \sqrt[n]{|a_n|}$

$=+\infty$，则除 $x=0$ 外，$\sum\limits_{n=0}^{\infty} a_n x^n$ 处处发散，于是我们得到了收敛半径 R 的存在定理及其求法.

定理 11.11　任何一个幂级数 $\sum\limits_{n=0}^{\infty} a_n x^n$ 的收敛半径 R 必存在，且

$$R = \frac{1}{\varlimsup\limits_{n\to\infty} \sqrt[n]{|a_n|}},　　　　(11.21)$$

这里规定 $\varlimsup\limits_{n\to\infty} \sqrt[n]{|a_n|} = 0$ 时，$R = +\infty$；$\varlimsup\limits_{n\to\infty} \sqrt[n]{|a_n|} = +\infty$ 时，$R = 0$.

如果幂级数 (11.20) 的收敛半径为 R，则 (11.20) 在 $(-R, R)$ 内绝对收敛，$x = \pm R$ 时，(11.20) 是否收敛要另行判别，故 (11.20) 的收敛区间可能包括端点 $x = \pm R$.

除了用公式 (11.21) 求幂级数 $\sum\limits_{n=0}^{\infty} a_n x^n$ 的收敛半径以外，读者也可以证明下列事实：

$1°$ 若 $\lim\limits_{n\to\infty} \left| \dfrac{a_{n+1}}{a_n} \right|$ 存在（有限或 $+\infty$），则 $R = \dfrac{1}{\lim\limits_{n\to\infty} \left| \dfrac{a_{n+1}}{a_n} \right|}$；

$2°$ $R = \sup\{ |\overline{x}| : \sum\limits_{n=0}^{\infty} a_n \overline{x}^n \text{ 收敛} \}$.

对于幂级数

$$\sum_{n=0}^{\infty} a_n (x - x_0)^n = a_0 + a_1(x - x_0) + \cdots$$
$$+ a_n (x - x_0)^n + \cdots　　　(11.22)$$

的收敛半径 R 类似地定义如下：

若 $|x - x_0| < R$ 时，(11.22) 绝对收敛，若 $|x - x_0| > R$ 时，(11.22) 发散，则称 R 为 (11.22) 的收敛半径.

易知幂级数(11.22)的收敛半径 R 也等于 $\dfrac{1}{\overline{\lim\limits_{n\to\infty}}\sqrt[n]{|a_n|}}$，且

级数(11.22)在 $(x_0-R,\ x_0+R)$ 内绝对收敛.

例 1 求 $\sum\limits_{n=1}^{\infty}\dfrac{x^n}{n^2}$ 的收敛区间.

解 因为 $\lim\limits_{n\to\infty}\sqrt[n]{|a_n|}=\lim\limits_{n\to\infty}\dfrac{1}{\sqrt[n]{n^2}}=1$，所以 $R=1$，又当 $x=$

± 1 时，级数 $\sum\limits_{n=1}^{\infty}\dfrac{1}{n^2}$ 和 $\sum\limits_{n=1}^{\infty}\dfrac{(-1)^n}{n^2}$ 均收敛，故 $\sum\limits_{n=1}^{\infty}\dfrac{x^n}{n^2}$ 的收敛区间为

$[-1,\ 1]$.

例 2 求 $\sum\limits_{n=1}^{\infty}\dfrac{x^n}{n!}$ 的收敛区间.

解 因为

$$\lim_{n\to\infty}\frac{|a_{n+1}|}{|a_n|}=\lim_{n\to\infty}\frac{1}{n+1}=0,$$

所以 $R=+\infty$，收敛区间为 $(-\infty,\ +\infty)$.

例 3 求 $\sum\limits_{n=0}^{\infty}[5+(-1)^n]^n(x-1)^n$ 的收敛区间.

解 因为

$$\overline{\lim_{n\to\infty}}\sqrt[n]{|a_n|}=\overline{\lim_{n\to\infty}}\sqrt[n]{[5+(-1)^n]^n}=6,$$

所以 $R=\dfrac{1}{6}$，级数在 $\left(\dfrac{5}{6},\ \dfrac{7}{6}\right)$ 内绝对收敛，当 $x=\dfrac{5}{6}$ 或 $\dfrac{7}{6}$ 时，级数

$\sum\limits_{n=0}^{\infty}[5+(-1)^n]^n\left(\dfrac{-1}{6}\right)^n$ 和 $\sum\limits_{n=0}^{\infty}[5+(-1)^n]^n\left(\dfrac{1}{6}\right)^n$ 的一般项均不

趋于零，故收敛区间为 $\left(\dfrac{5}{6},\ \dfrac{7}{6}\right)$.

为了使读者能正确应用公式(11.21)，请大家考虑下面两个幂级数收敛半径 R 求法是否正确? 为什么? 应该如何求?

(a) $\displaystyle\sum_{n=0}^{\infty}(-1)^n\frac{x^{2n+1}}{2^n}$，因为 $\displaystyle\lim_{n\to\infty}\sqrt[n]{\frac{1}{2^n}}=\frac{1}{2}$，所以 $R=2$；

(b) $\displaystyle\sum_{n=0}^{\infty}\frac{x^{n^2}}{2^n}$；因为 $\displaystyle\lim_{n\to\infty}\sqrt[n]{\frac{1}{2^n}}=\frac{1}{2}$，所以 $R=2$.

11.3.2　幂级数的性质

下面讨论幂级数的一些基本性质.

定理 11.12(阿贝尔第二定理)　如果幂级数(11.20)的收敛半径 $R>0$，则(11.20)在区间 $(-R,R)$ 内任一闭区间 $[a,b]$ 上一致收敛(称(11.20)在 $(-R,R)$ 内闭一致收敛)；又若 $x=R$(或 $x=-R$)时，(11.20)收敛，则(11.20)在 $[a,R]$(或 $[-R,b]$)上一致收敛，其中 $a,b\in(-R,R)$.

证　令 $c=\max\{|a|,|b|\}$，则对任一 $x\in[a,b]$，有
$$|a_nx^n|\leqslant|a_n|c^n\quad(n=1,2,\cdots),$$

而 $\displaystyle\sum_{n=0}^{\infty}a_nc^n$ 收敛，由 M-判别法，$\displaystyle\sum_{n=0}^{\infty}a_nx^n$ 在 $[a,b]$ 上一致收敛.

若 $\displaystyle\sum_{n=0}^{\infty}a_nR^n$ 收敛，则由
$$\sum_{n=0}^{\infty}a_nx^n=\sum_{n=0}^{\infty}\left(\frac{x}{R}\right)^n a_nR^n,$$

$\left(\dfrac{x}{R}\right)^n$ 在 $[0,R]$ 上一致有界，且对每个 $x\in[0,R]$，$\left(\dfrac{x}{R}\right)^n$ 关于 n 单调，从而按阿贝尔判别法知 $\displaystyle\sum_{n=0}^{\infty}a_nx^n$ 在 $[0,R]$ 上一致收敛，因此它在 $[a,R]$ 上一致收敛.

若 $\displaystyle\sum_{n=0}^{\infty}a_n(-R)^n$ 收敛，读者可类似地证明(11.20)在闭区间 $[-R,b]$ 上一致收敛.

利用定理 11.12,并根据一致收敛的函数项级数性质立即可得到幂级数(11.20)的和函数 $S(x)$ 的性质.

定理 11.13 设 $\sum\limits_{n=0}^{\infty} a_n x^n$ 的收敛半径为 R,和函数为 $S(x)$,则

1° $S(x)$ 在 $(-R, R)$ 内连续,且若 $x = R$(或 $x = -R$)时,

$\sum\limits_{n=0}^{\infty} a_n x^n$ 也收敛,则 $S(x)$ 在 $x = R$(或 $x = -R$)也连续;

2° 在 $(-R, R)$ 内,$\sum\limits_{n=0}^{\infty} a_n x^n$ 可以逐项求积分和逐项求导数,即对任何 $x \in (-R, R)$,有

$$\int_0^x S(t)\mathrm{d}t = \sum_{n=0}^{\infty} \int_0^x a_n t^n \mathrm{d}t = \sum_{n=0}^{\infty} \frac{a_n}{n+1} x^{n+1}, \quad (11.23)$$

$$S'(x) = \sum_{n=0}^{\infty} (a_n x^n)' = \sum_{n=1}^{\infty} n a_n x^{n-1}, \quad (11.24)$$

且级数(11.23)和(11.24)的收敛半径为 R.

此外,和函数 $S(x)$ 是 $(-R, R)$ 内的任意次可微函数,且对 $k = 1, 2, \cdots$ 有

$$S^{(k)}(x) = \sum_{n=k}^{\infty} n(n-1)\cdots(n-k+1) a_n x^{n-k}.$$

本定理证明留给读者作为习题.

对于幂级数(11.22),相应于定理 11.12,定理 11.13 的结论读者也可相仿地写出.

例 1 证明 $\sum\limits_{n=1}^{\infty} (-1)^{n-1} \dfrac{1}{n} = \ln 2$.

证 因为 $|x| < 1$ 时,

$$\frac{1}{1+x} = 1 - x + x^2 - x^3 + \cdots = \sum_{n=0}^{\infty} (-1)^n x^n,$$

则据定理 11.13 可得

$$\ln(1+x) = \sum_{n=1}^{\infty} (-1)^{n-1} \frac{x^n}{n} \quad (|x| < 1),$$

又因为 $x = 1$ 时，$\sum_{n=1}^{\infty} \frac{(-1)^{n-1}}{n}$ 收敛，则 $\sum_{n=1}^{\infty} (-1)^{n-1} \frac{x^n}{n}$ 的和函数在 $x = 1$ 左连续，即

$$S(1) = \sum_{n=1}^{\infty} \frac{(-1)^{n-1}}{n} = \lim_{x \to 1_-} S(x)$$
$$= \lim_{x \to 1_-} \ln(1+x) = \ln 2.$$

例 2　若 $\sum_{n=0}^{\infty} a_n$，$\sum_{n=0}^{\infty} b_n$ 分别收敛于 A 和 B，且它们的柯西乘积 $\sum_{n=0}^{\infty} c_n$ 收敛于 C，试证明：

$$C = A \cdot B.$$

证　令

$$f(x) = \sum_{n=0}^{\infty} a_n x^n,$$

$$g(x) = \sum_{n=0}^{\infty} b_n x^n,$$

$$h(x) = \sum_{n=0}^{\infty} c_n x^n,$$

显然 $|x| < 1$ 时，上面三个幂级数均绝对收敛，我们作 $\sum_{n=0}^{\infty} a_n x^n$ 和 $\sum_{n=0}^{\infty} b_n x^n$ 的柯西乘积，得

$$h(x) = f(x)g(x) \quad (|x| < 1),$$

再由定理 11.13 知

$$\lim_{x \to 1_-} h(x) = C,$$

$$\lim_{x \to 1_-} f(x) = A,$$

$$\lim_{x \to 1_-} g(x) = B,$$

故 $C = A \cdot B$.

请读者对照第 10 章第 10.4 中定理 10.15,定理 10.16 及其例 2 进行比较.

例 3 已知幂级数

$$1 + 2x + 3x^2 + \cdots + nx^{n-1} + \cdots \tag{11.25}$$

$1°$ 求它的收敛半径以及和函数 $S(x)$;

$2°$ 求级数 $\sum\limits_{n=1}^{\infty} \dfrac{2n-1}{2^n}$ 之值.

解 $1°$ 显然(11.25)的收敛半径为 1,因为

$$1 + x + x^2 + \cdots + x^n + \cdots = \frac{1}{1-x} \quad (\,|\,x\,| < 1),$$

所以

$$S(x) = \frac{1}{(1-x)^2} \quad (\,|\,x\,| < 1).$$

$2°$ 由于

$$\sum_{n=1}^{\infty} \frac{2n-1}{2^n} = 2 \sum_{n=1}^{\infty} (n+1)\left(\frac{1}{2}\right)^n - 3 \sum_{n=1}^{\infty} \left(\frac{1}{2}\right)^n,$$

$$1 + \sum_{n=1}^{\infty} x^n = \frac{1}{1-x} \quad (\,|\,x\,| < 1),$$

$$\frac{1}{(1-x)^2} = \sum_{n=0}^{\infty} (n+1)x^n = 1 + \sum_{n=1}^{\infty} (n+1)x^n \quad (\,|\,x\,| < 1),$$

则

$$\sum_{n=1}^{\infty} (n+1)\left(\frac{1}{2}\right)^n = 3,$$

$$\sum_{n=1}^{\infty} \left(\frac{1}{2}\right)^n = 1,$$

故

$$\sum_{n=1}^{\infty} \frac{2n-1}{2^n} = 6 - 3 = 3.$$

例 4　求幂级数

$$\sum_{n=1}^{\infty} \frac{(3+(-1)^{n+1})^n}{n} x^n$$

的收敛区域以及和函数 $S(x)$.

解　易知

$$\varlimsup_{n \to \infty} \sqrt[n]{|a_n|} = \varlimsup_{n \to \infty} \frac{3+(-1)^{n+1}}{\sqrt[n]{n}} = 4,$$

所以收敛半径 $R = \dfrac{1}{4}$.

当 $x = \pm \dfrac{1}{4}$ 时,原级数的部分和

$$S_{2n} = \sum_{n=1}^{\infty} \left[\frac{1}{2k} \left(\frac{1}{2} \right)^{2k} \pm \frac{1}{2k-1} \right],$$

它是一发散级数与一收敛级数部分和的和或差,故原级数是一个发散级数,从而收敛区间为 $\left(-\dfrac{1}{4}, \dfrac{1}{4} \right)$.

因为当 $|x| < \dfrac{1}{4}$ 时,有

$$S'(x) = \sum_{n=1}^{\infty} (3+(-1)^{n+1})^n x^{n-1}$$

$$= \sum_{k=0}^{\infty} 4^{2k+1} x^{2k} + \sum_{k=1}^{\infty} 2^{2k} x^{2k-1}$$

$$= \frac{4}{1-16x^2} + \frac{4x}{1-4x^2},$$

所以

$$S(x) = \frac{1}{2}\ln\frac{1+4x}{(1-4x)(1-4x^2)} + c \quad \left(\mid x \mid < \frac{1}{4}\right),$$

又因为 $S(0) = 0$，故 $c = 0$，则

$$S(x) = \frac{1}{2}\ln\frac{1+4x}{(1-4x)(1-4x^2)} \quad \left(\mid x \mid < \frac{1}{4}\right).$$

习　题

1. 求下列幂级数的收敛半径和收敛区间：

(1) $\displaystyle\sum_{n=1}^{\infty} nx^n$;

(2) $\displaystyle\sum_{n=1}^{\infty} \frac{x^n}{n(n+1)}$;

(3) $\displaystyle\sum_{n=1}^{\infty} \frac{(n!)^2}{(2n)!}x^n$;

(4) $\displaystyle\sum_{n=1}^{\infty} \left(1+\frac{1}{2}+\cdots+\frac{1}{n}\right)x^n$;

(5) $\displaystyle\sum_{n=1}^{\infty} \frac{(x-2)^{2n}}{(2n-1)!}$;

(6) $\displaystyle\sum_{n=1}^{\infty} \frac{3^n+(-2)^n}{n}(x+1)^n$;

(7) $\displaystyle\sum_{n=2}^{\infty} \frac{\left(1+2\cos\frac{\pi n}{2}\right)^n}{\ln n}x^n$.

2. 求下列广义幂级数的收敛区域：

(1) $\displaystyle\sum_{n=0}^{\infty} \frac{1}{2n+1}\left(\frac{1-x}{1+x}\right)^n$;

(2) $\displaystyle\sum_{n=1}^{\infty} \frac{1}{x^n}\sin\frac{\pi}{2^n}$.

3. 应用逐项求导或逐项求积分方法求下列级数的和函数：

(1) $\displaystyle\sum_{n=0}^{\infty} \frac{x^{2n+1}}{2n+1}$;

(2) $\displaystyle\sum_{n=1}^{\infty} nx^n$.

4. 证明函数

$$y(x) = \sum_{n=0}^{\infty} \frac{x^{4n}}{(4n)!}$$

满足微分方程

$$y^{(4)}(x) = y(x).$$

5. 求下列级数的和函数：

(1) $\sum_{n=1}^{\infty} n(n+1)x^n$；　　　　(2) $\sum_{n=1}^{\infty} \dfrac{x^n}{n(n+1)}$.

6. 设 $f(x) = \sum_{n=0}^{\infty} a_n x^n$ 的收敛半径为 R，若级数 $\sum_{n=0}^{\infty} \dfrac{a_n}{n+1} R^{n+1}$

收敛，试证明：(不管 $\sum_{n=0}^{\infty} a_n x^n$ 在 $x = R$ 是否收敛)

(1) $\displaystyle\int_0^R f(x)\mathrm{d}x = \sum_{n=0}^{\infty} \dfrac{a_n}{n+1} R^{n+1}$；

(2) $\displaystyle\int_0^1 \dfrac{\ln(1-t)}{t}\mathrm{d}t = -\sum_{n=1}^{\infty} \dfrac{1}{n^2}$.

其中积分 $\displaystyle\int_0^R f(x)\mathrm{d}x$，当 $f(x)$ 在 $x = R$ 附近无界，$\displaystyle\lim_{x \to R_-} \int_0^x f(t)\mathrm{d}t$ 存

在有限时，规定 $\displaystyle\int_0^R f(x)\mathrm{d}x = \lim_{x \to R_-} \int_0^x f(t)\mathrm{d}t$.

11.4　初等函数的幂级数展开

11.4.1　泰勒级数·初等函数的幂级数展开

由于幂级数有很好的性质(见 11.3 定理 11.13)，自然地可以考虑如下问题：任一初等函数 $f(x)$，能不能将 $f(x)$ 表成幂级数，即使得

$$f(x) = \sum_{n=0}^{\infty} a_n x^n, \quad x \in (-R, R) \tag{11.26}$$

或者

$$f(x) = \sum_{n=0}^{\infty} a_n (x - x_0)^n, \quad x \in (x_0 - R, \, x_0 + R),$$

(11.27)

并借助于幂级数表达式来研究 $f(x)$ 的性质. 例如, 初等函数 e^{-x^2} 的不定积分 $\int_0^x \mathrm{e}^{-t^2} \mathrm{d}t$ 不能用初等函数表达, 但如果

$$\mathrm{e}^{-x^2} = \sum_{n=0}^{\infty} a_n x^n, \quad x \in (-R, \, R),$$

则

$$\int_0^x \mathrm{e}^{-t^2} \mathrm{d}t = \sum_{n=0}^{\infty} \int_0^x a_n t^n \mathrm{d}t$$
$$= \sum_{n=0}^{\infty} \frac{a_n}{n+1} x^{n+1}, \quad x \in (-R, \, R).$$

下面我们来讨论在什么条件下一个初等函数 $f(x)$ 可表示成幂级数(11.26)或者(11.27)以及系数 a_n 如何求?

4.2 的泰勒公式中曾指出, 若 $f(x)$ 在 $x = x_0$ 的某邻域内有任意阶导数, 则对每个自然数 n, 有

$$f(x) = f(x_0) + \frac{f'(x_0)}{1!}(x - x_0) + \frac{f''(x_0)}{2!}(x - x_0)^2 + \cdots$$
$$+ \frac{f^{(n)}(x_0)}{n!}(x - x_0)^n + r_n(x). \tag{11.28}$$

这里 $r_n(x)$ 为拉格朗日型余项

$$r_n(x) = \frac{f^{(n+1)}(\xi)}{(n+1)!}(x - x_0)^{n+1} \tag{11.29}$$

(ξ 在 x_0 与 x 之间)或柯西型余项

$$r_n(x) = \frac{f^{(n+1)}(x_0 + \theta(x - x_0))}{n!}(1 - \theta)^n (x - x_0)^{n+1},$$

(11.30)

$(0 < \theta < 1)$. 我们称级数

$$\sum_{n=0}^{\infty} \frac{f^{(n)}(x_0)}{n!}(x - x_0)^n \qquad (11.31)$$

为 $f(x)$ 在 $x = x_0$ 的**泰勒级数**. 当 $x_0 = 0$ 时,称级数

$$\sum_{n=0}^{\infty} \frac{f^{(n)}(0)}{n!} x^n \qquad (11.32)$$

为 $f(x)$ 的**马克劳林(Maclaurin)级数**.

对任给的一个无穷次可微函数 $f(x)$,总可写出它的泰勒级数 (11.31),但级数(11.31)是否收敛以及收敛时它的和函数是否等于 $f(x)$,这是本段我们要解决的两个问题. 一般说来,上面的结论不一定成立. 例如

$$f(x) = \begin{cases} \mathrm{e}^{-\frac{1}{x^2}}, & x \neq 0, \\ 0, & x = 0. \end{cases}$$

易知 $f^{(n)}(0) = 0, (n = 0, 1, 2, \cdots)$,所以 $\sum_{n=0}^{\infty} \frac{f^{(n)}(0)}{n!} x^n$ 处处收敛于零,显然除了 $x = 0$ 以外,它均不等于函数 $f(x)$.

由泰勒公式(11.28)还可以知道:

$$f(x) = \sum_{n=0}^{\infty} \frac{f^{(n)}(x_0)}{n!}(x - x_0)^n$$

的充要条件是余项 $r_n(x) \to 0 \ (n \to \infty)$,因此函数

$$f(x) = \begin{cases} \mathrm{e}^{-\frac{1}{x^2}}, & x \neq 0 \\ 0, & x = 0 \end{cases}$$

的泰勒公式余项 $r_n(x)$(当 $x \neq 0$ 时)处处不收敛于零. 此外,我们还可以证明一个初等函数 $f(x)$ 表成(11.26)或(11.27)是唯一的,其系数 $a_n = \frac{f^{(n)}(0)}{n!} \left(\text{或} \frac{f^{(n)}(x_0)}{n!} \right)$,这就是下面的

定理 11.14 设 $f(x)$ 在 (a,b) 内有任意阶导数，$x_0 \in (a,b)$，则

1° $f(x) = \sum\limits_{n=0}^{\infty} \dfrac{f^{(n)}(x_0)}{n!}(x-x_0)^n (x \in (a,b))$ 的充要条件是余项 $r_n(x)$ 在 (a,b) 内处处收敛于零；

2° $f(x)$ 展开成幂级数 (11.26) 或 (11.27) 在收敛区间内是唯一的，它就是 $f(x)$ 的泰勒级数.

证 由泰勒公式 (11.28) 立即知结论 1° 成立. 对于 2°，我们不妨设 $x_0 = 0$，并设 $f(x) = \sum\limits_{n=0}^{\infty} a_n x^n$，收敛半径为 R，利用 11.3 定理 11.13，幂级数在 $(-R,R)$ 内可以逐项求任意阶导数，则可得

$$f(x) = a_0 + a_1 x + \cdots + a_n x^n + \cdots,$$
$$f'(x) = a_1 + 2a_2 x + \cdots + na_n x^{n-1} + \cdots,$$
$$f''(x) = 1 \cdot 2a_2 + 3 \cdot 2x + \cdots + n(n-1)a_n x^{n-2} + \cdots,$$
$$\cdots$$
$$f^{(n)}(x) = 1 \cdot 2 \cdot 3 \cdots (n-1)na_n + \cdots,$$
$$\cdots$$

在上面这些等式中令 $x = 0$，可得

$$a_0 = f(0), \qquad a_1 = f'(0),$$
$$a_2 = \frac{f''(0)}{2!}, \cdots a_n = \frac{f^{(n)}(0)}{n!}, \cdots$$

因此，如果 $f(x)$ 在 $(-R,R)$ 内表成 (11.26)（或者在 (x_0-R, x_0+R) 内表成 (11.27)），则必有

$$f(x) = \sum_{n=0}^{\infty} \frac{f^{(n)}(0)}{n!} x^n,$$

或

$$f(x) = \sum_{n=0}^{\infty} \frac{f^{(n)}(x_0)}{n!}(x-x_0)^n.$$

由定理 11.14 立即得到初等函数展开成幂级数的直接方法，我们举例来说明.

例 1　把 $f(x) = \mathrm{e}^x$ 在 $x_0 = 0$ 展为泰勒级数.

解　由于 $f^{(n)}(0) = 1, (n = 0, 1, 2, \cdots)$，所以 $f(x)$ 的泰勒级数为 $\sum\limits_{n=0}^{\infty} \dfrac{x^n}{n!}$，余项

$$r_n(x) = \frac{\mathrm{e}^{\theta x}}{(n+1)!} x^{n+1} \quad (0 < \theta < 1),$$

$$|r_n(x)| \leqslant \frac{\mathrm{e}^{|x|}}{(n+1)!} |x|^{n+1},$$

显然，对任何实数 x 有

$$\lim_{n \to \infty} \frac{\mathrm{e}^{|x|}}{(n+1)!} |x|^{n+1} = 0,$$

故 $r_n(x)$ 处处趋于零，则

$$\mathrm{e}^x = \sum_{n=0}^{\infty} \frac{x^n}{n!}, \quad x \in (-\infty, +\infty).$$

例 2　求 $f(x) = \sin x$ 和 $g(x) = \cos x$ 在 $x_0 = 0$ 的泰勒展开式.

解　因为

$$f^{(n)}(x) = \sin\left(x + n \cdot \frac{\pi}{2}\right),$$

$$g^{(n)}(x) = \cos\left(x + n \cdot \frac{\pi}{2}\right),$$

则

$$|f^{(n)}(x)| \leqslant 1, \ |g^{(n)}(x)| \leqslant 1,$$
$$(n = 0, 1, 2, \cdots; x \in (-\infty, +\infty))$$

据本节习题 1 得

$$\sin x = \sum_{n=0}^{\infty} (-1)^n \frac{x^{2n+1}}{(2n+1)!}, \quad x \in (-\infty, +\infty),$$

$$\cos x = \sum_{n=0}^{\infty} (-1)^n \frac{x^{2n}}{(2n)!}, \quad x \in (-\infty, +\infty).$$

例3 求 $f(x) = (1+x)^\alpha$ 在 $x_0 = 0$ 的展开式，其中 α 为异于 0 及所有自然数的实数.

解 据泰勒公式

$$f(x) = 1 + \alpha x + \frac{\alpha(\alpha-1)}{2!}x^2 + \cdots$$

$$+ \frac{\alpha(\alpha-1)\cdots(\alpha-n+1)}{n!}x^n + r_n(x),$$

利用柯西型余项

$$r_n(x) = \frac{f^{(n+1)}(\theta x)}{n!}(1-\theta)^n x^{n+1},$$

因为级数 $\sum_{n=1}^{\infty} \frac{\alpha(\alpha-1)\cdots(\alpha-n+1)}{n!}x^n$ 的收敛半径为1，故只须考虑 $|x| < 1$ 时，$r_n(x) \to 0 \ (n \to \infty)$ 是否成立.

由于

$$f^{(n+1)}(x) = \alpha(\alpha-1)\cdots(\alpha-n)(1+x)^{\alpha-(n+1)},$$

$$r_n(x) = \frac{\alpha(\alpha-1)\cdots(\alpha-n)}{n!}x^{n+1}(1+\theta x)^{\alpha-1} \cdot \left(\frac{1-\theta}{1+\theta x}\right)^n,$$

当 $|x| < 1$ 时，$0 \leqslant \left(\frac{1-\theta}{1+\theta x}\right)^n < 1$，则

$$|r_n(x)| \leqslant \frac{|\alpha(\alpha-1)\cdots(\alpha-n)|}{n!}|x|^n \cdot |(1+\theta x)^{\alpha-1}|,$$

$\frac{\alpha(\alpha-1)\cdots(\alpha-n)}{n!}x^n$ 为收敛级数 $\sum_{n=0}^{\infty} \frac{\alpha(\alpha-1)\cdots(\alpha-n)}{n!}x^n$

($|x| < 1$) 的通项，必收敛于零.

$$|\,(1+\theta x)^{\alpha-1}\,|\leqslant\max\{(1+|\,x\,|)^{\alpha-1},\,(1-|\,x\,|)^{\alpha-1}\},$$

故当 $|\,x\,|<1$ 时，$r_n(x)\to 0\ (n\to\infty)$，从而

$$(1+x)^{\alpha}=1+\sum_{n=1}^{\infty}\frac{\alpha(\alpha-1)\cdots(\alpha-n+1)}{n!}x^n\quad(|\,x\,|<1).$$

$$(11.33)$$

(11.33)称为**二项式级数**.

注　(11.33)式关于 $x=\pm 1$ 是否成立，对于不同的 α 有不同的结论，我们可以证明：

$1°\ \alpha\leqslant -1$ 时，

$$(1+x)^{\alpha}=1+\sum_{n=1}^{\infty}\frac{\alpha(\alpha-1)\cdots(\alpha-n+1)}{n!}x^n,\quad x\in(-1,\,1);$$

$2°\ -1<\alpha<0$ 时，

$$(1+x)^{\alpha}=1+\sum_{n=1}^{\infty}\frac{\alpha(\alpha-1)\cdots(\alpha-n+1)}{n!}x^n,\quad x\in(-1,\,1];$$

$3°\ \alpha>0$ 时，

$$(1+x)^{\alpha}=1+\sum_{n=1}^{\infty}\frac{\alpha(\alpha-1)\cdots(\alpha-n+1)}{n!}x^n,\quad x\in[-1,\,1].$$

证　$1°\ \alpha\leqslant -1$ 时，因为

$$\left|\frac{\alpha(\alpha-1)\cdots(\alpha-n+1)}{n!}\right|\geqslant\frac{1\cdot 2\cdots\cdots n}{n!}=1,$$

所以 $x=\pm 1$ 时，(11.33)右端发散，1°成立.

$2°\ -1<\alpha<0$ 时，对 $x=1$，考察级数

$$\sum_{n=1}^{\infty}\frac{\alpha(\alpha-1)\cdots(\alpha-n+1)}{n!}=\sum_{n=1}^{\infty}u_n(1),$$

其中 $u_n(x)=\dfrac{\alpha(\alpha-1)\cdots(\alpha-n+1)}{n!}x^n$，因为 $-1<\alpha<0$，则

$\sum_{n=1}^{\infty} u_n(1)$ 为交错级数,且

$$|u_n(1)| = \frac{|\alpha(\alpha-1)\cdots(\alpha-n+1)|}{n!}$$

$$> \frac{|\alpha(\alpha-1)\cdots(\alpha-n+1)(\alpha-n)|}{(n+1)!}$$

$$= |u_{n+1}(1)|,$$

$$|u_n(1)| = \left(1-\frac{1+\alpha}{1}\right)\left(1-\frac{1+\alpha}{2}\right)\cdots\left(1-\frac{1+\alpha}{n-1}\right)\left(1-\frac{1+\alpha}{n}\right),$$

据无穷乘积性质 5 知 $\lim\limits_{n\to\infty} |u_n(1)| = 0$,于是由莱布尼兹判别法,级数(11.33)当 $x=1$ 时收敛.

当 $x=-1$ 时,级数 $\sum_{n=1}^{\infty} u_n(-1)$ 为正项级数,且

$$u_n(-1) = |\alpha| \cdot \left|\frac{-\alpha+1}{1}\right| \cdots \left|\frac{-\alpha+n-1}{n-1}\right| \cdot \frac{1}{n} > \frac{|\alpha|}{n},$$

$\sum_{n=1}^{\infty} \frac{1}{n}$ 发散,由比较判别法知级数(11.33)当 $x=-1$ 时发散,故 2° 成立.

3° $\alpha > 0$ 时,对于 $x=\pm 1$,因为 $n > \alpha$ 时,

$$\frac{|u_{n+1}(\pm 1)|}{|u_n(\pm 1)|} = \frac{n-\alpha}{n+1} = 1-\frac{1+\alpha}{n+1} = 1-\frac{1+\alpha}{n}\cdot\frac{n}{n+1},$$

取 p,使得 $1+\alpha > p > 1$,则存在自然数 $N > \alpha$,使 $n > N$ 时,有

$$\frac{n}{n+1}(1+\alpha) \geqslant p > 1,$$

则 $n > N$ 时,成立

$$\frac{|u_{n+1}(\pm 1)|}{|u_n(\pm 1)|} \leqslant 1-\frac{p}{n},$$

由拉贝判别法,当 $x = \pm 1$ 时,级数(11.33)绝对收敛,从而 3° 成立.

从以上几个例子可以看到,把 $f(x)$ 展开成泰勒级数的直接方法,不仅需要计算 $f(x)$ 的各阶导数,而且还要讨论余项 $r_n(x)$ 趋于零的范围,一般说来比较麻烦,只有少数比较简单的函数才能直接得到,通常则是从已知展开式出发(例如从 e^x, $\sin x$, $\cos x$, $(1 + x)^a$, $\dfrac{1}{1 \pm x}$ 的展开式出发),通过变量代换、四则运算、逐项求导和逐项求积分等办法来求出其展开式(称作间接方法),据展开式的唯一性,它与用直接方法得到的结果完全相同.

例如利用幂级数的四则运算我们有:设 $f(x) = \displaystyle\sum_{n=0}^{\infty} a_n x^n$, $g(x) = \displaystyle\sum_{n=0}^{\infty} b_n x^n$,则在它们收敛区域的公共部分 $(-R, R)$ 内有

1° $f(x) \pm g(x) = \displaystyle\sum_{n=0}^{\infty} (a_n \pm b_n) x^n$;

2° $f(x) \cdot g(x) = \displaystyle\sum_{n=0}^{\infty} (a_0 b_n + a_1 b_{n-1} + \cdots + a_n b_0) x^n$;

3° 若 $b_0 \neq 0$,则可以证明当 $|x|$ 充分小时,$\dfrac{f(x)}{g(x)}$ 可以展开成幂级数,即当 $|x|$ 充分小时,有

$$\frac{f(x)}{g(x)} = \sum_{n=0}^{\infty} c_n x^n \tag{11.34}$$

(证明可参阅菲赫金哥尔茨著"微积分学教程"二卷二分册),其中(11.34)的系数 c_n 可用待定系数法求得.

事实上,因为 $|x|$ 充分小时,有

$$\sum_{n=0}^{\infty} a_n x^n = \left(\sum_{n=0}^{\infty} b_n x^n \right) \left(\sum_{n=0}^{\infty} c_n x^n \right)$$

$$= \sum_{n=0}^{\infty} (b_0 c_n + b_1 c_{n-1} + \cdots + b_n c_0) x^n,$$

由展开式唯一性可得一列方程：

$$a_0 = b_0 c_0,$$
$$a_1 = b_0 c_1 + b_1 c_0,$$
$$a_2 = b_0 c_2 + b_1 c_1 + b_2 c_0,$$
$$\cdots$$
$$a_n = b_0 c_n + b_1 c_{n-1} + \cdots + b_n c_0,$$
$$\cdots$$

由于 $b_0 \neq 0$，则由上述无穷个方程可依次求出

$$c_0 = \frac{a_0}{b_0}, \ c_1 = \frac{a_1}{b_0} - \frac{b_1 a_0}{b_0^2}, \ \cdots.$$

读者可根据上面介绍的待定系数法求出函数

$$f(x) = \frac{x}{e^x - 2}$$

在 $x = 0$ 的泰勒级数前四项系数为 $0, -1, -1, -\frac{3}{2}$，则当 $|x|$ 充分小时

$$f(x) = -x - x^2 - \frac{3}{2} x^3 + \cdots.$$

又如利用变量代换来求 e^{-x^2}，$\frac{1}{1+x^2}$ 的展开式. 我们令 $y = -x^2$，因为

$$e^y = \sum_{n=0}^{\infty} \frac{y^n}{n!} \quad (-\infty < y < +\infty),$$

则

$$e^{-x^2} = \sum_{n=0}^{\infty} (-1)^n \frac{x^{2n}}{n!} \quad (-\infty < x < +\infty).$$

若令 $y = x^2$, 利用

$$\frac{1}{1+y} = \sum_{n=0}^{\infty} (-1)^n y^n \quad (\mid y \mid < 1),$$

得

$$\frac{1}{1+x^2} = \sum_{n=0}^{\infty} (-1)^n x^{2n} \quad (\mid x \mid < 1).$$

利用 $f(x) = \dfrac{1}{1+x^2}$ 的麦克劳林级数, 对任一自然数 k, 我们

可求出 $f^{(k)}(0)$ 的值. 事实上, 因为

$$\frac{1}{1+x^2} = \sum_{n=0}^{\infty} (-1)^n x^{2n} \quad (\mid x \mid < 1),$$

则

$$f^{(k)}(0) = \begin{cases} (2n)! \cdot (-1)^n, & k = 2n, \\ 0, & k = 2n+1 \end{cases}$$
$$(n = 1, 2, \cdots).$$

例 4　求 $\ln(1+x)$ 的麦克劳林级数.

解　令 $f(x) = \ln(1+x)$, 因为

$$f'(x) = \frac{1}{1+x} = \sum_{n=0}^{\infty} (-1)^n x^n \quad x \in (-1, 1),$$

则当 $\mid x \mid < 1$ 时,

$$\ln(1+x) = \sum_{n=0}^{\infty} \int_0^x (-1)^n t^n \mathrm{d}t = \sum_{n=0}^{\infty} (-1)^n \frac{x^{n+1}}{n+1}$$

$$= \sum_{n=1}^{\infty} (-1)^{n-1} \frac{x^n}{n}.$$

由于 $x = 1$ 时, $\displaystyle\sum_{n=1}^{\infty} (-1)^{n-1} \frac{1}{n}$ 收敛, 故

$$\ln(1+x) = \sum_{n=1}^{\infty} (-1)^{n-1} \frac{x^n}{n} \quad x \in (-1, 1].$$

类似地读者可求出

$$\arcsin x = x + \frac{1}{2} \cdot \frac{x^3}{3} + \frac{1}{2} \cdot \frac{3}{4} \cdot \frac{x^5}{5} + \cdots$$

$$+ \frac{1 \cdot 3 \cdot \cdots \cdot (2n-1)}{2 \cdot 4 \cdot \cdots \cdot 2n} \frac{x^{2n+1}}{2n+1} + \cdots, \quad |x| < 1,$$

$$\arctan x = \sum_{n=1}^{\infty} (-1)^{n-1} \frac{x^{2n-1}}{2n-1}, \quad |x| \leqslant 1.$$

最后我们来举例说明如何用 $f(x)$ 的麦克劳林级数求 $f(x)$ 在 $x = x_0 \neq 0$ 泰勒级数的方法.

例 5 求 e^x 在 $x = 1$ 和 $\dfrac{1}{x^2 - x - 2}$ 在 $x = 3$ 的泰勒展式.

解 $e^x = e^{1+(x-1)} = e \cdot e^{x-1} = e \cdot \displaystyle\sum_{n=0}^{\infty} \frac{(x-1)^n}{n!}$

$$= \sum_{n=0}^{\infty} \frac{e}{n!}(x-1)^n, \quad x \in (-\infty, +\infty).$$

$$\frac{1}{x^2-x-2} = \frac{1}{(x+1)(x-2)} = \frac{1}{3}\left(\frac{1}{x-2} - \frac{1}{x+1}\right)$$

$$= \frac{1}{3}\left[\frac{1}{1+(x-3)} - \frac{1}{4\left(1+\dfrac{x-3}{4}\right)}\right]$$

$$= \frac{1}{3}\left[\sum_{n=0}^{\infty}(-1)^n(x-3)^n - \frac{1}{4}\sum_{n=0}^{\infty}(-1)^n\left(\frac{x-3}{4}\right)^n\right]$$

$$= \sum_{n=0}^{\infty} \frac{(-1)^n}{3}\left(1 - \frac{1}{4^{n+1}}\right)(x-3)^n, \quad x \in (2, 4).$$

11.4.2 幂级数的应用

本段将讨论幂级数在近似计算、解微分方程等方面的应用.

1. 近似计算

例 1 求 e 和 x 的近似值.

因为 $e^x = \sum\limits_{n=0}^{\infty} \dfrac{x^n}{n!}$,所以 $e = \sum\limits_{n=0}^{\infty} \dfrac{1}{n!}$,

$$e \approx 2 + \frac{1}{2} + \frac{1}{3!} + \cdots + \frac{1}{n!},$$

其误差

$$|r_n(1)| \leqslant \frac{1}{(n+1)!}\left[1 + \frac{1}{n+1} + \frac{1}{(n+1)^2} + \cdots\right]$$

$$= \frac{1}{n \cdot n!}.$$

取 $n = 6$,就有

$$|r_6(1)| < \frac{1}{4 \cdot 10^3},$$

$$e \approx 2.718.$$

因为

$$\arctan x = \sum_{n=0}^{\infty}(-1)^n \frac{x^{2n+1}}{2n+1}, \quad x \in [-1, 1].$$

若取 $x = 1$,得

$$\frac{\pi}{4} \approx 1 - \frac{1}{3} + \frac{1}{5} - \frac{1}{7} + \cdots + (-1)^n \frac{1}{2n+1},$$

其误差

$$|r_n| \leqslant \frac{1}{2n+3},$$

收敛速度较慢,如果取 $x = \dfrac{\sqrt{3}}{3}$,则得

$$\frac{\pi}{6} = \frac{1}{\sqrt{3}}\left(1 - \frac{1}{3} \cdot \frac{1}{3} + \frac{1}{5} \cdot \frac{1}{3^2} - \frac{1}{7} \cdot \frac{1}{3^3} + \cdots\right),$$

利用上式来计算 π 的近似值时收敛速度就快一些.

例 2　计算 $\int_0^1 e^{-x^2} dx$ 的近似值.

因为

$$e^{-x^2} = \sum_{n=0}^{\infty} (-1)^n \frac{x^{2n}}{n!} \quad (\mid x \mid < +\infty),$$

所以

$$\int_0^1 e^{-x^2} dx = \sum_{n=0}^{\infty} \int_0^1 (-1)^n \frac{x^{2n}}{n!} dx$$

$$= 1 - \frac{1}{3} + \frac{1}{5 \cdot 2!} - \frac{1}{7 \cdot 3!} + \frac{1}{9 \cdot 4!} + \cdots$$

$$+ (-1)^n \frac{1}{(2n+1) \cdot n!} + \cdots.$$

上式右端是一个交错级数,故误差

$$\mid r_n \mid \leqslant \mid a_{n+1} \mid = \frac{1}{(2n+1) \cdot n!}.$$

2. 在解微分方程中的应用

例 3　求方程

$$xu''(x) + u'(x) + xu(x) = 0$$

的解 $u(x)$.

解　先假设方程有幂级数形式的解

$$u(x) = \sum_{n=0}^{\infty} a_n x^n,$$

则

$$xu(x) = \sum_{n=0}^{\infty} a_n x^{n+1} = \sum_{n=2}^{\infty} a_{n-2} x^{n-1},$$

$$u'(x) = \sum_{n=1}^{\infty} n a_n x^{n-1} = a_1 + \sum_{n=2}^{\infty} n a_n x^{n-1},$$

$$xu''(x) = \sum_{n=2}^{\infty} n(n-1)a_n x^{n-1},$$

代入原方程得

$$a_1 + \sum_{n=2}^{\infty} (a_{n-2} + n^2 a_n) x^{n-1} = 0,$$

从而

$$a_1 = 0, \quad a_{n-2} + n^2 a_n = 0 \quad (n = 2, 3, \cdots)$$

由归纳法可得

$$a_{2k-1} = 0 \quad (k = 1, 2, \cdots),$$

$$a_{2k} = -\frac{1}{4k^2} a_{2k-2} = (-1)^k \frac{1}{(k!)^2 2^{2k}} a_0 \quad (k = 1, 2, \cdots),$$

容易知道幂级数 $a_0 \sum_{k=0}^{\infty} (-1)^k \dfrac{x^{2k}}{(k!)^2 \cdot 2^{2k}}$ 的收敛半径 $R = +\infty$，因此上面求解过程是合理的，即

$$u(x) = a_0 \sum_{n=0}^{\infty} (-1)^k \frac{x^{2k}}{(k!)^2 \cdot 2^{2k}}$$

必是原方程之解.

3. 欧拉公式

对于指数函数 e^x，当 x 为实数值时是有定义的，为了给出 e^x 当 x 取复数值时的定义，我们先简单介绍复数项级数.

设 $u_n = a_n + i b_n$，$(a_n, b_n$ 为实数$)$，$n = 1, 2, \cdots$，则称 $\sum_{n=1}^{\infty} u_n$ 为**复数项级数**，用 S_n 表示它的部分和，并记

$$A_n = \sum_{k=1}^{n} a_k, \quad B_n = \sum_{k=1}^{n} b_k,$$

则

$$S_n = A_n + i B_n,$$

若 $\lim_{n \to \infty} A_n = A$，$\lim_{n \to \infty} B_n = B$，$(A, B$ 均为有限数$)$，则称复数

项级数 $\sum\limits_{n=1}^{\infty} u_n$ 收敛,其和 $S = A + iB$. 显然,若 $\sum\limits_{n=1}^{\infty} |u_n|$ 收敛(也称绝对收敛),则 $\sum\limits_{n=1}^{\infty} u_n$ 必收敛.

我们知道,当 x 取实数值时,

$$e^x = \sum_{n=0}^{\infty} \frac{x^n}{n!},$$

因此,当 z 取复数值时,自然地令

$$e^z = \sum_{n=0}^{\infty} \frac{z^n}{n!}, \tag{11.35}$$

因为 $|z| < +\infty$ 时,$\sum\limits_{n=0}^{\infty} \frac{|z|^n}{n!}$ 收敛,故由(11.35)式来定义 e^z 是有意义的,且当 z 为实数时,e^z 与原来的指数函数相同. 此外,我们还可以证明它满足指数运算法则

$$e^{z_1} \cdot e^{z_2} = e^{z_1+z_2}.$$

事实上,因为 $\left(\sum\limits_{n=0}^{\infty} \frac{z_1^n}{n!}\right)\left(\sum\limits_{n=0}^{\infty} \frac{z_2^n}{n!}\right)$ 的柯西乘积通项

$$c_n = 1 \cdot \frac{z_2^n}{n!} + \frac{z_1}{1!} \cdot \frac{z_2^{n-1}}{(n-1)!} + \cdots + \frac{z_1^n}{n!} \cdot 1$$

$$= \sum_{k=0}^{n} \frac{1}{k!(n-k)!} z_1^k z_2^{n-k} = \frac{1}{n!} \sum_{k=0}^{n} c_n^k z_1^k z_2^{n-k}$$

$$= \frac{1}{n!}(z_1 + z_2)^n,$$

所以

$$e^{z_1} \cdot e^{z_2} = \sum_{n=0}^{\infty} \frac{(z_1+z_2)^n}{n!} = e^{z_1+z_2}.$$

由此可见,复指数函数 e^z 是实指数函数 e^x 在复数域内的推广.

现在令 $z = ix$,则

$$e^{ix} = \sum_{n=0}^{\infty} \frac{(ix)^n}{n!} = 1 + ix + \frac{(ix)^2}{2!} + \frac{(ix)^3}{3!} + \cdots$$

$$= \left(1 - \frac{x^2}{2!} + \frac{x^4}{4!} - \frac{x^6}{6!} + \cdots\right) + i\left(x - \frac{x^3}{3!} + \frac{x^5}{5!} - \cdots\right)$$

$$= \cos x + i\sin x. \tag{11.36}$$

同理

$$e^{-ix} = \cos x - i\sin x. \tag{11.37}$$

由(11.36),(11.37),立即可得著名的**欧拉公式**

$$\cos x = \frac{e^{ix} + e^{-ix}}{2},$$

$$\sin x = \frac{e^{ix} - e^{-ix}}{2i}.$$

由(11.36)还可得到复数 z 的指数表示:

$$z = r(\cos\theta + i\sin\theta) = re^{i\theta},$$

其中 r 为 z 的模,即 $r = |z|$, $\theta = \arg z$ 为 z 的幅角.

习　题

1. 设函数 $f(x)$ 在区间 (a, b) 内有各阶导数,且存在常数 $M > 0$,使得对一切 $x \in (a, b)$,有

$$|f^{(n)}(x)| \leqslant M \quad (n = 0, 1, 2, \cdots),$$

试证明对 (a, b) 内任一点 x 和 x_0,有

$$f(x) = \sum_{n=1}^{\infty} \frac{f^{(n)}(x_0)}{n!} (x - x_0)^n.$$

2. 利用已知的函数幂级数展开式,求下列函数在 $x = 0$ 的幂级数展开式:

(1) $f(x) = \dfrac{x^{10}}{1-x}$;　　　　(2) $f(x) = \displaystyle\int_0^x \frac{\sin t}{t}dt$;

(3) $f(x) = \sin^2 x$;　　　　(4) $f(x) = \dfrac{x}{(1-x)(1-x^2)}$;

(5) $f(x) = \ln(x + \sqrt{1+x^2})$;

(6) $f(x) = \arctan \dfrac{2-2x}{1+4x}$.

3. 求 $f(x) = \dfrac{1}{1+x+2x^2+3x^3+4x^4}$

在 $x = 0$ 的泰勒级数(写出前 6 项).

4. 把函数 $f(x) = \ln x$ 在 $x = 1$ 处展开成幂级数(指出展开式的收敛区间),并求出级数 $\displaystyle\sum_{n=1}^{\infty} \dfrac{(-1)^{n+1}}{n}$ 的值.

5. 求下列函数的幂级数展开式,并指出收敛区间:

(1) $\sin x$ 在 $x = \dfrac{\pi}{4}$;　　　　(2) $\dfrac{1}{x^2-4}$ 在 $x = 1$;

(3) $\ln(2-x)$ 在 $x = -1$ 的展开式,并求 $\displaystyle\sum_{n=1}^{\infty} \dfrac{1}{n3^n}$ 之值.

6. 计算下列各数的近似值(精确到第三位小数):

(1) $\sin 1$;　　　　(2) $\displaystyle\int_0^1 \dfrac{\sin x}{x}\,\mathrm{d}x$.

第 11 章总习题

1. 试问 k 为何值时,下面函数序列 $\{f_n(x)\}$ 一致收敛:

$$f_n(x) = \begin{cases} xn^k, & 0 \leqslant x \leqslant \dfrac{1}{n}, \\ \left(\dfrac{2}{n}-x\right)n^k, & \dfrac{1}{n} < x \leqslant \dfrac{2}{n}, \\ 0, & \dfrac{2}{n} < x \leqslant 1. \end{cases}$$

2. 设 $f(x)$ 是 $[0,1]$ 上的连续函数,

(1) 求 $\lim\limits_{n\to\infty} x^n f(x)$, $x\in[0,1]$;

(2) 证明 $\{x^n f(x)\}$ 在 $[0,1]$ 上一致收敛的充要条件是 $f(1)=0$;

(3) 证明 $\lim\limits_{n\to\infty} n\displaystyle\int_0^1 x^n f(x)\mathrm{d}x = f(1)$.

3. 求 $\displaystyle\sum_{n=1}^{\infty} \dfrac{x+n\cdot(-1)^n}{x^2+n^2}$ 的收敛域,绝对收敛域和一致收敛域.

4. 设 $\displaystyle\sum_{n=1}^{\infty} f_n(x)$ 在 $[a,b]$ 上一致收敛,则在适当加括号以后可使级数 $\displaystyle\sum_{k=1}^{\infty} F_k(x)$ 在 $[a,b]$ 上绝对一致收敛,这里 $F_k(x) = f_{n_{k-1}+1}(x) + \cdots + f_{n_k}(x)$ $(k=1,2,\cdots;n_0=0)$.

5. 讨论 $\displaystyle\sum_{n=0}^{\infty} (1+x)^n \mathrm{e}^{-nx}$ $(x\geqslant-1)$ 的一致收敛域.

6. 设每个 $u_n(x)$ 在 $[a,b]$ 上正常可积,$\displaystyle\sum_{k=1}^{\infty} u_k(x)$ 在 $[a,b]$ 上收敛于可积函数 $S(x)$,对任意的 $\delta>0$,$\displaystyle\sum_{k=1}^{\infty} u_k(x)$ 在 $[a,b-\delta]$ 上一致收敛,且存在常数 $M>0$,使得对一切 $x\in[a,b]$ 和 $n\in\mathbf{N}$,有

$$\left| \sum_{k=1}^{n} u_k(x) \right| \leqslant M,$$

试证明:

$$\int_a^b S(x)\mathrm{d}x = \sum_{k=1}^{\infty} \int_a^b u_k(x)\mathrm{d}x.$$

7. 计算极限

$$\lim_{x\to0} \sum_{n=1}^{\infty} \frac{(-1)^{n-1}n}{(x+n)^2}.$$

8. 设函数项级数 $\sum\limits_{n=1}^{\infty} u_n(x)$ 在 $[0,1]$ 上处处收敛于 $S(x)$,且每个 $u_n(x)$ 在 $[0,1]$ 上非负连续,试举例说明 $S(x)$ 不一定在 $[0,1]$ 上取到最大值.

9. 设 $\{f_n(x)\}$ 在有穷闭区间 $[a,b]$ 上等度连续,即对任给的 $\varepsilon>0$,存在 $\delta>0$,只要 $t_1,t_2 \in [a,b]$,$|t_1-t_2|<\delta$ 就有对一切 $n \in \mathbf{N}$ 成立

$$|f_n(t_1)-f_n(t_2)|<\varepsilon.$$

若对每个 $x \in [a,b]$,$\lim\limits_{n\to\infty} f_n(x)=f(x)$,试证明 $\{f_n(x)\}$ 在 $[a,b]$ 上一致收敛.

10. 设 $\{f_n(x)\}$ 是 $[a,b]$ 上的一致有界函数序列,且每个 $f_n(x)$ 在 $[a,b]$ 上正常可积,令

$$F_n(x)=\int_a^x f_n(t)\mathrm{d}t \quad (a \leqslant x \leqslant b),$$

试证明存在子序列 $\{F_{n_k}(x)\}$ 在 $[a,b]$ 上一致收敛.

11. 设 $f(x)$ 在 $(-\infty,+\infty)$ 上连续,$x \neq 0$ 时有 $|f(x)|<|x|$,定义函数序列 $\{f_n(x)\}$ 如下:

$$f_1(x)=f(x),\ f_n(x)=f(f_{n-1}(x)) \quad (n=2,3,4,\cdots),$$

则 $\{f_n(x)\}$ 在 $[-A,A]$ 上一致收敛(A 为任一正常数);又若 $f'(x)$ 连续,$|f'(0)|<1$,试证明 $\sum\limits_{k=1}^{\infty} f_k(x)$ 可以逐项求导.

12. 求下列幂级数的收敛半径:

(1) $\sum\limits_{n=0}^{\infty}=\dfrac{x^{n^2}}{2^n}$;

(2) $\sum\limits_{n=0}^{\infty} n!\,x^{n!}$;

(3) $\sum\limits_{n=0}^{\infty} n!\,x^{n^2}$.

13. 如果 $\sum\limits_{n=0}^{\infty} a_n x^n$ 有有限的正收敛半径,证明 $\sum\limits_{n=0}^{\infty} a_n x^{n^2}$ 的收敛

半径 $R = 1$.

14. 求幂级数

$$\sum_{n=0}^{\infty}\left(1+\frac{1}{1!}+\frac{1}{2!}+\cdots+\frac{1}{n!}\right)x^n$$

的收敛半径以及和函数.

15. 求下列级数的和函数:

(1) $\displaystyle\sum_{n=0}^{\infty}\frac{x^{4n+1}}{4n+1}\quad(\,|\,x\,|<1)$;

(2) $\displaystyle\sum_{n=1}^{\infty}\frac{(-1)^{n-1}x^{2n}}{n(2n-1)}\quad(\,|\,x\,|\leqslant1)$.

16. 设函数

$$f(x)=\sum_{n=1}^{\infty}\frac{x^n}{n^2},\quad x\in[0,1],$$

证明它在 $(0,1)$ 内满足下面方程:

$$f(x)+f(1-x)+\ln x\ln(1-x)=f(1).$$

17. 设函数序列 $\{f_n(x)\}$ 在 $(x_0-\delta,x_0+\delta)\ (\delta>0)$ 内一致收敛于 $f(x)$,且 $\lim\limits_{x\to x_0}f_n(x)=a_n\ (n=1,2,\cdots)$,试证明:

(1) $\lim\limits_{n\to\infty}a_n$ 存在有限;

(2) $\lim\limits_{x\to x_0}f(x)=\lim\limits_{n\to\infty}a_n$, 即

$$\lim_{x\to x_0}\left(\lim_{n\to\infty}f_n(x)\right)=\lim_{n\to\infty}\left(\lim_{x\to x_0}f_n(x)\right).$$

18. 设 $\displaystyle\sum_{n=1}^{\infty}u_n(x)$ 在 $(0,1)$ 内一致收敛,且

$$\lim_{x\to1_-}u_n(x)=c_n\quad(n=1,2,\cdots),$$

则 $\displaystyle\sum_{n=1}^{\infty}c_n$ 收敛,且

$$\lim_{x\to1_-}\sum_{n=1}^{\infty}u_n(x)=\sum_{n=1}^{\infty}c_n.$$

*19. 设 $f(x) = \sum\limits_{n=0}^{\infty} a_n x^n$ 的收敛半径为 1，$a_n \geqslant 0$ $(n = 0,$

$1, 2, \cdots)$，$\lim\limits_{x \to 1_-} f(x) = s$ 有限，则 $\sum\limits_{n=0}^{\infty} a_n$ 收敛，且

$$\sum_{n=0}^{\infty} a_n = s.$$

*20. 设序列 $\{a_n\}$，$\{b_n\}$ $(n = 0, 1, 2, \cdots)$ 满足：

(i) $a_n > 0$ $(n = 0, 1, 2, \cdots)$；

(ii) $|x| < 1$ 时，$\sum\limits_{n=0}^{\infty} a_n x^n$ 收敛，$x = 1$ 时，$\sum\limits_{n=0}^{\infty} a_n$ 发散；

(iii) $\lim\limits_{n \to \infty} \dfrac{b_n}{a_n} = A$ (A 为有限数).

试证明：

(1) $\lim\limits_{x \to 1_-} \dfrac{\sum\limits_{n=0}^{\infty} b_n x^n}{\sum\limits_{n=0}^{\infty} a_n x^n} = A$；

(2) 利用(1)证明：若 $a_n \sim \ln n$ $(n \to \infty)$，则

$$\sum_{n=1}^{\infty} a_n x^n \sim \frac{1}{1-x} \ln \frac{1}{1-x} \quad (x \to 1_-).$$

第 12 章 反 常 积 分

我们在第 7 章中所讨论的定积分

$$\int_a^b f(x)\mathrm{d}x = \lim_{\lambda \to 0} \sum_{i=1}^n f(\xi_i)\Delta x_i$$

$\left(\lambda = \max\limits_{1 < i < n} \Delta x_i\right)$ 要求积分区间 $[a,b]$ 为有穷区间, 被积函数 $f(x)$ 为 $[a,b]$ 上的有界函数, 通常称它为正常 (R) 积分, 但在实际应用中或理论上往往需要讨论具有无穷的积分区间或被积函数是无界函数的 (R) 积分问题, 今后将称这类积分为**反常积分**(或**广义积分**).

12.1 两类反常积分的定义和性质

在给出两类反常积分定义之前我们首先看一看反常积分概念的实际背景. 例如在几何上求曲线 $y = \dfrac{1}{x^2}(x \geqslant 1)$ 与 x 轴之间区域(图 12-1)的面积 S.

首先给出无界区域面积的定义. 任取 $A > 1$, 如图 12-1 所示的阴影部分区域的面积

$$S(A) = \int_1^A \frac{1}{x^2}\mathrm{d}x = 1 - \frac{1}{A},$$

则规定所求的无界区域的面积为

$$S = \lim_{A \to +\infty} S(A) = 1,$$

即要求下面形式的极限

$$\lim_{A \to +\infty} \int_1^A \frac{\mathrm{d}x}{x^2}.$$

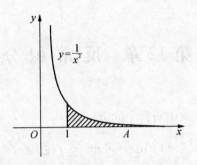

图 12 - 1

很自然地,我们把上述极限记为

$$\int_1^{+\infty} \frac{1}{x^2} \mathrm{d}x.$$

类似地,曲线 $y = \dfrac{1}{\sqrt{x}}(0 < x \leqslant 1)$ 与 y 轴之间区域(图 12 - 2)

的面积

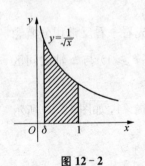

图 12 - 2

$$S = \lim_{\delta \to 0_+} \int_\delta^1 \frac{1}{\sqrt{x}} \mathrm{d}x,$$

记作

$$S = \int_0^1 \frac{1}{\sqrt{x}} \mathrm{d}x,$$

其中被积函数 $\dfrac{1}{\sqrt{x}}$ 在 $(0,1]$ 上无界.

又如在物理上,我们知道要求自地面发射火箭使它飞到无穷远的初速为多大时,可以得到

$$\frac{1}{2} m v_0^2 = \lim_{h \to +\infty} \int_0^h \frac{mgR^2}{(R+x)^2} \mathrm{d}x$$

$$= \int_0^{+\infty} \frac{mgR^2}{(R+x)^2} \mathrm{d}x,$$

其中 R 为地球的半径, m 为火箭的质量, x 为火箭离开地面的距离.

定义(无穷区间反常积分)　设 $f(x)$ 定义在无穷区间 $[a,+\infty]$ 上, 对任何 $A>a$, $f(x)$ 在 $[a,A]$ 上正常可积, 若

$$\lim_{A\to+\infty}\int_a^A f(x)\mathrm{d}x \tag{12.1}$$

存在有限, 则称反常积分 $\displaystyle\int_a^{+\infty} f(x)\mathrm{d}x$ **收敛**, 并记作

$$\int_a^{+\infty} f(x)\mathrm{d}x = \lim_{A\to+\infty}\int_a^A f(x)\mathrm{d}x, \tag{12.2}$$

若极限(12.1)不存在, 则称 $\displaystyle\int_a^{+\infty} f(x)\mathrm{d}x$ **发散**.

类似地, 规定

$$\int_{-\infty}^a f(x)\mathrm{d}x = \lim_{A'\to-\infty}\int_{A'}^a f(x)\mathrm{d}x. \tag{12.3}$$

$$\int_{-\infty}^{+\infty} f(x)\mathrm{d}x = \int_{-\infty}^a f(x)\mathrm{d}x + \int_a^{+\infty} f(x)\mathrm{d}x$$

$$= \lim_{A'\to-\infty}\int_{A'}^a f(x)\mathrm{d}x + \lim_{A\to+\infty}\int_a^A f(x)\mathrm{d}x, \tag{12.4}$$

其中 a 是任一有限数, 并规定仅当 A 与 A' 独立地趋于 $+\infty$ 和 $-\infty$ 时, (12.4)式右边两个极限均存在有限时, 才称 $\displaystyle\int_{-\infty}^{+\infty} f(x)\mathrm{d}x$ 收敛. 易知 $\displaystyle\int_{-\infty}^{+\infty} f(x)\mathrm{d}x$ 的收敛性与 a 的取法无关.

定义(无界函数反常积分)　设 $f(x)$ 定义在 $[a,b)$ 上, 当 x 趋于 b 时, $f(x)$ 无界, 对任意的 $0<\eta<b-a$, $f(x)$ 在 $[a,b-\eta]$ 上正常可积, 若

$$\lim_{\eta\to0_+}\int_a^{b-\eta} f(x)\mathrm{d}x \tag{12.5}$$

存在有限, 则称反常积分 $\displaystyle\int_a^b f(x)\mathrm{d}x$ 收敛, 并记作

$$\int_a^b f(x)\mathrm{d}x = \lim_{\eta \to 0_+} \int_a^{b-\eta} f(x)\mathrm{d}x, \tag{12.6}$$

b 称作 $f(x)$ 的**奇点**（或**瑕点**），若极限（12.5）不存在，则称 $\int_a^b f(x)\mathrm{d}x$ 发散.

类似地我们规定：

(i) 若 a 为 $f(x)$ 唯一奇点，则

$$\int_a^b f(x)\mathrm{d}x = \lim_{\eta' \to 0_+} \int_{a+\eta'}^b f(x)\mathrm{d}x. \tag{12.7}$$

(ii) 若 $c \in (a,b)$ 为 $f(x)$ 的唯一奇点，则

$$\int_a^b f(x)\mathrm{d}x = \int_a^c f(x)\mathrm{d}x + \int_c^b f(x)\mathrm{d}x$$
$$= \lim_{\eta \to 0_+} \int_a^{c-\eta} f(x)\mathrm{d}x + \lim_{\eta' \to 0_+} \int_{c+\eta'}^b f(x)\mathrm{d}x. \tag{12.8}$$

(iii) 若 a,b 均为 $f(x)$ 的奇点，则

$$\int_a^b f(x)\mathrm{d}x = \int_a^c f(x)\mathrm{d}x + \int_c^b f(x)\mathrm{d}x$$
$$= \lim_{\eta' \to 0_+} \int_{a+\eta'}^c f(x)\mathrm{d}x + \lim_{\eta \to 0_+} \int_c^{b-\eta} f(x)\mathrm{d}x, \tag{12.9}$$

其中 c 为 (a,b) 内任一点.

同样，(ii) 和 (iii) 中仅当 η, η' 独立地趋于零时，（12.8）和（12.9）右边两个极限都存在有限，才称反常积分收敛.

如果 $[a,b]$ 内有有限多个奇点 $c_1 < c_2 < \cdots < c_n$，则规定

$$\int_a^b f(x)\mathrm{d}x = \int_a^{c_1} f(x)\mathrm{d}x + \int_{c_1}^{c_2} f(x)\mathrm{d}x + \cdots$$
$$+ \int_{c_{n-1}}^{c_n} f(x)\mathrm{d}x + \int_{c_n}^b f(x)\mathrm{d}x. \tag{12.10}$$

当（12.10）式右边每个反常积分收敛时，称反常积分 $\int_a^b f(x)\mathrm{d}x$ 收敛.

例 1　计算 $\displaystyle\int_1^{+\infty} x\mathrm{e}^{-x^2}\,\mathrm{d}x$ 和 $\displaystyle\int_0^1 \frac{\mathrm{d}x}{\sqrt{1-x^2}}$ 的值.

解　由定义

$$\int_1^{+\infty} x\mathrm{e}^{-x^2}\,\mathrm{d}x = \lim_{A\to+\infty} \int_1^A x\mathrm{e}^{-x^2}\,\mathrm{d}x$$

$$= \lim_{A\to+\infty} -\frac{1}{2}\left(\mathrm{e}^{-A^2} - \frac{1}{\mathrm{e}}\right) = \frac{1}{2\mathrm{e}}.$$

$$\int_0^1 \frac{\mathrm{d}x}{\sqrt{1-x^2}} = \lim_{\eta\to 0_+} \int_0^{1-\eta} \frac{\mathrm{d}x}{\sqrt{1-x^2}}$$

$$= \lim_{\eta\to 0_+} \arcsin(1-\eta) = \frac{\pi}{2}.$$

例 2　讨论反常积分

$$\int_1^{+\infty} \frac{\mathrm{d}x}{x^p} \quad \text{和} \quad \int_0^1 \frac{\mathrm{d}x}{x^q} \quad (q > 0)$$

的收敛性.

解　由于

$$\int_1^A \frac{\mathrm{d}x}{x^p} = \begin{cases} \dfrac{1}{1-p}A^{1-p} - \dfrac{1}{1-p}, & p \neq 1, \\[2mm] \ln A, & p = 1, \end{cases}$$

所以

$$\lim_{A\to+\infty} \int_1^A \frac{\mathrm{d}x}{x^p} = \begin{cases} \dfrac{1}{p-1}, & p > 1, \\[2mm] +\infty, & p \leqslant 1, \end{cases}$$

从而 $\displaystyle\int_1^{+\infty} \frac{\mathrm{d}x}{x^p}$ 当 $p > 1$ 时收敛,当 $p \leqslant 1$ 时发散.

类似地,利用无界函数反常积分的定义,积分 $\displaystyle\int_0^1 \frac{\mathrm{d}x}{x^q}$ 当 $0 < q < 1$ 时收敛,当 $q \geqslant 1$ 时发散($q \leqslant 0$ 时,它是一个正常积分).

例 3　讨论 $\displaystyle\int_{-\infty}^{+\infty} \frac{1+x}{1+x^2}\,\mathrm{d}x$ 和 $\displaystyle\int_0^2 \frac{\mathrm{d}x}{1-x}$ 的收敛性.

解 因为 $A \to +\infty$ 时

$$\int_0^A \frac{1+x}{1+x^2}\mathrm{d}x = \left[\arctan A + \frac{1}{2}\ln(1+A^2)\right] \to +\infty,$$

故 $\displaystyle\int_{-\infty}^{+\infty} \frac{1+x}{1+x^2}\mathrm{d}x$ 发散.

对反常积分 $\displaystyle\int_0^2 \frac{\mathrm{d}x}{1-x}$,由于

$$\int_0^1 \frac{\mathrm{d}x}{1-x} = \lim_{\eta \to 0_+} \int_0^{1-\eta} \frac{\mathrm{d}x}{1-x} = +\infty,$$

故 $\displaystyle\int_0^2 \frac{\mathrm{d}x}{1-x}$ 发散.

但是

$$\lim_{A \to +\infty} \int_{-A}^A \frac{1+x}{1+x^2}\mathrm{d}x = \lim_{A \to +\infty} 2\arctan A = \pi,$$

$$\lim_{\eta \to 0_+} \left(\int_0^{1-\eta} \frac{\mathrm{d}x}{1-x} + \int_{1+\eta}^2 \frac{\mathrm{d}x}{1-x}\right) = 0.$$

一般的,我们有如下的

定义(柯西主值) 若 $f(x)$ 在任一有穷区间上正常可积,且极限

$$\lim_{A \to +\infty} \int_{-A}^A f(x)\mathrm{d}x$$

存在有限,则称这个极限为反常积分 $\displaystyle\int_{-\infty}^{+\infty} f(x)\mathrm{d}x$ 的**柯西主值**,记作

$$\mathrm{V} \cdot \mathrm{P}\int_{-\infty}^{+\infty} f(x)\mathrm{d}x = \lim_{A \to +\infty} \int_{-A}^A f(x)\mathrm{d}x.$$

若 $c \in (a,b)$ 为无界函数 $f(x)$ 的唯一奇点,且极限

$$\lim_{\eta \to 0_+} \left[\int_a^{c-\eta} f(x)\mathrm{d}x + \int_{c+\eta}^b f(x)\mathrm{d}x\right]$$

存在有限,则称该极限值为反常积分 $\displaystyle\int_a^b f(x)\mathrm{d}x$ 的**柯西主值**,记作

$$\mathrm{V} \cdot \mathrm{P} \int_a^b f(x)\mathrm{d}x = \lim_{\eta \to 0_+} \left[\int_a^{c-\eta} f(x)\mathrm{d}x + \int_{c+\eta}^b f(x)\mathrm{d}x \right].$$

由例 3 可以看到, 一般情况下

$$\int_{-\infty}^{+\infty} f(x)\mathrm{d}x \neq \mathrm{V} \cdot \mathrm{P} \int_{-\infty}^{+\infty} f(x)\mathrm{d}x,$$

$$\int_a^b f(x)\mathrm{d}x \neq \mathrm{V} \cdot \mathrm{P} \int_a^b f(x)\mathrm{d}x \quad (c \in (a,b) \text{ 为唯一奇点}).$$

但读者可以证明当 $f(x) \geqslant 0$ 时, 则一定成立(见本节习题 3)

$$\mathrm{V} \cdot \mathrm{P} \int_{-\infty}^{+\infty} f(x)\mathrm{d}x = \int_{-\infty}^{+\infty} f(x)\mathrm{d}x \quad (\text{有限或} +\infty).$$

根据定义直接讨论反常积分敛散性, 必须求出 $f(x)$ 的原函数. 众所周知, 即使 $f(x)$ 很简单, 其原函数也不一定能用初等函数表示, 例如反常积分 $\int_1^{+\infty} \dfrac{\sin x}{x}\mathrm{d}x$ 和 $\int_0^{+\infty} \sin x^2 \mathrm{d}x$, 如何判别它们的敛散性? 为此, 我们要介绍反常积分的简单性质和收敛判别法, 下面先给出反常积分的简单性质, 关于两类反常积分的收敛判别法将在 12.2 中讨论.

设 b 是 $f(x)$ 和 $g(x)$ 的唯一奇点(b 可以为 $+\infty$), 则显然有

性质 1　$\displaystyle\int_a^b f(x)\mathrm{d}x$ 收敛的充要条件是: 对任一 $c \in (a,b)$, $\displaystyle\int_c^b f(x)\mathrm{d}x$ 收敛, 且

$$\int_a^b f(x)\mathrm{d}x = \int_a^c f(x)\mathrm{d}x + \int_c^b f(x)\mathrm{d}x.$$

性质 2　设 $\displaystyle\int_a^b f(x)\mathrm{d}x$ 和 $\displaystyle\int_a^b g(x)\mathrm{d}x$ 都收敛, k 为任一常数, 则

$$\int_a^b kf(x)\mathrm{d}x = k\int_a^b f(x)\mathrm{d}x,$$

$$\int_a^b [f(x) \pm g(x)]\mathrm{d}x = \int_a^b f(x)\mathrm{d}x \pm \int_a^b g(x)\mathrm{d}x.$$

性质 3(分部积分公式)　设 $u(x), v(x)$ 在 $[a,b)$ 内有一阶连续

导数,则

$$\int_a^b u\,\mathrm{d}v = u(x)v(x)\,\Big|_a^b - \int_a^b v\,\mathrm{d}u, \qquad (12.11)$$

其中 $u(b)v(b) = \lim\limits_{x \to b_-} u(x)v(x)$(当 $b = +\infty$ 时,$x \to +\infty$),且 (12.11)式中假定有两项有限.

事实上,不妨设(12.11)式右边两项都有限,因为对任一 $x_0 \in (a,b)$,有

$$\int_a^{x_0} u\,\mathrm{d}v = [u(x_0)v(x_0) - u(a)v(a)] - \int_a^{x_0} v\,\mathrm{d}u,$$

上式中令 $x_0 \to b_-$(或($x_0 \to +\infty$)),立即得

$$\int_a^b u\,\mathrm{d}v = u(x)v(x)\,\Big|_a^b - \int_a^b v\,\mathrm{d}u.$$

性质 4(柯西收敛准则) $\int_a^{+\infty} f(x)\,\mathrm{d}x$ 收敛的充要条件是:对任给的 $\varepsilon > 0$,存在 $M > a$,使得当 $A' > A > M$ 时,就有

$$\left| \int_A^{A'} f(x)\,\mathrm{d}x \right| < \varepsilon.$$

类似地,若有限数 b 为 $f(x)$ 的唯一奇点,则 $\int_a^b f(x)\,\mathrm{d}x$ 收敛的充要条件是:对任给的 $\varepsilon > 0$,存在 $\delta > 0$,使得当 $0 < \eta' < \eta < \delta$ 时,就有

$$\left| \int_{b-\eta}^{b-\eta'} f(x)\,\mathrm{d}x \right| < \varepsilon.$$

性质 5(反常积分与级数的关系) $\int_a^{+\infty} f(x)\,\mathrm{d}x$ 收敛于 I 的充要条件是:对任一单调上升且趋于 $+\infty$ 的数列 $\{A_n\}$ $(A_0 = a)$,有级数

$$\sum_{n=0}^{\infty} \int_{A_n}^{A_{n+1}} f(x)\,\mathrm{d}x$$

收敛于 I.

证 令

$$F(A) = \int_a^A f(x) \mathrm{d}x, \quad S_n = \sum_{k=0}^n \int_{A_k}^{A_{k+1}} f(x) \mathrm{d}x,$$

则 $S_n = F(A_{n+1})$,必要性显然成立. 现证充分性,设不然,则可证明存在某个 $\varepsilon_0 > 0$ 以及数列 $\{A_n\}$,其中 A_n 单调上升趋于 $+\infty(A_0 = a)$,使

$$|F(A_n) - I| > \varepsilon_0 \quad (n = 1, 2, \cdots).$$

事实上,如果 $\int_a^{+\infty} f(x) \mathrm{d}x$ 不收敛于 I,则存在 $\varepsilon_0 > 0$,对每个正数 $M > a$,总有 $A > M$,使

$$|F(A) - I| > \varepsilon_0,$$

现在取 $A_0 = a, M_1 = \max\{1, A_0\}$,则有 $A_1 > M_1$,使

$$|F(A_1) - I| > \varepsilon_0, \cdots$$

一般地,对 $M_n = \max\{n, A_{n-1}\}(n = 2, 3, \cdots)$,有 $A_n > M_n$,使

$$|F(A_n) - I| > \varepsilon_0 \quad (n = 2, 3, \cdots),$$

这与级数 $\sum_{n=0}^{\infty} \int_{A_n}^{A_{n+1}} f(x) \mathrm{d}x$ 收敛于 I 矛盾,故 $\int_a^{+\infty} f(x) \mathrm{d}x$ 收敛.

读者还可以证明(本节习题 4):当 $f(x) \geqslant 0$ 时,对任一单调上升趋于 $+\infty$ 的数列 $\{A_n\}(A_0 = a)$,有

$$\int_a^{+\infty} f(x) \mathrm{d}x = \sum_{n=0}^{\infty} \int_{A_n}^{A_{n+1}} f(x) \mathrm{d}x \quad (\text{有限或} +\infty).$$

例 4 证明 $\int_0^{+\infty} x^a \sin x \mathrm{d}x \quad (a > 0)$ 发散.

证 因为对任一自然数 k,

$$\int_{2k\pi}^{(2k+1)\pi} x^a \sin x \mathrm{d}x \geqslant (2k\pi)^a \cdot 2 \nrightarrow 0 \quad (k \to +\infty),$$

则据柯西收敛准则知原反常积分发散.

例 5 证明 $\int_0^{+\infty} \dfrac{\mathrm{d}x}{1 + x^4 \sin^2 x}$ 收敛.

证法 1 因为

$$\int_0^{+\infty} \frac{x}{1+x^4\sin^2 x} = \sum_{n=0}^{\infty} \int_{n\pi}^{(n+1)\pi} \frac{\mathrm{d}x}{1+x^4\sin^2 x}$$

$$\leqslant \sum_{n=0}^{\infty} \int_0^{\pi} \frac{\mathrm{d}x}{1+\pi^4 n^4 \sin^2 x}$$

$$= 2\sum_{n=0}^{\infty} \int_0^{\frac{\pi}{2}} \frac{\csc^2}{\csc^2 x + n^4\pi^4} \mathrm{d}x$$

$$= 2\sum_{n=0}^{\infty} \int_0^{\frac{\pi}{2}} \frac{-\mathrm{d}(\cot x)}{(1+\pi^4 n^4) + \cot^2 x}$$

$$= \sum_{n=0}^{\infty} \frac{\pi}{\sqrt{1+\pi^4 n^4}} < +\infty.$$

证法 2 利用不等式

$$\frac{2}{\pi}t \leqslant \sin t \leqslant t \quad \left(0 \leqslant t \leqslant \frac{\pi}{2}\right),$$

得

$$\int_0^{+\infty} \frac{\mathrm{d}x}{1+x^4\sin^2 x} = \sum_{n=0}^{\infty} \int_{n\pi}^{(n+1)\pi} \frac{\mathrm{d}x}{1+x^4\sin^2 x}$$

$$\leqslant 2\sum_{n=0}^{\infty} \int_0^{\frac{\pi}{2}} \frac{\mathrm{d}x}{1+\pi^4 n^4 \sin^2 x}$$

$$\leqslant 2\sum_{n=0}^{\infty} \int_0^{\frac{\pi}{2}} \frac{\mathrm{d}x}{1+\pi^4 n^4 \cdot \frac{4}{\pi^2}x^2}$$

$$\leqslant 2\sum_{n=0}^{\infty} \int_0^{+\infty} \frac{\mathrm{d}(2\pi n^2 x)}{2\pi n^2 [1+(2\pi n^2 x)^2]}$$

$$= \sum_{n=0}^{\infty} \frac{1}{2n^2} < +\infty,$$

故原反常积分收敛.

类似地读者可证明 $\int_0^{+\infty} \dfrac{x}{1+x^6\sin^2 x}\mathrm{d}x$ 收敛(本节习题 6).

习　题

1. 计算下列反常积分:

(1) $\displaystyle\int_{-\infty}^{+\infty} \dfrac{\mathrm{d}x}{1+x^2}$;

(2) $\displaystyle\int_2^{+\infty} \dfrac{\mathrm{d}x}{x^2+x-2}$;

(3) $\displaystyle\int_0^{+\infty} \dfrac{x\ln x}{(1+x^2)^2}\mathrm{d}x$;

(4) $\displaystyle\int_0^{+\infty} \mathrm{e}^{-ax}\cos bx\,\mathrm{d}x\ (a>0)$;

(5) $\displaystyle\int_{-1}^1 \dfrac{\mathrm{d}x}{\sqrt{1-x^2}}$;

(6) $\mathrm{V}\cdot\mathrm{P}\displaystyle\int_{-\infty}^{+\infty} \arctan x\,\mathrm{d}x$.

2. 计算下列极限

(1) $\displaystyle\lim_{x\to 0} x\int_x^1 \dfrac{\cos t}{t^2}\mathrm{d}t$;

(2) $\displaystyle\lim_{x\to 0} x^a\int_x^1 \dfrac{f(t)}{t^{a+1}}\mathrm{d}t$, 其中 $a>0, f(t)\in C_{[0,1]}$.

3. 设 $f(x)\geqslant 0$, 则

$$\mathrm{V}\cdot\mathrm{P}\int_{-\infty}^{+\infty} f(x)\mathrm{d}x = \int_{-\infty}^{+\infty} f(x)\mathrm{d}x \quad (\text{有限或}+\infty).$$

4. 设 $f(x)\geqslant 0$, 则对任一单调上升趋于 $+\infty$ 的数列 $\{A_n\}$ $(A_0=a)$, 有

$$\int_a^{+\infty} f(x)\mathrm{d}x = \sum_{n=0}^{\infty}\int_{A_n}^{A_{n+1}} f(x)\mathrm{d}x \quad (\text{有限或}+\infty).$$

5. 利用递推公式计算下列反常积分(n 为自然数):

(1) $\displaystyle\int_0^1 (\ln x)^n\mathrm{d}x$;

(2) $\displaystyle\int_0^1 \dfrac{x^n}{\sqrt{1-x}}\mathrm{d}x$.

6. 证明 $\displaystyle\int_0^{+\infty} \dfrac{x}{1+x^6\sin^2 x}\mathrm{d}x$ 收敛.

12.2 反常积分收敛判别法

12.2.1 非负函数比较判别法·绝对收敛定理

设 b 为 $f(x)$ 和 $g(x)$ 的唯一奇点(b 可以为 $+\infty$),以后始终假设 $f(x)$ 在 $[a,A]$ 上正常可积 $(a<A<b)$,类似于常数项级数我们有下面几个收敛判别法.

由于两类反常积分收敛判别法的形式和证明方法相同,我们将同时给出两类反常积分的收敛判别法,而证明仅限于 $b=+\infty$ 时情况,对 b 为有限数的情况读者可类似地写出.

定理 12.1(非负函数比较判别法) 设 $0 \leqslant f(x) \leqslant g(x)(a \leqslant x < b)$,则

1° 若 $\int_a^b g(x)\mathrm{d}x$ 收敛,就必有 $\int_a^b f(x)\mathrm{d}x$ 收敛,且

$$\int_a^b f(x)\mathrm{d}x \leqslant \int_a^b g(x)\mathrm{d}x;$$

2° 若 $\int_a^b f(x)\mathrm{d}x$ 发散,就必有 $\int_a^b g(x)\mathrm{d}x$ 发散.

证 只需证明结论 1°.不妨设 $b=+\infty$,令

$$F(A) = \int_a^A f(x)\mathrm{d}x,$$

则

$$F(A) \leqslant \int_a^A g(x)\mathrm{d}x \leqslant \int_a^{+\infty} g(x)\mathrm{d}x,$$

于是 $F(A)$ 关于 A 单调上升,且有界,故 $\lim\limits_{A\to+\infty} F(A)$ 存在有限,即 $\int_a^{+\infty} f(x)\mathrm{d}x$ 收敛,且显然有

$$\int_a^{+\infty} f(x)\mathrm{d}x \leqslant \int_a^{+\infty} g(x)\mathrm{d}x.$$

由反常积分收敛性定义,易知定理 12.1 条件改为 x 充分接近 b 时有 $0 \leqslant f(x) \leqslant g(x)$,其结论除不等式外仍然成立.

推论(比较判别法极限形式) 设存在 $M(a < M < b)$,使得 $b > x > M$ 时有 $f(x) \geqslant 0, g(x) > 0$,若

$$\lim_{x \to b_-} \frac{f(x)}{g(x)} = \lambda \quad (\text{有限或} +\infty),$$

(上式中若 $b = +\infty, x \to b_-$ 改为 $x \to +\infty$),则

1° 当 $0 < \lambda < +\infty$ 时,$\int_a^b f(x) \mathrm{d}x$ 与 $\int_a^b g(x) \mathrm{d}x$ 同时收敛或同时发散;

2° 当 $\lambda = 0$ 时,由 $\int_a^b g(x) \mathrm{d}x$ 收敛可推出 $\int_a^b f(x) \mathrm{d}x$ 收敛;

3° 当 $\lambda = +\infty$ 时,由 $\int_a^b g(x) \mathrm{d}x$ 发散可推出 $\int_a^b f(x) \mathrm{d}x$ 发散.

证 1° 不妨设 $b = +\infty$,因为

$$\lim_{x \to +\infty} \frac{f(x)}{g(x)} = \lambda,$$

$0 < \lambda < +\infty$,则必存在 $x_0 \geqslant M$,使得 $x > x_0$ 时,有

$$\frac{\lambda}{2} < \frac{f(x)}{g(x)} < 2\lambda,$$

即

$$\frac{\lambda}{2} g(x) < f(x) < 2\lambda g(x) \quad (x > x_0 \text{ 时}),$$

据定理 12.1 立即知结论 1° 成立.

结论 2° 和 3° 留给读者自己证明.

读者还可以考虑下述问题:若推论中条件 $f(x) \geqslant 0$ $(b > x > M$ 时) 除去,结论是否成立.

类似于 p-级数 $\sum_{n=1}^{\infty} \frac{1}{n^p}$,反常积分 $\int_a^{+\infty} \frac{\mathrm{d}x}{x^p}(a > 0)$ 和

$\int_a^b \dfrac{\mathrm{d}x}{(b-x)^p}$（$b$ 为有限数）常用来作为比较对象.

定理 12.2（绝对收敛定理） 如果 $\int_a^b |f(x)|\,\mathrm{d}x$ 收敛,则 $\int_a^b f(x)\mathrm{d}x$ 必收敛,并称 $\int_a^b f(x)\mathrm{d}x$ **绝对收敛**(或称 $f(x)$ 绝对可积).

本定理直接由柯西收敛准则得到.

若 $\int_a^b f(x)\mathrm{d}x$ 收敛,$\int_a^b |f(x)|\,\mathrm{d}x$ 发散,则称 $\int_a^b f(x)\mathrm{d}x$ 为**条件收敛**.

例 1 讨论 $\int_1^{+\infty} \dfrac{\mathrm{d}x}{\sqrt{x+x^3}}$ 和 $\int_2^{+\infty} \dfrac{\sin\dfrac{1}{x}}{\ln x}\mathrm{d}x$ 的敛散性.

解 因为 $0 < \dfrac{1}{\sqrt{x+x^3}} < \dfrac{1}{x^{3/2}}\ (x\geqslant 1)$,$\int_1^{+\infty} \dfrac{1}{x^{3/2}}\mathrm{d}x$ 收敛,则由比较判别法知 $\int_1^{+\infty} \dfrac{\mathrm{d}x}{\sqrt{x+x^3}}$ 收敛.

因为

$$\lim_{x\to+\infty} x\ln x \dfrac{\sin\dfrac{1}{x}}{\ln x} = \lim_{x\to+\infty} \dfrac{\sin\dfrac{1}{x}}{\dfrac{1}{x}} = 1,$$

且 $\int_2^{+\infty} \dfrac{\mathrm{d}x}{x\ln x}$ 发散,故反常积分 $\int_2^{+\infty} \dfrac{\sin\dfrac{1}{x}}{\ln x}\mathrm{d}x$ 发散.

例 2 讨论 $\int_1^{+\infty} \dfrac{\sin x}{x\sqrt{1+x^2}}\mathrm{d}x$ 的敛散性.

解 因为

$$\left| \dfrac{\sin x}{x\sqrt{1+x^2}} \right| \leqslant \dfrac{1}{x\sqrt{1+x^2}} \leqslant \dfrac{1}{x^2}\quad (x\geqslant 1),$$

故 $\displaystyle\int_1^{+\infty}\frac{\sin x}{x\sqrt{1+x^2}}\mathrm{d}x$ 绝对收敛.

12.2.2　阿贝尔判别法·狄利克雷判别法

在第 7 章中我们曾介绍过积分第二中值定理:设 $f(x)$ 在 $[a,b]$ 上正常可积,$g(x)$ 在 $[a,b]$ 上单调,则存在 $\xi\in[a,b]$,使

$$\int_a^b f(x)g(x)\mathrm{d}x = g(a)\int_a^\xi f(x)\mathrm{d}x + g(b)\int_\xi^b f(x)\mathrm{d}x.$$

下面我们用积分第二中值定理来证明阿贝尔判别法和狄利克雷判别法.

定理 12.3（阿贝尔判别法）　设 $\displaystyle\int_a^b f(x)\mathrm{d}x$ 收敛,$g(x)$ 在 $[a,b]$ 上单调有界,则 $\displaystyle\int_a^b f(x)g(x)\mathrm{d}x$ 收敛.

证　不妨设 $b=+\infty$,由积分第二中值定理,对任意的 $A'>A>a$,

$$\int_A^{A'} f(x)g(x)\mathrm{d}x = g(A)\int_A^\xi f(x)\mathrm{d}x + g(A')\int_\xi^{A'} f(x)\mathrm{d}x,$$

其中 $\xi\in[A,A']$,设 $|g(x)|\leqslant K$　$(x\in[a,+\infty))$,因为 $\displaystyle\int_a^{+\infty} f(x)\mathrm{d}x$ 收敛,则对任给的 $\varepsilon>0$,存在 $M>a$,使得当 $A'>A>M$ 时,有

$$\left|\int_A^\xi f(x)\mathrm{d}x\right|<\frac{\varepsilon}{2K},\quad\left|\int_\xi^{A'} f(x)\mathrm{d}x\right|<\frac{\varepsilon}{2K},$$

从而当 $A'>A>M$ 时,有

$$\left|\int_A^{A'} f(x)g(x)\mathrm{d}x\right|<\varepsilon,$$

由柯西收敛准则立即知 $\displaystyle\int_a^{+\infty} f(x)g(x)\mathrm{d}x$ 收敛.

定理 12.4（狄利克雷判别法）　设 $F(A)=\displaystyle\int_a^A f(x)\mathrm{d}x$ 关于 $A\in[a,b)$ 有界,$g(x)$ 在 $[a,b)$ 上单调,且当 $x\to b_-$ 时趋于零($b=$

$+\infty$ 时, $x \rightarrow b_-$ 改为 $x \rightarrow +\infty$),则反常积分 $\int_a^b f(x)g(x)\mathrm{d}x$ 收敛.

证 不妨设 $b=+\infty$,在 $[A,A']$ 上应用积分第二中值定理,得

$$\int_A^{A'} f(x)g(x)\mathrm{d}x = g(A)\int_A^{\xi} f(x)\mathrm{d}x + g(A')\int_{\xi}^{A'} f(x)\mathrm{d}x,$$

其中 $\xi \in [A,A']$. 设 $\left|\int_a^A f(x)\mathrm{d}x\right| \leqslant K$ ($A \in [a,+\infty)$),则

$$\left|\int_A^{\xi} f(x)\mathrm{d}x\right| \leqslant 2K, \quad \left|\int_{\xi}^{A'} f(x)\mathrm{d}x\right| \leqslant 2K.$$

因为 $\lim\limits_{x \rightarrow +\infty} g(x) = 0$,则对任给的 $\varepsilon > 0$,存在 $M > a$,使得当 $A' > A > M$ 时,有

$$| g(A) | < \frac{\varepsilon}{4K}, \quad | g(A') | < \frac{\varepsilon}{4K},$$

从而当 $A' > A > M$ 时,有

$$\left|\int_A^{A'} f(x)g(x)\mathrm{d}x\right| < \varepsilon,$$

故 $\int_a^{+\infty} f(x)g(x)\mathrm{d}x$ 收敛.

例 1 证明反常积分 $\int_1^{+\infty} \frac{\sin x}{x}\mathrm{d}x$ 条件收敛.

证 因为对任意的 $A \geqslant 1$,

$$\left|\int_1^A \sin x\mathrm{d}x\right| = | \cos 1 - \cos A | \leqslant 2,$$

$\frac{1}{x} \rightarrow 0(x \rightarrow +\infty)$,故由狄利克雷判别法知 $\int_1^{+\infty} \frac{\sin x}{x}\mathrm{d}x$ 收敛. 又因为 $x \geqslant 1$ 时,

$$\left|\frac{\sin x}{x}\right| \geqslant \frac{\sin^2 x}{x} = \frac{1 - \cos 2x}{2x},$$

再应用狄利克雷判别法可知 $\int_1^{+\infty} \frac{\cos 2x}{2x}\mathrm{d}x$ 也收敛,但 $\int_1^{+\infty} \frac{1}{2x}\mathrm{d}x$ 发散,故 $\int_1^{+\infty} \frac{1-\cos 2x}{2x}\mathrm{d}x$ 必发散,于是据比较判别法可知

$\int_1^{+\infty}\left|\dfrac{\sin x}{x}\right|\mathrm{d}x$ 也发散，$\int_1^{+\infty}\dfrac{\sin x}{x}\mathrm{d}x$ 条件收敛得证.

类似地可证明 $\int_1^{+\infty}\dfrac{\sin x}{x^\lambda}\mathrm{d}x$ 和 $\int_1^{+\infty}\dfrac{\cos x}{x^\lambda}\mathrm{d}x$　（$0<\lambda<1$）都为条件收敛.

例 2　讨论 $\int_0^{+\infty}\dfrac{\sin\frac{1}{x}}{x^\alpha}\mathrm{d}x$　（$0<\alpha\leqslant 2$）的敛散性.

解　由于 0 也是奇点，先考察

$$\int_1^{+\infty}\frac{\sin\frac{1}{x}}{x^\alpha}\mathrm{d}x.$$

因为 $x\geqslant 1$ 时，$\sin\dfrac{1}{x}>0$，且

$$\lim_{x\to+\infty}\frac{\frac{\sin\frac{1}{x}}{x^\alpha}}{\frac{1}{x^{1+\alpha}}}=\lim_{x\to+\infty}\frac{\sin\frac{1}{x}}{\frac{1}{x}}=1,$$

$\alpha>0$ 时，$\int_1^{+\infty}\dfrac{1}{x^{1+\alpha}}\mathrm{d}x$ 收敛，故当 $\alpha>0$ 时，$\int_1^{+\infty}\dfrac{\sin\frac{1}{x}}{x^\alpha}\mathrm{d}x$ 绝对收敛.

对于 $\int_0^1\dfrac{\sin\frac{1}{x}}{x^\alpha}\mathrm{d}x$，我们分三种情形来讨论.

（i）当 $0<\alpha<1$ 时，因为

$$\left|\frac{\sin\frac{1}{x}}{x^\alpha}\right|\leqslant\frac{1}{x^\alpha},$$

故 $\int_0^1\dfrac{\sin\frac{1}{x}}{x^\alpha}\mathrm{d}x$ 绝对收敛.

(ii) 当 $\alpha = 2$ 时,

$$\int_0^1 \frac{1}{x^2}\sin\frac{1}{x}\mathrm{d}x = -\int_0^1 \sin\frac{1}{x}\mathrm{d}\left(\frac{1}{x}\right)$$

$$= \lim_{x\to 0_+}\left(\cos 1 - \cos\frac{1}{x}\right),$$

而 $\lim\limits_{x\to 0_+}\left(\cos 1 - \cos\dfrac{1}{x}\right)$ 不存在,故 $\int_0^1 \dfrac{1}{x^2}\sin\dfrac{1}{x}\mathrm{d}x$ 发散.

(iii) 当 $1\leqslant\alpha<2$ 时,

$$\int_0^1 \frac{\sin\frac{1}{x}}{x^\alpha}\mathrm{d}x = \int_0^1 x^{2-\alpha}\left(\frac{1}{x^2}\sin\frac{1}{x}\right)\mathrm{d}x,$$

由于

$$\left|\int_\eta^1 \frac{1}{x^2}\sin\frac{1}{x}\mathrm{d}x\right| = \left|\cos 1 - \cos\frac{1}{\eta}\right| \leqslant 2 \quad (0<\eta<1),$$

$x^{2-\alpha}$ 当 $x\to 0_+$ 时单调趋于零,则据狄利克雷判别法知 $\int_0^1 \dfrac{\sin\frac{1}{x}}{x^\alpha}\mathrm{d}x$ 收敛.

对于 $\int_0^1 \dfrac{\sin\frac{1}{x}}{x^\alpha}\mathrm{d}x$ 还可利用 12.3 反常积分变数变换来讨论它的敛散性,并可证明它当 $1\leqslant\alpha<2$ 时条件收敛(见 12.3 习题 1(2)).

综上所述,我们得:

积分 $\int_0^{+\infty} \dfrac{\sin\frac{1}{x}}{x^\alpha}\mathrm{d}x$ 当 $\alpha = 2$ 时发散;当 $0<\alpha<1$ 时绝对收敛;当 $1\leqslant\alpha<2$ 时条件收敛.

读者还可以讨论 $\alpha>2$ 或者 $\alpha\leqslant 0$ 时,反常积分

$$\int_0^{+\infty} \frac{\sin\frac{1}{x}}{x^\alpha}\mathrm{d}x$$

的敛散性.

例3 讨论反常积分

$$\int_1^{+\infty} \frac{\ln\left(1+\sin\frac{1}{x^\alpha}\right)}{x^\beta \ln\left(\cos\frac{1}{x}\right)} dx \quad (\alpha > 0)$$

的敛散性.

解 因为 $\alpha > 0$，则被积函数恒取负值，$x \to +\infty$ 时，

$$\frac{\ln\left(1+\sin\frac{1}{x^\alpha}\right)}{x^\beta \ln\left(\cos\frac{1}{x}\right)} = \frac{\ln\left(1+\frac{1}{x^\alpha}+O\left(\frac{1}{x^{3\alpha}}\right)\right)}{x^\beta \ln\left(1-\frac{1}{2x^2}+O\left(\frac{1}{x^4}\right)\right)}$$

$$= \frac{\frac{1}{x^\alpha}+O\left(\frac{1}{x^{2\alpha}}\right)}{x^\beta\left[-\frac{1}{2x^2}+O\left(\frac{1}{x^4}\right)\right]}$$

$$= -\frac{2}{x^{\alpha+\beta-2}}\left[1+O\left(\frac{1}{x^{\alpha_0}}\right)\right],$$

其中

$$\alpha_0 = \min\,(\alpha, 2) > 0,$$

因此原反常积分当 $\alpha+\beta > 3$ 时收敛，当 $\alpha+\beta \leqslant 3$ 时发散.

习　题

1. 讨论下列反常积分的敛散性：

(1) $\int_0^{+\infty} \frac{x^2}{x^4-x^2+1} dx$;　　(2) $\int_0^{+\infty} \frac{x^m}{1+x^n} dx$ $(n \geqslant 0)$;

(3) $\int_0^1 x^p \ln^q \frac{1}{x} dx$;　　(4) $\int_0^{+\infty} \frac{\sin^2 x}{x} dx$;

(5) $\int_0^{\frac{\pi}{2}} \frac{\ln\,(\sin x)}{\sqrt{x}} dx$;　　(6) $\int_0^{\frac{\pi}{2}} \frac{dx}{\sin^p x \cos^q x}$.

2. 讨论下列反常积分的绝对收敛性和条件收敛性:

(1) $\int_0^{+\infty} \dfrac{\sqrt{x}\cos x}{x+10}\mathrm{d}x$;   (2) $\int_0^{+\infty} \dfrac{\sin x}{x^a}\mathrm{d}x$;

(3) $\int_a^{+\infty} \dfrac{P_n(x)}{P_{n+1}(x)}\sin x\mathrm{d}x(a>0)$, 式中 $P_{n+1}(x)$, $P_n(x)$ 是次数分别为 $n+1$, n 的多项式, 且 $x\geqslant a$ 时, $P_{n+1}(x)>0$;

(4) $\int_0^{+\infty} \dfrac{x\sin x}{1+x^p}\mathrm{d}x$ $(p>0)$.

3. 证明:若 $\int_a^{+\infty} f(x)\mathrm{d}x$ 收敛, $f(x)$ 为单调函数,则

$$f(x) = o\left(\frac{1}{x}\right) \quad (x\to+\infty).$$

4. 证明无界函数反常积分的阿贝尔判别法和狄利克雷判别法.

12.3 反常积分的变数变换及计算

判别一个反常积分收敛或者计算反常积分除了应用定义,柯西收敛准则以及 12.2 中介绍的各种判别法外,通常还可以借助变量代换. 与正常积分变量代换相仿,我们可以证明下面的结论.

定理 12.5(变数变换) 设 $f(x)$ 在 $[a,b)$ 内连续, b 为 $f(x)$ 的唯一奇点(b 可以为 $+\infty$), $x=\varphi(t)$ 在 $[\alpha,\beta)$ 内(严格)单调上升, $\varphi(t)$, $\varphi'(t)$ 在 $[\alpha,\beta)$ 内连续(β 可以为 $+\infty$),并设 $\varphi(\alpha)=a$, $\varphi(\beta)=b$ (其中 $\varphi(\beta) = \lim\limits_{t\to\beta}\varphi(t) = b$),则成立

$$\int_a^b f(x)\mathrm{d}x = \int_\alpha^\beta f(\varphi(t))\varphi'(t)\mathrm{d}t, \tag{12.12}$$

这里假定(12.12)式两边有一个积分收敛. (12.12)右边的积分可以是正常积分,也可以是以 β 为唯一奇点的反常积分.

证 由于 $\varphi(t)$ 在 $[\alpha,\beta)$ 内严格单调上升,则由反函数定理,

$x = \varphi(t)$ 存在反函数 $t = \theta(x), x \in [a, b)$，且 $\theta(x)$ 在 $[a, b)$ 内单调上升、连续. $\lim\limits_{x \to b} \theta(x) = \beta$. 现设 $x_0 \in (a, b), x_0 = \varphi(t_0)$，则 $t_0 \in (\alpha, \beta)$，由 $[a, x_0]$ 上正常积分的变数变换公式得

$$\int_a^{x_0} f(x) \mathrm{d}x = \int_\alpha^{t_0} f(\varphi(t)) \varphi'(t) \mathrm{d}t. \qquad (12.13)$$

不妨设 (12.12) 右边积分收敛，则在 (12.13) 式中令 $x_0 \to b$，就有

$$\int_a^b f(x) \mathrm{d}x = \int_\alpha^\beta f(\varphi(t)) \varphi'(t) \mathrm{d}t.$$

若 $x = \varphi(t)$ 在 $(\alpha, \beta]$ 内（严格）单调下降，此时，$\varphi(\beta) = a, b = \lim\limits_{t \to \alpha} \varphi(t)$，则同样可得

$$\int_a^b f(x) \mathrm{d}x = \int_\beta^\alpha f(\varphi(t)) \varphi'(t) \mathrm{d}t. \qquad (12.14)$$

总之，只要记住 a 所对应的变数 t 之值为 (12.12)（或 (12.14)）右边积分的下限，b 所对应的变数 t 之值为 (12.12)（或 (12.14)）右边积分的上限，下限可以比上限大.

例 1 计算 $I = \int_a^b \dfrac{\mathrm{d}x}{\sqrt{(x-a)(b-x)}}$ 之值.

解法 1 因为

$$\int \frac{\mathrm{d}x}{\sqrt{(x-a)(b-x)}} = \int \frac{\mathrm{d}x}{\sqrt{\dfrac{(b-a)^2}{4} - \left(x - \dfrac{a+b}{2}\right)^2}}$$

$$= \arcsin \frac{2x - a - b}{b - a} + c,$$

由定义立即得

$$I = \pi.$$

解法 2 若令变换 $x = a\cos^2\varphi + b\sin^2\varphi \left(0 \leqslant \varphi \leqslant \dfrac{\pi}{2}\right), \mathrm{d}x = (b-a)2\sin\varphi\cos\varphi\mathrm{d}\varphi$，易知 $x(\varphi) = a\cos^2\varphi + b\sin^2\varphi$ 在 $\left[0, \dfrac{\pi}{2}\right]$ 上单

调上升，$\varphi = 0$ 对应于 $x = a$，$\varphi = \dfrac{\pi}{2}$ 对应于 $x = b$，则

$$\int_a^b \frac{\mathrm{d}x}{\sqrt{(x-a)(b-x)}} = 2\int_0^{\frac{\pi}{2}} \mathrm{d}\varphi = \pi.$$

由例 1 解法 2 我们可以计算形如

$$\int_a^b \frac{P(x)}{\sqrt{(x-a)(b-x)}} \mathrm{d}x$$

（其中 $P(x)$ 为 x 的多项式）的反常积分，例如读者可以计算

$$\int_a^b \frac{x^2}{\sqrt{(x-a)(b-x)}} \mathrm{d}x.$$

例 2　计算 $I = \displaystyle\int_0^{+\infty} \dfrac{\mathrm{d}x}{1+x^4}$.

解　首先令 $x = \dfrac{1}{t}$，$x = 0$ 对应于 $t = +\infty$，$x = +\infty$ 对应于 $t = 0$，则

$$I = \int_0^{+\infty} \frac{\mathrm{d}x}{1+x^4} = \int_0^{+\infty} \frac{x^2}{1+x^4} \mathrm{d}x,$$

故

$$I = \frac{1}{2}\int_0^{+\infty} \frac{1+x^2}{1+x^4}\mathrm{d}x = \frac{1}{2}\int_0^{+\infty} \frac{\left(1+\dfrac{1}{x^2}\right)}{x^2+\dfrac{1}{x^2}}\mathrm{d}x$$

$$= \frac{1}{2}\int_0^{+\infty} \frac{\mathrm{d}\left(x-\dfrac{1}{x}\right)}{\left(x-\dfrac{1}{x}\right)^2+2}.$$

再令 $z = x - \dfrac{1}{x}$，便得

$$I = \frac{1}{2}\int_{-\infty}^{+\infty} \frac{\mathrm{d}z}{z^2+2} = \frac{\pi}{2\sqrt{2}}.$$

例 3　讨论 $J = \displaystyle\int_0^{\frac{\pi}{2}} \ln \sin x \, \mathrm{d}x$ 的敛散性,并计算它的值.

解　由分部积分法

$$\int_0^{\frac{\pi}{2}} \ln \sin x \, \mathrm{d}x = x \ln \sin x \Big|_0^{\frac{\pi}{2}} - \int_0^{\frac{\pi}{2}} \frac{x}{\tan x} \mathrm{d}x$$

$$= -\int_0^{\frac{\pi}{2}} \frac{x}{\tan x} \mathrm{d}x,$$

上式右边为正常积分,故 J 收敛.

令 $x = 2t$, 得

$$J = 2 \int_0^{\frac{\pi}{4}} \ln (\sin 2t) \, \mathrm{d}t$$

$$= \frac{\pi}{2} \ln 2 + 2 \int_0^{\frac{\pi}{4}} \ln \sin t \, \mathrm{d}t + 2 \int_0^{\frac{\pi}{4}} \ln \cos t \, \mathrm{d}t$$

$$= \frac{\pi}{2} \ln 2 + 2 \int_0^{\frac{\pi}{4}} \ln \sin t \, \mathrm{d}t + 2 \int_{\frac{\pi}{4}}^{\frac{\pi}{2}} \ln \sin u \, \mathrm{d}u$$

$$= \frac{\pi}{2} \ln 2 + 2 \int_0^{\frac{\pi}{2}} \ln \sin t \, \mathrm{d}t,$$

所以

$$J = \frac{\pi}{2} \ln 2 + 2J,$$

$$J = -\frac{\pi}{2} \ln 2.$$

例 4　讨论 $\displaystyle\int_0^{+\infty} \sin x^2 \, \mathrm{d}x$ 的敛散性.

解　令 $x = \sqrt{t}$, 则

$$\int_0^{+\infty} \sin x^2 \, \mathrm{d}x = \frac{1}{2} \int_0^{+\infty} \frac{\sin t}{\sqrt{t}} \mathrm{d}t,$$

由于 0 不是 $\dfrac{\sin t}{\sqrt{t}}$ 的奇点, $\displaystyle\int_0^{+\infty} \frac{\sin t}{\sqrt{t}} \mathrm{d}t$ 收敛,故原反常积分收敛.

读者必须明白下述事实:

对于无穷级数 $\sum\limits_{n=1}^{\infty} a_n$，当 $\sum\limits_{n=1}^{\infty} a_n$ 收敛时,必有通项 $a_n \to 0$(当 $n \to \infty$),但由例 4 我们看到, $\int_a^{+\infty} f(x)\mathrm{d}x$ 收敛时,不一定有 $\lim\limits_{x \to +\infty} f(x) = 0$,甚至 $f(x)$可以无界,例如

$$f(x) = \begin{cases} n^2, n \leqslant x < n + \dfrac{1}{n^4}, \\ 0, n + \dfrac{1}{n^4} \leqslant x < n+1, \end{cases} \quad (n = 1, 2, \cdots)$$

显然,对任意正整数 N,

$$\int_1^{N+1} f(x)\mathrm{d}x = \sum_{n=1}^{N} \int_n^{n+1} f(x)\mathrm{d}x$$

$$= \sum_{n=1}^{N} \int_n^{n+\frac{1}{n^4}} n^2 \mathrm{d}x = \sum_{n=1}^{N} \frac{1}{n^2},$$

则 $\int_1^{+\infty} f(x)\mathrm{d}x$ 收敛,但 $f(x)$无界.

类似地,我们还可以举出反例说明,当 $f(x) \in C_{[1,+\infty]}$, $f(x) \geqslant 0$,且 $\int_1^{+\infty} f(x)\mathrm{d}x$ 收敛时,不一定有 $\lim\limits_{x \to +\infty} f(x) = 0$(本章总习题 10).

例 5 讨论 $I = \int_0^{+\infty} \dfrac{\sin\left(x + \dfrac{1}{x}\right)}{x^n}\mathrm{d}x$ 的敛散性.

解 $I = \int_0^{+\infty} \dfrac{\sin\left(x + \dfrac{1}{x}\right)}{x^n}\mathrm{d}x$

$$= \int_0^1 \dfrac{\sin\left(x + \dfrac{1}{x}\right)}{x^n}\mathrm{d}x + \int_1^{+\infty} \dfrac{\sin\left(x + \dfrac{1}{x}\right)}{x^n}\mathrm{d}x$$

$$= I_1 + I_2.$$

先讨论 I_2 的敛散性. $n > 0$ 时,我们用两种方法证明 I_2 收敛.

（法 1）　$I_2 = \displaystyle\int_1^{+\infty} \dfrac{\sin\left(x + \dfrac{1}{x}\right)}{x^n} \mathrm{d}x$

$$= \int_1^{+\infty} \dfrac{\left(\sin x\cos\dfrac{1}{x} + \cos x\sin\dfrac{1}{x}\right)}{x^n} \mathrm{d}x,$$

$n > 0$ 时，

$$\int_1^{+\infty} \dfrac{\sin x\cos\dfrac{1}{x}}{x^n} \mathrm{d}x = \dfrac{-\cos x\cos\dfrac{1}{x}}{x^n} \bigg|_1^{+\infty}$$

$$+ \int_1^{+\infty} \cos x\left(\dfrac{\sin\dfrac{1}{x}}{x^{n+2}} - \dfrac{n\cos\dfrac{1}{x}}{x^{n+1}}\right) \mathrm{d}x$$

收敛，同理 $n > 0$ 时，$\displaystyle\int_1^{+\infty} \dfrac{\cos x\sin\dfrac{1}{x}}{x^n} \mathrm{d}x$ 也收敛，故当 $n > 0$ 时 I_2 收敛.

（法 2）　利用 $x \to +\infty$ 时，有

$$\cos\dfrac{1}{x} = 1 + O\left(\dfrac{1}{x^2}\right),$$

$$\sin\dfrac{1}{x} = \dfrac{1}{x} + O\left(\dfrac{1}{x^3}\right),$$

立即可知当 $n > 0$ 时，

$$I_2 = \int_1^{+\infty} \dfrac{\sin x\cos\dfrac{1}{x} + \cos x\sin\dfrac{1}{x}}{x^n} \mathrm{d}x$$

收敛.

当 $n \leqslant 0$ 时，令 $\alpha = -n \geqslant 0$，因为

$$\int_{2k\pi + \frac{\pi}{4}}^{2k\pi + \frac{\pi}{2}} x^\alpha \sin\left(x + \dfrac{1}{x}\right) \mathrm{d}x \geqslant \left(2k\pi + \dfrac{\pi}{4}\right)^\alpha \dfrac{\sqrt{2}}{2} \cdot \dfrac{\pi}{4},$$

其中 $k \in \mathbf{N}$，且充分大，则由柯西收敛准则，当 $n \leqslant 0$ 时，I_2 必发散.

对于 $I_1 = \int_0^1 \dfrac{\sin\left(x+\dfrac{1}{x}\right)}{x^n}\mathrm{d}x$，令 $\dfrac{1}{x}=t$，得

$$I_1 = \int_1^{+\infty} \frac{\sin\left(t+\dfrac{1}{t}\right)}{t^{2-n}}\mathrm{d}t,$$

据对 I_2 的讨论，$n<2$ 时，I_1 收敛，$n\geqslant 2$ 时，I_1 发散，从而仅当 $0<n<2$ 时，I 才收敛. 我们还可以证明它是条件收敛的，这是因为

$$\frac{\left|\sin\left(x+\dfrac{1}{x}\right)\right|}{x^n} \geqslant \frac{\sin^2\left(x+\dfrac{1}{x}\right)}{x^n} = \frac{1-\cos 2\left(x+\dfrac{1}{x}\right)}{2x^n},$$

相仿地我们可以证明 $\displaystyle\int_0^{+\infty} \dfrac{\cos 2\left(x+\dfrac{1}{x}\right)}{x^n}\mathrm{d}x$ 当 $0<n<2$ 时收敛，但

反常积分 $\displaystyle\int_0^{+\infty} \dfrac{1}{x^n}\mathrm{d}x$ 当 $0<n<2$ 时发散，故 $\displaystyle\int_0^{+\infty} \dfrac{\left|\sin\left(x+\dfrac{1}{x}\right)\right|}{x^n}\mathrm{d}x$ 当 $0<n<2$ 时必发散.

习　题

1. 讨论下列反常积分的敛散性：

(1) $\displaystyle\int_0^{+\infty} (-1)^{[x^2]}\mathrm{d}x$；　　　(2) $\displaystyle\int_0^1 \dfrac{\sin\dfrac{1}{x}}{x^\alpha}\mathrm{d}x$　$(\alpha>0)$.

2. 计算下列反常积分：

(1) $\displaystyle\int_0^{\frac{\pi}{2}} \ln\cos x\,\mathrm{d}x$；　　　(2) $\displaystyle\int_0^{+\infty} \dfrac{\ln x}{1+x^2}\mathrm{d}x$；

(3) $\displaystyle\int_0^{\frac{\pi}{2}} \ln(\tan\theta)\mathrm{d}\theta$.

3. 证明下列等式：

(1) $\int_0^1 \dfrac{x^{p-1}}{x+1}\mathrm{d}x = \int_1^{+\infty} \dfrac{x^{-p}}{x+1}\mathrm{d}x \quad (p > 0)$；

(2) $\int_0^{+\infty} \dfrac{x^{p-1}}{x+1}\mathrm{d}x = \int_0^{+\infty} \dfrac{x^{-p}}{x+1}\mathrm{d}x \quad (0 < p < 1)$.

4. 求 $\lim\limits_{x \to 0_+} \dfrac{1}{x} \int_{\frac{1}{x}}^{+\infty} \dfrac{\cos t}{t^2}\mathrm{d}t$.

第 12 章总习题

1. 研究下列反常积分的敛散性：

(1) $\int_0^1 |\sin x|^p \mathrm{d}x$；　　　　(2) $\int_0^{\frac{\pi}{2}} \dfrac{1 - \cos x}{x^m}\mathrm{d}x$；

(3) $\int_0^{+\infty} \dfrac{e^{\sin x} \cdot \sin 2x}{x^\lambda}\mathrm{d}x$；　　(4) $\int_0^1 x^{\alpha-1}(1-x)^{\beta-1}\ln x\mathrm{d}x$；

(5) $\int_1^{+\infty} \dfrac{\ln\left(1 + \dfrac{1}{x^p}\right)}{x\sqrt[3]{1+x^2}}\mathrm{d}x$；　　(6) $\int_0^1 \dfrac{\ln x}{(1-x^2)^\alpha(\sin x)^\beta}\mathrm{d}x$.

2. 证明等式

$$\int_0^{+\infty} f\left(ax + \dfrac{b}{x}\right)\mathrm{d}x = \dfrac{1}{a}\int_0^{+\infty} f(\sqrt{x^2 + 4ab})\,\mathrm{d}x,$$

其中 $a > 0, b > 0$，并假定等式左端积分有意义.

3. 讨论 $\int_0^{+\infty} \dfrac{\sin(x + x^2)}{x^n}\mathrm{d}x$ 的敛散性.

4. 设 $f(x) \geqslant 0$，在每一个有穷区间 $[a, A]$ 上正常可积，且 $\int_a^{+\infty} f(x)\mathrm{d}x$ 收敛，试证明存在序列 $\{x_k\}$，$x_k \to +\infty (k \to \infty)$，使 $\lim\limits_{k \to \infty} f(x_k) = 0$.

5. 设 $f(x) > 0$，且单调下降，如果 $\int_a^{+\infty} f(x)\sin^2 x\mathrm{d}x$ 收敛，试

证明 $\displaystyle\int_a^{+\infty} f(x)\mathrm{d}x$ 收敛.

6. 设 $f(x)$ 在 $(0,a)$ 内非负，且单调上升，若 $\displaystyle\int_0^a x^p f(x)\mathrm{d}x$ 收敛，试证明

$$\lim_{x\to 0_+} x^{p+1} f(x) = 0.$$

7. 设 $f(x)$ 在 $(0,1)$ 内单调，0 和 1 可以是 $f(x)$ 的奇点，若 $\displaystyle\int_0^1 f(x)\mathrm{d}x$ 收敛，则

$$\lim_{n\to\infty} \frac{1}{n}\sum_{k=1}^{n-1} f\left(\frac{k}{n}\right) = \int_0^1 f(x)\mathrm{d}x.$$

8. 设 $f(x)$ 在 $[0,+\infty)$ 上单调，且 $\displaystyle\int_0^{+\infty} f(x)\mathrm{d}x$ 收敛，则

$$\lim_{h\to 0_+} h\sum_{n=1}^{\infty} f(nh) = \int_0^{+\infty} f(x)\mathrm{d}x.$$

9. 设 $\displaystyle\int_0^{+\infty} f(x)\mathrm{d}x$ 收敛，且 $f(x)$ 在 $[0,+\infty)$ 上一致连续，则

$$\lim_{x\to +\infty} f(x) = 0.$$

10. 举例说明，当 $f(x)\in C_{[1,+\infty]}, f(x)\geqslant 0$，且 $\displaystyle\int_1^{+\infty} f(x)\mathrm{d}x$ 收敛时，也不一定有 $\displaystyle\lim_{x\to +\infty} f(x) = 0$.

11. 证明 $\displaystyle\int_0^{+\infty} \frac{\mathrm{d}x}{(1+x^2)(1+x^a)}$ 的值不依赖于参数 a.

12. 设 $f(x)\in C_{(-\infty,+\infty)}, \displaystyle\lim_{x\to +\infty} f(x) = l_1, \lim_{x\to -\infty} f(x) = l_2, l_1, l_2$ 均有限，试证明

$$I = \int_{-\infty}^{+\infty} [f(x+1) - f(x)]\mathrm{d}x$$

收敛，并计算 I 之值.

13. 设 $f(x)$ 在任意的有限区间 $[0,A]$ 上正常可积，且

$\lim\limits_{x \to +\infty} f(x) = 1$，试证明

$$\lim_{t \to 0_+} t \int_0^{+\infty} e^{-tx} f(x) \, dx = 1.$$

14. 设 $f(x)$ 在任意的有限区间 $[0, A]$ 上正常可积，且 $\lim\limits_{x \to +\infty} f(x) = 0$，试证明

$$\lim_{t \to +\infty} \frac{1}{t} \int_0^t |f(x)| \, dx = 0.$$

15. 证明：

(1) 设 $f(x) \in C_{[0, +\infty)}$，且 $\lim\limits_{x \to +\infty} f(x) = f(\infty)$ 有限，则

$$\int_0^{+\infty} \frac{f(ax) - f(bx)}{x} \, dx = [f(0) - f(\infty)] \ln \frac{b}{a},$$

其中 $a > 0, b > 0$；

(2) 如果 $\lim\limits_{x \to +\infty} f(x)$ 不存在，但 $\int_c^{+\infty} \dfrac{f(x)}{x} \, dx$ 对任一 $c > 0$ 存在，则

$$\int_0^{+\infty} \frac{f(ax) - f(bx)}{x} \, dx = f(0) \ln \frac{b}{a}$$

$(a > 0, b > 0)$。

16. 设 $f(x) \in C_{(a, b)}$，$\lim\limits_{x \to a_+} f(x)$ 和 $\lim\limits_{x \to b_-} f(x)$ 均为无穷大，且 $\int_a^b f(x) \, dx$ 收敛，试证明至少存在一点 $\xi \in (a, b)$，使

$$\int_a^b f(x) \, dx = f(\xi)(b - a).$$

第13章　含参变量积分

在本章我们将研究形如

$$\int_a^b f(x,y)\mathrm{d}x \quad (y \in [c,d])$$

的积分. 我们知道,若对每个 $y \in [c,d]$, $f(x,y)$ 在 $[a,b]$ 上关于 x 正常可积(反常可积),则它是 y 的函数,可记为

$$I(y) = \int_a^b f(x,y)\mathrm{d}x,$$

今后分别称它为**含参变量的正常积分(含参变量反常积分)**. 由于 $I(y)$ 是由积分定义的函数,它的分析性质(连续性、可微性和可积性)显然与被积函数 $f(x,y)$ 的性质有关,本章将分别给出保证含参变量正常积分和含参变量反常积分 $I(y)$ 连续(可导或可积)的充分条件,并利用 $I(y)$ 的分析性质来计算一些反常积分.

13.1　含参变量的正常积分

设 $f(x,y)$ 是定义在矩形域 $D = \{(x,y) \mid a \leqslant x \leqslant b, c \leqslant y \leqslant d\}$ (或表为 $D = [a,b] \times [c,d]$) 上的有界函数,且对每个 $y \in [c,d]$, $\int_a^b f(x,y)\mathrm{d}x$ 都存在有限,我们记

$$I(y) = \int_a^b f(x,y)\mathrm{d}x. \tag{13.1}$$

下面讨论含参变量正常积分(13.1)的连续性、可微性和可积性.

由于当被积函数 $f(x,y)$ 在 D 上连续时, $\lim_{y \to y_0} I(y) = I(y_0)$

等价于

$$\lim_{y \to y_0} \int_a^b f(x,y)\mathrm{d}x = \int_a^b \lim_{y \to y_0} f(x,y)\mathrm{d}x, \qquad (13.2)$$

所以对 $I(y)$ 连续性的讨论我们考虑更一般的问题:在什么条件下,求极限运算与积分运算顺序是可交换的. 为此,我们先引进一致收敛极限函数概念.

定义(一致收敛极限函数)　我们称 $\varphi(x) = \lim\limits_{y \to y_0} f(x,y)$ 为关于 $x \in [a,b]$ 的**一致收敛极限函数**,若对任给的 $\varepsilon > 0$,存在 $\delta > 0$,使得当 $0 < |y - y_0| < \delta$ 时,对一切 $x \in [a,b]$ 成立

$$|f(x,y) - \varphi(x)| < \varepsilon. \qquad (13.3)$$

也称 $\lim\limits_{y \to y_0} f(x,y) = \varphi(x)$ 在 $[a,b]$ 上**一致收敛**.

显然,若 $f(x,y)$ 在矩形域上连续,则对任一 $y_0 \in [c,d]$,有

$$\lim_{y \to y_0} f(x,y) = f(x,y_0)$$

在 $[a,b]$ 上一致收敛.

类似于函数序列 $\{f_n(x)\}$ 一致收敛于 $f(x)$ 的性质,我们建立关于一致收敛极限函数的三个性质.

性质 1　$\lim\limits_{y \to y_0} f(x,y) = \varphi(x)$ 在 $[a,b]$ 上一致收敛的充要条件是:对任给的 $\varepsilon > 0$,存在 $\delta > 0$,当 $0 < |y - y_0| < \delta, 0 < |y' - y_0| < \delta$ 时,对一切 $x \in [a,b]$ 有

$$|f(x,y) - f(x,y')| < \varepsilon. \qquad (13.4)$$

(这就是 $\lim\limits_{y \to y_0} f(x,y) = \varphi(x)$ 在 $[a,b]$ 上一致收敛的柯西准则)

证　(必要性)　若 $\lim\limits_{y \to y_0} f(x,y) = \varphi(x)$ 在 $[a,b]$ 上一致收敛,在定义中以 $\dfrac{\varepsilon}{2}$ 代替 ε,选取相应的 $\delta > 0$,则当 $0 < |y - y_0| < \delta$, $0 < |y' - y_0| < \delta$ 时,对一切 $x \in [a,b]$,由 (13.3) 得

$$|f(x,y') - f(x,y)| \leqslant |f(x,y') - \varphi(x)| + |f(x,y) - \varphi(x)|$$

$$< \frac{\varepsilon}{2} + \frac{\varepsilon}{2} = \varepsilon.$$

（充分性） 若条件成立,则对每个 $x \in [a,b] \lim\limits_{y \to y_0} f(x,y)$ 存在有限,其极限函数记为 $\varphi(x)$,在(13.4)式中固定 y 满足 $0 < |y - y_0| < \delta$,让 $y' \to y_0$,得

$$|f(x,y) - \varphi(x)| \leqslant \varepsilon \quad (x \in [a,b], 0 < |y - y_0| < \delta),$$

这就证明了当 $y \to y_0$ 时,$f(x,y)$ 一致收敛于 $\varphi(x)$.

我们知道,若连续函数序列 $\{f_n(x)\}$ 在 $[a,b]$ 上一致收敛于 $f(x)$,则 $f(x)$ 在 $[a,b]$ 上连续,又若每个 $f_n(x) \in C_{[a,b]}$,$f_n(x) \geqslant f_{n+1}(x)$（或者 $f_n(x) \leqslant f_{n+1}(x)$）, $\lim\limits_{n \to \infty} f_n(x) = f(x), f(x) \in C_{[a,b]}$,则必有 $f_n(x)$ 在 $[a,b]$ 上一致收敛于 $f(x)$(11.2 定理 11.6b(狄尼定理)).对于一致收敛极限 $\lim\limits_{y \to y_0} f(x,y) = \varphi(x)$ 也可以证明类似的结论.

性质2 设 $f(x,y)$ 对每个 $y \in [c,d]$ 是 x 的在 $[a,b]$ 上的连续函数, $\lim\limits_{y \to y_0} f(x,y) = \varphi(x)$ 在 $[a,b]$ 上一致收敛,则 $\varphi(x)$ 在 $[a,b]$ 上连续.

证 取 $y_n \in [c,d], y_n \to y_0 (n \to \infty)$,令
$$f_n(x) = f(x, y_n),$$
则显然有 $f_n(x) \in C_{[a,b]} (n \in \mathbf{N})$,且 $\{f_n(x)\}$ 在 $[a,b]$ 上一致收敛于 $\varphi(x)$,据一致收敛连续函数序列的性质立即知 $\varphi(x) \in C_{[a,b]}$.

性质3 设 $f(x,y)$ 对每个 $y \in [c,d]$ 是 x 的在 $[a,b]$ 上的连续函数,且关于 y 单调上升（或单调下降）,对每个 $x \in [a,b]$, $\lim\limits_{y \to y_0} f(x,y) = \varphi(x)$,若 $\varphi(x) \in C_{[a,b]}$,则 $\lim\limits_{y \to y_0} f(x,y) = \varphi(x)$ 在 $[a,b]$ 上一致收敛.

证 取单调上升序列 $\{y_n\} \subset [c,d]$,使 $y_n \to y_0 (n \to \infty)$,令
$$f_n(x) = f(x, y_n) \quad (n = 1,2,3,\cdots),$$

则每个 $f_n(x) \in C_{[a,b]}, f_n(x) \leqslant f_{n+1}(x)(n = 1, 2, \cdots), \lim\limits_{n \to \infty} f_n(x) = \varphi(x)$，据定理 11.6b(狄尼定理)，$\{f_n(x)\}$ 在 $[a,b]$ 上一致收敛于 $\varphi(x)$，因此，对任给的 $\varepsilon > 0$，存在自然数 n_0，使得对一切 $x \in [a,b]$，有

$$|\varphi(x) - f(x, y_{n_0})| < \varepsilon.$$

记 $\delta_1 = y_0 - y_{n_0}$，由条件 $f(x, y)$ 关于 y 单调上升可得，当 $0 < y_0 - y < \delta_1$ 时，对一切 $x \in [a,b]$ 成立

$$|\varphi(x) - f(x, y)| < \varepsilon.$$

同理可证，存在 $\delta_2 > 0$，使得当 $0 < y - y_0 < \delta_2$ 时，对一切 $x \in [a,b]$ 成立

$$|f(x, y) - \varphi(x)| < \varepsilon,$$

再令 $\delta = \min(\delta_1, \delta_2)$，则当 $0 < |y - y_0| < \delta$ 时，对一切 $x \in [a,b]$ 成立

$$|f(x, y) - \varphi(x)| < \varepsilon,$$

从而 $\lim\limits_{y \to y_0} f(x, y) = \varphi(x)$ 在 $[a,b]$ 上一致收敛.

定理 13.1(积分号下取极限)　设 $f(x, y)$ 对每个 $y \in [c, d]$ 是 x 的在 $[a,b]$ 上的连续函数，若极限 $\lim\limits_{y \to y_0} f(x, y) = \varphi(x)(y_0 \in [c, d])$ 在 $[a,b]$ 上一致收敛，则

$$\lim\limits_{y \to y_0} \int_a^b f(x, y) \mathrm{d}x = \int_a^b \varphi(x) \mathrm{d}x. \tag{13.5}$$

证　首先由一致收敛极限性质 2 知 $\varphi(x) \in C_{[a,b]}$，故 $\int_a^b \varphi(x) \mathrm{d}x$ 存在有限，又因为

$$\lim\limits_{y \to y_0} f(x, y) = \varphi(x)$$

在 $[a,b]$ 上一致收敛，则对任给的 $\varepsilon > 0$，存在 $\delta > 0$，使得当 $0 < |y - y_0| < \delta$ 时，对一切 $x \in [a,b]$，有

$$|f(x, y) - \varphi(x)| < \frac{\varepsilon}{b - a},$$

于是当 $0 < |y - y_0| < \delta$ 时，

$$\left|\int_a^b f(x,y)\mathrm{d}x - \int_a^b \varphi(x)\mathrm{d}x\right| \leqslant \int_a^b |f(x,y)-\varphi(x)|\mathrm{d}x < \varepsilon,$$

故

$$\lim_{y\to y_0}\int_a^b f(x,y)\mathrm{d}x = \int_a^b \varphi(x)\mathrm{d}x.$$

注 在一致收敛极限定义、性质及定理 13.1 中，$y_0\in[c,d]$可以改为 $y_0\in Y$，其中 Y 是 $(-\infty,+\infty)$ 中的任一集合，y_0 为 Y 的一个聚点.

定理 13.2 设 $f(x,y)$ 在矩形域 $D=[a,b]\times[c,d]$ 上连续，$I(y)=\int_a^b f(x,y)\mathrm{d}x$，则

$1°$ $I(y)$ 是 $[c,d]$ 上的连续函数；

$2°$ 若还有 $f_y(x,y)$ 在 D 上连续，则对每一个 $y\in[c,d]$ 有

$$I'(y) = \int_a^b f_y(x,y)\mathrm{d}x; \tag{13.6}$$

$3°$ $I(y)$ 在 $[c,d]$ 上可积，且

$$\int_c^d I(y)\mathrm{d}y = \int_c^d \mathrm{d}y\int_a^b f(x,y)\mathrm{d}x$$

$$= \int_a^b \mathrm{d}x\int_c^d f(x,y)\mathrm{d}y. \tag{13.7}$$

证 结论 $1°$ 是定理 13.1 的直接推论.

$2°$ 任取 $y\in[c,d]$，设 $y+\Delta y\in[c,d]$，

$$\frac{I(y+\Delta y)-I(y)}{\Delta y} = \int_a^b \frac{f(x,y+\Delta y)-f(x,y)}{\Delta y}\mathrm{d}x$$

$$= \int_a^b f_y(x,y+\theta\Delta y)\mathrm{d}x,$$

其中 $0<\theta<1$，由定理 13.1

$$\lim_{\Delta y\to 0}\frac{I(y+\Delta y)-I(y)}{\Delta y} = \lim_{\Delta y\to 0}\int_a^b f_y(x,y+\theta\Delta y)\mathrm{d}x$$

$$= \int_a^b f_y(x,y)\mathrm{d}x.$$

由于上式右边积分存在,从而对每个 $y \in [c,d]$, $I'(y)$ 存在,且

$$I'(y) = \int_a^b f_y(x,y)\mathrm{d}x.$$

3° 记

$$I_1(u) = \int_c^u I(y)\mathrm{d}y = \int_c^u \mathrm{d}y \int_a^b f(x,y)\mathrm{d}x,$$

$$I_2(u) = \int_a^b \mathrm{d}x \int_c^u f(x,y)\mathrm{d}y.$$

我们证明更强的结论:对一切 $u \in [c,d]$,成立

$$I_1(u) = I_2(u).$$

据结论 1° $I(y)$ 在 $[c,d]$ 上连续,则

$$I_1'(u) = I(u) = \int_a^b f(x,u)\mathrm{d}x.$$

若令

$$F(x,u) = \int_c^u f(x,y)\mathrm{d}y,$$

则

$$I_2(u) = \int_a^b \mathrm{d}x \int_c^u f(x,y)\mathrm{d}y = \int_a^b F(x,u)\mathrm{d}x.$$

将 x 固定,我们可视 $F(x,u)$ 为变上限 u 的不定积分,故

$$F_u'(x,u) = f(x,u).$$

显然 $F(x,u)$, $F_u'(x,u)$ 在 D 上连续,则由结论 2° 可得

$$I_2'(u) = \int_a^b F_u(x,u)\mathrm{d}x = \int_a^b f(x,u)\mathrm{d}x = I_1'(u),$$

从而

$$I_1(u) = I_2(u) + A,$$

其中 A 为某一常数.

由 $I_1(c) = I_2(c) = 0$,得 $A = 0$,故

$$I_1(u) = I_2(u) \quad (u \in [c,d]).$$

下面我们考察积分限也含有参变数的情形,即研究形如

$$J(y) = \int_{\alpha(y)}^{\beta(y)} f(x,y)\mathrm{d}x$$

的含参变量正常积分,讨论它的连续性和可微性.

定理 13.3(连续性) 设 $f(x,y)$ 在区域

$$G = \{(x,y) \mid \alpha(y) \leqslant x \leqslant \beta(y), c \leqslant y \leqslant d\}$$

上连续,其中 $\alpha(y)$ 和 $\beta(y)$ 是 $[c,d]$ 上的连续函数,则

$$J(y) = \int_{\alpha(y)}^{\beta(y)} f(x,y)\mathrm{d}x \qquad (13.8)$$

在 $[c,d]$ 上连续.

证 对积分(13.8)作如下的积分变换:令

$$x = \alpha(y) + t[\beta(y) - \alpha(y)], \quad t \in [0,1],$$

则

$$J(y) = \int_0^1 f(\alpha(y) + t(\beta(y) - \alpha(y)), y)(\beta(y) - \alpha(y))\mathrm{d}t,$$

由于上式中被积函数 $f(\alpha(y) + t(\beta(y) - \alpha(y)), y)(\beta(y) - \alpha(y))$ 在矩形域 $\{(t,y) \mid 0 \leqslant t \leqslant 1, c \leqslant y \leqslant d\}$ 上连续,则按定理 13.2 知 $J(y)$ 在 $[c,d]$ 上连续.

定理 13.4(可微性) 设 $f(x,y), f_y(x,y)$ 在矩形域 $D = [a, b] \times [c,d]$ 上连续,$\alpha(y), \beta(y)$ 在 $[c,d]$ 上可导,且 $\alpha(y), \beta(y)$ 的值域含于 $[a,b]$,则由(13.8)式定义的函数 $J(y)$ 在 $[c,d]$ 上可导,且

$$J'(y) = \int_{\alpha(y)}^{\beta(y)} f_y(x,y)\mathrm{d}x + \beta'(y)f(\beta(y), y)$$
$$- \alpha'(y)f(\alpha(y), y). \qquad (13.9)$$

证 我们将 $J(y)$ 看作由

$$J(y,u,v) = \int_u^v f(x,y)\mathrm{d}x$$

和

$$u = \alpha(y), \quad v = \beta(y)$$

复合而成的复合函数,据复合函数求导法则以及变上限不定积分

求导法则,立即可得

$$J'(y) = \frac{\partial J}{\partial y} + \frac{\partial J}{\partial u}\alpha'(y) + \frac{\partial J}{\partial v}\beta'(y)$$

$$= \int_{\alpha(y)}^{\beta(y)} f_y(x,y)\mathrm{d}x + \beta'(y)f(\beta(y),y)$$

$$- \alpha'(y)f(\alpha(y),y).$$

例 1　求

$$\lim_{\alpha \to 0} \int_{-1+\alpha}^{1+\alpha} \sqrt{x^2+\alpha^2}\,\mathrm{d}x.$$

解　令

$$J(\alpha) = \int_{-1+\alpha}^{1+\alpha} \sqrt{x^2+\alpha^2}\,\mathrm{d}x,$$

由于 $1+\alpha$,$-1+\alpha$ 和 $\sqrt{x^2+\alpha^2}$ 都是连续函数,据定理 13.3

$$\lim_{\alpha \to 0} J(\alpha) = \int_{-1}^{1} \sqrt{x^2}\,\mathrm{d}x = \int_{-1}^{0} -x\mathrm{d}x + \int_{0}^{1} x\mathrm{d}x = 1.$$

例 2　计算积分

$$I = \int_{0}^{1} \frac{x^b - x^a}{\ln x}\mathrm{d}x \quad (0 < a \leqslant b).$$

解法 1　因为

$$\frac{x^b - x^a}{\ln x} = \int_{a}^{b} x^y \mathrm{d}y,$$

则

$$I = \int_{0}^{1} \mathrm{d}x \int_{a}^{b} x^y \mathrm{d}y = \int_{a}^{b} \mathrm{d}y \int_{0}^{1} x^y \mathrm{d}x$$

$$= \int_{a}^{b} \frac{1}{y+1}\mathrm{d}y = \ln\frac{b+1}{a+1}.$$

解法 2　如果将 I 视为参数 $b(b \geqslant a > 0)$ 的函数,并记为

$$I(b) = \int_{0}^{1} \frac{x^b - x^a}{\ln x}\mathrm{d}x \quad (b \geqslant a > 0),$$

由定理 13.2 结论 2°(积分号下求导)

$$I'(b) = \int_0^1 x^b \mathrm{d}x = \frac{1}{b+1},$$

可以

$$I(b) = \ln(b+1) + C,$$

其中 C 为与 b 无关的常数. 但 $b=a$ 时, $I(a) = 0$, 则可求得 $C = -\ln(a+1)$, 从而

$$I = \ln\frac{b+1}{a+1}.$$

例3 计算

$$I(a) = \int_0^a \frac{\ln(1+ax)}{1+x^2}\mathrm{d}x \quad (a \geqslant 0).$$

解 先求 $I'(a)$. 应用定理 13.4

$$I'(a) = \frac{\ln(1+a^2)}{1+a^2} + \int_0^a \frac{x}{(1+ax)(1+x^2)}\mathrm{d}x$$

$$= \frac{a}{1+a^2}\arctan a + \frac{1}{2(1+a^2)}\ln(1+a^2),$$

所以

$$I(a) = \int_0^a \frac{a}{1+a^2}\arctan a\,\mathrm{d}a + \int_0^a \frac{1}{2(1+a^2)}\ln(1+a^2)\,\mathrm{d}a + C,$$

其中 C 为某一常数. 对上式右边第一个积分应用分部积分法可得

$$I(a) = \frac{\ln(1+a^2)}{2}\arctan a + C.$$

因为 $I(0) = 0$, 所以 $C = 0$, 从而

$$I(a) = \frac{\ln(1+a^2)}{2}\arctan a.$$

例4 设 $D = [0,1] \times [0,1]$,

$$f(x,y) = \begin{cases} \dfrac{y^2-x^2}{(x^2+y^2)^2}, & (x,y) \in D, \text{且 } x>0, y>0, \\ 0, & (x,y) \in D, \text{且 } x=0 \text{ 或 } y=0. \end{cases}$$

$$\int_0^1 f(x,y)\mathrm{d}x = \frac{1}{1+y^2} \quad (y>0),$$

$$\int_0^1 \mathrm{d}y \int_0^1 f(x,y)\mathrm{d}x = \arctan y \Big|_0^1 = \frac{\pi}{4},$$

而

$$\int_0^1 \mathrm{d}x \int_0^1 f(x,y)\mathrm{d}y = -\frac{\pi}{4},$$

则

$$\int_0^1 \mathrm{d}x \int_0^1 f(x,y)\mathrm{d}y \neq \int_0^1 \mathrm{d}y \int_0^1 f(x,y)\mathrm{d}x.$$

即积分次序不可交换,这是因为 $f(x,y)$ 在 $(0,0)$ 点不连续.

习　题

1. 求下列极限:

(1) $\lim\limits_{\alpha \to 0} \int_\alpha^{1+\alpha} \dfrac{\mathrm{d}x}{1+x^2+\alpha^2}$;　　(2) $\lim\limits_{n \to \infty} \int_0^1 \dfrac{\mathrm{d}x}{1+\left(1+\dfrac{x}{n}\right)^n}$.

2. 求下列含参变量正常积分的导数:

(1) $F(x) = \int_x^{x^2} \mathrm{e}^{-xy^2}\,\mathrm{d}y$;　　(2) $F(\alpha) = \int_{\sin\alpha}^{\cos\alpha} \mathrm{e}^{a\sqrt{1-x^2}}\,\mathrm{d}x$;

(3) $F(\alpha) = \int_0^\alpha \dfrac{\ln(1+\alpha x)}{x}\mathrm{d}x \quad (\alpha > 0)$.

3. 设

$$F(x) = \int_0^x (x+y)f(y)\mathrm{d}y,$$

其中 $f(y)$ 为可微函数,求 $F''(x)$.

4. 设有函数

$$u(x) = \int_0^1 K(x,y)v(y)\mathrm{d}y, \quad x \in [0,1],$$

其中

$$K(x,y) = \begin{cases} x(1-y), & \text{若 } x \leqslant y, \\ y(1-x), & \text{若 } x > y, \end{cases}$$

以及 $v(y)$ 都是连续函数. 证明 $u(x)$ 满足方程

$$u''(x) = -v(x) \quad (x \in [0,1]).$$

5. 计算下列积分:

(1) $\displaystyle\int_0^{\frac{\pi}{2}} \frac{\arctan(a\tan x)}{\tan x}\mathrm{d}x \quad (a \geqslant 0)$;

(2) $\displaystyle\int_0^1 \frac{\ln(1+x)}{1+x^2}\mathrm{d}x$.

6. 应用积分号下的积分法,求下列积分:

(1) $\displaystyle\int_0^1 \sin\left(\ln\frac{1}{x}\right)\frac{x^b - x^a}{\ln x}\mathrm{d}x \quad (b > a > 0)$;

(2) $\displaystyle\int_0^1 \cos\left(\ln\frac{1}{x}\right)\frac{x^b - x^a}{\ln x}\mathrm{d}x \quad (b > a > 0)$.

13.2 含参变量的反常积分

与反常积分相对应,含参变量的反常积分有以下两种形式:

$$I(y) = \int_a^{+\infty} f(x,y)\mathrm{d}x, \tag{13.10}$$

和

$$I(y) = \int_a^b f(x,y)\mathrm{d}x. \tag{13.11}$$

(13.11)式中,b 是 $f(x,y)$ 的唯一的有限奇点(对每个 $y \in [c,d]$).

如果(13.11)中 b 不是奇点,则它就是含参变量的正常积分,这时若 $f(x,y)$,$f_y(x,y)$ 在矩形域 $D = [a,b] \times [c,d]$ 上连续,则成立

(i) $\displaystyle\lim_{y \to y_0} \int_a^b f(x,y)\mathrm{d}x = \int_a^b \lim_{y \to y_0} f(x,y)\mathrm{d}x \quad (y_0 \in [c,d])$;

(ii) $I'(y) = \displaystyle\int_a^b f_y(x,y)\mathrm{d}x$;

(iii) $\displaystyle\int_c^d I(y)\mathrm{d}y = \int_c^d \mathrm{d}y \int_a^b f(x,y)\mathrm{d}x$

$$= \int_a^b \mathrm{d}y \int_c^d f(x,y)\mathrm{d}y.$$

但当 b 是奇点时(b 可以为 ∞),在同样条件下,上述三个性质不一定成立. 例如

$$\lim_{\alpha \to 0_+} \int_0^{+\infty} \alpha \mathrm{e}^{-\alpha x} \mathrm{d}x = 1,$$

$$\int_0^{+\infty} \left(\lim_{\alpha \to 0_+} \alpha \mathrm{e}^{-\alpha x} \right) \mathrm{d}x = 0,$$

则

$$\lim_{\alpha \to 0_+} \int_0^{+\infty} \alpha \mathrm{e}^{-\alpha x} \mathrm{d}x \neq \int_0^{+\infty} \left(\lim_{\alpha \to 0_+} \alpha \mathrm{e}^{-\alpha x} \right) \mathrm{d}x.$$

为了讨论含参变量反常积分 $I(y)$ 的连续性、可微性和可积性,我们先介绍含参变量反常积分的一致收敛性概念.

13. 2. 1　一致收敛性及其判别法

先考察

$$I(y) = \int_a^{+\infty} f(x,y)\mathrm{d}x.$$

我们知道,

$$I(y) = \lim_{A \to +\infty} \int_a^A f(x,y)\mathrm{d}x$$

收敛的充要条件是:对任给的 $\varepsilon > 0$, 存在 $M(\varepsilon, y) > a$, 使得当 $A' > A > M(\varepsilon, y)$ 时,有

$$\left| \int_A^{A'} f(x,y)\mathrm{d}x \right| < \varepsilon$$

或者

$$\left| \int_A^{+\infty} f(x,y)\mathrm{d}x \right| < \varepsilon.$$

若记

$$F(A,y) = \int_a^A f(x,y)\mathrm{d}x,$$

则
$$I(y) = \lim_{A \to +\infty} F(A, y).$$

定义($\int_a^{+\infty} f(x, y)\mathrm{d}x$ 的一致收敛性) 如果 $\lim\limits_{A \to +\infty} F(A, y) = I(y)$ 在 $[c, d]$ 上一致收敛,则称 $\int_a^{+\infty} f(x, y)\mathrm{d}x$ 关于 y 在 $[c, d]$ 上**一致收敛**.

由定义易知 $\int_a^{+\infty} f(x, y)\mathrm{d}x$ 在 $[c, d]$ 上一致收敛的充要条件是:对任给的 $\varepsilon > 0$,存在 $M > a$,使得当 $A > M$ 时,对一切 $y \in [c, d]$ 成立

$$\left| \int_a^{+\infty} f(x, y)\mathrm{d}x - \int_a^A f(x, y)\mathrm{d}x \right|$$
$$= \left| \int_A^{+\infty} f(x, y)\mathrm{d}x \right| < \varepsilon. \tag{13.12}$$

于是容易知道,$\int_a^{+\infty} f(x, y)\mathrm{d}x$ 在 $[c, d]$ 上一致收敛的另一个等价条件是

$$\sup_{y \in [c, d]} \left| \int_A^{+\infty} f(x, y)\mathrm{d}x \right| \to 0 \quad (A \to +\infty). \tag{13.13}$$

据 13.1 中一致收敛极限的柯西准则立即得 $\int_a^{+\infty} f(x, y)\mathrm{d}x$ 在 $[c, d]$ 上一致收敛的充要条件(柯西准则)是:对任给的 $\varepsilon > 0$,存在 $M > a$,使得当 $A' > A > M$ 时,对一切 $y \in [c, d]$,有

$$\left| \int_A^{A'} f(x, y)\mathrm{d}x \right| < \varepsilon. \tag{13.14}$$

例 1 讨论

$$I(y) = \int_0^{+\infty} y\mathrm{e}^{-yx}\mathrm{d}x \quad (y \geqslant 0)$$

的一致收敛性.

解法 1 因为 $y > 0$ 时,

$$\int_A^{+\infty} y\mathrm{e}^{-yx}\mathrm{d}x = \int_{Ay}^{+\infty} \mathrm{e}^{-t}\mathrm{d}t = \mathrm{e}^{-Ay},$$

则对任给的 $\varepsilon > 0$,

$$\mathrm{e}^{-Ay} < \varepsilon$$

等价于

$$A > \frac{1}{y}\ln\frac{1}{\varepsilon}.$$

因此,取 $M(\varepsilon, y) = \dfrac{1}{y}\ln\dfrac{1}{\varepsilon}$, 当 $A > M(\varepsilon, y)$ 时,就有

$$\left|\int_A^{+\infty} y\mathrm{e}^{-yx}\mathrm{d}x\right| < \varepsilon,$$

故 $I(y)$ 当 $y > 0$ 时收敛, $I(0) = 0$ 显然.

对于 $c > 0, y \in [c, +\infty)$, 取 $M = \dfrac{1}{c}\ln\dfrac{1}{\varepsilon}$, 当 $A > M$ 时,对一切 $y \in [c, +\infty)$, 有

$$\left|\int_A^{+\infty} y\mathrm{e}^{-yx}\mathrm{d}x\right| < \varepsilon,$$

从而 $I(y)$ 在 $[c, +\infty)$ 上一致收敛. 但由于 $y \to 0_+$ 时, $M(\varepsilon, y) \to +\infty$, 故 $I(y)$ 在 $[0, +\infty)$ 上不一致收敛.

解法 2 因为 $A \geqslant 0$ 时

$$\sup_{y \in (0, +\infty)} \left|\int_A^{+\infty} y\mathrm{e}^{-yx}\mathrm{d}x\right| = \sup_{y \in (0, +\infty)} \mathrm{e}^{-Ay} = 1,$$

则据(13.13)式知 $I(y)$ 在 $(0, +\infty)$ 上不一致收敛. 用相同的方法可以证明 $I(y)$ 在 $[c, +\infty)(c > 0)$ 上一致收敛.

例 2 证明

$$I(y) = \int_0^{+\infty} \frac{y}{1 + y^2 x^2}\mathrm{d}x$$

在 $[\alpha_0, +\infty]$ 上一致收敛(其中 $\alpha_0 > 0$),在 $(0, +\infty)$ 上非一致收敛.

证 由于 $A > 0$ 时,

$$\int_A^{+\infty} \frac{y}{1 + y^2 x^2}\mathrm{d}x = \int_{Ay}^{+\infty} \frac{\mathrm{d}u}{1 + u^2} \leqslant \int_{A\alpha_0}^{+\infty} \frac{\mathrm{d}u}{1 + u^2},$$

而积分 $\int_0^{+\infty} \dfrac{\mathrm{d}u}{1+u^2}$ 收敛,故对任给的 $\varepsilon > 0$,存在正数 M,使得

$$\int_M^{+\infty} \frac{\mathrm{d}u}{1+u^2} < \varepsilon.$$

因此,当 $A > \dfrac{M}{\alpha_0}$ 时,对一切 $y \in [\alpha_0, +\infty)$,有

$$0 < \int_A^{+\infty} \frac{y}{1+y^2 x^2} \mathrm{d}x \leqslant \int_{A\alpha_0}^{+\infty} \frac{\mathrm{d}u}{1+u^2} < \varepsilon,$$

这就证明了 $I(y)$ 在 $[\alpha_0, +\infty)$ $(\alpha_0 > 0)$ 上一致收敛.

又因为

$$\sup_{y \in (0, +\infty)} \left| \int_A^{+\infty} \frac{y}{1+y^2 x^2} \mathrm{d}x \right| = \sup_{y \in (0, +\infty)} \int_{Ay}^{+\infty} \frac{\mathrm{d}u}{1+u^2}$$

$$\geqslant \int_1^{+\infty} \frac{\mathrm{d}u}{1+u^2} = \frac{\pi}{4},$$

故 $I(y)$ 在 $(0, +\infty)$ 上非一致收敛.

关于含参变量反常积分一致收敛性与函数项级数一致收敛性之间的联系有下述定理.

定理 13.5 $I(y) = \displaystyle\int_a^{+\infty} f(x, y) \mathrm{d}x$ 在 $[c, d]$ 上一致收敛的充分条件是:对任一趋于 $+\infty$ 的单调上升数列 $\{A_n\}$(其中 $(A_0 = a)$),函数项级数

$$\sum_{n=0}^{\infty} \int_{A_n}^{A_{n+1}} f(x, y) \mathrm{d}x = \sum_{n=0}^{\infty} u_n(y) \tag{13.15}$$

在 $[c, d]$ 上一致收敛,且此时

$$I(y) = \sum_{n=0}^{\infty} \int_{A_n}^{A_{n+1}} f(x, y) \mathrm{d}x. \tag{13.16}$$

证 (必要性) 设 $\displaystyle\int_a^{+\infty} f(x, y) \mathrm{d}x$ 在 $[c, d]$ 上一致收敛,则对任给的 $\varepsilon > 0$,存在 $M > a$,使得当 $A' > A > M$ 时,对一切 $y \in [c, d]$,有

$$\left|\int_A^{A'} f(x,y)\mathrm{d}x\right| < \varepsilon. \qquad (13.17)$$

由于 $A_n \to +\infty(n \to \infty)$，对实数 M，必存在自然数 N，使得 $m > n > N$ 时，有

$$A_m > A_n > M,$$

则据 (13.17) 式，当 $m > n > N$ 时，对一切 $y \in [c,d]$ 有

$$|u_n(y) + u_{n+1}(y) + \cdots + u_m(y)| = \left|\int_{A_n}^{A_{m+1}} f(x,y)\mathrm{d}x\right| < \varepsilon,$$

从而函数项级数 (13.15) 在 $[c,d]$ 上一致收敛. 此时，(13.16) 式显然成立.

（充分性）　我们用反证法. 令

$$R(A,y) = \int_A^{+\infty} f(x,y)\mathrm{d}x,$$

设 $\int_a^{+\infty} f(x,y)\mathrm{d}x$ 在 $[c,d]$ 上不一致收敛，即 $R(A,y)$ 当 $A \to +\infty$ 时关于 $y \in [c,d]$ 不一致收敛于零，则存在某个正数 ε_0，使得对任何实数 $M \geqslant a$，存在 $A > M$ 及 $y' \in [c,d]$，满足

$$|R(A,y')| = \left|\int_A^{+\infty} f(x,y')\mathrm{d}x\right| \geqslant \varepsilon_0,$$

于是我们可类似于 13.1 反常积分性质 5 的证明方法，构造出一单调上升趋于 $+\infty$ 的数列 $\{A_n\}(A_0 = a)$ 以及点列 $\{y_n\} \subset [c,d]$，使

$$|R(A_n,y_n)| = \left|\int_{A_n}^{+\infty} f(x,y_n)\mathrm{d}x\right| \geqslant \varepsilon_0. \qquad (13.18)$$

亦即

$$\left|\sum_{k=n}^{\infty}\int_{A_n}^{A_{n+1}} f(x,y_n)\mathrm{d}x\right| \geqslant \varepsilon_0.$$

对这个数列 $\{A_n\}$，如果令

$$\sum_{k=0}^{\infty} u_k(y) = \sum_{k=0}^{\infty}\int_{A_n}^{A_{n+1}} f(x,y)\mathrm{d}x,$$

则它的余项为

$$r_n(y) = \sum_{k=n}^{\infty} u_k(y) = \int_{A_n}^{+\infty} f(x,y)\mathrm{d}x,$$

据(13.18)式有

$$\mid r_n(y_n) \mid = \left| \int_{A_n}^{+\infty} f(x,y_n)\mathrm{d}x \right| \geqslant \varepsilon_0 \quad (n=1,2,\cdots),$$

故 $r_n(y)$ 在 $[c,d]$ 上不一致收敛于零,这与函数项级数 $\sum_{k=0}^{\infty} u_k(y)$ 在 $[c,d]$ 上一致收敛矛盾,从而含参变量反常积分 $\int_a^{+\infty} f(x,y)\mathrm{d}x$ 在 $[c,d]$ 上必一致收敛.

读者还可以证明,若 $f(x,y) \geqslant 0$,并存在一上升趋于 $+\infty$ 的数列 $\{A_n\}(A_0=a)$,使函数项级数(13.15)在 $[c,d]$ 上一致收敛,则必有 $\int_a^{+\infty} f(x,y)\mathrm{d}x$ 在 $[c,d]$ 上一致收敛.

下面给出几个常用的 $\int_a^{+\infty} f(x,y)\mathrm{d}x$ 一致收敛性判别法.

定理 13.6 (**维尔斯特拉斯-M 判别法**) 设存在 $\varphi(x)$,使得对一切 $x \in [a,+\infty)$ 和 $y \in [c,d]$,有

$$\mid f(x,y) \mid \leqslant \varphi(x),$$

若 $\int_a^{+\infty} \varphi(x)\mathrm{d}x$ 收敛,则 $\int_a^{+\infty} f(x,y)\mathrm{d}x$ 在 $[c,d]$ 上一致收敛.

证 因为 $\int_a^{+\infty} \varphi(x)\mathrm{d}x$ 收敛以及

$$\left| \int_A^{A'} f(x,y)\mathrm{d}x \right| \leqslant \int_A^{A'} \varphi(x)\mathrm{d}x,$$

利用含参变量反常积分 $\int_a^{+\infty} f(x,y)\mathrm{d}x$ 一致收敛的柯西收敛准则立即知 $\int_a^{+\infty} f(x,y)\mathrm{d}x$ 在 $[c,d]$ 上一致收敛.

例 3 讨论 $I(y) = \int_0^{+\infty} x\mathrm{e}^{-x^2}\cos yx\,\mathrm{d}x$ 在 $(-\infty,+\infty)$ 上的一

致收敛性.

解　因为

$$| x\mathrm{e}^{-x^2}\cos yx | \leqslant x\mathrm{e}^{-x^2} \quad (0 \leqslant x < +\infty, -\infty < y < +\infty),$$

且 $\displaystyle\int_0^{+\infty} x\mathrm{e}^{-x^2}\mathrm{d}x$ 收敛,则由 M-判别法(定理 13.6)知 $I(y)$ 在 $(-\infty,$

$+\infty)$ 上一致收敛.

定理 13.7(阿贝尔判别法)　设 $\displaystyle\int_a^{+\infty} f(x,y)\mathrm{d}x$ 关于 $y \in [c,d]$

一致收敛,$g(x,y)$ 对每个 $y \in [c,d]$ 是 x 的单调函数,且 $g(x,y)$

一致有界(即存在常数 L,使得对一切 $x \in [a,+\infty)$ 和 $y \in [c,d]$

有 $| g(x,y) | \leqslant L$),则

$$\int_a^{+\infty} f(x,y)g(x,y)\mathrm{d}x$$

在 $[c,d]$ 上一致收敛.

证　因为 $\displaystyle\int_a^{+\infty} f(x,y)\mathrm{d}x$ 在 $[c,d]$ 上一致收敛,则对任给的 $\varepsilon > 0$,

存在 $M > a$,使得当 $A' > A > M$ 时,对一切 $y \in [c,d]$,有

$$\left| \int_A^{A'} f(x,y)\mathrm{d}x \right| < \varepsilon.$$

对每个 $y \in [c,d]$,在 $[A,A']$ 上应用积分第二中值定理得

$$\int_A^{A'} f(x,y)g(x,y)\mathrm{d}x = g(A,y)\int_A^{\xi(y)} f(x,y)\mathrm{d}x$$

$$+ g(A',y)\int_{\xi(y)}^{A'} f(x,y)\mathrm{d}x,$$

其中 $\xi(y) \in [A,A']$,从而对一切 $y \in [c,d]$,有

$$\left| \int_A^{A'} f(x,y)g(x,y)\mathrm{d}x \right| < 2L\varepsilon \quad (A' > A > M),$$

因此,$\displaystyle\int_a^{+\infty} f(x,y)g(x,y)\mathrm{d}x$ 在 $[c,d]$ 上一致收敛.

类似地我们可以证明

定理 13.8(狄利克雷判别法) 设 $\int_a^A f(x,y)\mathrm{d}x$ 关于 $A \geqslant a$ 和 $y \in [c,d]$ 一致有界，$g(x,y)$ 对每个 $y \in [c,d]$ 是 x 的单调函数，且当 $x \to +\infty$ 时，$g(x,y)$ 关于 $y \in [c,d]$ 一致收敛于零，则

$$\int_a^{+\infty} f(x,y)g(x,y)\mathrm{d}x$$

在 $[c,d]$ 上一致收敛.

注 容易知道，在阿贝尔判别法和狄利克雷判别法中，$g(x,y)$ 的单调性只要对充分大的 x 成立，对不同的 y，$g(x,y)$ 关于 x 的上升、下降性可以不相同，此外，区间 $[c,d]$ 也可以换成任一实数集 Y.

例4 证明 $\int_0^{+\infty} \mathrm{e}^{-\alpha x}\dfrac{\sin x}{x}\mathrm{d}x$ 在 $\alpha \geqslant 0$ 上一致收敛.

证 令 $f(x,\alpha) = \dfrac{\sin x}{x}, g(x,\alpha) = \mathrm{e}^{-\alpha x}$,

$$\int_0^{+\infty} f(x,\alpha)\mathrm{d}x = \int_0^{+\infty}\frac{\sin x}{x}\mathrm{d}x$$

关于 $\alpha \geqslant 0$ 一致收敛，对每个 $\alpha \geqslant 0$，$g(x,\alpha)$ 关于 x 单调下降，且

$$|g(x,\alpha)| \leqslant 1 \quad (x \geqslant 0, \alpha \geqslant 0),$$

则据阿贝尔判别法 $\int_0^{+\infty}\mathrm{e}^{-\alpha x}\dfrac{\sin x}{x}\mathrm{d}x$ 在 $\alpha \geqslant 0$ 上一致收敛.

例5 讨论 $\int_0^{+\infty}\dfrac{\sin \alpha x}{\alpha + x}\mathrm{d}x$ $(\alpha \geqslant \alpha_0 > 0)$ 的一致收敛性.

解 因为对任一 $A > 0$ 和 $\alpha \geqslant \alpha_0 > 0$，有

$$\left|\int_0^A \sin \alpha x\,\mathrm{d}x\right| = \left|\frac{1-\cos \alpha A}{\alpha}\right| \leqslant \frac{2}{\alpha_0} = K,$$

$g(x,\alpha) = \dfrac{1}{\alpha + x}$ 对每个 $\alpha \geqslant \alpha_0$ 关于 x 单调下降，且

$$\left|\frac{1}{\alpha + x}\right| \leqslant \frac{1}{x},$$

故 $g(x,\alpha)$ 当 $x\to+\infty$ 时关于 $\alpha\geqslant\alpha_0>0$ 一致收敛于零,于是由狄利克雷判别法知

$$\int_0^{+\infty}\frac{\sin\alpha x}{\alpha+x}\mathrm{d}x$$

关于 $\alpha\geqslant\alpha_0>0$ 一致收敛.

例 6　设 $f(x,y)$ 在 $[a,+\infty)\times[c,d]$ 上连续,若

$$I(y)=\int_a^{+\infty}f(x,y)\mathrm{d}x$$

对每个 $y\in[c,d)$ 收敛,但 $\int_a^{+\infty}f(x,d)\mathrm{d}x$ 发散,则 $I(y)$ 在 $[c,d)$ 上不一致收敛.

证　用反证法,设 $I(y)$ 在 $[c,d)$ 上一致收敛,则对任给的 $\varepsilon>0$,存在 $M>a$,使得当 $A'>A>M$ 时,对一切 $y\in[c,d)$,有

$$\left|\int_A^{A'}f(x,y)\mathrm{d}x\right|<\varepsilon,$$

上式中令 $y\to d_-$,则得

$$\left|\int_A^{A'}f(x,d)\mathrm{d}x\right|\leqslant\varepsilon\quad(A'>A>M),$$

这与 $\int_a^{+\infty}f(x,d)\mathrm{d}x$ 发散矛盾,故 $\int_a^{+\infty}f(x,y)\mathrm{d}x$ 在 $[c,d)$ 上不一致收敛.

我们经常用例 6 的结论来判别 $I(y)$ 的非一致收敛性. 例如 $\int_1^{+\infty}\frac{1}{x^{\alpha+1}}\mathrm{d}x$ 和 $\int_1^{+\infty}\frac{\cos\alpha x}{\alpha+x}\mathrm{d}x$ 在 $\alpha>0$ 上都非一致收敛.

设 b 为 $f(x,y)$ 的唯一有限奇点,我们同样可定义含参变量反常积分

$$I(y)=\int_a^b f(x,y)\mathrm{d}x$$

的一致收敛性.

定义($\int_a^b f(x,y)\mathrm{d}x$ 的一致收敛性) 若

$$F(\eta,y) = \int_a^{b-\eta} f(x,y)\mathrm{d}x$$

当 $\eta \to 0_+$ 时在 $[c,d]$ 上一致收敛于 $\int_a^b f(x,y)\mathrm{d}x$，则称 $\int_a^b f(x,y)\mathrm{d}x$ 在 $[c,d]$ 上一致收敛.

由定义易知 $\int_a^b f(x,y)\mathrm{d}x$ 在 $[c,d]$ 上一致收敛的充要条件是：对任给的 $\varepsilon>0$，存在 $\delta>0$ $(\delta<b-a)$，使得当 $0<\eta<\delta$ 时，对一切 $y\in[c,d]$，有

$$\left|\int_{b-\eta}^b f(x,y)\mathrm{d}x\right| < \varepsilon,$$

故 $\int_a^b f(x,y)\mathrm{d}x$ 在 $[c,d]$ 上一致收敛的另一个等价条件是

$$\sup_{y\in[c,d]}\left|\int_{b-\eta}^b f(x,y)\mathrm{d}x\right| \to 0 \quad (\eta\to 0_+ \text{时}).$$

显然，$\int_a^b f(x,y)\mathrm{d}x$ 在 $[c,d]$ 上一致收敛的柯西收敛准则是：对任给的 $\varepsilon>0$，存在 $\delta>0$ $(\delta<b-a)$，使得当 $0<\eta'<\eta<\delta$ 时，对一切 $y\in[c,d]$，有

$$\left|\int_{b-\eta}^{b-\eta'} f(x,y)\mathrm{d}x\right| < \varepsilon.$$

关于 $I(y)=\int_a^b f(x,y)\mathrm{d}x$ 的一致收敛性判别法读者可根据 $\int_a^{+\infty} f(x,y)\mathrm{d}x$ 一致收敛判别法分别写出.

最后，我们指出，对于含参变量的正常积分

$$I(y) = \int_a^b f(x,y)\mathrm{d}x,$$

由于

$$I(y) = \lim_{\eta \to 0_+} \int_{a+\eta}^{b} f(x,y)\mathrm{d}x = \lim_{\eta \to 0_+} I(\eta,y),$$

其中

$$I(\eta,y) = \int_{a+\eta}^{b} f(x,y)\mathrm{d}x,$$

则可以完全类似地对它引进一致收敛性概念. 例如, 积分

$$\int_{0}^{1} \frac{y}{x^2+y^2}\mathrm{d}x$$

对每个 $y \in [0,1]$ 存在, 且是正常积分, 但它关于 $y \in [0,1]$ 不是一致收敛的. 事实上, 只要取 $0 < \varepsilon < \dfrac{\pi}{2}$, 对每个 $\eta > 0$, 不等式

$$\int_{0}^{\eta} \frac{y}{x^2+y^2}\mathrm{d}x = \arctan\frac{\eta}{y} < \varepsilon$$

就不可能对一切 $y > 0$ 成立. 或者因为对任一 $\eta > 0$,

$$\sup_{y\in[0,1]} \left| \int_{0}^{\eta} \frac{y}{x^2+y^2}\mathrm{d}x \right| \geqslant \arctan 1 = \frac{\pi}{4},$$

故 $\displaystyle\int_{0}^{1} \frac{y}{x^2+y^2}\mathrm{d}x$ 在 $[0,1]$ 上不一致收敛.

对含参变量正常积分 $I(y) = \displaystyle\int_{a}^{b} f(x,y)\mathrm{d}x$, 若函数 $f(x,y)$ 在矩形域 $D = [a,b] \times [c,d]$ 上连续, 则 $I(y)$(相对于正常点 a)关于 $y \in [c,d]$ 必一致收敛, 因此, 此时 $I(y)$(相对于正常点 a)关于 $y \in Y$ 的非一致收敛性仅仅当 $Y = [c,+\infty]$ 时才会发生; 又若点 (a,c) 为 $f(x,y)$ 的无穷间断点, 则 $I(y)$(相对于正常点 a)关于 $y \in [c, d]$ 可能会不一致收敛, 例如 $I(y) = \displaystyle\int_{0}^{1} \frac{y}{x^2+y^2}\mathrm{d}x\,(0 \leqslant y \leqslant 1)$, 因此, 我们在讨论含参变量正常积分的连续性、可微性和可积性时并没有提及和使用它的一致收敛性, 这是因为 $f(x,y)$ 的连续性已经蕴含了 $I(y)$ 关于 y 属于有穷区间 $[c,d]$ 的一致收敛性. 今后, 我们讨论含参变量积分 $I(y) = \displaystyle\int_{a}^{b} f(x,y)\mathrm{d}x$ 的一致收敛性时, 如果没

有特别声明,均是指对奇点(包括∞)来讨论 $I(y)$ 的一致收敛性.

13.2.2 一致收敛含参变量反常积分的性质

定理 13.9(连续性) 设 $f(x,y)$ 在 $[a,+\infty)\times[c,d]$ 上连续,$I(y)=\int_a^{+\infty}f(x,y)\mathrm{d}x$ 关于 $y\in[c,d]$ 一致收敛,则 $I(y)$ 是 $[c,d]$ 上的连续函数,即成立

$$\lim_{y\to y_0}\int_a^{+\infty}f(x,y)\mathrm{d}x=\int_a^{+\infty}\lim_{y\to y_0}f(x,y)\mathrm{d}x \quad (y_0\in[c,d]).$$

(13.19)

证 由本章定理 13.5,对任一单调上升趋于 $+\infty$ 的数列 $\{A_n\}(A_0=a)$,函数项级数

$$\sum_{n=0}^{\infty}u_n(y)=\sum_{n=0}^{\infty}\int_{A_n}^{A_{n+1}}f(x,y)\mathrm{d}x=I(y)$$

在 $[c,d]$ 上一致收敛,而每个 $u_n(y)=\int_{A_n}^{A_{n+1}}f(x,y)\mathrm{d}x$ 在 $[c,d]$ 上连续(据本章定理 13.2 结论 1°),因此由函数项级数连续性定理,$I(y)$ 在 $[c,d]$ 上连续.

一般地我们还可以证明

定理 13.10(积分号下取极限) 设 $f(x,y)$ 对每个 $y\in[c,d]$ 关于 x 在 $[a,+\infty)$ 上连续. 对任一 $A>a$,极限 $\lim\limits_{y\to y_0}f(x,y)=\varphi(x)(y_0\in[c,d])$ 在 $[a,A]$ 上一致收敛,且 $I(y)=\int_a^{+\infty}f(x,y)\mathrm{d}x$ 在 $[c,d]$ 上一致收敛,则 $\int_a^{+\infty}\varphi(x)\mathrm{d}x$ 收敛,且

$$\lim_{y\to y_0}\int_a^{+\infty}f(x,y)\mathrm{d}x=\int_a^{+\infty}\varphi(x)\mathrm{d}x.$$

(13.20)

证 首先证明 $\int_a^{+\infty}\varphi(x)\mathrm{d}x$ 收敛. 因为 $I(y)$ 在 $[c,d]$ 上一致收敛,则对任给的 $\varepsilon>0$,存在 $M>a$,使得当 $A'>A\geqslant M$ 时,对一

切 $y \in [c, d]$，有

$$\left| \int_A^{A'} f(x, y) \mathrm{d}x \right| < \varepsilon, \tag{13.21}$$

$\int_A^{A'} f(x, y) \mathrm{d}x$ 是含参变量的正常积分，据本章定理 13.1，上式中令 $y \to y_0$，便得

$$\left| \int_A^{A'} \varphi(x) \mathrm{d}x \right| \leqslant \varepsilon \quad (A' > A \geqslant M), \tag{13.22}$$

故 $\int_a^{+\infty} \varphi(x) \mathrm{d}x$ 收敛.

为了证明 (13.20) 式，我们考察

$$\left| \int_a^{+\infty} f(x, y) \mathrm{d}x - \int_a^{+\infty} \varphi(x) \mathrm{d}x \right| \leqslant \left| \int_a^M [f(x, y) - \varphi(x)] \mathrm{d}x \right|$$
$$+ \left| \int_M^{+\infty} f(x, y) \mathrm{d}x \right| + \left| \int_M^{+\infty} \varphi(x) \mathrm{d}x \right|,$$

据 (13.21) 和 (13.22) 可得

$$\left| \int_M^{+\infty} f(x, y) \mathrm{d}x \right| \leqslant \varepsilon \quad (y \in [c, d]),$$

$$\left| \int_M^{+\infty} \varphi(x) \mathrm{d}x \right| \leqslant \varepsilon,$$

再由条件 $\lim\limits_{y \to y_0} f(x, y) = \varphi(x)$ 在 $[a, M]$ 上一致收敛，可得

$$\lim_{y \to y_0} \int_a^M f(x, y) \mathrm{d}x = \int_a^M \varphi(x) \mathrm{d}x,$$

从而存在 $\delta > 0$，使得当 $0 < |y - y_0| < \delta$ 时，有

$$\left| \int_a^{+\infty} f(x, y) \mathrm{d}x - \int_a^{+\infty} \varphi(x) \mathrm{d}x \right| < 3\varepsilon,$$

这就证明了

$$\lim_{y \to y_0} \int_a^{+\infty} f(x, y) \mathrm{d}x = \int_a^{+\infty} \varphi(x) \mathrm{d}x.$$

注 1　定理 13.10 中 y_0 可以为 $+\infty$，只要将 $I(y)$ 在 $[c, d]$ 上一致收敛改为 $I(y)$ 在 $[c, +\infty)$ 上一致收敛.

注2 读者还可以证明(见总习题 7):如果 $f_n(x) \in C_{[a,+\infty)}$ $(n = 1,2,\cdots)$,在任一有穷区间 $[a,A]$ $(A > a)$ 上 $f_n(x)$ 一致收敛于 $f(x)$,且 $\int_a^{+\infty} f_n(x)\mathrm{d}x$ 关于 $n \in \mathbf{N}$ 一致收敛,则 $\int_a^{+\infty} f(x)\mathrm{d}x$ 收敛,且

$$\int_a^{+\infty} f(x)\mathrm{d}x = \lim_{n\to\infty} \int_a^{+\infty} f_n(x)\mathrm{d}x.$$

注3 从定理 13.10 证明中也容易看到,当 $\int_a^{+\infty} f(x)\mathrm{d}x$ 收敛时,条件 $f(x,y)$ 对每个 $y \in [c,d]$ 关于 x 连续可改弱为对每个 $y \in [c,d]$, $f(x,y)$ 关于 x 在任一有穷区间 $[a,A]$ 上正常可积.

例 试计算极限

$$\lim_{n\to\infty} \int_0^n \left(1 + \frac{x^2}{n}\right)^{-n}\mathrm{d}x.$$

解 令

$$f_n(x) = \begin{cases} \left(1 + \dfrac{x^2}{n}\right)^{-n}, & x \in [0,n], \\ 0, & x \in (n,+\infty). \end{cases}$$

则显然有 $\{f_n(x)\}$ 在 $[0,+\infty)$ 处处收敛于 $f(x) = \mathrm{e}^{-x^2}$,且在任一有穷区间 $[0,A]$ 上,$\{f_n(x)\}$ 当 $n > A$ 时关于 n 单调下降、非负连续,由函数序列的狄尼定理,$\{f_n(x)\}$ 在任一有穷区间 $[0,A]$ 上一致收敛于 $f(x)$. 又因为对一切 $n \in \mathbf{N}$,有

$$|f_n(x)| \leqslant \frac{1}{1+x^2} \qquad (x \in [0,+\infty)),$$

故 $\int_0^{+\infty} f_n(x)\mathrm{d}x$ 关于 $n \in \mathbf{N}$ 一致收敛,利用定理 13.10 注 2 和注 3 (n 代替变量 y)立即得

$$\lim_{n\to\infty} \int_0^n \left(1 + \frac{x^2}{n}\right)^{-n}\mathrm{d}x = \lim_{n\to\infty} \int_0^{+\infty} f_n(x)\mathrm{d}x$$

$$= \int_0^{+\infty} \mathrm{e}^{-x^2}x = \frac{\sqrt{\pi}}{2}.$$

$\left(\displaystyle\int_0^\infty e^{-x^2}\mathrm{d}x = \dfrac{\sqrt{\pi}}{2} \right.$ 可参阅下面 2.3 段例 2$\left.\right)$.

定理 13.11（狄尼定理）　设 $f(x,y)$ 是 $[a,+\infty)\times[c,d]$ 上的非负连续函数，对每个 $y\in[c,d]$，$I(y)=\displaystyle\int_a^{+\infty}f(x,y)\mathrm{d}x$ 收敛，且 $I(y)$ 是 $[c,d]$ 上的连续函数，则 $I(y)$ 必在 $[c,d]$ 上一致收敛（其中 $[c,d]$ 为有穷闭区间）.

证　由于 $F(A,y)=\displaystyle\int_a^A f(x,y)\mathrm{d}x$ 在 $[c,d]$ 上连续，且关于 A 是单调上升的.

$$\lim_{A\to+\infty}F(A,y)=\lim_{A\to+\infty}\int_a^A f(x,y)\mathrm{d}x=I(y),$$

$I(y)\in C_{[c,d]}$，据 13.1 一致收敛极限性质 3，$\displaystyle\lim_{A\to+\infty}F(A,y)=I(y)$ 在 $[c,d]$ 上一致收敛，即 $I(y)$ 在 $[c,d]$ 上一致收敛.

读者也可以利用含参变量反常积分与函数项级数关系定理（定理 13.5）来证明定理 13.11 的结论.

定理 13.12（可微性）　设 $f(x,y)$，$f_y(x,y)$ 在 $[a,+\infty)\times[c,d]$ 上连续，$I(y)=\displaystyle\int_a^{+\infty}f(x,y)\mathrm{d}x$ 对每个 $y\in[c,d]$ 收敛，$\displaystyle\int_a^{+\infty}f_y(x,y)\mathrm{d}x$ 在 $[c,d]$ 上一致收敛，则 $I(y)$ 在 $[c,d]$ 上可导，且

$$I'(y)=\int_a^{+\infty}f_y(x,y)\mathrm{d}x. \tag{13.23}$$

证　对任一单调上升趋于 $+\infty$ 的数列 $\{A_n\}$（$A_0=a$），令

$$u_n(y)=\int_{A_n}^{A_{n+1}}f(x,y)\mathrm{d}x,$$

由定理 13.2 结论 2°，得

$$u_n'(y)=\int_{A_n}^{A_{n+1}}f_y(x,y)\mathrm{d}x.$$

则由条件 $\displaystyle\int_a^{+\infty}f_y(x,y)\mathrm{d}x$ 在 $[c,d]$ 上一致收敛可推出函数项级数

$$\sum_{n=0}^{\infty} u_n'(y) = \sum_{n=0}^{\infty} \int_{A_n}^{A_{n+1}} f_y(x,y)\mathrm{d}x = \int_a^{+\infty} f_y(x,y)\mathrm{d}x$$

在 $[c,d]$ 上一致收敛,再利用函数项级数逐项求导定理即得

$$I'(y) = \left(\sum_{n=0}^{\infty} u_n(y)\right)' = \sum_{n=0}^{\infty} u_n'(y) = \int_a^{+\infty} f_y(x,y)\mathrm{d}x,$$

且 $I(y) = \sum_{n=0}^{\infty} u_n(y) = \int_a^{+\infty} f(x,y)\mathrm{d}x$ 在 $[c,d]$ 上也一致收敛.

(13.23)式也可写成

$$\frac{\mathrm{d}}{\mathrm{d}y}\int_a^{+\infty} f(x,y)\mathrm{d}x = \int_a^{+\infty} \frac{\partial}{\partial y}f(x,y)\mathrm{d}x,$$

上式表明在定理 13.12 的条件下,求导运算与求积分运算顺序可交换.

读者还可以证明条件 $\int_a^{+\infty} f(x,y)\mathrm{d}x$ 对每个 $y \in [c,d]$ 收敛可改弱为 $\int_a^{+\infty} f(x,c)\mathrm{d}x$ 收敛;此外,读者也可以直接按导数定义应用积分号下取极限定理(定理 13.10)来证明本定理的结论.

定理 13.13(可积性) 设 $f(x,y)$ 在 $[a,+\infty) \times [c,d]$ 上连续,且 $I(y) = \int_a^{+\infty} f(x,y)\mathrm{d}x$ 在 $[c,d]$ 上一致收敛,则 $I(y)$ 在 $[c,d]$ 上可积,且

$$\int_c^d \mathrm{d}y \int_a^{+\infty} f(x,y)\mathrm{d}x = \int_a^{+\infty} \mathrm{d}x \int_c^d f(x,y)\mathrm{d}y. \qquad (13.24)$$

证 由定理 13.9(连续性),$I(y)$ 在 $[c,d]$ 上连续,故 $I(y)$ 在 $[c,d]$ 上可积. 因为 $I(y)$ 在 $[c,d]$ 上一致收敛. 据定理 13.5,对任一单调上升趋于 $+\infty$ 的数列 $\{A_n\}(A_0 = a)$,我们有

$$I(y) = \sum_{n=0}^{\infty} \int_{A_n}^{A_{n+1}} f(x,y)\mathrm{d}x = \sum_{n=0}^{\infty} u_n(y),$$

且 $\sum_{n=0}^{\infty} u_n(y)$ 在 $[c,d]$ 上一致收敛,故可利用函数项级数逐项求积

分定理,我们得

$$\int_c^d I(y)\,\mathrm{d}y = \sum_{n=0}^\infty \int_c^d u_n(y)\,\mathrm{d}y$$

$$= \sum_{n=0}^\infty \int_c^d \mathrm{d}y \int_{A_n}^{A_{n+1}} f(x,y)\,\mathrm{d}x$$

$$= \sum_{n=0}^\infty \int_{A_n}^{A_{n+1}} \mathrm{d}x \int_c^d f(x,y)\,\mathrm{d}y,$$

上面最后一个等式利用定理 13.2 结论 3°得到. 于是由反常积分与级数的关系,立即知

$$\int_c^d \mathrm{d}y \int_a^{+\infty} f(x,y)\,\mathrm{d}x = \int_a^{+\infty} \mathrm{d}x \int_c^d f(x,y)\,\mathrm{d}y.$$

注意定理 13.13 中 $[c,d]$ 必须是有穷区间,当 y 的取值范围是无穷区间 $[c,+\infty)$ 时,同样可以讨论等式

$$\int_c^{+\infty} \mathrm{d}y \int_a^{+\infty} f(x,y)\,\mathrm{d}x = \int_a^{+\infty} \mathrm{d}x \int_c^{+\infty} f(x,y)\,\mathrm{d}y$$

是否成立?

对此我们可以证明下面的结论.

定理 13.14　设 $f(x,y)$ 在 $[a,+\infty)\times[c,+\infty)$ 上连续,若

(i) $\displaystyle\int_a^{+\infty} f(x,y)\,\mathrm{d}x$ 关于 y 在任一有穷区间 $[c,d]$ 上一致收敛,

$\displaystyle\int_c^{+\infty} f(x,y)\,\mathrm{d}y$ 关于 x 在任一有穷区间 $[a,A]$ 上一致收敛;

(ii) 两个累次积分

$$\int_a^{+\infty} \mathrm{d}x \int_c^{+\infty} |f(x,y)|\,\mathrm{d}y \text{ 与 } \int_c^{+\infty} \mathrm{d}y \int_a^{+\infty} |f(x,y)|\,\mathrm{d}x$$

中有一个收敛,则累次积分

$$\int_a^{+\infty} \mathrm{d}x \int_c^{+\infty} f(x,y)\,\mathrm{d}y \text{ 和 } \int_c^{+\infty} \mathrm{d}y \int_a^{+\infty} f(x,y)\,\mathrm{d}x$$

均收敛,且

$$\int_c^{+\infty} \mathrm{d}y \int_a^{+\infty} f(x,y)\,\mathrm{d}x = \int_a^{+\infty} \mathrm{d}x \int_c^{+\infty} f(x,y)\,\mathrm{d}y. \tag{13.25}$$

证 不妨设 $\int_a^{+\infty}\mathrm{d}x\int_c^{+\infty}|f(x,y)|\mathrm{d}y$ 收敛，因为

$$\int_c^{+\infty}\mathrm{d}y\int_a^{+\infty}f(x,y)\mathrm{d}x = \lim_{d\to+\infty}\int_c^d\mathrm{d}y\int_a^{+\infty}f(x,y)\mathrm{d}x$$
$$= \lim_{d\to+\infty}\int_a^{+\infty}\mathrm{d}x\int_c^d f(x,y)\mathrm{d}y$$
$$= \lim_{d\to+\infty}\int_a^{+\infty}I(d,x)\mathrm{d}x,$$

其中

$$I(d,x) = \int_c^d f(x,y)\mathrm{d}y.$$

由条件(i)，$I(d,x) = \int_c^d f(x,y)\mathrm{d}y$ 当 $d\to+\infty$ 时关于 $x\in[a,A]$ 一致收敛于 $I(x) = \int_c^{+\infty}f(x,y)\mathrm{d}y$. 据条件(ii)，对任给的 $\varepsilon>0$，存在常数 $A>a$，使

$$\left|\int_A^{+\infty}\mathrm{d}x\int_c^d f(x,y)\mathrm{d}y\right| \leqslant \int_A^{+\infty}\mathrm{d}x\int_c^{+\infty}|f(x,y)|\mathrm{d}y < \varepsilon,$$

故含参变量 d 的反常积分 $\int_a^{+\infty}I(d,x)\mathrm{d}x$ 关于 $d\in[c,+\infty)$ 一致收敛，从而由积分号下取极限定理，可得

$$\int_c^{+\infty}\mathrm{d}y\int_a^{+\infty}f(x,y)\mathrm{d}x = \lim_{d\to+\infty}\int_a^{+\infty}I(d,x)\mathrm{d}x$$
$$= \int_a^{+\infty}\mathrm{d}x\int_c^{+\infty}f(x,y)\mathrm{d}y.$$

读者可以证明，当 $f(x,y)\geqslant0$ 时，除去定理 13.14 中条件 (ii)，同样有(13.25)式成立，此时，(13.25)式两边是相同的有限数或 $+\infty$.

对于一致收敛的反常积分

$$I(y) = \int_a^b f(x,y)\mathrm{d}x,$$

其中 b 为唯一的有限奇点，有完全类似的性质，我们不去一一叙

述. 又若

$$I(y) = \int_a^{+\infty} f(x, y)\mathrm{d}x$$

中有有限奇点,例如 $x = a$ 也是奇点,则可令

$$I(y) = \int_a^b f(x, y)\mathrm{d}x + \int_b^{+\infty} f(x, y)\mathrm{d}x \quad (a < b < +\infty),$$

把前面所讲的理论分别应用于每一项上即可.

　　最后,我们提一个问题请读者考虑:众所周知,对于函数项级数 $\sum_{n=1}^{\infty} u_n(x) = S(x)$,若每个 $u_n(x)$,在 $[a, b]$ 上连续,且 $\sum_{n=1}^{\infty} u_n(x)$ 在 $[a, b]$ 上一致收敛(其中 $[a, b]$ 为有穷区间),则

$$\int_a^b S(x)\mathrm{d}x = \sum_{n=1}^{\infty} \int_a^b u_n(x)\mathrm{d}x.$$

现在要问什么条件下,有

$$\int_a^{+\infty} S(x)\mathrm{d}x = \sum_{n=1}^{\infty} \int_a^{+\infty} u_n(x)\mathrm{d}x \tag{13.26}$$

(参阅本章总习题 15).

13.2.3　应用——反常积分的计算

　　利用含参变量反常积分的理论(积分号下求导以及交换积分次序)可计算许多反常积分.

例 1　计算 $\int_0^{+\infty} \dfrac{\sin x}{x}\mathrm{d}x$ 之值.

解　令

$$I(\alpha) = \int_0^{+\infty} \mathrm{e}^{-\alpha x} \frac{\sin x}{x}\mathrm{d}x \quad (\alpha \geqslant 0),$$

则

$$I(0) = \int_0^{+\infty} \frac{\sin x}{x}\mathrm{d}x,$$

由 13.2.1 段例 4 知 $I(\alpha)$ 关于 $\alpha \geqslant 0$ 一致收敛,所以

$$I(0) = \lim_{\alpha \to 0_+} I(\alpha).$$

现在,由于 $\int_0^{+\infty} e^{-\alpha x} \sin x \, dx$ 在 $[\alpha_0, +\infty]$ $(\alpha_0 > 0)$ 上一致收敛(M-判别法),故

$$I'(\alpha) = -\int_0^{+\infty} e^{-\alpha x} \sin x \, dx = \frac{-1}{1+\alpha^2} \quad (\alpha > 0),$$

$$I(\alpha) = C - \arctan \alpha \quad (\alpha > 0),$$

其中 C 为某个常数. 又因为

$$| I(\alpha) | \leqslant \int_0^{+\infty} e^{-\alpha x} \, dx = \frac{1}{\alpha},$$

则

$$\lim_{\alpha \to +\infty} I(\alpha) = 0,$$

从而 $C = \dfrac{\pi}{2}$,

$$I(\alpha) = \frac{\pi}{2} - \arctan \alpha \quad (\alpha > 0),$$

$$\int_0^{+\infty} \frac{\sin x}{x} \, dx = I(0) = \lim_{\alpha \to 0_+} I(\alpha) = \frac{\pi}{2}.$$

由例 1,易知

$$\int_0^{+\infty} \frac{\sin \beta x}{x} \, dx = \begin{cases} \dfrac{\pi}{2}, & \beta > 0 \text{ 时}, \\ 0, & \beta = 0 \text{ 时}, \\ -\dfrac{\pi}{2}, & \beta < 0 \text{ 时}, \end{cases}$$

因为 $I(\beta) = \int_0^{+\infty} \dfrac{\sin \beta x}{x} \, dx$ 在 $\beta = 0$ 处间断,则由定理 13.9 知 $I(\beta)$ 在 $(-\infty, +\infty)$ 上非一致收敛.

例 2 计算 $K = \int_0^{+\infty} e^{-x^2} \, dx$ 之值.

解法 1 设 $u > 0$,令 $x = ut$,则

$$K = \int_0^{+\infty} u e^{-u^2 t^2} dt. \qquad (13.27)$$

上式两边同乘 e^{-u^2},并对 u 从 $\delta(\delta > 0)$ 到 $+\infty$ 积分,则得

$$\int_\delta^{+\infty} K e^{-u^2} du = \int_\delta^{+\infty} e^{-u^2} u du \int_0^{+\infty} e^{-u^2 t^2} dt$$

$$= \int_\delta^{+\infty} du \int_0^{+\infty} u e^{-(1+t^2)u^2} dt. \qquad (13.28)$$

因为 $\int_\delta^{+\infty} u e^{-(1+t^2)u^2} du$ 关于 $t \geqslant 0$ 一致收敛,$\int_0^{+\infty} u e^{-(1+t^2)u^2} dt$ 关于 u 在任一有穷区间 $[\delta, A]$ 上也一致收敛(用 M-判别法),所以,我们可以在 $[\delta, +\infty) \times [0, +\infty)$ 上应用定理 13.14,于是

$$K \int_\delta^{+\infty} e^{-u^2} du = \int_\delta^{+\infty} du \int_0^{+\infty} e^{-(1+t^2)u^2} \cdot u dt$$

$$= \int_0^{+\infty} dt \int_\delta^{+\infty} e^{-(1+t^2)u^2} \cdot u du$$

$$= \frac{1}{2} \int_0^{+\infty} \frac{e^{-\delta^2(1+t^2)}}{1+t^2} dt, \qquad (13.29)$$

显然有 $\int_0^{+\infty} \frac{e^{-\delta^2(1+t^2)}}{1+t^2} dt$ 关于 $\delta \in [0, +\infty)$ 是一致收敛的,故它是 $\delta \in [0, +\infty)$ 的连续函数,在 (13.29) 式中令 $\delta \to 0_+$,得

$$K^2 = \frac{1}{2} \int_0^{+\infty} \frac{1}{1+t^2} dt = \frac{\pi}{4},$$

故

$$\int_0^{+\infty} e^{-x^2} dx = \frac{\sqrt{\pi}}{2}.$$

读者可以证明 $\int_0^{+\infty} u e^{-(1+t^2)u^2} dt$ 关于 u 在 $[0, A]$ 上不一致收敛,故我们不能在 $[0, +\infty) \times [0, +\infty)$ 上应用定理 13.14.

解法 2 令

$$I(t) = \int_0^{+\infty} \frac{e^{-t(1+x^2)}}{1+x^2} dx,$$

则显然有

1° $I(0) = \dfrac{\pi}{2}, \lim\limits_{t \to +\infty} I(t) = 0, I(t) \in C_{[0,+\infty)}$;

2° $I'(t) = -\displaystyle\int_0^{+\infty} e^{-t(1+x^2)} dx = -t^{-\frac{1}{2}} e^{-t} \int_0^{+\infty} e^{-u^2} du$

$$= -Kt^{-\frac{1}{2}} e^{-t} \quad (t > 0).$$

任取 $\delta > 0$,从 δ 到 A 积分得

$$I(A) - I(\delta) = -K \int_\delta^A t^{-\frac{1}{2}} e^{-t} dt$$

$$= -2K \int_{\sqrt{\delta}}^{\sqrt{A}} e^{-u^2} du,$$

令 $A \to +\infty, \delta \to 0_+$,得

$$I(0) = 2K \int_0^{+\infty} e^{-u^2} du = 2K^2,$$

即 $2K^2 = \dfrac{\pi}{2}, K = \dfrac{\sqrt{\pi}}{2}$.

例 2 也可以利用反常二重积分比较方便地计算出(参阅 15.5 例1).

例 3 计算反常积分

$$\int_0^{+\infty} e^{-x^2} \cos(2x) dx.$$

解 由于反常积分计算的困难在于被积函数含有 e^{-x^2},故我们令

$$I(y) = \int_0^{+\infty} e^{-x^2} \cos(2xy) dx \quad (y \geq 0),$$

则原反常积分为 $I(1)$,记

$$f(x,y) = e^{-x^2} \cos(2xy),$$

则

$$f_y(x,y) = -2x e^{-x^2} \sin(2xy).$$

显然,$f(x,y), f_y(x,y)$ 在 $x \geq 0, 0 \leq y < +\infty$ 上连续. 因为

$$| f(x,y) | \leqslant \mathrm{e}^{-x^2},$$
$$| f_y(x,y) | \leqslant 2x\mathrm{e}^{-x^2},$$

则由 M-判别法知 $\displaystyle\int_0^{+\infty} f(x,y)\mathrm{d}x$ 和 $\displaystyle\int_0^{+\infty} f_y(x,y)\mathrm{d}x$ 在 $[0,+\infty)$ 上都一致收敛,故

$$
\begin{aligned}
I'(y) &= \int_0^{+\infty} -2x\mathrm{e}^{-x^2}\sin(2xy)\mathrm{d}x \\
&= \mathrm{e}^{-x^2}\sin(2xy)\Big|_0^{+\infty} - 2y\int_0^{+\infty}\mathrm{e}^{-x^2}\cos(2xy)\mathrm{d}x \\
&= -2yI(y),
\end{aligned}
$$

于是

$$I(y) = C\mathrm{e}^{-y^2},$$

其中 C 为某个常数. 因为 $I(0) = \displaystyle\int_0^{+\infty}\mathrm{e}^{-x^2}\mathrm{d}x = \dfrac{\sqrt{\pi}}{2}$, 所以 $C = \dfrac{\sqrt{\pi}}{2}$, 从而

$$I(y) = \frac{\sqrt{\pi}}{2}\mathrm{e}^{-y^2},$$

$$\int_0^{+\infty}\mathrm{e}^{-x^2}\cos(2x)\mathrm{d}x = I(1) = \frac{\sqrt{\pi}}{2}\mathrm{e}^{-1}.$$

例 4　计算

$$I = \int_0^{+\infty}\frac{\mathrm{e}^{-ax}-\mathrm{e}^{-\beta x}}{x}\sin x\mathrm{d}x \quad (\beta > a > 0).$$

解法 1　我们在原反常积分中视 β 为常数,并令

$$I(a) = \int_0^{+\infty}\frac{\mathrm{e}^{-ax}-\mathrm{e}^{-\beta x}}{x}\sin x\mathrm{d}x,$$

则易知

$$I'(a) = -\int_0^{+\infty}\mathrm{e}^{-ax}\sin x\mathrm{d}x = -\frac{1}{1+a^2} \quad (a>0),$$
$$I(a) = -\arctan a + C \quad (a>0),$$

其中 C 为常数. 因为 $I(\beta) = 0$, 所以 $C = \arctan\beta$, 从而

$$I = I(\alpha) = \text{arc}\tan\beta - \text{arc}\tan\alpha.$$

解法 2 因为

$$\frac{e^{-\alpha x} - e^{-\beta x}}{x} = \int_\alpha^\beta e^{-yx}dy,$$

所以

$$I = \int_0^{+\infty} dx \int_\alpha^\beta e^{-yx}\sin x dy.$$

容易验证 $\int_0^{+\infty} e^{-yx}\sin x dx$ 关于 $y \in [\alpha,\beta]$ 一致收敛($\alpha > 0$),应用定理 13.13(交换积分顺序)得

$$I = \int_\alpha^\beta dy \int_0^{+\infty} e^{-yx}\sin x dx = \int_\alpha^\beta \frac{1}{1+y^2}dy$$

$$= \text{arc}\tan\beta - \text{arc}\tan\alpha.$$

例 5 设 $k > 0, a \geqslant 0$,试计算

$$y(a) = \int_0^{+\infty} \frac{\cos ax}{k^2 + x^2}dx$$

和

$$z(a) = \int_0^{+\infty} \frac{x\sin ax}{k^2 + x^2}dx.$$

解 根据 M-判别法,$y(a)$ 关于 $a \geqslant 0$ 一致收敛,按照狄利克雷判别法,$z(a)$ 关于 $a \geqslant a_0 > 0$ 一致收敛(其中 $a_0 > 0$ 为任意的正实数),因此

$$\frac{dy}{da} = \int_0^{+\infty} \frac{-x\sin ax}{k^2 + x^2}dx = -z(a) \quad (a > 0). \tag{13.30}$$

利用

$$\frac{\pi}{2} = \int_0^{+\infty} \frac{\sin ax}{x}dx \quad (a > 0). \tag{13.31}$$

将(13.30)加上(13.31),得

$$\frac{dy}{da} + \frac{\pi}{2} = k^2 \int_0^{+\infty} \frac{\sin ax}{x(k^2 + x^2)}dx \quad (a > 0). \tag{13.32}$$

从而

$$\frac{\mathrm{d}^2 y}{\mathrm{d}a^2} = k^2 \int_0^{+\infty} \frac{\cos ax}{k^2 + x^2}\mathrm{d}x \quad (a > 0),$$

即

$$\frac{\mathrm{d}^2 y}{\mathrm{d}a^2} = k^2 y \quad (a > 0). \tag{13.33}$$

(13.33)式是一个常系数二阶线性微分方程,其通解为

$$y = C_1 \mathrm{e}^{ka} + C_2 \mathrm{e}^{-ka} \quad (a > 0).$$

由于

$$|y(a)| \leqslant \int_0^{+\infty} \frac{\mathrm{d}x}{k^2 + x^2} = \frac{\pi}{2k} \quad (a > 0),$$

故 $C_1 = 0$,又因为 $y(0) = \dfrac{\pi}{2k}$ 以及 $y(a)$ 在 $a = 0$ 处连续,即可得

$C_2 = \dfrac{\pi}{2k}$,从而

$$y(a) = \frac{\pi}{2k}\mathrm{e}^{-ka} \quad (a \geqslant 0),$$

$$z(a) = -\frac{\mathrm{d}y}{\mathrm{d}a} = \frac{\pi}{2}\mathrm{e}^{-ka} \quad (a > 0).$$

显然 $z(0) = 0$,由此可知 $z(a)$ 在 $[0, +\infty)$ 上不一致收敛.

例 6　计算反常积分(欧拉积分)

$$E = \int_0^{+\infty} \frac{x^{a-1}}{1+x}\mathrm{d}x \quad (0 < a < 1).$$

解　由于 0 也是奇点,我们令

$$E = \int_0^1 \frac{x^{a-1}}{1+x}\mathrm{d}x + \int_1^{+\infty} \frac{x^{a-1}}{1+x}\mathrm{d}x = E_1 + E_2.$$

对 $0 < x < 1$,有

$$\frac{x^{a-1}}{1+x} = \sum_{n=0}^{\infty} (-1)^n x^{a+n-1},$$

上式右边级数在 $(0,1)$ 上内闭一致收敛,其部分和 $S_n(x)$ 满足

$$0 \leqslant S_n(x) = \sum_{k=0}^{n-1} (-1)^k x^{a+k-1}$$

$$= \frac{x^{a-1}\left[1-(-x)^n\right]}{1+x} < x^{a-1}.$$

由于 $\int_0^1 x^{a-1} \mathrm{d}x$ 当 $0 < a < 1$ 时收敛，故 $\int_0^1 S_n(x)\mathrm{d}x$ 关于 $n \in \mathbf{N}$ 一致收敛，我们可以证明(本章总习题 7)

$$E_1 = \int_0^1 \frac{x^{a-1}}{1+x}\mathrm{d}x = \lim_{n \to \infty} \int_0^1 S_n(x)\mathrm{d}x$$

$$= \sum_{n=0}^{\infty} \int_0^1 (-1)^n x^{a+n-1} \mathrm{d}x = \sum_{n=0}^{\infty} \frac{(-1)^n}{a+n},$$

对积分 E_2，令变换 $x = \dfrac{1}{t}$ 便得

$$E_2 = \int_0^1 \frac{t^{-a}}{1+t}\mathrm{d}t = \int_0^1 \frac{x^{(1-a)-1}}{1+x}\mathrm{d}x$$

$$= \sum_{n=0}^{\infty} \frac{(-1)^n}{(1-a)+n} = \sum_{n=1}^{\infty} \frac{(-1)^n}{a-n},$$

从而

$$E = \frac{1}{a} + \sum_{n=1}^{\infty} (-1)^n \left(\frac{1}{a+n} + \frac{1}{a-n} \right).$$

在第 19 章中我们将证明 $\dfrac{1}{\sin t}$ 的"简分式展开式"(见 19.3.2 段例 2)

$$\frac{1}{\sin t} = \frac{1}{t} + \sum_{n=1}^{\infty} (-1)^n \left(\frac{1}{t+n\pi} + \frac{1}{t-n\pi} \right)$$

$$(t \neq k\pi, k = 0, \pm 1, \pm 2, \cdots).$$

上式中令 $t = \pi a$，就得

$$E = \int_0^{+\infty} \frac{x^{a-1}}{1+x}\mathrm{d}x = \frac{\pi}{\sin \pi a} \qquad (0 < a < 1).$$

习 题

1. 求下列含参变量反常积分的收敛域：

(1) $\int_0^{+\infty} \dfrac{e^{-ax}}{1+x^2}dx$；   (2) $\int_0^{+\infty} \dfrac{\sin x^q}{x^2}dx$；

(3) $\int_0^1 \dfrac{\cos \dfrac{1}{1-x}}{\sqrt[n]{1-x^2}}dx$.

2. 讨论下列积分在所指定区间内的一致收敛性：

(1) $\int_1^{+\infty} x^a e^{-x}dx$ $(a \leqslant \alpha \leqslant b)$；

(2) $\int_1^{+\infty} e^{-ax} \cdot \dfrac{\cos x}{x^p}dx$ $(0 \leqslant \alpha < +\infty)$，其中 $p > 0$ 是常数；

(3) $\int_0^{+\infty} \sqrt{\alpha} e^{-\alpha x^2}dx$ $(0 \leqslant \alpha < +\infty)$；

(4) $\int_0^{+\infty} \dfrac{\sin x^2}{1+x^p}dx$ $(p \geqslant 0)$；

(5) $\int_0^1 \sin \dfrac{1}{x} \cdot \dfrac{dx}{x^a}$ $(0 \leqslant \alpha \leqslant \alpha_0 < 2)$.

3. 证明

$$I(x) = \int_0^{+\infty} e^{-x^2(1+y^2)} \sin x dy$$

在 $[0, +\infty)$ 上不一致收敛.

4. 证明

$$I(y) = \int_0^{+\infty} \dfrac{\sin yx}{x}dx$$

(1) 在每一个不含 $y=0$ 的闭区间 $[c, d]$ 上一致收敛；

(2) 在含 $y=0$ 的闭区间 $[c, d]$ 上非一致收敛.

5. 证明函数

$$F(y) = \int_0^{+\infty} e^{-(x-y)^2} dx$$

是$(-\infty, +\infty)$上的连续函数.

6. 证明

$$I(y) = \int_0^{+\infty} \frac{\sin yx}{x} dx$$

当$y \neq 0$时有导数,但不能利用积分号下求导方法得到.

7. 证明

$$I(y) = \int_0^{+\infty} \frac{\cos x}{1 + (x+y)^2} dx$$

在$(-\infty, +\infty)$内连续且可导.

8. 从等式

$$\frac{e^{-ax} - e^{-bx}}{x} = \int_a^b e^{-xy} dy$$

出发,计算积分

$$\int_0^{+\infty} \frac{e^{-ax} - e^{-bx}}{x} dx \quad (b > a > 0).$$

9. 试证明下列等式:

(1) $\int_0^{+\infty} \dfrac{\cos ax}{1+x^2} dx = \dfrac{\pi}{2} e^{-a} \quad (a > 0)$;

(2) 用两种不同的方法证明

$$\int_0^{+\infty} e^{-t} \cdot \frac{\sin xt}{t} dt = \arctan x.$$

10. 计算下列积分:

(1) $\int_0^{+\infty} \dfrac{e^{-x} \sin x}{x} dx$;

(2) $\int_0^{+\infty} \dfrac{\arctan(\pi x) - \arctan x}{x} dx$;

(3) 用两种方法计算

$$I = \int_0^{+\infty} \mathrm{e}^{-px} \cdot \frac{\sin bx - \sin ax}{x} \mathrm{d}x \quad (p > 0, b > a).$$

13.3 欧 拉 积 分

含参变量积分

$$I(a) = \int_0^{+\infty} x^{a-1} \mathrm{e}^{-x} \mathrm{d}x \quad (a > 0)$$

和

$$\mathrm{B}(a,b) = \int_0^1 x^{a-1}(1-x)^{b-1} \mathrm{d}x \quad (a > 0, b > 0)$$

在实际应用中经常出现,它们统称为**欧拉积分**,其中前者又称为 **Gamma 函数**(或写作 **Γ 函数**),后者称为 **Beta 函数**(或写作 **B 函数**).本节将分别讨论这两个函数的性质.

13.3.1 Γ 函数及其性质

$$\Gamma(a) = \int_0^{+\infty} x^{a-1} \mathrm{e}^{-x} \mathrm{d}x. \tag{13.34}$$

容易证明 $a > 0$ 时,(13.34)收敛,故 $\Gamma(a)$ 定义在 $(0, +\infty)$ 上. 事实上,当 $a \geqslant 1$ 时,0 不是奇点,当 $0 < a < 1$ 时,0 也是奇点,我们令

$$I_1(a) = \int_0^1 x^{a-1} \mathrm{e}^{-x} \mathrm{d}x,$$

$$I_2(a) = \int_1^{+\infty} x^{a-1} \mathrm{e}^{-x} \mathrm{d}x,$$

因为 $\lambda > 1$ 时,对一切实数 a,有

$$\lim_{x \to +\infty} \frac{\mathrm{e}^{-x} x^{a-1}}{\dfrac{1}{x^{\lambda}}} = \lim_{x \to +\infty} \frac{x^{a+\lambda-1}}{\mathrm{e}^x} = 0.$$

因此,$I_2(a)$ 对任何实数 a 收敛. 对 $I_1(a)$,当 $a \geqslant 1$ 时,它是正常积

分,现设 $a<1$,取 $\lambda=1-a$,则 $\lambda<1$ 等价于 $a>0$,因为

$$\lim_{x\to 0_+}\frac{e^{-x}x^{a-1}}{\frac{1}{x^\lambda}}=\lim_{x\to 0_+}e^{-x}=1,$$

则 $\int_0^1 x^{a-1}e^{-x}dx$ 与 $\int_0^1\frac{1}{x^{1-a}}dx$ 收敛性相同,故当且仅当 $a>0$ 时,$I_1(a)$ 收敛,这样就证明了 $\Gamma(a)$ 定义在 $(0,+\infty)$ 上.

Γ 函数有下列简单性质:

性质 1　$\Gamma(a)$ 在 $(0,+\infty)$ 内连续,且有各阶连续导数.

证　在任一有穷闭区间 $[a_0,A](A>a_0>0)$ 上,因为

$$|x^{a-1}e^{-x}|\leqslant x^{a_0-1}e^{-x}\quad(x\in(0,1],a\in[a_0,A]),$$

故 $I_1(a)$ 在 $[a_0,A]$ 上一致收敛. 又因为

$$|x^{a-1}e^{-x}|\leqslant x^{A-1}e^{-x}\quad(x\in[1,+\infty),a\in[a_0,A]),$$

故 $I_2(a)$ 也在 $[a_0,A]$ 上一致收敛,从而 $\Gamma(a)$ 在 $(0,+\infty)$ 内连续.

现在令 $f(x,a)=x^{a-1}e^{-x}$,则 $f_a(x,a)=x^{a-1}(\ln x)e^{-x}$,显然有

$$|f_a(x,a)|\leqslant x^{a_0-1}|\ln x|\quad(x\in(0,1],a\in[a_0,A]),$$
$$|f_a(x,a)|\leqslant x^A e^{-x}\quad(x\in[1,+\infty),a\in[a_0,A]),$$

因为 $\int_0^1 x^{a_0-1}|\ln x|dx$ 和 $\int_1^{+\infty}x^A e^{-x}dx$ 都收敛,故

$$\int_0^{+\infty}\frac{\partial}{\partial a}(x^{a-1}e^{-x})dx$$

在 $[a_0,A]$ 上一致收敛,从而 $\Gamma'(a)$ 在 $(0,+\infty)$ 内连续,且

$$\Gamma'(a)=\int_0^{+\infty}x^{a-1}(\ln x)e^{-x}dx\quad(a>0).$$

按照上面的方法,我们可以证明 $\Gamma(a)$ 在 $(0,+\infty)$ 内有各阶连续导数,且

$$\Gamma^{(n)}(a)=\int_0^{+\infty}x^{a-1}(\ln x)^n e^{-x}dx\quad(a>0).$$

性质 2　递推公式

$$\Gamma(a+1)=a\Gamma(a)\quad(a>0).$$

证　对 $\Gamma(a+1) = \displaystyle\int_0^{+\infty} x^a \mathrm{e}^{-x} \mathrm{d}x$ 利用分部积分公式,得

$$\Gamma(a+1) = -\mathrm{e}^{-x} x^a \Big|_0^{+\infty} + a\int_0^{+\infty} \mathrm{e}^{-x} x^{a-1} \mathrm{d}x = a\Gamma(a).$$

由性质 2 可得,对一切自然数 n 及 $a > 0$ 成立

$$\begin{aligned}\Gamma(a+n) &= (a+n-1)\Gamma(a+n-1) = \cdots \\ &= (a+n-1)\cdot(a+n-2)\cdots(a+1)a\Gamma(a).\end{aligned}$$
$$(13.35)$$

根据(13.35)式,知道了 $\Gamma(a)$ 在 $0 < a \leqslant 1$ 上之值,就可求出 $\Gamma(a)$ 在正实数轴上任一点之值,特别地

$$\Gamma(1) = \int_0^{+\infty} \mathrm{e}^{-x} \mathrm{d}x = 1,$$

所以

$$\Gamma(n+1) = n!\Gamma(1) = n!. \tag{13.36}$$

利用(13.36)式及递推公式 $\Gamma(a+1) = a\Gamma(a)$,我们可以推广阶乘运算的定义.很自然,我们令

$$x! = \Gamma(x+1) \quad (x > 0), \tag{13.37}$$

则

$$(x+1)! = \Gamma(x+2) = (x+1)\Gamma(x+1) = (x+1)x!,$$

因此由(13.37)定义的 $x!$ $(x > 0)$ 具有 $n!$ 的类似性质.

性质 3　Γ 函数的其他表示形式.

在应用上,$\Gamma(a)$ 也常以如下的形式出现.若令 $x = t^2$,则得

$$\Gamma(a) = 2\int_0^{+\infty} \mathrm{e}^{-t^2} t^{2a-1} \mathrm{d}t. \tag{13.38}$$

若令 $x = ty$ $(t > 0)$,则得

$$\Gamma(a) = t^a \int_0^{+\infty} \mathrm{e}^{-ty} y^{a-1} \mathrm{d}y. \tag{13.39}$$

利用(13.38)式可得

$$\Gamma\left(\frac{1}{2}\right) = 2\int_0^{+\infty} \mathrm{e}^{-t^2} \mathrm{d}t = \sqrt{\pi}.$$

13.3.2　B 函数及其性质

$$B(a,b) = \int_0^1 x^{a-1}(1-x)^{b-1}\mathrm{d}x. \qquad (13.40)$$

显然 0 和 1 都可能是(13.40)的奇点,令

$$I_1 = \int_0^{\frac{1}{2}} x^{a-1}(1-x)^{b-1}\mathrm{d}x,$$

$$I_2 = \int_{\frac{1}{2}}^1 x^{a-1}(1-x)^{b-1}\mathrm{d}x,$$

易知当且仅当 $a>0$ 时,I_1 收敛,当且仅当 $b>0$ 时,I_2 收敛,所以 $B(a,b)$ 定义在 $a>0,b>0$ 上.

B 函数有下列简单性质:

性质 1　$B(a,b)$ 在定义域 $a>0,b>0$ 内连续,且有任意阶连续偏导数.

证　为了证明 $B(a,b)$ 在定义域内连续且有任意阶连续偏导数,我们只要证明,对任意给定的 $a_0>0,b_0>0$,积分

$$\int_0^1 x^{a-1}(1-x)^{b-1}(\ln x)^n\mathrm{d}x$$

与

$$\int_0^1 x^{a-1}(1-x)^{b-1}(\ln(1-x))^n\mathrm{d}x$$

在 $a\geqslant a_0,b\geqslant b_0$ 上一致收敛,其中 $n=0,1,2,\cdots$

事实上,当 $a\geqslant a_0,b\geqslant b_0,x\in(0,1)$ 时

$$|x^{a-1}(1-x)^{b-1}(\ln x)^n|\leqslant x^{a_0-1}(1-x)^{b_0-1}(\ln x)^n,$$

因 $a_0>0$,可取 $\lambda,0<\lambda<1$,使 $\lambda+a_0-1>0$,于是

$$\lim_{x\to 0_+}\frac{x^{a_0-1}(1-x)^{b_0-1}(\ln x)^n}{x^{-\lambda}} = \lim_{x\to 0_+} x^{a_0+\lambda-1}(\ln x)^n = 0,$$

因而 $\int_0^{\frac{1}{2}} x^{a_0-1}(1-x)^{b_0-1}(\ln x)^n\mathrm{d}x$ 收敛.

又因为 $b_0>0$,可取 $\mu,0<\mu<1$,使 $\mu+b_0-1>0$,于是

$$\lim_{x \to 1_-} \frac{x^{a_0-1}(1-x)^{b_0-1}(\ln x)^n}{(1-x)^{-\mu}} = 0,$$

故 $\int_{\frac{1}{2}}^{1} x^{a_0-1}(1-x)^{b_0-1}(\ln x)^n \mathrm{d}x$ 收敛,则由 M-判别法知积分

$$\int_0^1 x^{a-1}(1-x)^{b-1}(\ln x)^n \mathrm{d}x$$

在 $a \geqslant a_0, b \geqslant b_0$ 上一致收敛. 同理可证积分

$$\int_0^1 x^{a-1}(1-x)^{b-1}(\ln(1-x))^n \mathrm{d}x$$

也在 $a \geqslant a_0, b \geqslant b_0$ 上一致收敛. 从而性质 1 得证.

性质 2　对称性:$\mathrm{B}(a,b) = \mathrm{B}(b,a)$.

在(13.40)中令 $x = 1-t$,即得

$$\mathrm{B}(a,b) = \int_0^1 (1-t)^{a-1} t^{b-1} \mathrm{d}t = \mathrm{B}(b,a).$$

性质 3　递推公式:

$$\mathrm{B}(a,b) = \frac{b-1}{a+b-1}\mathrm{B}(a,b-1) \quad (a>0, b>1),$$

$$\mathrm{B}(a,b) = \frac{a-1}{a+b-1}\mathrm{B}(a-1,b) \quad (a>1, b>0).$$

证　利用恒等式

$$x^a(1-x)^{b-2} = x^{a-1}(1-x)^{b-2} - x^{a-1}(1-x)^{b-1},$$

$$\begin{aligned}
\mathrm{B}(a,b) &= \int_0^1 x^{a-1}(1-x)^{b-1}\mathrm{d}x = \int_0^1 (1-x)^{b-1}\mathrm{d}\left(\frac{x^a}{a}\right) \\
&= \frac{x^a(1-x)^{b-1}}{a}\Big|_0^1 + \frac{b-1}{a}\int_0^1 x^a(1-x)^{b-2}\mathrm{d}x \\
&= \frac{b-1}{a}\int_0^1 x^{a-1}(1-x)^{b-2}\mathrm{d}x - \frac{b-1}{a}\int_0^1 x^{a-1}(1\\
&\quad -x)^{b-1}\mathrm{d}x \\
&= \frac{b-1}{a}\mathrm{B}(a,b-1) - \frac{b-1}{a}\mathrm{B}(a,b),
\end{aligned}$$

所以

$$B(a,b) = \frac{b-1}{a+b-1}B(a,b-1) \quad (a>0, b>1).$$

利用 $B(a,b) = B(b,a)$，立即得

$$B(a,b) = \frac{a-1}{a+b-1}B(a-1,b) \quad (a>1, b>0).$$

性质 4 $B(a,b)$ 的其他表示形式.

在应用中 B 函数也常以如下几种形式出现. 若令 $x = \frac{y}{1+y}$，$\mathrm{d}x = \frac{\mathrm{d}y}{(1+y)^2}$，$(1-x) = \frac{1}{1+y}$，$x=0$ 时，$y=0$，$x=1$ 时，$y=+\infty$，则

$$B(a,b) = \int_0^{+\infty} \frac{y^{a-1}}{(1+y)^{a+b}}\mathrm{d}y. \tag{13.41}$$

若在 (13.41) 式中令 $b=1-a$ $\ (0<a<1)$，则得

$$B(a,1-a) = \int_0^{+\infty} \frac{y^{a-1}}{1+y}\mathrm{d}y,$$

再据 13.2.3 段例 6 可得

$$B(a,1-a) = \frac{\pi}{\sin \pi a} \quad (0<a<1). \tag{13.42}$$

若令 $x = \sin^2\theta, 0 \leqslant \theta \leqslant \frac{\pi}{2}$，由 (13.40) 可得

$$B(a,b) = 2\int_0^{\frac{\pi}{2}} \sin^{2a-1}\theta \cos^{2b-1}\theta\mathrm{d}\theta. \tag{13.43}$$

13.3.3 Γ 函数与 B 函数的关系

我们下面证明

$$B(a,b) = \frac{\Gamma(a)\Gamma(b)}{\Gamma(a+b)}. \tag{13.44}$$

证 利用 Γ 函数的表示式 (13.39)，得

$$\frac{\Gamma(a)}{t^a} = \int_0^{+\infty} \mathrm{e}^{-ty}y^{a-1}\mathrm{d}y \quad (t>0). \tag{13.45}$$

现在分别用 $(a+b)$ 和 $(1+t)$ 代替上式中的 a 和 t，则得

$$\frac{\Gamma(a+b)}{(1+t)^{a+b}} = \int_0^{+\infty} \mathrm{e}^{-(1+t)y} y^{a+b-1} \mathrm{d}y \quad (t \geqslant 0). \quad (13.46)$$

再根据 B 函数的表示式 (13.41)，我们有

$$\int_0^{+\infty} \frac{t^{a-1}}{(1+t)^{a+b}} \mathrm{d}t = \mathrm{B}(a,b),$$

因此在 (13.46) 式两边同乘 t^{a-1} 并对 t 从 0 到 $+\infty$ 积分，便得

$$\Gamma(a+b)\mathrm{B}(a,b) = \int_0^{+\infty} t^{a-1} \mathrm{d}t \int_0^{+\infty} y^{a+b-1} \mathrm{e}^{-(1+t)y} \mathrm{d}y. \quad (13.47)$$

先设 $a > 1, b > 1$，我们来证明 (13.47) 右边积分次序可交换.

据 (13.46) 有

$$\int_0^{+\infty} t^{a-1} y^{a+b-1} \mathrm{e}^{-(1+t)y} \mathrm{d}y = \frac{t^{a-1}\Gamma(a+b)}{(1+t)^{a+b}},$$

当 $t \geqslant 0$ 时连续.

在 (13.45) 中 t 与 y 的位置互换可得

$$\int_0^{+\infty} y^{a+b-1} \mathrm{e}^{-y} t^{a-1} \mathrm{e}^{-ty} \mathrm{d}t = \Gamma(a) y^{b-1} \mathrm{e}^{-y}.$$

当 $y \geqslant 0$ 时也连续，被积函数 $t^{a-1} y^{a+b-1} \mathrm{e}^{-y} \mathrm{e}^{-ty} \geqslant 0$，利用本章定理 13.11 (狄尼定理)，并由定理 13.14 知积分次序可交换，于是

$$\begin{aligned}
\Gamma(a+b)\mathrm{B}(a,b) &= \int_0^{+\infty} y^{a+b-1} \mathrm{e}^{-y} \mathrm{d}y \int_0^{+\infty} t^{a-1} \mathrm{e}^{-ty} \mathrm{d}t \\
&= \int_0^{+\infty} y^{a+b-1} \mathrm{e}^{-y} \frac{\Gamma(a)}{y^a} \mathrm{d}y \\
&= \int_0^{+\infty} \mathrm{e}^{-y} y^{b-1} \Gamma(a) \mathrm{d}y = \Gamma(a)\Gamma(b),
\end{aligned}$$

即

$$\mathrm{B}(a,b) = \frac{\Gamma(a)\Gamma(b)}{\Gamma(a+b)} \quad (a > 1, b > 1). \quad (13.48)$$

当 $a > 0, b > 0$ 时，由递推公式，得

$$\mathrm{B}(a+1,b+1) = \frac{b}{a+b+1}\mathrm{B}(a+1,b)$$

$$= \frac{b}{a+b+1} \cdot \frac{a}{a+b} \mathrm{B}(a,b),$$

但据(13.48)式，

$$\mathrm{B}(a+1,b+1) = \frac{\Gamma(a+1)\Gamma(b+1)}{\Gamma(a+b+2)}$$

$$= \frac{a\Gamma(a)b\Gamma(b)}{(a+b+1)(a+b)\Gamma(a+b)},$$

所以

$$\mathrm{B}(a,b) = \frac{\Gamma(a)\Gamma(b)}{\Gamma(a+b)} \quad (a>0, b>0).$$

有了 Γ 函数和 B 函数关系(13.44)，利用 Γ 函数表我们可求得 $\mathrm{B}(a,b)$ 之值. 特别地，若取 $a=b=\frac{1}{2}$，则得

$$\mathrm{B}\left(\frac{1}{2}, \frac{1}{2}\right) = \Gamma\left(\frac{1}{2}\right)\Gamma\left(\frac{1}{2}\right),$$

但由表示式(13.43)知

$$\mathrm{B}\left(\frac{1}{2}, \frac{1}{2}\right) = 2\int_0^{\frac{\pi}{2}} \mathrm{d}\theta = \pi,$$

所以

$$\Gamma\left(\frac{1}{2}\right) = \sqrt{\pi}.$$

又根据(13.38)式，

$$\Gamma\left(\frac{1}{2}\right) = 2\int_0^{+\infty} \mathrm{e}^{-t^2} \mathrm{d}t,$$

从而利用 Γ 函数可计算得

$$\int_0^{+\infty} \mathrm{e}^{-t^2} \mathrm{d}t = \frac{\sqrt{\pi}}{2}.$$

又若在公式(13.44)中令 $b = 1-a$ $(0 < a < 1)$，则由(13.42)式得

$$\Gamma(a)\Gamma(1-a) = \mathrm{B}(a,1-a)\Gamma(1) = \frac{\pi}{\sin \pi a}. \quad (13.49)$$

(13.49)称作**余元公式**.

例 1　求二项式积分

$$I = \int_0^1 x^{p-1}(1-x^m)^{q-1}\mathrm{d}x \quad (p>0, q>0, m>0)$$

之值.

解　令 $x^m = y$, 则得

$$I = \frac{1}{m}\int_0^1 y^{\frac{p}{m}-1}(1-y)^{q-1}\mathrm{d}y = \frac{1}{m}\mathrm{B}\left(\frac{p}{m}, q\right)$$

$$= \frac{1}{m}\frac{\Gamma\left(\frac{p}{m}\right)\Gamma(q)}{\Gamma\left(\frac{p}{m}+q\right)}.$$

例 2　求 $I = \displaystyle\int_0^{+\infty} x^m \mathrm{e}^{-x^n}\mathrm{d}x$ 之值 $(n>0, m+1>0)$.

解　利用

$$\Gamma(a) = \int_0^{+\infty} \mathrm{e}^{-x}x^{a-1}\mathrm{d}x,$$

我们令 $x^n = t$, 则得

$$I = \int_0^{+\infty} \frac{1}{n}\mathrm{e}^{-t}t^{\frac{m}{n}+\frac{1}{n}-1}\mathrm{d}t = \frac{1}{n}\Gamma\left(\frac{m+1}{n}\right).$$

例 3　计算 $I = \displaystyle\int_0^{\frac{\pi}{2}} \sin^{a-1}\varphi \cos^{b-1}\varphi\,\mathrm{d}\varphi \quad (a,b>0)$.

解　由表达式(13.43)知

$$I = \frac{1}{2}\mathrm{B}\left(\frac{a}{2}, \frac{b}{2}\right) = \frac{1}{2}\frac{\Gamma\left(\frac{a}{2}\right)\Gamma\left(\frac{b}{2}\right)}{\Gamma\left(\frac{a+b}{2}\right)},$$

特别地,当 $b = 1$ 时,得

$$\int_0^{\frac{\pi}{2}} \sin^{a-1}\varphi\,\mathrm{d}\varphi = \frac{\sqrt{\pi}}{2}\frac{\Gamma\left(\frac{a}{2}\right)}{\Gamma\left(\frac{a+1}{2}\right)}.$$

例 4 讨论 $\int_0^{+\infty} \dfrac{x^{m-1}}{1+x^n} dx$ （$n > 0$）的存在域,并计算积分之值.

解法 1 令

$$\int_0^{+\infty} \frac{x^{m-1}}{1+x^n} dx = \int_0^1 \frac{x^{m-1}}{1+x^n} dx + \int_1^{+\infty} \frac{x^{m-1}}{1+x^n} dx,$$

因为 $x \to 0_+$ 时,显然有

$$\frac{x^{m-1}}{1+x^n} \sim x^{m-1},$$

故 $m > 0$ 时,积分 $\int_0^1 \dfrac{x^{m-1}}{1+x^n} dx$ 收敛.

对于积分 $\int_1^{+\infty} \dfrac{x^{m-1}}{1+x^n} dx$,因为 $x \to +\infty$ 时,有

$$\frac{x^{m-1}}{1+x^n} \sim \frac{1}{x^{n-m+1}},$$

故当 $n > m$ 时,积分 $\int_1^{+\infty} \dfrac{x^{m-1}}{1+x^n} dx$ 收敛,从而 $\int_0^{+\infty} \dfrac{x^{m-1}}{1+x^n} dx$ 的存在域为 $n > m > 0$.

为了计算反常积分之值,令 $1+x^n = \dfrac{1}{t}$, $x = \left(\dfrac{1-t}{t}\right)^{\frac{1}{n}}$,则

$$\int_0^{+\infty} \frac{x^{m-1}}{1+x^n} dx = \int_1^0 \frac{\left(\frac{1-t}{t}\right)^{(m-1)/n}}{\frac{1}{t}} \left(\frac{-1}{t^2}\right) \cdot \frac{1}{n} \cdot \left(\frac{1}{t}-1\right)^{\frac{1}{n}-1} dt$$

$$= \frac{1}{n} \int_0^1 t^{1-\frac{m}{n}-1} \cdot (1-t)^{\frac{m}{n}-1} dt$$

$$= \frac{1}{n} B\left(1-\frac{m}{n}, \frac{m}{n}\right) = \frac{1}{n} \frac{\Gamma\left(1-\frac{m}{n}\right)\Gamma\left(\frac{m}{n}\right)}{\Gamma(1)}$$

$$= \frac{1}{n} \frac{\pi}{\sin\left(\frac{m}{n}\pi\right)}.$$

解法 2　积分存在域讨论同解法 1,为了用 Γ,B 函数表示这个积分值,我们令 $x^n = t, \mathrm{d}x = \dfrac{1}{n}t^{\frac{1}{n}-1}\mathrm{d}t$, 则

$$\int_0^{+\infty} \frac{x^{m-1}}{1+x^n}\mathrm{d}x = \frac{1}{n}\int_0^{+\infty} \frac{t^{\frac{m}{n}-1}}{1+t}\mathrm{d}t,$$

据表达式(13.41)知

$$\int_0^{+\infty} \frac{t^{\frac{m}{n}-1}}{1+t}\mathrm{d}t = B\left(\frac{m}{n}, 1-\frac{m}{n}\right),$$

所以

$$\int_0^{+\infty} \frac{x^{m-1}}{1+x^n}\mathrm{d}x = \frac{1}{n}B\left(\frac{m}{n}, 1-\frac{m}{n}\right)$$

$$= \frac{1}{n}\frac{\pi}{\sin\left(\dfrac{m}{n}\pi\right)}.$$

例 5　设一单位质量质点受某一外力作用而做直线运动,力的大小与质点到点 O 的距离成反比,方向指向 O 点. 若运动开始时质点与 O 点相距 a,求质点到达 O 点所需的时间.

解　如图 13-1,设时刻 t 时质点距 O 点为 $x(t)$,由条件得力为

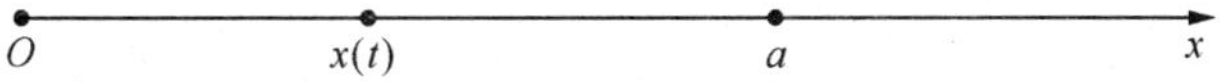

图 13-1

$$F = -\frac{k}{x} \quad (k>0 \text{ 为常数}),$$

按照牛顿第二定律,$x(t)$ 满足微分方程

$$x''(t) = -\frac{k}{x},$$

初始条件为 $x(0) = a, x'(0) = 0$, 若令 $v(t) = x'(t)$, 则得

$$x''(t) = \frac{\mathrm{d}v}{\mathrm{d}t} = \frac{\mathrm{d}v}{\mathrm{d}x}\cdot\frac{\mathrm{d}x}{\mathrm{d}t} = v\frac{\mathrm{d}v}{\mathrm{d}x},$$

于是

$$v\frac{\mathrm{d}v}{\mathrm{d}x}=-\frac{k}{x}$$

或者

$$v\mathrm{d}v=-\frac{k}{x}\mathrm{d}x,$$

上式两边积分得

$$v^2=-2k\ln x+C,$$

利用初始条件得 $C=2k\ln a$，所以

$$\left(\frac{\mathrm{d}x}{\mathrm{d}t}\right)^2=2k\ln\frac{a}{x},$$

$$\frac{\mathrm{d}x}{\mathrm{d}t}=-\sqrt{2k}\left(\ln\frac{a}{x}\right)^{\frac{1}{2}}.$$

故

$$t=-\int_a^0\frac{\mathrm{d}x}{\sqrt{2k}\left(\ln\frac{a}{x}\right)^{\frac{1}{2}}},$$

令 $\ln\dfrac{a}{x}=y$，即 $x=a\mathrm{e}^{-y}$，则

$$t=\frac{a}{\sqrt{2k}}\int_0^{+\infty}\mathrm{e}^{-y}y^{-\frac{1}{2}}\mathrm{d}y=\frac{a}{\sqrt{2k}}\Gamma\left(\frac{1}{2}\right)=\frac{a\sqrt{\pi}}{\sqrt{2k}}.$$

例 6　计算积分 $\displaystyle\int_0^1\frac{x^{m-1}(1-x)^{n-1}}{(a+x)^{m+n}}\mathrm{d}x$　$(m>0,n>0,a>0$ 或者 $a<-1)$.

解　为了利用表达式

$$\mathrm{B}(a,b)=\int_0^{+\infty}\frac{u^{a-1}}{(1+u)^{a+b}}\mathrm{d}u,$$

我们令 $t=\dfrac{x}{1-x}$，则 $x=\dfrac{t}{1+t},1-x=\dfrac{1}{1+t},a+x=$

$\dfrac{(a+1)t+a}{1+t}, \mathrm{d}x = \dfrac{\mathrm{d}t}{(1+t)^2}$，故

$$\int_0^1 \frac{x^{m-1}(1-x)^{n-1}}{(a+x)^{m+n}} \mathrm{d}x = \int_0^{+\infty} \frac{t^{m-1}}{\left[(a+1)t+a\right]^{m+n}} \mathrm{d}t,$$

再令 $\dfrac{a}{a+1}u = t$，得

$$\int_0^1 \frac{x^{m-1}(1-x)^{n-1}}{(a+x)^{m+n}} \mathrm{d}x = \int_0^{+\infty} \frac{u^{m-1}}{(a+1)^m a^n (1+u)^{m+n}} \mathrm{d}u$$

$$= \frac{1}{(a+1)^m a^n} \mathrm{B}(m,n)$$

$$= \frac{\Gamma(m)\Gamma(n)}{(a+1)^m a^n \Gamma(m+n)}.$$

习　题

1. 利用欧拉积分计算下列积分：

(1) $\displaystyle\int_0^1 \sqrt{x - x^2}\, \mathrm{d}x$；　　(2) $\displaystyle\int_0^a x^2 \sqrt{a^2 - x^2}\, \mathrm{d}x$　$(a > 0)$；

(3) $\displaystyle\int_0^{\frac{\pi}{2}} \sin^{2n}\theta\, \mathrm{d}\theta$　（n 为自然数）；

(4) $\displaystyle\int_0^{+\infty} x^{2n} \mathrm{e}^{-x^2}\, \mathrm{d}x$　（n 为自然数）；

(5) $\displaystyle\int_0^1 \left(\ln\frac{1}{x}\right)^p \mathrm{d}x$　$(p > -1)$.

2. 证明下列各式：

(1) $\displaystyle\int_0^{+\infty} \frac{x^{a-1}}{1+x} \mathrm{d}x = \Gamma(a)\Gamma(1-a)$　$(0 < a < 1)$；

(2) $\displaystyle\int_0^{+\infty} \frac{\mathrm{d}x}{1+x^4} = \frac{\pi}{2\sqrt{2}}$；

(3) $\displaystyle\lim_{n \to \infty} \int_0^{+\infty} \mathrm{e}^{-x^n}\, \mathrm{d}x = 1$；

(4) $\int_{-\infty}^{+\infty} x^2 \mathrm{e}^{-x^2} \mathrm{d}x = \dfrac{\sqrt{\pi}}{2}$ （已知 $\Gamma\left(\dfrac{1}{2}\right) = \sqrt{\pi}$）；

(5) $\int_0^1 \dfrac{\mathrm{d}x}{\sqrt{1-x^4}} \cdot \int_0^1 \dfrac{x^2 \mathrm{d}x}{\sqrt{1-x^4}} = \dfrac{\pi}{4}$.

第 13 章总习题

1. 研究函数
$$F(y) = \int_0^1 \frac{yf(x)}{x^2+y^2}\mathrm{d}x \quad (y \geqslant 0)$$
的连续性，其中 $f(x)$ 在闭区间 $[0,1]$ 上是正的连续函数.

2. 设
$$f(x) = \left(\int_0^x \mathrm{e}^{-t^2}\mathrm{d}t\right)^2, g(x) = \int_0^1 \frac{\mathrm{e}^{-x^2(t^2+1)}}{t^2+1}\mathrm{d}t,$$
试证明：

(1) $f(x) + g(x) = \dfrac{\pi}{4}$；

(2) 利用(1)证明 $\displaystyle\lim_{x\to+\infty} \int_0^x \mathrm{e}^{-t^2}\mathrm{d}t = \dfrac{\sqrt{\pi}}{2}$.

3. 设
$$F(x) = \int_a^b f(y)\,|\,x-y\,|\,\mathrm{d}y \quad (a \leqslant x \leqslant b),$$
$f(y)$ 在 $[a,b]$ 上连续，试求 $F'(x), F''(x)$.

4. 证明
$$\int_0^{+\infty} x^2 \mathrm{e}^{-xy}\mathrm{d}y$$
在 $x>0$ 上一致收敛.

5. 设 $f(x) \in C_{[0,+\infty)}$，$\displaystyle\int_0^{+\infty} t^\lambda f(t)\mathrm{d}t$ 当 $\lambda = a, \lambda = b(a < b)$ 时皆收敛，则 $\displaystyle\int_0^{+\infty} t^\lambda f(t)\mathrm{d}t$ 关于 λ 在 $[a,b]$ 上一致收敛.

6. 设
$$F(x) = \int_0^{2\pi} e^{x\cos t} \cdot \cos(x\sin t)\mathrm{d}t \quad (x \in (-\infty, +\infty)),$$
试求 $F(x)$.

7. 如果(i) 每个 $f_n(x) \in C_{[a,+\infty)}$，且 $f_n(x)$ 在任一有穷区间 $[a,A](A>a)$ 上一致收敛于 $f(x)$；

(ii) $\int_a^{+\infty} f_n(x)\mathrm{d}x$ 关于 $n \in \mathbf{N}$ 一致收敛.

则 $\int_a^{+\infty} f(x)\mathrm{d}x$ 收敛,且
$$\int_a^{+\infty} f(x)\mathrm{d}x = \lim_{n\to\infty} \int_a^{+\infty} f_n(x)\mathrm{d}x.$$

8. 设
$$F(y) = \int_0^{+\infty} y^3 e^{-xy^2}\mathrm{d}x,$$

(1) $y \neq 0$ 时,求 $F'(y)$；

(2) 讨论 $\int_0^{+\infty} \dfrac{\partial}{\partial y}(y^3 e^{-xy^2})\mathrm{d}x$ 在 $[0,A]$ 上的一致收敛性.

9. 设 $a \geqslant 0$, 试证明:
$$I(a) = \int_0^{+\infty} \frac{\ln(4 + a^2 x^2)}{1 + x^2}\mathrm{d}x = \pi\ln(2 + a).$$

10. 设 $f(x)$ 在 $[0, +\infty)$ 上连续, $f'(x)$ 在 $(0, +\infty)$ 上连续, $f(\infty) = \lim\limits_{x\to +\infty} f(x)$ 有限,试证明

(1) $\int_0^{+\infty} f'(tx)\mathrm{d}x$ 关于 t 在 $[a,b]$ $(a>0)$ 上一致收敛；

(2) 利用(1)的结论证明等式
$$\int_0^{+\infty} \frac{f(bx) - f(ax)}{x}\mathrm{d}x = (f(\infty) - f(0))\ln\frac{b}{a} \quad (0 < a < b).$$

11. 已知 $\int_0^{+\infty} \dfrac{\sin xt}{t}\mathrm{d}t = \dfrac{\pi}{2}$ $(x > 0)$, 试求
$$F(x) = \int_0^{+\infty} \frac{\sin^2(xt)}{t^2}\mathrm{d}t \quad (x > 0).$$

12. 利用 $\int_0^{+\infty} \dfrac{\mathrm{d}x}{x^2+a^2} = \dfrac{\pi}{2a}$ $(a \neq 0)$，求反常积分

$$\int_0^{+\infty} \dfrac{\mathrm{d}x}{(x^2+a^2)^{n+1}} \quad (n=1,2,3,\cdots).$$

13. 利用等式

$$\dfrac{1}{1+x^2} = \int_0^{+\infty} \mathrm{e}^{-xt} \sin t \mathrm{d}t \quad (x > 0),$$

证明

$$\int_0^{+\infty} \dfrac{\mathrm{e}^{-ax}}{1+x^2} \mathrm{d}x = \int_0^{+\infty} \dfrac{\sin t}{a+t} \mathrm{d}t \quad (a \geqslant 0).$$

14. 设 $f(x,y)$ 在 $[a,+\infty) \times [c,+\infty)$ 上连续，$\lim\limits_{y \to +\infty} f(x,y)$ $= \varphi(x)$ 在任意有穷区间 $[a,A]$ 上一致收敛，且 $I(y) = \int_a^{+\infty} f(x,$ $y)\mathrm{d}x$ 关于 y 在 $[c,+\infty)$ 上一致收敛，试证明：

(1) $\varphi(x) \in C_{[a,+\infty)}$；

(2) $\lim\limits_{y \to +\infty} \int_a^A f(x,y)\mathrm{d}x = \int_a^A \varphi(x)\mathrm{d}x$；

(3) $\int_a^{+\infty} \varphi(x)\mathrm{d}x$ 收敛，且

$$\lim_{y \to +\infty} \int_a^{+\infty} f(x,y)\mathrm{d}x = \int_a^{+\infty} \varphi(x)\mathrm{d}x.$$

15. 设(i) $u_n(x) \geqslant 0, u_n(x) \in C_{[a,+\infty)} (n=1,2,3,\cdots)$；

(ii) $S(x) = \sum\limits_{n=1}^{\infty} u_n(x)$ 在 $[a,+\infty)$ 上处处收敛，且 $S(x) \in C_{[a,+\infty)}$；

(iii) $\int_a^{+\infty} S(x)\mathrm{d}x$ 收敛.

试证明：

$$\int_a^{+\infty} S(x)\mathrm{d}x = \sum_{n=1}^{\infty} \int_a^{+\infty} u_n(x)\mathrm{d}x.$$

又若将条件(iii)去掉，试问上等式成立否？

16. 已知 $\sum\limits_{n=1}^{\infty}\dfrac{1}{n^2}=\dfrac{\pi^2}{6}$，试计算下列反常积分：

(1) $\displaystyle\int_0^{+\infty}\dfrac{x\mathrm{e}^{-x}}{1-\mathrm{e}^{-x}}\mathrm{d}x$；　　　　(2) $\displaystyle\int_0^{+\infty}\dfrac{x}{1-\mathrm{e}^{x}}\mathrm{d}x$.

17. 设 $a_n>0(n=1,2,\cdots),x>0$ 时 $f(x)=\sum\limits_{n=0}^{\infty}a_n x^n$ 收敛，

若 $\sum\limits_{n=0}^{\infty}n!a_n$ 收敛，试证明 $\displaystyle\int_0^{+\infty}\mathrm{e}^{-x}f(x)\mathrm{d}x$ 收敛，且成立

$$\int_0^{+\infty}\mathrm{e}^{-x}f(x)\mathrm{d}x=\sum\limits_{n=0}^{\infty}n!a_n.$$

18. 设函数

$$I(\alpha,\beta)=\int_0^{+\infty}\mathrm{e}^{-t^2/(\alpha^2+\beta^2)}\mathrm{d}t,$$

其中 α,β 适合不等式

$$\alpha^2-2\alpha+\beta^2\leqslant-\dfrac{3}{4}.$$

问 α,β 取何值时，$I(\alpha,\beta)$ 的值最小.

19. 已知 $\displaystyle\int_0^{+\infty}\dfrac{\sin\alpha x}{x}\mathrm{d}x=\dfrac{\pi}{2}$　$(\alpha>0)$，试计算：

(1) $\displaystyle\int_0^{+\infty}\left(\dfrac{\sin x}{x}\right)^2\mathrm{d}x$；

(2) $\displaystyle\lim_{n\to\infty}\int_0^{\frac{n\pi}{2}}\left(\dfrac{\sin x}{x}\right)^2\left(\dfrac{x}{n\sin\dfrac{x}{n}}\right)^2\mathrm{d}x.$

20. 讨论 $f_n(x)=\left(1+\dfrac{x}{n}\right)^n$ 在有穷区间 $[a,b]$ 和无穷区间

$(-\infty,+\infty)$ 上的一致收敛性，并计算

$$\lim_{n\to\infty}\int_0^n\left(1-\dfrac{x}{n}\right)^n x^p\mathrm{d}x\quad(p\text{ 为正整数}).$$

第14章 曲线积分

一元函数的定积分可以把它看作函数沿直线段的积分. 我们将要介绍的曲线积分就是讨论函数沿可求长平面曲线或空间曲线的积分. 本章研究两类曲线积分的概念和部分性质,给出把两类曲线积分化为定积分的计算公式. 关于曲线积分和二重积分、曲面积分之间的关系以及其他进一步的结果将在第 17 章讨论.

14.1 第一型曲线积分

14.1.1 第一型曲线积分概念及其性质

设物体的线密度函数 $f(p)$ 是点 p 的连续函数,我们要计算物体的质量. 如果物体为一根直线段(细线),即质量分布在一根线段 AB 上,则线段 AB 的质量 m 可用定积分来计算:

$$m = \int_a^b f(x) \mathrm{d}x.$$

现在,如果质量分布在一条平面曲线(空间曲线) $\overparen{AB}$ 上,其密度函数为 $f(x, y)(f(x, y, z))$,我们要计算 $\overparen{AB}$ 的质量 m.

类似于直线段,将曲线 $\overparen{AB}$ 分割成 n 个小弧段 $\Delta s_i (i = 1, 2, \cdots, n)$,每一小段的弧长记为 Δs_i,任取一点 $M_i \in \overparen{\Delta s_i}$,在每一小段上,$f(x, y)$ 可视为常数值 $f(M_i)$,则弧段 $\overparen{\Delta s_i}$ 的质量 Δm_i 近似为

$$\Delta m_i \approx f(M_i) \Delta s_i \quad (i = 1, 2, \cdots, n).$$

整个 $\overparen{AB}$ 的质量 m 近似为

$$m \approx \sum_{i=1}^{n} f(M_i) \Delta s_i.$$

令 $\Delta s = \max_{1 \leqslant i \leqslant n} \Delta s_i$，自然地有

$$m = \lim_{\Delta s \to 0} \sum_{i=1}^{n} f(M_i) \Delta s_i. \tag{14.1}$$

我们看到曲线 $\overset{\frown}{AB}$ 的质量 m 是形如(14.1)这样形式的极限. 它与直线段的质量一样,也是通过"分割、近似求和、取极限"而得到,(14.1)中的和式类似于定积分中的黎曼和数. 在物理学和工程技术中还会碰到许多其他的实际问题,同样也可得类似形式的极限,我们称(14.1)为 $f(x,y)$ 沿曲线 $\overset{\frown}{AB}$ 对弧长 s 的曲线积分或称第一型曲线积分,并记作

$$m = \int_{\overset{\frown}{AB}} f(x,y)\mathrm{d}s = \lim_{\Delta s \to 0} \sum_{i=1}^{n} f(M_i) \Delta s_i.$$

下面我们给出第一型曲线积分的定义.

定义（第一型曲线积分） 设 $f(x,y,z)$ 是定义在可求长连续曲线 $\overset{\frown}{AB}$ 上的有界函数,将 $\overset{\frown}{AB}$ 作分割,把它分成 n 个小弧段 Δs_i,其弧长为 $\Delta s_i (i = 1,2,\cdots,n)$,记 $\Delta s = \max_{1 \leqslant i \leqslant n} \Delta s_i$,在 $\overset{\frown}{\Delta s_i}$ 上任取一点 (x_i, y_i, z_i),若对于无论怎样的分割,以及对每个分割不论如何选取点 $(x_i, y_i, z_i) \in \overset{\frown}{\Delta s_i}$,只要 $\Delta s \to 0$ 时,极限

$$\lim_{\Delta s \to 0} \sum_{i=1}^{n} f(x_i, y_i, z_i) \Delta s_i$$

存在且为同一个有限值,则称此极限为 $f(x,y,z)$ 在 $\overset{\frown}{AB}$ 上的**第一型曲线积分**,记作

$$\int_{\overset{\frown}{AB}} f(x,y,z)\mathrm{d}s.$$

由第一型曲线积分定义立即可知,当 $f(x,y,z) = 1$ 时,则

$$\int_{\overset{\frown}{AB}} f(x,y,z)\mathrm{d}s = \overset{\frown}{AB} \text{ 的弧长}.$$

如果不特别声明,今后所提到的曲线,都是可求长的连续曲线.

关于第一型曲线积分的性质我们叙述如下(读者可以从定义出发直接证明):

1° 设 $\int_{\overset{\frown}{AB}} f(x,y,z)\mathrm{d}s$ 存在,则

$$\int_{\overset{\frown}{AB}} f(x,y,z)\mathrm{d}s = \int_{\overset{\frown}{BA}} f(x,y,z)\mathrm{d}s.$$

2° 设 $\int_{\overset{\frown}{AB}} f(x,y,z)\mathrm{d}s$ 和 $\int_{\overset{\frown}{AB}} g(x,y,z)\mathrm{d}s$ 都存在,α,β 为常数,则

$$\int_{\overset{\frown}{AB}} \left[\alpha f(x,y,z) + \beta g(x,y,z) \right]\mathrm{d}s$$

$$= \alpha \int_{\overset{\frown}{AB}} f(x,y,z)\mathrm{d}s + \beta \int_{\overset{\frown}{AB}} g(x,y,z)\mathrm{d}s.$$

3° 设曲线 C 由曲线 C_1,C_2 首尾相连接而成,则

$$\int_C f(x,y,z)\mathrm{d}s = \int_{C_1} f(x,y,z)\mathrm{d}s + \int_{C_2} f(x,y,z)\mathrm{d}s,$$

这里假定右边每一个积分存在(或者左边积分存在).

4° 若 $\int_{\overset{\frown}{AB}} f(x,y,z)\mathrm{d}s$ 存在,则 $\int_{\overset{\frown}{AB}} | f(x,y,z) | \mathrm{d}s$ 也存在,且

$$\left| \int_{\overset{\frown}{AB}} f(x,y,z)\mathrm{d}s \right| \leqslant \int_{\overset{\frown}{AB}} | f(x,y,z) | \mathrm{d}s.$$

5° 若 $\int_{\overset{\frown}{AB}} f(x,y,z)\mathrm{d}s$ 存在,l 为 $\overset{\frown}{AB}$ 的弧长,则存在常数 μ,使得

$$\int_{\overset{\frown}{AB}} f(x,y,z)\mathrm{d}s = \mu \cdot l,$$

这里

$$\inf_{\overset{\frown}{AB}} f(x,y,z) \leqslant \mu \leqslant \sup_{\overset{\frown}{AB}} f(x,y,z).$$

14.1.2　第一型曲线积分的计算方法

第一型曲线积分可化为定积分来计算.

定理 14.1　设 $f(x,y,z)$ 在曲线 $\overset{\frown}{AB}$ 上连续, 曲线 $\overset{\frown}{AB}$ 的方程为

$$\begin{cases} x = x(t), \\ y = y(t), \quad t \in [\alpha,\beta]. \\ z = z(t), \end{cases}$$

并设 $x(t), y(t), z(t)$ 在 $[\alpha,\beta]$ 上有连续导数, $\overset{\frown}{AB}$ 无重点, 则 $\displaystyle\int_{\overset{\frown}{AB}} f(x,y,z)\mathrm{d}s$ 存在, 且

$$\int_{\overset{\frown}{AB}} f(x,y,z)\mathrm{d}s = \int_\alpha^\beta f(x(t),y(t),z(t)) \sqrt{x'^2(t) + y'^2(t) + z'^2(t)}\,\mathrm{d}t.$$

$$(14.2)$$

满足定理 14.1 中条件的曲线通常称它为**光滑的简单曲线**.

证　首先证明 $\displaystyle\int_{\overset{\frown}{AB}} f(x,y,z)\mathrm{d}s$ 存在. 将 $\overset{\frown}{AB}$ 表成弧长 s 为参数的参数方程

$$\begin{cases} x = \widetilde{x}(s), \\ y = \widetilde{y}(s), \quad s \in [0,l]. \\ z = \widetilde{z}(s), \end{cases}$$

这里 $s=0$ 对应于 A 点, $s=l$ 对应于 B 点, 显然 $\widetilde{x}(s), \widetilde{y}(s), \widetilde{z}(s)$ 均是 s 的连续函数. 对应于 $\overset{\frown}{AB}$ 的一个分割, 区间 $[0,l]$ 有一个分割

$$0 = s_0 < s_1 < s_2 < \cdots < s_n = l,$$

任取的点 $M_i \in \widehat{\Delta s_i}$ 对应于 $\overline{s}_i \in [s_{i-1}, s_i]$　$(i = 1,2,\cdots,n)$, 因为 $f(\widetilde{x}(s), \widetilde{y}(s), \widetilde{z}(s))$ 是 $[0,l]$ 上的连续函数, 则极限

$$\lim_{\Delta s \to 0} \sum_{i=1}^{n} f(M_i) \Delta s_i$$

$$= \lim_{\Delta s \to 0} \sum_{i=1}^{n} f(\widetilde{x}(\bar{s}_i), \widetilde{y}(\bar{s}_i), \widetilde{z}(\bar{s}_i)) \Delta s_i$$

$$= \int_0^l f(\widetilde{x}(s), \widetilde{y}(s), \widetilde{z}(s)) \mathrm{d}s \tag{14.3}$$

存在,故 $\int_{\widehat{AB}} f(x,y,z) \mathrm{d}s$ 存在.

现任取 $[\alpha,\beta]$ 的一个分割 $\alpha = t_0 < t_1 < \cdots < t_n = \beta$,相应地 $\widehat{AB}$ 有一个分割,不妨设 $t=\alpha$ 对应于 A 点,$t=\beta$ 对应于 B 点,令 $\Delta t_i = t_i - t_{i-1}(i=1,2,\cdots,n)$,$\Delta t = \max_{1 \leqslant i \leqslant n} \Delta t_i$,因为

$$\Delta s_i = \int_{t_{i-1}}^{t_i} \sqrt{x'^2(t) + y'^2(t) + z'^2(t)} \mathrm{d}t$$

$$= \sqrt{x'^2(\bar{t}_i) + y'^2(\bar{t}_i) + z'^2(\bar{t}_i)} \Delta t_i,$$

点 $M_i = (x(\bar{t}_i), y(\bar{t}_i), z(\bar{t}_i)) \in \widehat{\Delta s_i}$,注意到 $\Delta t \to 0$ 当且仅当 $\Delta s \to 0$ (参见 7.6.3 段),所以有

$$\int_{\alpha}^{\beta} f(x(t), y(t), z(t)) \sqrt{x'^2(t) + y'^2(t) + z'^2(t)} \mathrm{d}t$$

$$= \lim_{\Delta t \to 0} \sum_{i=1}^{n} f(x(\bar{t}_i), y(\bar{t}_i), z(\bar{t}_i))$$

$$\cdot \sqrt{x'^2(\bar{t}_i) + y'^2(\bar{t}_i) + z'^2(\bar{t})} \Delta t_i$$

$$= \lim_{\Delta s \to 0} \sum_{i=1}^{\infty} f(M_i) \Delta s_i$$

$$= \int_{\widehat{AB}} f(x,y,z) \mathrm{d}s.$$

注 1 在定理 14.1 的证明中,我们假定了 $t=\alpha$ 对应于 A 点,$t=\beta$ 对应于 B 点,如果 $t=\alpha$ 对应于 B 点,$t=\beta$ 对应于 A 点,公式 (14.2)仍然成立.这是因为

$$\int_{\widehat{AB}} f(x,y,z) \mathrm{d}s = \int_{\widehat{BA}} f(x,y,z) \mathrm{d}s,$$

因此公式(14.2)中,右边定积分下限 $\alpha \leqslant$ 上限 β.

注 2　如果 $\overset{\frown}{AB}$ 是光滑的平面简单曲线,公式(14.2)有如下一些形式:

若 $\overset{\frown}{AB}$ 的方程为

$$y = y(x), \quad x \in [a,b],$$

则

$$\int_{\overset{\frown}{AB}} f(x,y)\mathrm{d}s = \int_a^b f(x,y(x)) \sqrt{1 + y'^2(x)}\,\mathrm{d}x.$$

若 $\overset{\frown}{AB}$ 的方程为

$$x = x(y), \quad y \in [c,d],$$

则

$$\int_{\overset{\frown}{AB}} f(x,y)\mathrm{d}s = \int_c^d f(x(y),y) \sqrt{1 + x'^2(y)}\,\mathrm{d}y.$$

如果 $\overset{\frown}{AB}$ 的方程为极坐标方程

$$\rho = \rho(\theta), \quad \theta \in [\alpha,\beta],$$

则容易证明

$$\int_{\overset{\frown}{AB}} f(x,y)\mathrm{d}s = \int_\alpha^\beta f(\rho(\theta)\cos\theta, \rho(\theta)\sin\theta) \sqrt{\rho^2(\theta) + \rho'^2(\theta)}\,\mathrm{d}\theta.$$

例 1　设 $\overset{\frown}{AB}$ 为椭圆 $\dfrac{x^2}{25} + \dfrac{y^2}{9} = 1$ 在 x 轴上方的一部分,试计算第一型曲线积分 $\displaystyle\int_{\overset{\frown}{AB}} y\,\mathrm{d}s$.

解　利用椭圆的参数方程

$$\overset{\frown}{AB}: \begin{cases} x = 5\cos t, \\ y = 3\sin t, \end{cases} \quad t \in [0,\pi],$$

则

$$\int_{\overset{\frown}{AB}} y\,\mathrm{d}s = \int_0^\pi 3\sin t \sqrt{25\sin^2 t + 9\cos^2 t}\,\mathrm{d}t$$

$$= \int_0^\pi 3\sin t \sqrt{25 - 16\cos^2 t}\,\mathrm{d}t$$

$$= -\int_1^{-1} 3\sqrt{25 - 16u^2}\,\mathrm{d}u$$

$$= 24\int_0^1 \sqrt{\left(\frac{5}{4}\right)^2 - u^2}\,\mathrm{d}u$$

$$= 24\left[\frac{1}{2}\left(u \cdot \sqrt{\left(\frac{5}{4}\right)^2 - u^2} - \frac{25}{16}\arcsin\frac{4}{5}u\right)\right]\Big|_0^1$$

$$= 9 + \frac{75}{4}\arcsin\frac{4}{5}.$$

例 2 计算 $\displaystyle\int_L xy\mathrm{d}s$,其中 L 为球面 $x^2 + y^2 + z^2 = a^2$ 被平面 $x + y + z = 0$ 所截得的圆周.

解法 1 首先求出空间曲线 L 的参数方程. L 满足

$$\begin{cases} x^2 + y^2 + xy = \dfrac{a^2}{2}, \\ z = -(x + y), \end{cases}$$

作旋转变换消去 xy 项,为此令

$$\begin{cases} x = \dfrac{1}{\sqrt{2}}(\xi - \eta), \\ y = \dfrac{1}{\sqrt{2}}(\xi + \eta), \\ z = \zeta, \end{cases}$$

这样, L 在 $\xi\eta\zeta$ 空间中的方程是

$$\begin{cases} 3\xi^2 + \eta^2 = a^2, \\ \zeta = -\sqrt{2}\xi, \end{cases}$$

从而可得 L 的参数方程为

$$\begin{cases} x = \dfrac{a}{\sqrt{6}}\cos t - \dfrac{a}{\sqrt{2}}\sin t, \\[3mm] y = \dfrac{a}{\sqrt{6}}\cos t + \dfrac{a}{\sqrt{2}}\sin t, \quad (0 \leqslant t \leqslant 2\pi) \\[3mm] z = -\dfrac{2a}{\sqrt{6}}\cos t, \end{cases}$$

$$\mathrm{d}s = \sqrt{x'^2(t) + y'^2(t) + z'^2(t)}\,\mathrm{d}t = a\,\mathrm{d}t,$$

于是

$$\int_L xy\,\mathrm{d}x = \int_0^{2\pi}\left(\frac{a}{\sqrt{6}}\cos t - \frac{a}{\sqrt{2}}\sin t\right)\left(\frac{a}{\sqrt{6}}\cos t + \frac{a}{\sqrt{2}}\sin t\right)a\,\mathrm{d}t$$

$$= \frac{a^3}{6}\int_0^{2\pi}\cos^2 t\,\mathrm{d}t - \frac{a^3}{2}\int_0^{2\pi}\sin^2 t\,\mathrm{d}t = -\frac{\pi}{3}a^3.$$

解法 2　利用对称性,我们还有下面的特殊解法. 因为

$$\int_L xy\,\mathrm{d}s = \int_L yz\,\mathrm{d}s = \int_L zx\,\mathrm{d}s,$$

所以

$$\int_L xy\,\mathrm{d}s = \frac{1}{3}\int_L (xy + yz + zx)\,\mathrm{d}s$$

$$= \frac{1}{6}\int_L \big[(x+y+z)^2 - (x^2+y^2+z^2)\big]\mathrm{d}s$$

$$= -\frac{a^2}{6}\int_L \mathrm{d}s = -\frac{\pi}{3}a^3.$$

例 3　设密度函数为 $\rho(x,y,z)$,$\rho(x,y,z)$ 在 $\overset{\frown}{AB}$ 上连续,试求 $\overset{\frown}{AB}$ 的质量中心坐标.

解　在物理中已经知道有限个质点质量中心的求法. 设质点组 $\{(x_i,y_i,z_i)\}$ 的质量为 $\{m_i\}$($i=1,2,\cdots,n$),则其质量中心坐标是

$$\overline{x} = \frac{\sum\limits_{i=1}^{n} m_i x_i}{\sum\limits_{i=1}^{n} m_i},$$

$$\overline{y} = \frac{\sum\limits_{i=1}^{n} m_i y_i}{\sum\limits_{i=1}^{n} m_i},$$

$$\overline{z} = \frac{\sum\limits_{i=1}^{n} m_i z_i}{\sum\limits_{i=1}^{n} m_i}.$$

我们把 $\overset{\frown}{AB}$ 分成 n 个小弧段 $\Delta s_i (i=1,2,\cdots,n)$，每个小弧段可近似地看作一质点 (x_i, y_i, z_i)，其中点 (x_i, y_i, z_i) 为 $\overset{\frown}{\Delta s_i}$ 中任一点，质点的质量为 $\rho(x_i, y_i, z_i)\Delta s_i$，则质量中心坐标

$$\overline{x} \approx \frac{\sum\limits_{i=1}^{n} x_i \rho(x_i, y_i, z_i)\Delta s_i}{\sum\limits_{i=1}^{n} \rho(x_i, y_i, z_i)\Delta s_i},$$

$$\overline{y} \approx \frac{\sum\limits_{i=1}^{n} y_i \rho(x_i, y_i, z_i)\Delta s_i}{\sum\limits_{i=1}^{n} \rho(x_i, y_i, z_i)\Delta s_i},$$

$$\overline{z} \approx \frac{\sum\limits_{i=1}^{n} z_i \rho(x_i, y_i, z_i)\Delta s_i}{\sum\limits_{i=1}^{n} \rho(x_i, y_i, z_i)\Delta s_i}.$$

让 $\Delta s = \max\limits_{1 \leqslant i \leqslant n} \Delta s_i \to 0$，立即得

$$\overline{x} = \frac{\displaystyle\int_{\widehat{AB}} x\rho(x,y,z)\,\mathrm{d}s}{\displaystyle\int_{\widehat{AB}} \rho(x,y,z)\,\mathrm{d}s},$$

$$\overline{y} = \frac{\displaystyle\int_{\widehat{AB}} y\rho(x,y,z)\,\mathrm{d}s}{\displaystyle\int_{\widehat{AB}} \rho(x,y,z)\,\mathrm{d}s},$$

$$\overline{z} = \frac{\displaystyle\int_{\widehat{AB}} z\rho(x,y,z)\,\mathrm{d}s}{\displaystyle\int_{\widehat{AB}} \rho(x,y,z)\,\mathrm{d}s}.$$

习 题

1. 计算下列第一型曲线积分:

(1) $\displaystyle\int_C (x+y)\,\mathrm{d}s$, 其中 C 是以 $O(0,0)$, $A(1,0)$ 和 $B(0,1)$ 为顶点的三角形;

(2) $\displaystyle\int_C y^2\,\mathrm{d}s$, 其中 C 是摆线 $x=a(t-\sin t)$, $y=a(1-\cos t)$, $t\in[0,2\pi]$;

(3) $\displaystyle\int_C \mathrm{e}^{\sqrt{x^2+y^2}}\,\mathrm{d}s$, 其中 C 为由曲线 $\rho=a$, $\theta=0$, $\theta=\dfrac{\pi}{4}$ 所界的凸围线, 这里 ρ,θ 为极坐标;

(4) $\displaystyle\int_C \sqrt{x^2+y^2}\,\mathrm{d}s$, 其中 C 为圆周 $x^2+y^2=ax$;

(5) $\displaystyle\int_C (x^2+y^2+z^2)\,\mathrm{d}s$, 其中 C 为螺旋线 $x=a\cos t$, $y=a\sin t$, $z=bt$ $(0\leqslant t\leqslant 2\pi)$ 的一段;

(6) $\displaystyle\int_C xyz\,\mathrm{d}s$, 其中 C 是曲线 $x=t$, $y=\dfrac{2}{3}\sqrt{2t^3}$, $z=\dfrac{1}{2}t^2$

$(0 \leqslant t \leqslant 1)$ 的一段；

(7) $\int_C \sqrt{2y^2 + z^2}\,ds$，其中 C 是 $x^2 + y^2 + z^2 = a^2$ 与 $x = y$ 相交的圆周.

2. 求下列空间曲线的弧长：

(1) $x = 3t, y = 3t^2, z = 2t^3$ 从 $(0,0,0)$ 到点 $(3,3,2)$；

(2) $y = a \cdot \arcsin \dfrac{x}{a}, z = \dfrac{a}{4} \ln \dfrac{a-x}{a+x}$，从 $(0,0,0)$ 到点 (x_0, y_0, z_0)，其中 $|x_0| < a$.

3. 求摆线 $x = a(t - \sin t), y = a(1 - \cos t)(0 \leqslant t \leqslant \pi)$ 的重心，设其质量分布是均匀的.

14.2　第二型曲线积分

14.2.1　第二型曲线积分概念及其性质

在物理学中还会碰到另一种类型的曲线积分问题. 例如一质点受力 $\boldsymbol{F}(x,y)$ 的作用沿平面曲线 $\overset{\frown}{AB}$ 从 A 运动到 B，求 $\boldsymbol{F}$ 所做的功(图 14-1).

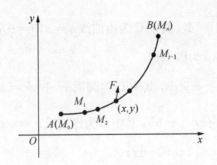

图 14-1

我们把曲线 $\overset{\frown}{AB}$ 从 A 到 B 分成 n 小段,分点为 $A = M_0 , M_1 ,$ $M_2 , \cdots , M_n = B$,在其中一小段 $\overset{\frown}{M_{i-1} M_i}$ 上,力 $\boldsymbol{F}$ 的大小和方向可看作不变,近似地等于 $\boldsymbol{F}(\overline{M}_i)$,点 $\overline{M}_i \in \overset{\frown}{M_{i-1} M_i}$,$\overline{M}_i$ 的坐标为 $(\overline{x}_i ,$ $\overline{y}_i)$,并且质点可视为沿有向线段 $\overrightarrow{M_{i-1} M_i}$ 运动,则力 $\boldsymbol{F}$ 在小弧段 $\overset{\frown}{M_{i-1} M_i}$ 上所做的功

$$\Delta W_i \approx \boldsymbol{F}(\overline{M}_i) \cdot \overrightarrow{M_{i-1} M_i}.$$

设 $\boldsymbol{F}(x , y) = P(x , y)\boldsymbol{i} + Q(x , y)\boldsymbol{j}$,记 $\Delta x_i = x_i - x_{i-1} , \Delta y_i = y_i - y_{i-1}$,则 $\overrightarrow{M_{i-1} M_i} = \Delta x_i \boldsymbol{i} + \Delta y_i \boldsymbol{j}$,于是

$$\Delta W_i \approx P(\overline{x}_i , \overline{y}_i)\Delta x_i + Q(\overline{x}_i , \overline{y}_i)\Delta y_i ,$$

$$W \approx \sum_{i=1}^{n} \left[P(\overline{x}_i , \overline{y}_i)\Delta x_i + Q(\overline{x}_i , \overline{y}_i)\Delta y_i \right],$$

故

$$W = \lim_{\Delta s \to 0} \sum_{i=1}^{n} \left[P(\overline{x}_i , \overline{y}_i)\Delta x_i + Q(\overline{x}_i , \overline{y}_i)\Delta y_i \right], \quad (14.4)$$

其中 $\Delta s = \max\limits_{1 \leqslant i \leqslant n} \Delta s_i , \Delta x_i , \Delta y_i$ 分别为 $\overrightarrow{M_{i-1} M_i}$ 在 x 轴、y 轴上的投影(可正可负),我们称形如(14.4)的和式极限为 $\boldsymbol{F}$ 沿曲线 $\overset{\frown}{AB}$ 对坐标的积分,即第二型曲线积分,记作

$$W = \int_{\overset{\frown}{AB}} P \mathrm{d}x + Q \mathrm{d}y$$

或者

$$W = \int_{\overset{\frown}{AB}} \boldsymbol{F} \cdot \mathrm{d}\boldsymbol{s},$$

这里记号 $\mathrm{d}\boldsymbol{s} = \mathrm{d}x \boldsymbol{i} + \mathrm{d}y \boldsymbol{j}$.

定义(第二型曲线积分)　设 $\boldsymbol{A}(x , y , z) = P(x , y , z)\boldsymbol{i} + Q(x , y , z)\boldsymbol{j} + R(x , y , z)\boldsymbol{k}$ 是定义在连续的空间曲线 $\overset{\frown}{AB}$ 上的有界向量值函数,规定曲线方向为从 A 到 B,从 A 到 B 对 $\overset{\frown}{AB}$ 作分割,把它分成 n 个小弧段 $\overset{\frown}{M_{i-1} M_i}(i = 1 , 2 , \cdots , n)$,记各段弧长为 Δs_i,$\Delta s =$

$\max\limits_{1\leqslant i\leqslant n}\Delta s_i$，任取一点$\overline{M}_i\in\widehat{M_{i-1}M_i}$，若极限

$$\lim_{\Delta s\to 0}\sum_{i=1}^{n}\left[P(\overline{M}_i)\Delta x_i+Q(\overline{M}_i)\Delta y_i+R(\overline{M}_i)\Delta z_i\right] \qquad (14.5)$$

存在有限，且与$\widehat{AB}$的分法及$\overline{M}_i$的取法无关，则称此极限为$\boldsymbol{A}(x,y,z)$在$\widehat{AB}$上的第二型曲线积分，并记作

$$\int_{\widehat{AB}}\boldsymbol{A}\cdot\mathrm{d}\boldsymbol{s}=\int_{\widehat{AB}}P\mathrm{d}x+Q\mathrm{d}y+R\mathrm{d}z, \qquad (14.6)$$

这里$\Delta x_i,\Delta y_i,\Delta z_i$分别表示$\overrightarrow{M_{i-1}M_i}$在$x$轴、$y$轴和$z$轴上的投影，记号$\mathrm{d}\boldsymbol{s}=\mathrm{d}x\boldsymbol{i}+\mathrm{d}y\boldsymbol{j}+\mathrm{d}z\boldsymbol{k}$；(14.5)式表示三个极限均存在，从而(14.6)代表三个积分，即

$$\int_{\widehat{AB}}P(x,y,z)\mathrm{d}x=\lim_{\Delta s\to 0}\sum_{i=1}^{n}P(M_i)\Delta x_i,$$

$$\int_{\widehat{AB}}Q(x,y,z)\mathrm{d}y=\lim_{\Delta s\to 0}\sum_{i=1}^{n}Q(\overline{M}_i)\Delta y_i,$$

$$\int_{\widehat{AB}}R(x,y,z)\mathrm{d}z=\lim_{\Delta s\to 0}\sum_{i=1}^{n}R(\overline{M}_i)\Delta z_i.$$

由第二型曲线积分的定义，立即得下述简单性质：

1° $$\int_{\widehat{AB}}\boldsymbol{A}\cdot\mathrm{d}\boldsymbol{s}=-\int_{\widehat{BA}}\boldsymbol{A}\cdot\mathrm{d}\boldsymbol{s}.$$

这是因为投影$\Delta x_i,\Delta y_i,\Delta z_i$取决于弧段$\widehat{AB}$的方向，若方向改为从$B$到$A$，则$\overrightarrow{M_{i-1}M_i}$的方向就改为反向，投影$\Delta x_i,\Delta y_i,\Delta z_i$均要改变一个符号.

2° 若$\int_{\widehat{AB}}\boldsymbol{A}_1\cdot\mathrm{d}\boldsymbol{s}$和$\int_{\widehat{AB}}\boldsymbol{A}_2\cdot\mathrm{d}\boldsymbol{s}$均存在，$\alpha,\beta$为常数，则

$$\int_{\widehat{AB}}(\alpha\boldsymbol{A}_1+\beta\boldsymbol{A}_2)\cdot\mathrm{d}\boldsymbol{s}=\alpha\int_{\widehat{AB}}\boldsymbol{A}_1\cdot\mathrm{d}\boldsymbol{s}+\beta\int_{\widehat{AB}}\boldsymbol{A}_2\cdot\mathrm{d}\boldsymbol{s}.$$

3° 若$\widehat{AB}$由曲线C_1和C_2首尾相连接而组成，且C_1,C_2的方向与$\widehat{AB}$方向一致，则

$$\int_{\widehat{AB}} \boldsymbol{A} \cdot \mathrm{d}\boldsymbol{s} = \int_{C_1} \boldsymbol{A} \cdot \mathrm{d}\boldsymbol{s} + \int_{C_2} \boldsymbol{A} \cdot \mathrm{d}\boldsymbol{s},$$

这里假定右边第一个积分存在.

14.2.2　第二型曲线积分的计算方法

与第一型曲线积分一样,第二型曲线积分也可把它化为定积分来计算.

定理 14.2　设 $P(x,y,z)$ 在 $\widehat{AB}$ 上连续,曲线 $\widehat{AB}$ 是由参数方程

$$\begin{cases} x = x(t), \\ y = y(t), \quad t \in [\alpha,\beta] \\ z = z(t), \end{cases}$$

确定的光滑的简单曲线,$\widehat{AB}$ 的方向对应 t 增加的方向,则第二型曲线积分 $\int_{\widehat{AB}} P(x,y,z)\mathrm{d}x$ 存在,且

$$\int_{\widehat{AB}} P(x,y,z)\mathrm{d}x = \int_{\alpha}^{\beta} P(x(t),y(t),z(t))x'(t)\mathrm{d}t. \quad (14.7)$$

证　作 $\widehat{AB}$ 的一个分割,分点依次为 $A=A_0,A_1,\cdots,A_n=B$,则相应于 $[\alpha,\beta]$ 有一组分点 $\alpha = t_0 < t_1 < \cdots < t_n = \beta$,记 $\Delta t_i = t_i - t_{i-1}$,$\Delta t = \max_{1 \leqslant i \leqslant n} \Delta t_i$,任取点 $M_i \in \widehat{A_{i-1}A_i}$,$M_i$ 所对应的参数 $\tau_i \in [t_{i-1},t_i]$. 令

$$\sigma = \sum_{i=1}^{n} P(M_i)\Delta x_i,$$

有

$$\sigma = \sum_{i=1}^{n} P(x(\tau_i),y(\tau_i),z(\tau_i)) \int_{t_{i-1}}^{t_i} x'(t)\mathrm{d}t.$$

又令

$$I = \int_{\alpha}^{\beta} P(x(t),y(t),z(t))x'(t)\mathrm{d}t,$$

有

$$I = \sum_{i=1}^{n} \int_{t_{i-1}}^{t_i} P(x(t), y(t), z(t)) x'(t) \mathrm{d}t,$$

则

$$\sigma - I = \sum_{i=1}^{n} \int_{t_{i-1}}^{t_i} \big[P(x(\tau_i), y(\tau_i), z(\tau_i)) $$
$$- P(x(t), y(t), z(t)) \big] x'(t) \mathrm{d}t.$$

任给 $\varepsilon > 0$,因为 $P(x(t), y(t), z(t))$ 在 $[\alpha, \beta]$ 上一致连续,必存在 $\delta > 0$,使得当 $\Delta t < \delta$ 时,对一切 $t \in [t_{i-1}, t_i]$,有

$$| P(x(\tau_i), y(\tau_i), z(\tau_i)) - P(x(t), y(t), z(t)) | < \varepsilon.$$

又因为 $x'(t)$ 在 $[\alpha, \beta]$ 上连续,必有界,设 $|x'(t)| \leqslant L$,则当 $\Delta t < \delta$ 时,有

$$| \sigma - I | < \varepsilon L \cdot (\beta - \alpha),$$

所以

$$\lim_{\Delta t \to 0} \sigma = I.$$

但对光滑的简单曲线我们可以证明 $\Delta t \to 0$ 当且仅当 $\Delta s \to 0$,故

$$\int_{\widehat{AB}} P(x, y, z) \mathrm{d}x = \lim_{\Delta s \to 0} \sigma = \lim_{\Delta t \to 0} \sigma$$
$$= \int_{\alpha}^{\beta} P(x(t), y(t), z(t)) x'(t) \mathrm{d}t.$$

若 $Q(x, y, z), R(x, y, z)$ 在 $\widehat{AB}$ 上也连续,则同样可证

$$\int_{\widehat{AB}} Q(x, y, z) \mathrm{d}y = \int_{\alpha}^{\beta} Q(x(t), y(t), z(t)) y'(t) \mathrm{d}t,$$

$$\int_{\widehat{AB}} R(x, y, z) \mathrm{d}z = \int_{\alpha}^{\beta} R(x(t), y(t), z(t)) z'(t) \mathrm{d}t.$$

注 1 定理 14.2 中我们假定了 $\widehat{AB}$ 的方向就是参数 t 增加的方向,若 $\widehat{AB}$ 的方向对应于 t 减小的方向,即 A 点对应于 $t = \beta$,B 点对应于 $t = \alpha$,则

$$\int_{\widehat{AB}} P(x, y, z) \mathrm{d}x = - \int_{\widehat{BA}} P(x, y, z) \mathrm{d}x$$

$$= -\int_\alpha^\beta P(x(t),y(t),z(t))x'(t)\mathrm{d}t$$

$$= \int_\beta^\alpha P(x(t),y(t),z(t))x'(t)\mathrm{d}t.$$

因此,公式(14.7)中右边定积分的下限不一定小于上限,而应该是起点 A 所对应的参数值为下限,终点 B 所对应的参数值为上限.

公式(14.7)也相当于作了一个定积分的变量代换,这个代换是由曲线方程给定的. 显然,如果 $\widehat{AB}$ 是平面曲线,方程为 $y = y(x), x \in [a,b]$,且 a 对应于起点 A,b 对应于终点 B,则

$$\int_{\widehat{AB}} P\mathrm{d}x + Q\mathrm{d}y = \int_a^b P(x,y(x))\mathrm{d}x + \int_a^b Q(x,y(x))y'(x)\mathrm{d}x.$$

注 2　如果曲线 C 为平面上的封闭曲线,则 C 的正向规定为:当人沿着平面曲线 C 作环行时,使 C 所围的区域 D 始终在他的左边,如图 14 - 2 所示,则环行的方向就是 C 的正向.

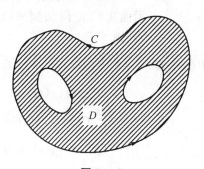

图 14 - 2

沿封闭曲线 C 正向的第二型曲线积分通常记作

$$\oint_C P\mathrm{d}x + Q\mathrm{d}y. \tag{14.8}$$

对于沿封闭曲线 C 的第二型曲线积分(14.8)的计算,可在 C

上任取一点作为起点(同时作为终点),然后应用公式(14.7),即

$$\oint_C P\,\mathrm{d}x + Q\,\mathrm{d}y = \int_\alpha^\beta P(x(t),y(t))x'(t)\mathrm{d}t +$$

$$\int_\alpha^\beta Q(x(t),y(t))y'(t)\mathrm{d}t,$$

其中 t 从下限 α(起点对应的参数值)变到上限 β(终点对应的参数值)正好对应于 C 的正向.

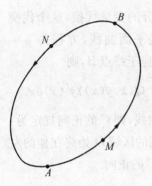

事实上,如图 14-3 所示,

$$\int_{\widehat{AMBNA}} P\,\mathrm{d}x + Q\,\mathrm{d}y$$

$$= \int_{\widehat{AMB}} P\,\mathrm{d}x + Q\,\mathrm{d}y$$

$$+ \int_{\widehat{BNA}} P\,\mathrm{d}x + Q\,\mathrm{d}y$$

$$= \int_{\widehat{BNAMB}} P\,\mathrm{d}x + Q\,\mathrm{d}y.$$

图 14-3

设 t 从 α 变到 β 时,曲线上的点由 A 沿曲线 C 正向回到 A,$t = t_0$ 对应于 B 点,则

$$\oint_C P\,\mathrm{d}x + Q\,\mathrm{d}y = \int_\alpha^{t_0} P(x(t),y(t))x'(t)\mathrm{d}t$$

$$+ Q(x(t),y(t))y'(t)\mathrm{d}t$$

$$+ \int_{t_0}^\beta P(x(t),y(t))x'(t)\mathrm{d}t$$

$$+ Q(x(t),y(t))y'(t)\mathrm{d}t$$

$$= \int_\alpha^\beta P(x(t),y(t))x'(t)\mathrm{d}t$$

$$+ Q(x(t),y(t))y'(t)\mathrm{d}t.$$

例1 求曲线积分 $I = \int_L (x+y)\mathrm{d}x + (x-y)\mathrm{d}y$,其中积分路径 L 是(i) 圆弧 $\widehat{AB}$;(ii) 折线 AOB (见图 14-4).

解 （i）因为圆弧$\overset{\frown}{AB}$的参数方程为

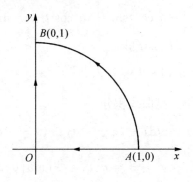

图 14 - 4

$$\begin{cases} x = \cos t, \\ y = \sin t, \end{cases} \quad t \in \left[0, \frac{\pi}{2}\right],$$

则

$$I = \int_0^{\frac{\pi}{2}} \left[(\cos t + \sin t)(-\sin t) + (\cos t - \sin t)\cos t\right]\mathrm{d}t$$

$$= \int_0^{\frac{\pi}{2}} (\cos 2t - \sin 2t)\mathrm{d}t = -1.$$

（ii）AO 的方程为 $y=0$，在 AO 上 $\mathrm{d}y=0$，OB 的方程为 $x=0$，在 OB 上 $\mathrm{d}x=0$，故

$$I = \int_{AO} (x+y)\mathrm{d}x + \int_{OB} (x-y)\mathrm{d}y$$

$$= \int_1^0 x\mathrm{d}x + \int_0^1 -y\mathrm{d}y = -1.$$

例 2　计算第二型曲线积分

$$I = \int_L xy\mathrm{d}x + (x-y)\mathrm{d}y + x^2\mathrm{d}z,$$

其中 L 是螺旋线上一段：$x = a\cos t, y = a\sin t, z = bt, 0 \leqslant t \leqslant \pi$，方向对应于 t 从 0 变到 π.

解 由公式(14.7)

$$I = \int_0^\pi \left[-a^3 \cos t \sin^2 t + a^2 \cos^2 t - a^2 \sin t \cos t \right.$$
$$\left. + a^2 b \cos^2 t \right] dt$$
$$= \frac{1}{2} a^2 (1+b) \pi.$$

例3 计算第二型曲线积分

$$\int_C (y-z) dx + (z-x) dy + (x-y) dz,$$

其中 C 为圆周 $x^2 + y^2 + z^2 = a^2$，$y = x \tan\alpha \left(0 < \alpha < \frac{\pi}{2} \right)$，若从 x 轴的正向看去，这圆周是沿逆时针方向进行的（见图 14-5）.

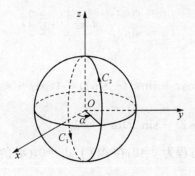

图 14-5

解 把积分路径按 z 取负值和正值分为下半圆周 C_1 及上半圆周 C_2，它们的方程分别为

$$C_1 : \begin{cases} y = x \tan\alpha, \\ z = -\sqrt{a^2 - x^2 \sec^2\alpha} \end{cases} \quad (x^2 \leqslant a^2 \cos^2\alpha),$$

$$C_2 : \begin{cases} y = x \tan\alpha, \\ z = \sqrt{a^2 - x^2 \sec^2\alpha} \end{cases} \quad (x^2 \leqslant a^2 \cos^2\alpha).$$

由图 14-5 可知，x 从 $-a\cos\alpha$ 增加到 $a\cos\alpha$ 描出了 C_1 的正向，

x 从 $a\cos\alpha$ 变化到 $-a\cos\alpha$ 描出了 C_2 的正向.

如果记 C_2^- 为曲线 C_2 而取相反的方向,则

$$C = C_1 + C_2,$$

$$\int_C (y-z)\mathrm{d}x + (z-x)\mathrm{d}y + (x-y)\mathrm{d}z$$

$$= \int_{C_1} (y-z)\mathrm{d}x - \int_{C_2^-} (y-z)\mathrm{d}x$$

$$+ \int_{C_1} (z-x)\mathrm{d}y - \int_{C_2^-} (z-x)\mathrm{d}y$$

$$+ \int_{C_1} (x-y)\mathrm{d}z - \int_{C_2^-} (x-y)\mathrm{d}z.$$

而

$$\int_{C_1} (y-z)\mathrm{d}x - \int_{C_2^-} (y-z)\mathrm{d}x$$

$$= 2\int_{-a\cos\alpha}^{a\cos\alpha} \sqrt{a^2 - x^2\sec^2\alpha}\,\mathrm{d}x, \qquad (14.9)$$

$$\int_{C_1} (z-x)\mathrm{d}y - \int_{C_2^-} (z-x)\mathrm{d}y$$

$$= -2\tan\alpha\int_{-a\cos\alpha}^{a\cos\alpha} \sqrt{a^2 - x^2\sec^2\alpha}\,\mathrm{d}x, \quad (14.10)$$

$$\int_{C_1} (x-y)\mathrm{d}z - \int_{C_2^-} (x-y)\mathrm{d}z$$

$$= -2(1-\tan\alpha)\int_{-a\cos\alpha}^{a\cos\alpha} x \cdot \frac{-x\sec^2\alpha}{\sqrt{a^2 - x^2\sec^2\alpha}}\,\mathrm{d}x$$

$$= 2(1-\tan\alpha)\int_{-a\cos\alpha}^{a\cos\alpha} \frac{x^2\sec^2\alpha}{\sqrt{a^2 - x^2\sec^2\alpha}}\,\mathrm{d}x. \qquad (14.11)$$

$(14.9),(14.10),(14.11)$ 三式相加,得

$$\int_C (y-z)\mathrm{d}x + (z-x)\mathrm{d}y + (x-y)\mathrm{d}z$$

$$= 2(1-\tan\alpha)\int_{-a\cos\alpha}^{a\cos\alpha} \Big[\sqrt{a^2 - x^2\sec^2\alpha}$$

$$+ \frac{x^2 \sec^2\alpha}{\sqrt{a^2 - x^2\sec^2\alpha}} \Bigg] \mathrm{d}x$$

$$= 2(1 - \tan\alpha)a^2 \int_{-a\cos\alpha}^{a\cos\alpha} \frac{\mathrm{d}x}{\sqrt{a^2 - x^2\sec^2\alpha}}$$

$$= 4(1 - \tan\alpha)a^2 \int_{0}^{a\cos\alpha} \frac{\mathrm{d}x}{\sqrt{a^2 - x^2\sec^2\alpha}}$$

$$= \frac{4(1 - \tan\alpha)a^2}{\sec\alpha} \int_{0}^{a} \frac{\mathrm{d}u}{\sqrt{a^2 - u^2}} = \frac{2\pi a^2(1 - \tan\alpha)}{\sec\alpha}$$

$$= 2\pi a^2(\cos\alpha - \sin\alpha) = 2\sqrt{2}\pi a^2 \sin\left(\frac{\pi}{4} - \alpha\right).$$

14.2.3　两类曲线积分的关系

第一型曲线积分与第二型曲线积分来自不同的物理原型,它们有着不同的特性,但在一定条件下(规定曲线切线的正向),我们可以建立它们之间的联系.

设 $\overset{\frown}{AB}$ 为光滑的简单曲线,取弧长 s 为参数,则 $\overset{\frown}{AB}$ 的方程为

$$\begin{cases} x = x(s), \\ y = y(s), \quad 0 \leqslant s \leqslant l, \\ z = z(s), \end{cases}$$

其中 l 为 $\overset{\frown}{AB}$ 的长度,$x(s), y(s), z(s)$ 在 $[0, l]$ 上有一阶连续导数,用 α, β, γ 表示曲线上任一点切线的方向角(切线的指向规定为弧长增加的方向),则

$$x'(s) = \cos\alpha, \quad y'(s) = \cos\beta, \quad z'(s) = \cos\gamma.$$

(见 9.6.3 段)

若 P, Q, R 为 $\overset{\frown}{AB}$ 上的连续函数,则由(14.7)式可得

$$\int_{\overset{\frown}{AB}} P\mathrm{d}x + Q\mathrm{d}y + R\mathrm{d}z = \int_{0}^{l} P(x(s), y(s), z(s))\cos\alpha \mathrm{d}s$$

$$+ \int_{0}^{l} Q(x(s), y(s), z(s))\cos\beta \mathrm{d}s + R(x(s), y(s), z(s))\cos\gamma \mathrm{d}s$$

$$= \int_{\widehat{AB}} [P(x,y,z)\cos\alpha + Q(x,y,z)\cos\beta + R(x,y,z)\cos\gamma]\mathrm{d}s.$$

$$(14.12)$$

最后一个等式是根据定积分和第一型曲线积分的定义得到的. (14.12)式就是第一型和第二型曲线积分联系的公式,由于当$\widehat{AB}$方向改变时,$\cos\alpha,\cos\beta,\cos\gamma$均改号,故(14.12)式右边仍与方向有关.

习　题

1. 计算第二型曲线积分:

(1) $\int_C (x^2+y^2)\mathrm{d}x + (x^2-y^2)\mathrm{d}y$,其中$C$为曲线$y=1-|1-x|$,从点$(0,0)$到点$(2,0)$的一段;

(2) $\oint_C (x+y)\mathrm{d}x + (x-y)\mathrm{d}y$,其中$C$为依反时针方向通过的椭圆$\dfrac{x^2}{a^2} + \dfrac{y^2}{b^2} = 1$;

(3) $\oint_C \dfrac{(x+y)\mathrm{d}x - (x-y)\mathrm{d}y}{x^2+y^2}$,其中$C$为圆周$x^2+y^2=a^2$,依逆时针方向;

(4) $\int_C x\mathrm{d}x + y\mathrm{d}y + z\mathrm{d}z$,其中$C$是从$(1,1,1)$到$(2,3,4)$的直线段.

2. 设$P(x,y),Q(x,y)$在$\widehat{AB}$上连续,试证明曲线积分的估计式

$$\left| \int_{\widehat{AB}} P\mathrm{d}x + Q\mathrm{d}y \right| \leqslant L \cdot M,$$

其中L为$\widehat{AB}$的弧长,$M = \max\limits_{(x,y)\in \widehat{AB}} \sqrt{P^2+Q^2}$.

3. 利用上题不等式估计积分

$$I_R = \oint_{x^2+y^2=R^2} \frac{y\mathrm{d}x - x\mathrm{d}y}{(x^2 + xy + y^2)^2},$$

并证明 $\lim\limits_{R \to +\infty} I_R = 0$.

4. 计算曲线积分

$$\int_C (y^2 - z^2)\mathrm{d}x + (z^2 - x^2)\mathrm{d}y + (x^2 - y^2)\mathrm{d}z,$$

其中 C 为球面三角形 $x^2 + y^2 + z^2 = 1, x \geqslant 0, y \geqslant 0, z \geqslant 0$ 的边界,方向为从点 $(1,0,0)$ 经点 $(0,1,0),(0,0,1)$ 再回到点 $(1,0,0)$.

5. 设质点受力作用,力的反方向指向原点,大小与质点离原点的距离成正比,若质点由 $(a,0)$ 沿椭圆 $\dfrac{x^2}{a^2} + \dfrac{y^2}{b^2} = 1$ 移动到 $(0,b)$,求力所做的功.

6. 设一质点受力作用,力的方向指向原点,大小与质点到 xy 平面的距离成反比,若质点沿直线 $x = at, y = bt, z = ct (c > 0)$ 从点 (a,b,c) 到点 $(2a,2b,2c)$,求力所做的功.

第 14 章总习题

1. 计算下列曲线积分:

(1) $I = \displaystyle\int_C x \left(\dfrac{1-y^2}{y^2+z^2} \right)^{\frac{1}{2}} \mathrm{d}x$,

其中 C 为平面 $x = y$ 和椭圆柱面 $2y^2 + z^2 = 1$ 的交线在第一卦限中从点 $(0,0,1)$ 到 $\left(\dfrac{\sqrt{2}}{2}, \dfrac{\sqrt{2}}{2}, 0 \right)$ 的一段;

(2) $I = \displaystyle\int_C (y - z)\mathrm{d}x + (z - x)\mathrm{d}y + (x - y)\mathrm{d}z$,

其中 C 是柱面 $x^2 + y^2 = a^2$ 和平面 $\dfrac{x}{a} + \dfrac{z}{b} = 1 \quad (a > 0, b > 0)$

的交线,其方向如图 14 - 6 所示:

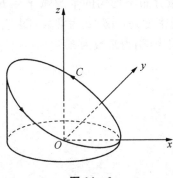

图 14 - 6

(3) $I = \int_C \dfrac{z}{y} \mathrm{d}x + (x^2 + y^2 + z^2) \mathrm{d}z$,

其中 C 为 $x^2 + y^2 = 1$ 和 $z = 2x + 4$ 在第一卦限中的交线从点 $(0, 1, 4)$ 到 $(1, 0, 6)$ 一段.

2. 设 $f(x,y)$ 定义在平面曲线弧段 $\overset{\frown}{AB}$ 上非负连续,且 $(x, y) \in \overset{\frown}{AB}$ 时,$f(x,y)$ 不恒等于 0.

(1) 试证明 $\displaystyle\int_{\overset{\frown}{AB}} f(x,y) \mathrm{d}s > 0$;

(2) 试问在相同条件下,第二型曲线积分

$$\int_{\overset{\frown}{AB}} f(x,y) \mathrm{d}x > 0$$

是否成立? 为什么?

3. 设 $f(x,y,z)$ 定义在空间曲线 $\overset{\frown}{AB}$ 上,若 $\displaystyle\int_{\overset{\frown}{AB}} f(x,y,z) \mathrm{d}s$ 存在有限,且

$$\int_{\overset{\frown}{AB}} f(x,y,z) \mathrm{d}s > 0,$$

试证明在 $\overset{\frown}{AB}$ 上必存在一小弧段 $\overset{\frown}{PQ}$,使 $(x,y,z) \in \overset{\frown}{PQ}$ 时,有

$$f(x,y,z) > 0.$$

4. 设有一质量分布不均匀的半圆弧 $x = R\cos\theta, y = R\sin\theta$ $(0 \leqslant \theta \leqslant \pi)$，其线密度 $\rho = a\theta$ (a 为常数)，求它对原点$(0,0)$处质量为 m 的质点的引力(引力常数为 k).

第15章 重 积 分

上一章中我们已经将积分域为区间的一元函数定积分推广到了积分区域为平面曲线或空间曲线的多元函数曲线积分. 对多元函数来说, 积分区域还可以是平面区域或空间区域(空间曲面), 相应地在平面区域和空间区域上的多元函数积分就是本章所要讨论的二重积分和三重积分. 积分区域为空间曲面的多元函数积分将在第 16 章中介绍.

15.1 二重积分的定义和性质

15.1.1 二重积分的概念

我们先讲两个具体问题.

例 1 曲顶柱体体积: 设立体 Ω 的顶面为曲面 $z=f(x,y)$, 侧面为母线平行于 z 轴的柱面, 底面为 xy 平面上的有界闭区域 D, 这样的立体 Ω 称作曲顶柱体(图 15-1), 试求这个曲顶柱体的体积 V.

我们用曲线网把 Ω 的底面区域 D 分割成 n 个小块 $D_1, D_2, \cdots,$ D_n, 然后以每个 D_i 的边界作母线平行于 z 轴的柱面, 这样就把 Ω 分割成 n 个小曲顶柱体 $\Omega_1, \Omega_2, \cdots, \Omega_n$. 用 ΔV_i 表示 Ω_i 的体积, $\Delta \sigma_i$ 表示 D_i 的面积 $(i=1,2,\cdots,n)$.

因为平顶柱体的体积等于底面积乘高, 因此

$$\Delta V_i \approx f(\xi_i, \eta_i) \Delta \sigma_i,$$

其中 (ξ_i, η_i) 为 D_i 中任一点.

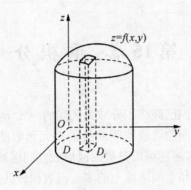

图 15-1

$$V \approx \sum_{i=1}^{n} f(\xi_i, \eta_i)\Delta\sigma_i,$$

用 d_i 表示 D_i 的直径（$d_i = \sup\limits_{A,B \in D_i} \mathrm{dist}(A,B)$），$d = \max\limits_{1 \leqslant i \leqslant n} d_i$，则显然有

$$V = \lim_{d \to 0} \sum_{i=1}^{n} f(\xi_i, \eta_i)\Delta\sigma_i. \tag{15.1}$$

例 2 非均匀薄片的质量，设薄片 D 上各点的密度为 $f(x, y)$，用类似的办法可得 D 的质量

$$M = \lim_{d \to 0} \sum_{i=1}^{n} f(\xi_i, \eta_i)\Delta\sigma_i. \tag{15.2}$$

在物理学和工程技术中还会碰到许多归结为求形如（15.1）这种和式极限的问题，我们称和式极限（15.1）为 $f(x, y)$ 在 D 上的二重积分，记为

$$\iint\limits_{D} f(x, y)\mathrm{d}\sigma,$$

或者

$$\iint\limits_{D} f(x, y)\mathrm{d}x\mathrm{d}y.$$

第 15 章　重积分

定义（二重积分）　设 $f(x,y)$ 是定义在平面有界闭区域 D 上的函数,对 D 作分割,即把 D 分成 n 个小区域 $D_1,D_2,\cdots,D_n$. D_i 的面积记为 $\Delta\sigma_i(i=1,\cdots,n)$, d 为诸 D_i 的最大直径,任取一点 $(\xi_i,\eta_i)\in D_i$,作积分和

$$\sigma = \sum_{i=1}^{n} f(\xi_i,\eta_i)\Delta\sigma_i. \tag{15.3}$$

若对 D 的任意的分割和任取的点 $(\xi_i,\eta_i)\in D_i$,当 $d\to0$ 时,σ 均收敛于有限数 I,则称极限 $\lim\limits_{d\to0}\sigma=I$ 为 $f(x,y)$ 在 D 上的**二重积分**,记作

$$\iint\limits_{D} f(x,y)\mathrm{d}\sigma = \lim_{d\to0}\sum_{i=1}^{n} f(\xi_i,\eta_i)\Delta\sigma_i,$$

或者

$$\iint\limits_{D} f(x,y)\mathrm{d}x\mathrm{d}y.$$

$f(x,y)$ 称作 D 上的**可积函数**.

由定义,容易证明:若 $f(x,y)$ 在 D 上可积,则 $f(x,y)$ 在 D 上必有界;当 $f(x,y)\geqslant0$ 时,$\iint\limits_{D} f(x,y)\mathrm{d}x\mathrm{d}y$ 在几何上就表示曲顶柱体体积;当 $f(x,y)\equiv1$ 时,则 $\iint\limits_{D} f(x,y)\mathrm{d}x\mathrm{d}y$ 等于 D 的面积.

很自然,我们要解决以下两个问题:第一,什么条件下二重积分存在;第二,如何计算二重积分.本节先讨论第一个问题,第二个问题将在 15.2 中详细讨论.

15.1.2　二重积分存在的条件

类似于定积分,对区域 D 的任一分割 π,我们令

$$S(\pi) = \sum_{i=1}^{n} M_i\Delta\sigma_i,$$

$$s(\pi) = \sum_{i=1}^{n} m_i \Delta \sigma_i,$$

其中 M_i 和 m_i 分别为 $f(x,y)$ 在 D_i 的上确界、下确界,称 $S(\pi)$ 和 $s(\pi)$ 是函数 $f(x,y)$ 对应于分割 π 的上和、下和. 与一元有界函数相仿, $S(\pi), s(\pi)$ 显然有下列性质:

$1°$ 对每个分割 π,由 (15.3) 式给出的积分和 σ, 满足

$$s(\pi) \leqslant \sigma \leqslant S(\pi).$$

$2°$ 在增加新的分割线将区域 D 作进一步细分时, $S(\pi)$ 不增而 $s(\pi)$ 不减.

$3°$ 设 π_1, π_2 是区域 D 的任意两个分割,则

$$m \cdot \mu(D) \leqslant s(\pi_1) \leqslant S(\pi_2) \leqslant M \cdot \mu(D),$$

其中 $M = \sup\{f(x,y) \mid (x,y) \in D\}, m = \inf\{f(x,y) : (x,y) \in D\}$, $\mu(D)$ 代表区域 D 的面积.

我们记 $I_* = \sup\{s(\pi)\}, I^* = \inf\{S(\pi)\}$,此处上、下确界是对所有可能的分割取的,并分别称 I_*、I^* 为 $f(x,y)$ 在区域 D 上的下积分和上积分,由大和、小和的性质 $3°$ 知有界函数 $f(x,y)$ 的下积分和上积分必存在有限,且有

$4°$ $s(\pi) \leqslant I_* \leqslant I^* \leqslant S(\pi)$.

定理 15.1 设 $f(x,y)$ 为有界闭区域 D 上的有界函数,则下列条件是等价的:

(i) $f(x,y)$ 在 D 上可积;

(ii) $\lim\limits_{d \to 0} S(\pi) = \lim\limits_{d \to 0} s(\pi)$ 存在有限;

(iii) $\lim\limits_{d \to 0} (S(\pi) - s(\pi)) = 0$;

(iv) $\lim\limits_{d \to 0} \sum\limits_{i=1}^{n} \omega_i \Delta \sigma_i = 0$.

其中 ω_i 表示 $f(x,y)$ 在 D_i 上的振幅, $\omega_i = M_i - m_i$.

证 (iii)与(iv)等价是显然的,下面我们按照(i)$\Rightarrow$(ii)$\Rightarrow$(iii)$\Rightarrow$(i)来证明定理. 设 $f(x,y)$ 在 D 上可积,于是有数 I,对任给的

$\varepsilon > 0$，存在 $\delta > 0$，使得当分割 π 的最大直径 $d < \delta$ 时，有
$$|\sigma - I| < \varepsilon,$$
即对任意分割 π 以及任取点 $(\xi_i, \eta_i) \in D_i$，只要 $d < \delta$，就有
$$I - \varepsilon < \sigma < I + \varepsilon.$$
由于
$$s(\pi) = \inf\Big\{\sum_{i=1}^n f(\xi_i, \eta_i) \Delta\sigma_i \mid (\xi_i, \eta_i) \in D_i\Big\},$$

$$S(\pi) = \sup\Big\{\sum_{i=1}^n f(\xi_i, \eta_i) \Delta\sigma_i \mid (\xi_i, \eta_i) \in D_i\Big\},$$

（参照引理 7.2 证明），故当 $d < \delta$ 时，
$$I - \varepsilon \leqslant s(\pi) \leqslant S(\pi) \leqslant I + \varepsilon,$$
即
$$\lim_{d \to 0} s(\pi) = \lim_{d \to 0} S(\pi) = I,$$
从而 (iii) 也成立.

现设
$$\lim_{d \to 0} (S(\pi) - s(\pi)) = 0,$$
因为 (性质 $4°$)
$$s(\pi) \leqslant I_* \leqslant I^* \leqslant S(\pi),$$
故 $I_* = I^*$，记为 I，于是
$$s(\pi) \leqslant I \leqslant S(\pi).$$
又因为
$$s(\pi) \leqslant \sigma \leqslant S(\pi),$$
任给 $\varepsilon > 0$，存在 $\delta > 0$，使得当 $d < \delta$ 时，有
$$S(\pi) - s(\pi) < \varepsilon,$$
从而当 $d < \delta$ 时，有
$$|\sigma - I| < \varepsilon,$$
这证明了 (i)，即

$$\lim_{d \to 0} \sigma = I.$$

15. 1. 3　可积函数类

在讨论可积函数之前我们先给出平面上点集 Ω 面积为零的定义，并证明可求长连续曲线具有零面积.

定义（零面积）　设 Ω 是 $\mathbf{R}^2$ 内的一个点集，如果对任给的 $\varepsilon > 0$，存在有限个矩形 $\Delta_1, \Delta_2, \cdots, \Delta_k$，使

(i) $\bigcup\limits_{i=1}^{k} \Delta_i \supset \Omega$；

(ii) $\sum\limits_{i=1}^{k} \mu(\Delta_i) < \varepsilon$.

其中 $\mu(\Delta_i)$ 表示 Δ_i 的面积，则称 Ω 是一个（二维）**零面积集**.

由零面积的定义不难验证平面上的直线段和圆周都是零面积集. 一般地我们可以证明下面的结论.

定理 15. 2　设 C 为平面上一可求长连续曲线，则 C 的面积为零.

证　设 l 为曲线 C 的长度，把 C 分成 n 个弧长相同的小弧段，其分点为 $M_0, M_1, \cdots, M_n$，这里 M_0 和 M_n 是 C 端点，如果 C 是闭曲线，则 M_0 和 M_n 重合，每个小弧段 $\overset{\frown}{M_{i-1}M_i}$ 的长度是 $\dfrac{l}{n}$ $(i=1,2,\cdots,n)$，对每个点 M_i，以 M_i 为中心，边长为 $\dfrac{4l}{n}$ 作一个正方形 Δ_i，使正方形的边界与 x 轴、y 轴平行，则显然有 $\bigcup\limits_{i=1}^{n} \Delta_i \supset C, \mu(\Delta_i) = \dfrac{16l^2}{n^2}, \sum\limits_{i=1}^{n} \mu(\Delta_i) = \dfrac{16l^2}{n}$. 于是对任给的 $\varepsilon > 0$，只要 n 充分大，就有 $\sum\limits_{i=1}^{n} \mu(\Delta_i) < \varepsilon$，故 C 的面积为零.

由定理 15.2 知，逐段光滑曲线①必有零面积. 此外，读者还可以证明：如果 C 由定义在 $[a,b]$ 上的连续函数 $y=f(x)$ 表示，则 C 的面积为零（参看本节习题 8）.

由引理 7.17 可知平面上有界点集 D 可求面积的充要条件是 D 有零面积的边界. 今后，我们始终假设 D 是有零面积边界的有界闭区域，$\mu(D)$ 表示 D 的面积.

引理 15.3　设 L 是区域 D 内的面积为零的（连续）曲线，则对任给的 $\varepsilon>0$，必存在 $\delta>0$，使得对 D 的任一分割 π，当分割 π 的最大直径 $d<\delta$ 时，与 L 有公共点的小区域 D_i 面积之和小于 ε.

证　因为 L 的面积为零，故对任给的 $\varepsilon>0$，存在包含 L 的多边形区域 Q，使 Q 的面积 $\mu(Q)<\varepsilon$. 记 C 为 Q 的边界，可设 C 与 L 无公共点（见图 15-2），易知 C 与 L 有正的距离 δ，即

$$\delta = \mathrm{dist}(C,L) = \inf\{\mathrm{dist}(A,B) \mid A \in C, B \in L\}.$$

$\delta>0$，则当 $d<\delta$ 时，与 L 相交的诸 D_i 必包含在 Q 内（否则 $d \geqslant \delta$），故引理的结论成立.

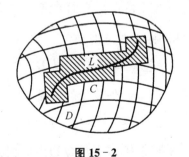

图 15-2

---

① 设曲线 C 由参数方程 $x=x(t), y=y(t)\,(\alpha \leqslant t \leqslant \beta)$ 给出，称 C 为逐段光滑曲线，如果 $x'(t), y'(t)$ 是 $[\alpha,\beta]$ 上的至多具有有限个第一类间断点的函数. 如果还有 $x(t), y(t)$ 是 $[\alpha,\beta]$ 上连续函数，C 称为逐段光滑连续曲线.

定理 15.4 下述结论成立：

1° D 上的二元连续函数必可积.

2° 如果 D 上的有界函数 $f(x,y)$ 至多在有限条面积为零的（连续）曲线上有间断点，则 $f(x,y)$ 在 D 上可积.

证 结论 1°是定理 15.1 的直接结果，我们仅证明结论 2°. 设 $f(x,y)$ 的间断点落在面积为零的曲线 L 上，任给 $\varepsilon > 0$，存在多边形区域 Q，使 Q 包含 L，Q 的边界 C 与 L 无公共点以及 Q 的面积 $\mu(Q) < \varepsilon$，Q 的边界 C 一定是零面积集，$f(x,y)$ 在有界闭区域 $D-Q$ 上连续，（这里不妨设 Q 为开多边形），必一致连续，则存在 $\delta_1 > 0$，使对 D 的任一分割，只要 $d < \delta_1$，就有 $f(x,y)$ 在包含于 $D-Q$ 内的小区域 D_i 上振幅 $\omega_i < \varepsilon$，据引理 15.3，又存在 $\delta_2 > 0$，使得当 $d < \delta_2$ 时，与 C 相交的 D_i 面积之和小于 ε，令 $\delta = \min(\delta_1, \delta_2)$，并记

$$\sum_i \omega_i \Delta\sigma_i = \sum_{i_1} \omega_{i_1} \Delta\sigma_{i_1} + \sum_{i_2} \omega_{i_2} \Delta\sigma_{i_2},$$

其中 $\sum\limits_{i_1}$ 表示相应于整个落在 Q 外面的诸 D_i 求和，$\sum\limits_{i_2}$ 表示相应所有其他的 D_i 求和，则当 $d < \delta$ 时，有

$$\sum_{i_1} \omega_{i_1} \Delta\sigma_{i_1} < \varepsilon\mu(D).$$

另一方面，用 ω 表示 $f(x,y)$ 在 D 上的振幅，则

$$\sum_{i_2} \omega_{i_2} \Delta\sigma_{i_2} \leqslant \omega \sum_{i_2} \Delta\sigma_{i_2}.$$

因为 D_{i_2} 或者整个落在 Q 内，或者与 Q 边界 C 相交，故

$$\sum_{i_2} \omega_{i_2} \Delta\sigma_{i_2} \leqslant 2\omega\varepsilon,$$

于是当 $d < \delta$ 时，有

$$\sum_i \omega_i \Delta\sigma_i < (\mu(D) + 2\omega)\varepsilon,$$

即

$$\lim_{d \to 0} \sum_i \omega_i \Delta \sigma_i = 0,$$

故 $f(x,y)$ 上 D 在可积.

15.1.4　二重积分的性质

二重积分具有一系列与定积分完全类似的性质,现列举如下:

性质 1　设 $f(x,y)$ 在 D 上可积,若在 D 中任一面积为零的(连续)曲线 L 上改变其函数值(保持 $f(x,y)$ 有界),则 $f(x,y)$ 在 D 上仍然可积,且积分值不改变.

事实上,设改变后的函数为 $f'(x,y)$,对 D 的任一分割,令
$$\sigma = \sum_{i=1}^n f(\xi_i, \eta_i) \Delta \sigma_i, \sigma' = \sum_{i=1}^n f'(\xi_i, \eta_i) \Delta \sigma_i, \sigma \text{ 和 } \sigma' \text{ 中仅在与} L \text{ 有交}$$
点的小区域 D_i 相应项有差别,但据引理 15.3 这些小区域的总面积,当 $d \to 0$ 时,趋于零,故
$$\lim_{d \to 0} \sigma' = \lim_{d \to 0} \sigma.$$
以下各性质的证明可仿第 7 章 7.3 的有关定理.

性质 2　设 $f(x,y), g(x,y)$ 在 D 上均可积,则 $kf(x,y)$,$f(x,y) \pm g(x,y)$ 在 D 上也可积,且
$$\iint\limits_D kf(x,y)\mathrm{d}\sigma = k\iint\limits_D f(x,y)\mathrm{d}\sigma,$$
$$\iint\limits_D [f(x,y) \pm g(x,y)]\mathrm{d}\sigma$$
$$= \iint\limits_D f(x,y)\mathrm{d}\sigma \pm \iint\limits_D g(x,y)\mathrm{d}\sigma.$$

性质 3　若用面积为零的曲线 L 分割 D 成 D_1 和 D_2,则 $f(x,y)$ 在 D 可积的充要条件是 $f(x,y)$ 在 D_1, D_2 上均可积. 而且有
$$\iint\limits_D f(x,y)\mathrm{d}\sigma = \iint\limits_{D_1} f(x,y)\mathrm{d}\sigma + \iint\limits_{D_2} f(x,y)\mathrm{d}\sigma.$$

性质 4　若 $f(x,y)$, $g(x,y)$ 在 D 上均可积, 且 $f(x,y) \leqslant g(x,y)$, 则

$$\iint\limits_{D} f(x,y) \mathrm{d}\sigma \leqslant \iint\limits_{D} g(x,y) \mathrm{d}\sigma.$$

特别地, 非负可积函数的二重积分是非负的.

性质 5　若 $f(x,y)$ 在 D 上可积, 则 $|f(x,y)|$ 在 D 上也可积, 且

$$\left| \iint\limits_{D} f(x,y) \mathrm{d}\sigma \right| \leqslant \iint\limits_{D} |f(x,y)| \, \mathrm{d}\sigma.$$

性质 6　若 $f(x,y)$, $g(x,y)$ 在 D 上均可积, 则 $f(x,y)$ 和 $g(x,y)$ 的乘积在 D 上也可积.

性质 7(积分中值定理)　设 $f(x,y)$, $g(x,y)$ 在 D 上可积, 且 $g(x,y)$ 在 D 上不变号, 则存在常数 K 使

$$\iint\limits_{D} f(x,y) g(x,y) \mathrm{d}\sigma = K \iint\limits_{D} g(x,y) \mathrm{d}\sigma,$$

其中 $\inf\{f(x,y) \mid (x,y) \in D\} \leqslant K \leqslant \sup\{f(x,y) \mid (x,y) \in D\}$.

特别当 $f(x,y)$ 在 D 上连续时, 则至少存在一点 $(\xi, \eta) \in D$, 使

$$\iint\limits_{D} f(x,y) g(x,y) \mathrm{d}\sigma = f(\xi, \eta) \iint\limits_{D} g(x,y) \mathrm{d}\sigma.$$

又如果 $g(x,y) \equiv 1$, 则存在 $(\xi, \eta) \in D$, 使

$$\iint\limits_{D} f(x,y) \mathrm{d}\sigma = f(\xi, \eta) \cdot \mu(D).$$

习　题

1. 说明等式

$$\iint\limits_{\substack{0\leqslant x\leqslant 1\\0\leqslant y\leqslant 1}} xy\mathrm{d}x\mathrm{d}y = \lim_{n\to\infty}\frac{1}{n^4}\sum_{i,j=1}^{n} i\cdot j$$

成立的理由,并求出左端积分值.

2. 设 $D=[0,1;0,1]$,证明函数

$$f(x,y)=\begin{cases}1,(x,y)\text{ 为 }D\text{ 内有理点(即 }x,y\text{ 均为有理数)}\\0,(x,y)\text{ 为 }D\text{ 内非有理点}\end{cases}$$

在 D 上不可积.

3. 说明 $f(x,y)=[x+y]$ 在 $[0,2]\times[0,2]$ 上的可积性、连续性,并计算

$$\iint\limits_{\substack{0\leqslant x\leqslant 2\\0\leqslant y\leqslant 2}} [x+y]\mathrm{d}x\mathrm{d}y$$

之值,这里 $[x+y]$ 表示不超过 $x+y$ 的最大整数.

4. 确定下列积分的符号:

(1) $\displaystyle\iint\limits_{|x|+|y|\leqslant 1}\ln(x^2+y^2)\mathrm{d}x\mathrm{d}y$;

(2) $\displaystyle\iint\limits_{x^2+y^2\leqslant 4}\sqrt[3]{1-x^2-y^2}\mathrm{d}x\mathrm{d}y$.

5. 利用中值定理,估计积分

$$I=\iint\limits_{|x|+|y|\leqslant 1}\frac{\mathrm{d}x\mathrm{d}y}{100+\cos^2 x+\cos^2 y}$$

之值.

6. 设 $f(x,y)$ 在有界闭区域 D 上非负连续,且 $f(x,y)\not\equiv 0$,证明

$$\iint\limits_{D} f(x,y)\mathrm{d}x\mathrm{d}y > 0.$$

7. 设 $f(x,y)$ 在有界闭区域 D 上连续，且在 D 的任何子区域 D' 上有 $\iint\limits_{D} f(x,y)\mathrm{d}x\mathrm{d}y = 0$，则在 D 上 $f(x,y) = 0$。

8. 设平面上曲线 C 可由定义在 $[a,b]$ 上的连续函数 $y = f(x)$ 表示，则 C 的面积为零。

15.2　二重积分的计算

15.2.1　直角坐标系下的累次积分法

本段首先讨论定义在矩形域 $D = [a,b] \times [c,d]$ 上 $f(x,y)$ 的二重积分计算，然后考虑一般区域 D 上的二重积分计算。

定理 15.5　设 $f(x,y)$ 在矩形域 $D = [a,b] \times [c,d]$ 上可积，且对每个 $x \in [a,b]$，单积分 $I(x) = \int_{c}^{d} f(x,y)\mathrm{d}y$ 存在，则累次积分 $\int_{a}^{b} \mathrm{d}x \int_{c}^{d} f(x,y)\mathrm{d}y$ 也存在，且

$$\iint\limits_{D} f(x,y)\mathrm{d}x\mathrm{d}y = \int_{a}^{b} \mathrm{d}x \int_{c}^{d} f(x,y)\mathrm{d}y. \tag{15.4}$$

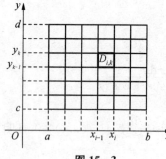

图 15-3

证　定理要求我们证明 $I(x)$ 在 $[a,b]$ 上可积，且积分值等于二重积分。为此，对区间 $[a,b]$，$[c,d]$ 分别作分割

$$a = x_0 < x_1 < \cdots < x_n = b,$$
$$c \leqslant y_0 < y_1 < \cdots < y_m = d.$$

按这些分点把 D 分为 mn 个小矩

形(见图 15-3),$D_{i,k} = [x_{i-1},x_i] \times [y_{k-1},y_k]$,$(i = 1,2,\cdots,n;k = 1,2,\cdots,m)$,用 $m_{i,k}$ 和 $M_{i,k}$ 分别表示 $f(x,y)$ 在 $D_{i,k}$ 上的下确界和上确界,令 $\Delta x_i = x_i - x_{i-1},\Delta y_k = y_k - y_{k-1}$,任取 $\xi_i \in [x_{i-1},x_i]$,则

$$m_{i,k}\Delta y_k \leqslant \int_{y_{k-1}}^{y_k} f(\xi_i,y)\mathrm{d}y \leqslant M_{i,k}\Delta y_k,$$

$$s \leqslant \sum_{i=1}^n I(\xi_i)\Delta x_i \leqslant S,$$

令 $\Delta x = \max_{1 \leqslant i \leqslant n} \Delta x_i,\Delta y = \max_{1 \leqslant k \leqslant m} \Delta y_k$,因为 $f(x,y)$ 在 D 上可积,则

$$\lim_{\substack{\Delta x \to 0 \\ \Delta y \to 0}} s = \lim_{\substack{\Delta x \to 0 \\ \Delta y \to 0}} S = \iint_D f(x,y)\mathrm{d}x\mathrm{d}y.$$

于是对 $[a,b]$ 的任意分割,以及任取 $\xi_i \in [x_{i-1},x_i]$,有

$$\lim_{\Delta x \to 0} \sum_{i=1}^n I(\xi_i)\Delta x_i = \iint_D f(x,y)\mathrm{d}x\mathrm{d}y,$$

即

$$\int_a^b \mathrm{d}x \int_c^d f(x,y)\mathrm{d}y = \iint_D f(x,y)\mathrm{d}x\mathrm{d}y.$$

显然,定理 15.5 中 $\int_c^d f(x,y)\mathrm{d}y$ 存在改为对每个 $y \in [c,d]$,$I(y) = \int_a^b f(x,y)\mathrm{d}x$ 存在,则有

$$\iint_D f(x,y)\mathrm{d}x\mathrm{d}y = \int_c^d \mathrm{d}y \int_a^b f(x,y)\mathrm{d}x. \tag{15.5}$$

特别地,若 $f(x,y)$ 在 D 上连续,则

$$\iint_D f(x,y)\mathrm{d}x\mathrm{d}y = \int_a^b \mathrm{d}x \int_c^d f(x,y)\mathrm{d}y$$

$$= \int_c^d \mathrm{d}y \int_a^b f(x,y)\mathrm{d}x. \tag{15.6}$$

定理 15.6 设区域 $D = \{(x,y) \mid y_1(x) \leqslant y \leqslant y_2(x),a \leqslant$

$x \leqslant b\}$，其中 $y_1(x), y_2(x)$ 在 $[a,$
$b]$ 上连续(图 15 - 4)，$f(x,y)$ 在 D
上可积，且对每个 $x \in [a,b]$，单积
分 $I(x) = \int_{y_1(x)}^{y_2(x)} f(x,y)\mathrm{d}y$ 存
在，则

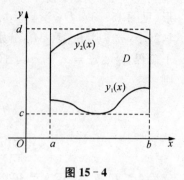

$$\iint\limits_{D} f(x,y)\mathrm{d}x\mathrm{d}y$$
$$= \int_a^b \mathrm{d}x \int_{y_1(x)}^{y_2(x)} f(x,y)\mathrm{d}y.$$

图 15 - 4

$$(15.7)$$

证 令 $c = \inf\limits_{a \leqslant x \leqslant b} y_1(x), d = \sup\limits_{a \leqslant x \leqslant b} y_2(x)$，则 D 含于矩形域
$R = [a,b] \times [c,d]$. 在 R 上定义

$$f^*(x,y) = \begin{cases} f(x,y), & (x,y) \in D \\ 0, & (x,y) \overline{\in} D, \end{cases}$$

显然 $f^*(x,y)$ 在 R 上可积，且

$$\iint\limits_{R} f^*(x,y)\mathrm{d}x\mathrm{d}y = \iint\limits_{D} f(x,y)\mathrm{d}x\mathrm{d}y.$$

任取 $x \in [a,b]$，

$$\int_c^d f^*(x,y)\mathrm{d}y = \int_{y_1(x)}^{y_2(x)} f(x,y)\mathrm{d}y$$

存在，据定理 15.5，得

$$\iint\limits_{R} f^*(x,y)\mathrm{d}x\mathrm{d}y = \int_a^b \mathrm{d}x \int_c^d f^*(x,y)\mathrm{d}y,$$

故

$$\iint\limits_{D} f(x,y)\mathrm{d}x\mathrm{d}y = \int_a^b \mathrm{d}x \int_{y_1(x)}^{y_2(x)} f(x,y)\mathrm{d}y.$$

类似地，若 $D = \{(x,y) \mid x_1(y) \leqslant x \leqslant x_2(y), c \leqslant y \leqslant d\}$，其

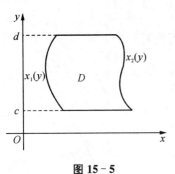

图 15 - 5

中 $x_1(y)$，$x_2(y)$ 在 $[c,d]$ 上连续（图 15 - 5），$f(x,y)$ 在 D 上可积，且对每个 $y\in[c,d]$，$\int_{x_1(y)}^{x_2(y)}f(x,y)\mathrm{d}x$ 存在，则

$$\iint\limits_{D}f(x,y)\mathrm{d}x\mathrm{d}y$$

$$=\int_c^d\mathrm{d}y\int_{x_1(y)}^{x_2(y)}f(x,y)\mathrm{d}x.\quad(15.8)$$

特别地，若 $f(x,y)$ 在 D 上连续，D 有连续的边界曲线，且与 x 轴、y 轴平行线至多交于两点，则 (15.7)、(15.8) 式均成立.

对于更复杂的区域 D，总可将 D 分为几个形如图 15 - 4，15 - 5 那样的区域之并，从而一般区域上二重积分计算问题也解决了.

例 1　计算 $\iint\limits_{D}\sqrt{4x^2-y^2}\mathrm{d}x\mathrm{d}y$，其中 D 是由直线 $y=0$，$x=1$ 和 $y=x$ 围成的三角形域.

解　显然 $D=\{(x,y)\mid 0\leqslant y\leqslant x, x\in[0,1]\}$，则

$$\iint\limits_{D}\sqrt{4x^2-y^2}\mathrm{d}x\mathrm{d}y=\int_0^1\mathrm{d}x\int_0^x\sqrt{4x^2-y^2}\mathrm{d}y$$

$$=\int_0^1\left[\frac{y}{2}\sqrt{4x^2-y^2}+2x^2\arcsin\frac{y}{2x}\right]_{y=0}^{y=x}\mathrm{d}x$$

$$=\int_0^1\left(\frac{\sqrt{3}}{2}+\frac{\pi}{3}\right)x^2\mathrm{d}x=\frac{1}{3}\left(\frac{\sqrt{3}}{2}+\frac{\pi}{3}\right).$$

例 2　计算 $I=\iint\limits_{D}y^2\mathrm{d}x\mathrm{d}y$，其中 D 是由直线 $2x-y-1=0$ 与抛物线 $x=y^2$ 所围成的区域（图 15 - 6）.

解   直线 $2x-y-1=0$ 与抛物线 $x=y^2$ 的交点是 $A\left(\dfrac{1}{4},-\dfrac{1}{2}\right),B(1,1)$. 若先对 x 积分,取 $D=\left\{(x,y)\mid y^2\leqslant x\leqslant\dfrac{y+1}{2}\right.$, $\left.-\dfrac{1}{2}\leqslant y\leqslant 1\right\}$, 于是有

$$I=\int_{-\frac{1}{2}}^{1}\mathrm{d}y\int_{y^2}^{\frac{y+1}{2}}y^2\mathrm{d}x$$

$$=\int_{-\frac{1}{2}}^{1}\left[\frac{1}{2}y^2(y+1)-y^4\right]\mathrm{d}y$$

$$=\frac{63}{640};$$

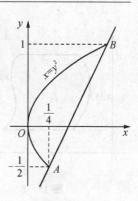

图 15-6

若先对 y 积分,取 $D=\left\{(x,y)\mid-\sqrt{x}\leqslant y\leqslant\sqrt{x},0\leqslant x\leqslant\dfrac{1}{4}\right\}\bigcup$ $\left\{(x,y)\mid 2x-1\leqslant y\leqslant\sqrt{x},\dfrac{1}{4}\leqslant x\leqslant 1\right\}$, 则

$$I=\int_0^{\frac{1}{4}}\mathrm{d}x\int_{-\sqrt{x}}^{\sqrt{x}}y^2\mathrm{d}y+\int_{\frac{1}{4}}^{1}\mathrm{d}x\int_{2x-1}^{\sqrt{x}}y^2\mathrm{d}y=\frac{63}{640}.$$

例 3   计算 $I=\displaystyle\int_0^1\mathrm{d}y\int_y^{\sqrt{y}}\frac{\sin x}{x}\mathrm{d}x$.

解   本题必须交换原累次积分的积分顺序. 由题所给定的累次积分知,区域 D 是由直线 $x=y$ 和抛物线 $x=\sqrt{y}$ 所围成的区域. 先对 y 积分, 取 $D=\{(x,y)\mid x^2\leqslant y\leqslant x,0\leqslant x\leqslant 1\}$(图 15-7), 于是

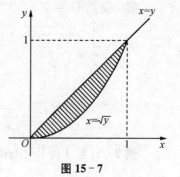

图 15-7

$$I=\int_0^1\mathrm{d}x\int_{x^2}^{x}\frac{\sin x}{x}\mathrm{d}y=\int_0^1\frac{\sin x}{x}(x-x^2)\mathrm{d}x=1-\sin 1.$$

15.2.2　二重积分的变数变换

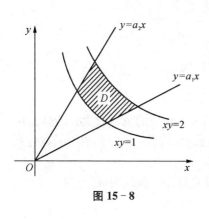

图 15-8

众所周知,在计算定积分时常常需要将所给定积分作必要的变数代换,以便化繁为简,化难为易,对于二重积分也有同样的问题. 例如,目前我们还无法计算二重积分 $\iint\limits_{D} \sin\sqrt{x^2+y^2}\,\mathrm{d}x\mathrm{d}y$（其中 D 为圆域 $x^2+y^2 \leqslant 1$）. 又如,若积分区域 D 由双曲线 $xy=1$,

$xy=2$ 和直线 $y=\alpha_1 x, y=\alpha_2 x$　（$\alpha_1 < \alpha_2$）围成(在第一象限的部分如图 15-8 所示),则利用直角坐标系下的累次积分来计算二重积分 $\iint\limits_{D} f(x,y)\mathrm{d}x\mathrm{d}y$ 就很麻烦. 为了解决这些问题,我们来介绍二重积分的变数变换.

在定理 7.13 中,我们实际上可以证明如下结论:设 $f(x)$ 在区间 $[a,b]$ 上连续(或者可积), $x=\varphi(t)$,当 t 从 α 变到 β 时,严格单调地从 a 变到 b,且 $\varphi(t)$ 连续可导,则

$$\int_a^b f(x)\mathrm{d}x = \int_\alpha^\beta f[\varphi(t)]\varphi'(t)\mathrm{d}t,$$

当 $\alpha < \beta$(即 φ 必单调上升),记 $X=[a,b], T=[\alpha,\beta]$,则

$$X = \varphi(T) = \{x=\varphi(t) \mid t \in T\},$$

称 $\varphi(T)$ 为 φ 的值域:

$$T = \varphi^{-1}(X) = \{t \mid \varphi(t) \in X\},$$

称 $\varphi^{-1}(X)$ 为 X 在映射 φ 之下的原象. 利用这些记号,定积分变数变换公式又可写成

$$\int_X f(x)\,\mathrm{d}x = \int_{\varphi^{-1}(X)} f[\varphi(t)]\varphi'(t)\,\mathrm{d}t,$$

当 $\varphi(t)$ 为单调下降时,有

$$\int_X f(x)\,\mathrm{d}x = -\int_{\varphi^{-1}(X)} f[\varphi(t)]\varphi'(t)\,\mathrm{d}t,$$

故当 $\varphi(t)$ 为单调连续可微函数时,成立

$$\int_X f(x)\,\mathrm{d}x = \int_{\varphi^{-1}(X)} f[\varphi(t)]\,|\,\varphi'(t)\,|\,\mathrm{d}t.$$

下面我们把这个结果推广到多元函数的重积分上去. 这时,函数 $\varphi(t)$ 必须用向量值函数(即函数组)代替,$\varphi'(t)$ 必须用函数行列式代替.

设 xy 平面上区域 D 由逐段光滑连续曲线围成,变换

$$\varphi:\begin{cases} x = x(u,v), \\ y = y(u,v), \end{cases} \tag{15.9}$$

将 uv 平面上的区域 Δ 一对一地映成 xy 平面上区域 D(通常地记变换 φ 为 $\boldsymbol{\varphi}(u,v)=(x(u,v),y(u,v))$,并称 $\boldsymbol{\varphi}$ 为向量值函数),并设二元函数 $x(u,v),y(u,v)$ 及其一阶偏导数在 Δ 内连续,且函数行列式(雅可比行列式)

$$J_\varphi(u,v) = \frac{\partial(x,y)}{\partial(u,v)} \neq 0 \quad (u,v) \in \Delta,$$

则根据隐函数组存在定理,必存在逆变换

$$\varphi^{-1}:\begin{cases} u = u(x,y), \\ v = v(x,y), \end{cases} \tag{15.10}$$

且

$$\frac{\partial(x,y)}{\partial(u,v)} \cdot \frac{\partial(u,v)}{\partial(x,y)} = 1,$$

D 的内点对应于 Δ 的内点,边界对应于边界,我们将证明形式上与定积分相类似的变数变换公式:

$$\iint_D f(x,y)\,\mathrm{d}x\mathrm{d}y = \iint_\Delta f(x(u,v),y(u,v))\,|\,J_\varphi(u,v)\,|\,\mathrm{d}u\mathrm{d}v$$

$$= \iint_{\varphi^{-1}(D)} f(\varphi(u,v)) \mid J_\varphi(u,v) \mid \mathrm{d}u\mathrm{d}v.$$

为此,我们先建立一个引理.

引理 15.7 设变换如同上面所说,则区域 D 的面积为

$$\mu(D) = \iint_\Delta \mid J_\varphi(u,v) \mid \mathrm{d}u\mathrm{d}v. \tag{15.11}$$

引理 15.7 的结论我们将在 17.1.3 中给出严格证明. 这里先说明 $\mid J_\varphi(u,v) \mid$ 的几何意义.

设 Δ 是 uv 平面上以点 (u_0,v_0) 为中心, ρ 为边长的正方形,经过 φ 作用, Δ 变为 xy 平面上的区域 D, 则由 (15.11) 式可得

$$\lim_{\rho\to 0} \frac{\mu(D)}{\mu(\Delta)} = \mid J_\varphi(u_0,v_0) \mid. \tag{15.12}$$

故 $\mid J_\varphi(u,v) \mid$ 在几何上表示"面积微元"的延伸系数. 由引理 15.7 立即可得二重积分的变数变换公式.

定理 15.8 设 $f(x,y)$ 在有界闭区域 D 上连续(或者至多在有限条逐段光滑曲线上间断,并且 $f(x,y)$ 在 D 上有界),变换 φ: $x = x(u,v), y = y(u,v)$ 满足引理 15.7 中所要求的条件,则

$$\iint_D f(x,y)\mathrm{d}x\mathrm{d}y$$
$$= \iint_\Delta f(x(u,v),y(u,v)) \mid J_\varphi(u,v) \mid \mathrm{d}u\mathrm{d}v. \tag{15.13}$$

证 用曲线网把 Δ 分成 n 个小区域 Δ_i,在变换 φ 之下,相应地区域 D 被分成 n 个小区域 $D_i(i=1,2,\cdots,n)$, Δ_i,D_i 的面积仍记为 $\mu(\Delta_i),\mu(D_i)$,作 $\iint_D f(x,y)\mathrm{d}x\mathrm{d}y$ 的积分和

$$\sigma = \sum_{i=1}^n f(x_i,y_i)\mu(D_i),$$

其中 $(x_i,y_i) \in D_i(i=1,2,\cdots,n)$,据引理 15.7 以及积分中值定

理,有

$$\mu(D_i) = \iint\limits_{\Delta_i} \mid J_\varphi(u,v) \mid \mathrm{d}u\mathrm{d}v = \mid J_\varphi(\overline{u}_i,\overline{v}_i) \mid \mu(\Delta_i),$$

其中 $(\overline{u}_i,\overline{v}_i) \in \Delta_i, (i = 1,2,\cdots,n)$.

现在特别取

$$x_i = x(\overline{u}_i,\overline{v}_i), \quad y_i = y(\overline{u}_i,\overline{v}_i),$$

则 $(x_i,y_i) \in D_i (i = 1,2,\cdots,n)$,得

$$\sigma = \sum_{i=1}^{n} f(x(\overline{u}_i,\overline{v}_i),y(\overline{u}_i,\overline{v}_i)) \mid J_\varphi(\overline{u}_i,\overline{v}_i) \mid \mu(\Delta_i).$$

由于 D 中逐段光滑曲线必对应于 Δ 中逐段光滑曲线,故上式右边的和式是 Δ 上可积函数 $f(x(u,v),y(u,v))\mid J_\varphi(u,v)\mid$ 的积分和,让诸 Δ_i 的最大直径趋于零,由变换 φ 的连续性可知诸 D_i 的最大直径也趋于零,从而可得

$$\iint\limits_{D} f(x,y)\mathrm{d}x\mathrm{d}y$$

$$= \iint\limits_{\Delta} f(x(u,v),y(u,v)) \mid J_\varphi(u,v) \mid \mathrm{d}u\mathrm{d}v.$$

例1 设 D 是由 $1 \leqslant xy \leqslant 2, \alpha_1 x \leqslant y \leqslant \alpha_2 x$ $(\alpha_2 > \alpha_1 > 0)$ 给出的有界闭区域,试计算二重积分

$$I = \iint\limits_{D} xy\mathrm{d}x\mathrm{d}y.$$

解 据被积函数和积分区域的对称性,便知 $I = 2\iint\limits_{D_1} xy\mathrm{d}x\mathrm{d}y$,

其中 D_1 由图 15-8 给出. 为了简化积分区域 D_1,令 $xy = u, \dfrac{y}{x} = v$,即作变换

$$\varphi: \begin{cases} x = \sqrt{\dfrac{u}{v}}, \\ y = \sqrt{uv}, \end{cases}$$

它把 xy 平面上的闭区域 D_1 映为 uv 平面上的矩形 $\Delta = [1,2] \times [\alpha_1, \alpha_2]$ 且

$$J_\varphi(u,v) = \begin{vmatrix} \dfrac{1}{2\sqrt{uv}} & -\dfrac{1}{2} \cdot \dfrac{\sqrt{u}}{v\sqrt{v}} \\ \dfrac{\sqrt{v}}{2\sqrt{u}} & \dfrac{\sqrt{u}}{2\sqrt{v}} \end{vmatrix} = \dfrac{1}{2v},$$

是由公式(15.13)

$$I = 2\iint\limits_{D_1} xy\,\mathrm{d}x\mathrm{d}y = \iint\limits_{\Delta} \dfrac{u}{v}\mathrm{d}u\mathrm{d}v$$

$$= \int_1^2 u\mathrm{d}u \int_{\alpha_1}^{\alpha_2} \dfrac{\mathrm{d}v}{v} = \dfrac{3}{2}\ln\dfrac{\alpha_2}{\alpha_1}.$$

例 2　设 D 为抛物线 $y^2 = px, y^2 = qx, x^2 = ay, x^2 = by$ 所围成的区域(图 15-9),其中 $0 < p < q, 0 < a < b$,求 D 的面积 S.

解　D 的面积 $S = \iint\limits_{D} \mathrm{d}x\mathrm{d}y$,为了简化积分区域,我们令

$$\begin{cases} y^2 = ux, & p \leqslant u \leqslant q, \\ x^2 = vy, & a \leqslant x \leqslant b, \end{cases}$$

即作变换

$$\varphi: \begin{cases} x = \sqrt[3]{uv^2}, \\ y = \sqrt[3]{u^2 v}. \end{cases}$$

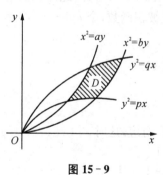

图 15-9

它把 xy 平面区域 D 映为 uv 平面矩形区域 $\Delta = \{(u,v) \mid p \leqslant u \leqslant q, a \leqslant v \leqslant b\}$,且

$$J_\varphi(u,v) = -\dfrac{1}{3},$$

所以

$$S = \iint\limits_{D} \mathrm{d}x\mathrm{d}y = \iint\limits_{\Delta} \frac{1}{3}\mathrm{d}u\mathrm{d}v = \frac{1}{3}(q-p)(b-a).$$

例3 设 D 为 $x=0,y=0,x+y=1$ 所围成的区域,试求

$$I = \iint\limits_{D} \mathrm{e}^{\frac{x-y}{x+y}}\mathrm{d}x\mathrm{d}y.$$

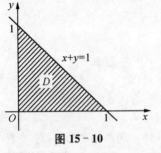

图 15-10

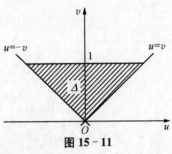

图 15-11

解 积分区域 D 是一个三角形域(图 15-10),因此计算二重积分的困难是被积函数造成,为了简化被积函数,令 $u=x-y,v=x+y$,即作变换

$$\varphi: \begin{cases} x = \dfrac{1}{2}(u+v), \\[2mm] y = \dfrac{1}{2}(v-u), \end{cases}$$

它使 D 与 uv 平面上区域 Δ(图 15-11)对应,这时

$$J_{\varphi}(u,v) = \begin{vmatrix} \dfrac{1}{2} & \dfrac{1}{2} \\[2mm] -\dfrac{1}{2} & \dfrac{1}{2} \end{vmatrix} = \dfrac{1}{2},$$

故

$$I = \iint\limits_{D} \mathrm{e}^{\frac{x-y}{x+y}}\mathrm{d}x\mathrm{d}y = \iint\limits_{\Delta} \mathrm{e}^{\frac{u}{v}}\,\frac{1}{2}\mathrm{d}u\mathrm{d}v$$

$$= \frac{1}{2}\int_{0}^{1}\mathrm{d}v\int_{-v}^{v}\mathrm{e}^{\frac{u}{v}}\,\mathrm{d}u = \frac{1}{2}\int_{0}^{1}v(\mathrm{e}-\mathrm{e}^{-1})\mathrm{d}v$$

$$= \frac{e - e^{-1}}{4}.$$

15. 2. 3 　极坐标系下二重积分的累次积分法

作为二重积分变数变换的一个特例,我们考察极坐标变换

$$\varphi: \begin{cases} x = x(r,\theta) = r\cos\theta, \\ y = y(r,\theta) = r\sin\theta, \end{cases} \tag{15.14}$$

$$J_{\varphi}(r,\theta) = \frac{\partial(x,y)}{\partial(r,\theta)} = r.$$

容易知道 $r\theta$ 平面上矩形 $\{(r,\theta) \mid 0 \leqslant r \leqslant R, 0 \leqslant \theta \leqslant 2\pi\}$ 经过极坐标变换变成 xy 平面上圆域 $x^2 + y^2 \leqslant R^2$,但对应不是一对一的. 事实上 xy 平面上原点 $(0,0)$,对应于 $r\theta$ 平面上一条直线 $r=0$,x 轴上线段 AA' 对应于 $r\theta$ 平面上两条线段 CD 和 EF (图 15 - 12, 15 - 13). 这说明即使 $J_{\varphi}(r,\theta) \neq 0$,也不能保证一对一,以及边界对应边界,内部对应内部. 因此不能直接应用定理 15.8,因为在一个零面积的点集上变换 φ 不满足一对一 (或者函数行列式 $J_{\varphi}(r,\theta) = 0$). 但是,我们仍有下面的结论:

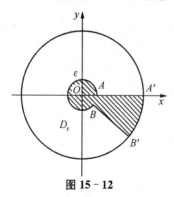

图 15 - 12

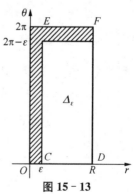

图 15 - 13

如果 $f(x,y)$ 满足定理 15.8 的条件,且若 xy 平面上有界闭区域 D 的极坐标变换下与 $r\theta$ 平面上区域 Δ 对应,则

$$\iint\limits_{D} f(x,y)\mathrm{d}x\mathrm{d}y = \iint\limits_{\Delta} f(r\cos\theta, r\sin\theta) r\mathrm{d}r\mathrm{d}\theta. \quad (15.15)$$

事实上,若把 D_ε 记为圆环 $0<\varepsilon^2 \leqslant x^2+y^2 \leqslant R^2$ 除去中心角为 ε 的扇形 $BB'A'A$ 所得区域,$\Delta_\varepsilon = \{(r,\theta) \mid \varepsilon\leqslant r\leqslant R, 0\leqslant\theta\leqslant 2\pi-\varepsilon\}$,则 D_ε 和 Δ_ε 是一对一的,且在 Δ_ε 上 $J_\varphi(r,\theta)=r\neq 0$,于是由定理15.8得

$$\iint\limits_{D_\varepsilon} f(x,y)\mathrm{d}x\mathrm{d}y = \iint\limits_{\Delta_\varepsilon} f(r\cos\theta, r\sin\theta) r\mathrm{d}r\mathrm{d}\theta,$$

因为 $f(x,y)$ 有界,我们在上式中令 $\varepsilon\to 0$,则得

$$\iint\limits_{x^2+y^2\leqslant R} f(x,y)\mathrm{d}x\mathrm{d}y = \iint\limits_{\substack{0\leqslant\theta\leqslant 2\pi \\ 0\leqslant r\leqslant R}} f(r\cos\theta, r\sin\theta) r\mathrm{d}r\mathrm{d}\theta.$$

$$(15.16)$$

若 D 是一般有界闭区域,只要取包含 D 的圆形域 $D_R: x^2+y^2\leqslant R^2$,并在 D_R 上定义函数

$$f^*(x,y) = \begin{cases} f(x,y), & (x,y)\in D, \\ 0, & (x,y)\overline{\in} D, \end{cases}$$

则函数 $f^*(x,y)$ 在 D_R 中至多在有限条逐段光滑曲线上间断,因此,对 $f^*(x,y)$ (15.16)式仍然成立,所以

$$\iint\limits_{D_R} f^*(x,y)\mathrm{d}x\mathrm{d}y = \iint\limits_{\substack{0\leqslant\theta\leqslant 2\pi \\ 0\leqslant r\leqslant R}} f^*(r\cos\theta, r\sin\theta) r\mathrm{d}r\mathrm{d}\theta,$$

即

$$\iint\limits_{D} f(x,y)\mathrm{d}x\mathrm{d}y = \iint\limits_{\Delta} f(r\cos\theta, r\sin\theta) r\mathrm{d}r\mathrm{d}\theta.$$

由(15.15)式可知,用极坐标计算二重积分,除变量作相应的

替换外,还须把"面积微元"$\mathrm{d}\sigma(=\mathrm{d}x\mathrm{d}y)$换成 $r\mathrm{d}r\mathrm{d}\theta$. 下面我们来介绍二重积分在极坐标系下如何化为累次积分计算.

(1) 若原点$\in D$,且 xy 平面上射线 $\theta=$ 常数与 D 的边界至多交于两点(图 15 - 14),则 Δ 必可表示成 $\alpha \leqslant \theta \leqslant \beta, r_1(\theta) \leqslant r \leqslant r_2(\theta)$,故

$$\iint\limits_{D}f(x,y)\mathrm{d}x\mathrm{d}y = \int_{\alpha}^{\beta}\mathrm{d}\theta\int_{r_1(\theta)}^{r_2(\theta)}f(r\cos\theta,r\sin\theta)r\mathrm{d}r. \quad (15.17)$$

类似地,若 xy 平面上的圆 $r=$ 常数与 D 的边界至多交于两点(图 15 - 15),则 $\Delta = \{(r,\theta) \mid r_1 \leqslant r \leqslant r_2, \theta_1(r) \leqslant \theta \leqslant \theta_2(r)\}$,故

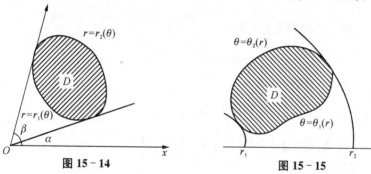

图 15 - 14   图 15 - 15

$$\iint\limits_{D}f(x,y)\mathrm{d}x\mathrm{d}y = \int_{r_1}^{r_2}r\mathrm{d}r\int_{\theta_1(r)}^{\theta_2(r)}f(r\cos\theta,r\sin\theta)\mathrm{d}\theta. \quad (15.18)$$

(2) 若原点$\in D$,边界的极坐标方程为 $r=r(\theta)$(图 15 - 16, 15 - 17),则

$$\iint\limits_{D}f(x,y)\mathrm{d}x\mathrm{d}y = \int_{0}^{2\pi}\mathrm{d}\theta\int_{0}^{r(\theta)}f(r\cos\theta,r\sin\theta)r\mathrm{d}r,$$

或者

$$\iint\limits_{D}f(x,y)\mathrm{d}x\mathrm{d}y = \int_{\alpha}^{\beta}\mathrm{d}\theta\int_{0}^{r(\theta)}f(r\cos\theta,r\sin\theta)r\mathrm{d}r.$$

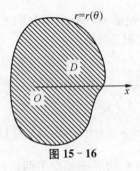

图 15 - 16

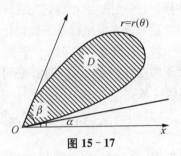

图 15 - 17

例 1 计算 $I = \iint\limits_{D} e^{-x^2-y^2} \mathrm{d}x\mathrm{d}y$，其中 D 为圆形域 $x^2 + y^2 \leqslant a^2$.

解 利用极坐标，则

$$I = \int_0^{2\pi} \mathrm{d}\theta \int_0^a r e^{-r^2} \mathrm{d}r = \pi(1 - e^{-a^2}).$$

例 2 计算

$$I = \iint\limits_{D} (x^2 + y^2) \mathrm{d}x\mathrm{d}y,$$

其中 D 为圆形域 $(x - a)^2 + y^2 \leqslant a^2$ (图 15 - 18).

解 显然区域 D 的边界圆的极坐标方程为

$$r = 2a\cos\theta \quad \left(-\frac{\pi}{2} \leqslant \theta \leqslant \frac{\pi}{2}\right),$$

故

$$I = \int_{-\frac{\pi}{2}}^{\frac{\pi}{2}} \mathrm{d}\theta \int_0^{2a\cos\theta} r^3 \mathrm{d}r$$

$$= 4a^4 \int_{-\frac{\pi}{2}}^{\frac{\pi}{2}} \cos^4\theta \mathrm{d}\theta$$

$$= 4a^2 \int_{-\frac{\pi}{2}}^{\frac{\pi}{2}} \left(\frac{1 + \cos 2\theta}{2}\right)^2 \mathrm{d}\theta$$

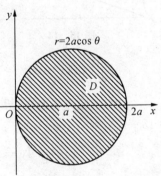

图 15 - 18

$$= \frac{3}{2}\pi a^4.$$

例 3 试求上半球体 $x^2 + y^2 + z^2 \leqslant R^2 (z \geqslant 0)$ 除去柱体 $x^2 + y^2 \leqslant Rx$ 的空间立体 Ω 的体积 V.

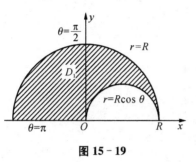

图 15 - 19

解 立体 Ω 实际上是由方程

$$z = \sqrt{R^2 - x^2 - y^2}$$
$$(x, y) \in D$$

给出的曲顶柱体,其中底面区域 D 是由圆 $x^2 + y^2 = R^2$ 和 $x^2 + y^2 = Rx$ 所界的闭区域(参见图 15 - 28). 由 Ω 的对称性,有

$$V = 2\iint\limits_{D_1} \sqrt{R^2 - x^2 - y^2}\,\mathrm{d}x\mathrm{d}y,$$

其中 $D_1 = \{(x, y) \mid x^2 + y^2 \leqslant R^2, x^2 + y^2 \geqslant Rx, y \geqslant 0\}$(图 15 - 19). 采用极坐标,$D_1$ 的边界曲线分别为半圆 $r = R, r = R\cos\theta$ $(0 \leqslant \theta \leqslant \frac{\pi}{2})$ 和射线 $\theta = \pi$,记 Δ 为 D_1 在极坐标变换下的原像,因此

$$V = 2\iint\limits_{\Delta} \sqrt{R^2 - r^2}\,r\mathrm{d}r\mathrm{d}\theta$$

$$= 2\left(\int_0^{\frac{\pi}{2}}\mathrm{d}\theta\int_{R\cos\theta}^R \sqrt{R^2 - r^2}\,r\mathrm{d}r + \int_{\frac{\pi}{2}}^{\pi}\mathrm{d}\theta\int_0^R \sqrt{R^2 - r^2}\,r\mathrm{d}r\right)$$

$$= 2\left(\frac{R^3}{3}\int_0^{\frac{\pi}{2}}\sin^3\theta\mathrm{d}\theta + \frac{\pi}{2} \cdot \frac{1}{3}(R^2 - r^2)^{\frac{3}{2}}\Big|_0^R\right)$$

$$= \frac{4}{9}R^3 + \frac{1}{3}\pi R^3.$$

读者也可考虑用其他方法来解例 3.

从例 1,2,3 可以看到,当积分区域是圆域(或圆域的部分)或

者被积函数为 $f(x^2+y^2)$ 形式时,采用极坐标计算往往简便得多. 此外如果积分区域 D 的边界曲线方程含有二项式 x^2+y^2 也可采用极坐标来计算(见习题 7).

例 4 求椭球体

$$\frac{x^2}{a^2}+\frac{y^2}{b^2}+\frac{z^2}{c^2}\leqslant 1$$

的体积 V.

解 由椭球的对称性,易知其体积

$$V=8\iint\limits_{D} c\sqrt{1-\frac{x^2}{a^2}-\frac{y^2}{b^2}}\,\mathrm{d}x\mathrm{d}y,$$

其中 $D=\left\{(x,y)\mid 0\leqslant y\leqslant b\sqrt{1-\dfrac{x^2}{a^2}},0\leqslant x\leqslant a\right\}$,应用广义极坐标变换 φ:

$$x=ar\cos\theta,\quad y=br\sin\theta,$$

记 Δ 为 D 在变换 φ 下的原像,又

$$J_{\varphi}(r,\theta)=\begin{vmatrix} a\cos\theta & -ar\sin\theta \\ b\sin\theta & br\cos\theta \end{vmatrix}=abr,$$

故

$$V=8\iint\limits_{\Delta} c\sqrt{1-r^2}abr\,\mathrm{d}r\mathrm{d}\theta$$

$$=8abc\int_0^{\frac{\pi}{2}}\mathrm{d}\theta\int_0^1 r\sqrt{1-r^2}\,\mathrm{d}r=\frac{4}{3}\pi abc.$$

习　题

1. 设 $f(x,y)$ 在区域 D 上连续,试将二重积分

$$\iint\limits_{D}f(x,y)\mathrm{d}x\mathrm{d}y$$

化为不同顺序的累次积分：

(1) D 由不等式 $y \leqslant x, y \geqslant a, x \leqslant b$　$(0 < a < b)$ 所确定的区域；

(2) D 由不等式 $x^2 + y^2 \leqslant 1$ 与 $x + y \geqslant 1$ 所确定的区域；

(3) D 由不等式 $y \leqslant x, y \geqslant 0, x^2 + y^2 \leqslant 1$ 所确定的区域；

(4) $D = \{(x, y) \mid |x| + |y| \leqslant 1\}$.

2. 在下列积分中改变累次积分的顺序：

(1) $\displaystyle\int_0^2 \mathrm{d}x \int_x^{2x} f(x, y)\mathrm{d}y$；　　　　(2) $\displaystyle\int_{-1}^1 \mathrm{d}x \int_{-\sqrt{1-x^2}}^{1-x^2} f(x, y)\mathrm{d}y$；

(3) $\displaystyle\int_1^e \mathrm{d}x \int_0^{\ln x} f(x, y)\mathrm{d}y$；

(4) $\displaystyle\int_0^1 \mathrm{d}x \int_0^{x^2} f(x, y)\mathrm{d}y + \int_1^3 \mathrm{d}x \int_0^{\frac{1}{2}(3-x)} f(x, y)\mathrm{d}y$.

3. 计算下列二重积分：

(1) $\displaystyle\iint\limits_D xy^2 \mathrm{d}x\mathrm{d}y$，其中 D 是由抛物线 $y^2 = 2px$ 和直线 $x = \dfrac{p}{2}$　$(p > 0)$ 所围成的区域；

(2) $\displaystyle\iint\limits_D \frac{\mathrm{d}x\mathrm{d}y}{\sqrt{2a-x}}$　$(a > 0)$，其中 $D = \{(x, y) \mid (x-a)^2 + (y-a)^2 \geqslant a^2, 0 \leqslant x \leqslant a, 0 \leqslant y \leqslant a\}$；

(3) $\displaystyle\iint\limits_D |xy| \mathrm{d}x\mathrm{d}y$，其中 D 为圆域 $x^2 + y^2 \leqslant a^2$.

4. 在二重积分 $\displaystyle\iint\limits_D f(x, y)\mathrm{d}x\mathrm{d}y$ 中，作极坐标变换，写出极坐标下累次积分的积分限.

(1) D 为圆域 $x^2 + y^2 \leqslant ax$　$(a > 0)$；

(2) D 为圆环 $a^2 \leqslant x^2 + y^2 \leqslant b^2$；

(3) D 为三角形域 $0 \leqslant x \leqslant 1, 0 \leqslant y \leqslant 1 - x$.

5. 用极坐标计算下列二重积分：

(1) $\iint\limits_{x^2+y^2\leqslant a^2} \sqrt{x^2+y^2}\,\mathrm{d}x\mathrm{d}y$；　(2) $\iint\limits_{\pi^2\leqslant x^2+y^2\leqslant 4\pi^2} \sin\sqrt{x^2+y^2}\,\mathrm{d}x\mathrm{d}y$；

(3) $\iint\limits_{D} xy\,\mathrm{d}x\mathrm{d}y$，其中 $D=\{(x,y)\mid x^2+y^2\geqslant 1, x^2+y^2\leqslant 2x,$

$y\geqslant 0\}$.

6. 计算下列二重积分：

(1) $\iint\limits_{|x|+|y|\leqslant 1} xy\,\mathrm{d}x\mathrm{d}y$；　(2) $\iint\limits_{x^2+y^2\leqslant x+y} (x+y)\,\mathrm{d}x\mathrm{d}y$；

(3) $\iint\limits_{D} \sqrt{1-\dfrac{x^2}{a^2}-\dfrac{y^2}{b^2}}$，其中 D 是由椭圆 $\dfrac{x^2}{a^2}+\dfrac{y^2}{b^2}=1$ 所围的区域；

(4) $\iint\limits_{D} \mathrm{e}^{\frac{y}{x+y}}\,\mathrm{d}x\mathrm{d}y$，其中 D 为三角形域 $x+y\leqslant 1, x\geqslant 0, y\geqslant 0$.

7. 计算双纽线(图 15-20) $(x^2+y^2)^2=2a^2(x^2-y^2)$ 所围图形的面积.

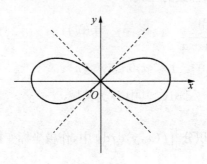

图 15-20

8. 设平面区域 D 在 x 轴上和 y 轴上的投影长度分别为 l_x、l_y，D 的面积为 $\mu(D)$，(α,β) 为 D 内任一点，证明

(1) $\left| \iint\limits_{D} (x-\alpha)(y-\beta)\mathrm{d}x\mathrm{d}y \right| \leqslant l_x l_y \mu(D)$;

(2) $\left| \iint\limits_{D} (x-\alpha)(y-\beta)\mathrm{d}x\mathrm{d}y \right| \leqslant \dfrac{l_x^2 l_y^2}{4}$.

9. 计算由椭圆

$$(a_1 x + b_1 y + c_1)^2 + (a_2 x + b_2 y + c_2)^2 = 1 \quad (a_1 b_2 - b_1 a_2 \neq 0)$$

所围区域的面积.

15.3　三重积分

15.3.1　三重积分定义·直角坐标系下的累次积分

类似于二重积分,求一个空间立体 V 的质量 M 就可导出三重积分. 设密度函数为 $f(x,y,z)$,则

$$M = \lim_{d \to 0} \sum_{i=1}^{n} f(x_i, y_i, z_i) \Delta V_i,$$

其中 d 表示诸 V_i 的最大直径,$(x_i, y_i, z_i) \in V_i (i = 1, 2, \cdots, n)$,$\Delta V_i$ 是 V_i 的体积.

定义(三重积分)　设 $f(x,y,z)$ 是定义在空间有界闭区域 V 上的(有界)函数,把 V 分割成 n 个小区域 $V_1, V_2, \cdots, V_n, V_i$ 的体积为 ΔV_i,任取点 $(x_i, y_i, z_i) \in V_i (i = 1, 2, \cdots, n)$,作积分和

$$\sigma = \sum_{i=1}^{n} f(x_i, y_i, z_i) \Delta V_i,$$

令 d 为诸小区域 $V_i (i = 1, 2, \cdots, n)$ 的最大直径,若当 $d \to 0$ 时,极限 $\lim\limits_{d \to 0} \sigma = I$ 存在有限,且与对区域 V 的分法和点 $(x_i, y_i, z_i) \in V_i$ 的取法无关,则称函数 $f(x,y,z)$ 在 V 上可积,称 I 为 $f(x,y,z)$ 在 V 上的**三重积分**,记作

$$\iiint_V f(f,y,z)\mathrm{d}V \text{ 或 } \iiint_V f(x,y,z)\mathrm{d}x\mathrm{d}y\mathrm{d}z.$$

当 $f(x,y,z) \equiv 1$ 时,积分 $\iiint_V \mathrm{d}V$ 的值等于区域 V 的体积.

三重积分具有二重积分相应的可积条件和有关性质(参看 15.1.3 段和 15.1.4 段),这里不一一细述了. 例如,类似于二重积分也可以证明:

(1) 有界闭区域 V 上的连续函数必可积;

(2) 如果有界闭区域 V 上的有界函数 $f(x,y,z)$ 的间断点集中在有限多个零体积的曲面上,则 $f(x,y,z)$ 在 V 上必可积. 这里零体积可类似于零面积那样来定义.

与二重积分相同,对于三重积分的计算读者可以证明下面的结论:

定理 15.9 设 $f(x,y,z)$ 在长方体 $V = [a,b] \times [c,d] \times [e,f]$ 上可积,且对每个 $x \in [a,b]$,二重积分

$$I(x) = \iint_{[c,d] \times [e,f]} f(x,y,z)\mathrm{d}y\mathrm{d}z, \tag{15.19}$$

存在,则 $I(x)$ 在 $[a,b]$ 上可积,且

$$\iiint_V f(x,y,z)\mathrm{d}x\mathrm{d}y\mathrm{d}z = \int_a^b \mathrm{d}x \iint_{[c,d] \times [e,f]} f(x,y,z)\mathrm{d}y\mathrm{d}z. \tag{15.20}$$

如果把条件 (15.19) 改为对每一点 $(x,y) \in [a,b] \times [c,d]$ 单积分 $\int_e^f f(x,y,z)\mathrm{d}z$ 存在,则

$$\iiint_V f(x,y,z)\mathrm{d}x\mathrm{d}y\mathrm{d}z = \iint_{[a,b] \times [c,d]} \mathrm{d}x\mathrm{d}y \int_e^f f(x,y,z)\mathrm{d}z. \tag{15.21}$$

特别地,若 $f(x,y,z)$ 在长方体 $V = [a,b] \times [c,d] \times [e,f]$ 上

连续,则

$$\iiint\limits_{V} f(x,y,z)\mathrm{d}x\mathrm{d}y\mathrm{d}z = \int_a^b \mathrm{d}x \int_c^d \mathrm{d}y \int_e^f f(x,y,z)\mathrm{d}z. \quad (15.22)$$

且积分顺序可交换.

以下设区域 V 的边界曲面有零体积,D_{xy},D_{yz} 和 D_{zx} 分别表示 V 在 xy,yz 和 zx 平面上的投影区域.

定理 15.10 设区域 V 是"柱形区域"(平行于 z 轴的直线与其边界曲面至多交于两点(图 15-21)),即 $V = \{(x,y,z) \mid z_1(x,y) \leqslant z \leqslant z_2(x,y), (x,y) \in D_{xy}\}$,如果 $f(x,y,z)$ 在 V 上连续,则

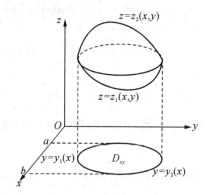

图 15-21

$$\iiint\limits_{V} f(x,y,z)\mathrm{d}x\mathrm{d}y\mathrm{d}z = \iint\limits_{D_{xy}} \mathrm{d}x\mathrm{d}y \int_{z_1(x,y)}^{z_2(x,y)} f(x,y,z)\mathrm{d}z.$$

$$(15.23)$$

又如果 $D_{xy} = \{(x,y) \mid y_1(x) \leqslant y \leqslant y_2(x), a \leqslant x \leqslant b\}$,$z_1(x,y)$,$z_2(x,y)$ 在 D_{xy} 上连续,$y_1(x)$,$y_2(x)$ 在区间 $[a,b]$ 上连续,则

$$\iiint\limits_{V} f(x,y,z)\mathrm{d}x\mathrm{d}y\mathrm{d}z = \int_a^b \mathrm{d}x \int_{y_1(x)}^{y_2(x)} \mathrm{d}y \int_{z_1(x,y)}^{z_2(x,y)} f(x,y,z)\mathrm{d}z.$$

$$(15.24)$$

证 令 $e = \inf\limits_{(x,y)\in D_{xy}} z_1(x,y)$, $f = \sup\limits_{(x,y)\in D_{xy}} z_2(x,y)$ 并设 $D_{xy} \subset$ $[a,b]\times[c,d]$, 则 V 全含于长方体 $V_1 = [a,b]\times[c,d]\times[e,f]$ 内, 在 V_1 上令

$$f^*(x,y,z) = \begin{cases} f(x,y,z), & (x,y,z)\in V, \\ 0, & (x,y,z)\in V_1 - V. \end{cases}$$

由定理 15.9 和公式 (15.21)、(15.7), 有

$$\iiint\limits_V f(x,y,z)\mathrm{d}x\mathrm{d}y\mathrm{d}z = \iiint\limits_{V_1} f^*(x,y,z)\mathrm{d}x\mathrm{d}y\mathrm{d}z$$

$$= \iint\limits_{[a,b]\times[c,d]} \mathrm{d}x\mathrm{d}y \int_e^f f^*(x,y,z)\mathrm{d}z$$

$$= \iint\limits_{D_{xy}} \mathrm{d}x\mathrm{d}y \int_{z_1(x,y)}^{z_2(x,y)} f(x,y,z)\mathrm{d}z$$

$$= \int_a^b \mathrm{d}x \int_{y_1(x)}^{y_2(x)} \mathrm{d}y \int_{z_1(x,y)}^{z_2(x,y)} f(x,y,z)\mathrm{d}z.$$

类似地, 若平行于 x 轴(y 轴)的直线与 V 的边界曲面至多交于两点, 则

$$\iiint\limits_V f(x,y,z)\mathrm{d}x\mathrm{d}y\mathrm{d}z = \iint\limits_{D_{yz}} \mathrm{d}y\mathrm{d}z \int_{x_1(y,z)}^{x_2(y,z)} f(x,y,z)\mathrm{d}x,$$

$$\iiint\limits_V f(x,y,z)\mathrm{d}x\mathrm{d}y\mathrm{d}z = \iint\limits_{D_{zx}} \mathrm{d}z\mathrm{d}x \int_{y_1(x,z)}^{y_2(x,z)} f(x,y,z)\mathrm{d}y.$$

化三重积分为累次积分还有其他一些方法(例如习题 6), 不一一细述了. 对于更复杂的积分区域, 总可以分成上述的几个简单的"柱形区域"来处理.

例 1 计算积分

$$I = \iiint\limits_V \frac{\mathrm{d}x\mathrm{d}y\mathrm{d}z}{(1+x+y+z)^3},$$

其中 V 是由三个坐标面和平面 $x+y+z=1$ 围成的四面体

(图15 - 22).

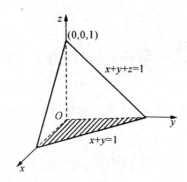

图 15 - 22

解　由公式(15.23)和(15.24)

$$I = \iint\limits_{D_{xy}} \mathrm{d}x\mathrm{d}y \int_0^{1-x-y} \frac{\mathrm{d}z}{(1+x+y+z)^3}$$

$$= \int_0^1 \mathrm{d}x \int_0^{1-x} \mathrm{d}y \int_0^{1-x-y} \frac{\mathrm{d}z}{(1+x+y+z)^3}$$

$$= \int_0^1 \mathrm{d}x \int_0^{1-x} \frac{1}{2}\left[\frac{1}{(1+x+y)^2} - \frac{1}{4}\right]\mathrm{d}y$$

$$= \int_0^1 \frac{1}{2}\left(\frac{1}{1+x} - \frac{3-x}{4}\right)\mathrm{d}x = \frac{1}{2}\left(\ln 2 - \frac{5}{8}\right).$$

例 2　计算曲面 $|x|+|y|+|z|=1$ 所围立体的体积 V.

解　据立体的对称性,其体积

$$V = 8 \iiint\limits_{V_1} \mathrm{d}x\mathrm{d}y\mathrm{d}z,$$

这里 V_1 就是图 15 - 22 所示的区域. 故

$$V = 8\int_0^1 \mathrm{d}x \int_0^{1-x} \mathrm{d}y \int_0^{1-x-y} \mathrm{d}z = 8\int_0^1 \mathrm{d}x \int_0^{1-x} (1-x-y)\mathrm{d}y$$

$$= 4\int_0^1 (1-x)^2 \mathrm{d}x = \frac{4}{3}.$$

例3 计算积分

$$I = \iiint\limits_{V} z\,dxdydz,$$

其中 V 是由锥面 $z^2 = \dfrac{h^2}{a^2}(x^2 + y^2)$ 与平面 $z = h(h > 0)$ 所围成的区域.

解法1 锥体 V 在 xy 上的投影区域 D_{xy} 为圆域 $x^2 + y^2 \leqslant a^2$，由公式(15.23)

$$
\begin{aligned}
I &= \iint\limits_{D_{xy}} dxdy \int_{\frac{h}{a}\sqrt{x^2+y^2}}^{h} z\,dz \\
&= \frac{1}{2} \iint\limits_{x^2+y^2 \leqslant a^2} \left[h^2 - \frac{h^2}{a^2}(x^2+y^2) \right] dxdy,
\end{aligned}
$$

再用极坐标变换，得

$$I = \frac{h^2}{2a^2} \int_0^{2\pi} d\theta \int_0^a (a^2 - r^2) r\,dr = \frac{\pi a^2 h^2}{4}.$$

解法2 利用习题6的结果，可写

$$I = \int_0^h z\,dz \iint\limits_{P_z} dxdy,$$

其中 P_z 是 V 被一平面所交截面在 xy 平面上的投影区域，这一平面平行于 xy 平面且高度在 z 处($0 \leqslant z \leqslant h$). 易知 P_z 是半径为 $\dfrac{az}{h}$ 的圆盘，所以上式内层的二重积分为 P_z 的面积，其值为 $\dfrac{\pi a^2}{h^2} z^2$，因此

$$I = \int_0^h \frac{\pi a^2}{h^2} z^3\,dz = \frac{\pi a^2 h^2}{4}.$$

15.3.2　三重积分的变数变换

设变换

$$\varphi: \begin{cases} x = x(u,v,w), \\ y = y(u,v,w), \\ z = z(u,v,w), \end{cases}$$

将 (u,v,w) 空间中的区域 V' 一对一地映成 (x,y,z) 空间中区域 V,并设函数 $x(u,v,w),y(u,v,w),z(u,v,w)$ 及其一阶偏导数在 V' 内连续,函数行列式

$$J_\varphi(u,v,w) = \begin{vmatrix} \dfrac{\partial x}{\partial u} & \dfrac{\partial x}{\partial v} & \dfrac{\partial x}{\partial w} \\[2mm] \dfrac{\partial y}{\partial u} & \dfrac{\partial y}{\partial v} & \dfrac{\partial y}{\partial w} \\[2mm] \dfrac{\partial z}{\partial u} & \dfrac{\partial z}{\partial v} & \dfrac{\partial z}{\partial w} \end{vmatrix} \neq 0, \quad (u,v,w) \in V',$$

则 V 的内点对应于 V' 内点,边界对应于边界,类似于平面上变数变换,如果变换 φ 满足以上条件,则我们可以证明

$$\mu(V) = \iiint\limits_{V'} |J_\varphi(u,v,w)| \, \mathrm{d}u\mathrm{d}v\mathrm{d}w, \tag{15.25}$$

$\mu(V)$ 表示区域 V 的体积,以及

$$\iiint\limits_{V} f(x,y,z)\mathrm{d}x\mathrm{d}y\mathrm{d}z$$

$$= \iiint\limits_{V'} f(x(u,v,w),y(u,v,w),z(u,v,w))$$

$$\times |J_\varphi(u,v,w)| \, \mathrm{d}u\mathrm{d}v\mathrm{d}w. \tag{15.26}$$

其中 $f(x,y,z)$ 在 V 上连续(或者至多在零体积的曲面上间断).

下面介绍几个常用的变换. 为了简单起见,以下始终假设 $f(x,y,z)$ 在 V 上连续.

1. 柱面坐标变换

若令变换

$$\varphi: \begin{cases} x = r\cos\theta, \\ y = r\sin\theta, \quad (15.27) \\ z = z, \end{cases}$$

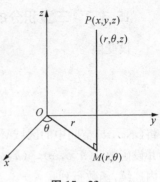

图 15 - 23

其中(r,θ)为空间点 P 在 xy 平面上投影点 M 的极坐标(图 15 - 23),称(r,θ,z)为空间一点 P 的**柱面坐标**.

由于变换(15.27)的函数行列式

$$J_\varphi(r,\theta,z) = \begin{vmatrix} \cos\theta & -r\sin\theta & 0 \\ \sin\theta & r\cos\theta & 0 \\ 0 & 0 & 1 \end{vmatrix} = r,$$

故在柱面坐标变换下,体积微元为 $r\mathrm{d}r\mathrm{d}\theta\mathrm{d}z$. 变换(15.27),将$(r,\theta,z)$空间中的长方体 $\{(r,\theta,z) \mid 0 \leqslant r \leqslant R, 0 \leqslant \theta \leqslant 2\pi, 0 \leqslant z \leqslant h\}$ 变为(x,y,z)空间中的圆柱体 $\{(x,y,z) \mid x^2 + y^2 \leqslant R^2, 0 \leqslant z \leqslant h\}$,这个变换并非是一对一的. 例如$(r,\theta,z)$空间一条直线 $r=0$,$z=z_0$ 对应于(x,y,z)空间一点$(0,0,z_0)$,但由于仅仅在零体积集合上破坏一对一性(或者 $J(r,\theta,z)=0$),故与平面上极坐标变换相类似可以证明

$$\iiint\limits_V f(x,y,z)\mathrm{d}x\mathrm{d}y\mathrm{d}z = \iiint\limits_{V'} f(r\cos\theta,r\sin\theta,z)r\mathrm{d}r\mathrm{d}\theta\mathrm{d}z,$$

$$(15.28)$$

这里 V' 是 V 在柱面坐标变换下的原像.

用柱面坐标计算三重积分,通常先找出区域 V 在 xy 平面上的投影区域 D_{xy},则当 $V = \{(x,y,z) \mid z_1(x,y) \leqslant z \leqslant z_2(x,y), (x,y) \in D_{xy}\}$ 时,先用公式(15.23),即

$$\iiint\limits_V f(x,y,z)\mathrm{d}x\mathrm{d}y\mathrm{d}z = \iint\limits_{D_{xy}} \mathrm{d}x\mathrm{d}y \int_{z_1(x,y)}^{z_2(x,y)} f(x,y,z)\mathrm{d}z,$$

然后再利用极坐标变换计算 D_{xy} 上的二重积分

$$\iint\limits_{D_{xy}} \mathrm{d}x\mathrm{d}y \int_{z_1(x,y)}^{z_2(x,y)} f(x,y,z)\mathrm{d}z.$$

如果 D_{xy} 又可表成 $\alpha \leqslant \theta \leqslant \beta, r_1(\theta) \leqslant r \leqslant r_2(\theta)$，则

$$\iiint\limits_{V} f(x,y,z)\mathrm{d}x\mathrm{d}y\mathrm{d}z$$

$$= \int_{\alpha}^{\beta}\mathrm{d}\theta \int_{r_1(\theta)}^{r_2(\theta)} r\mathrm{d}r \int_{z_1(r\cos\theta,r\sin\theta)}^{z_2(r\cos\theta,r\sin\theta)} f(r\cos\theta, r\sin\theta, z)\mathrm{d}z.$$

$$(15.29)$$

例 1　计算积分

$$I = \iiint\limits_{V} z\mathrm{d}x\mathrm{d}y\mathrm{d}z$$

其中 V 为上半球 $x^2 + y^2 + z^2 \leqslant 1, z \geqslant 0$.

解　用柱坐标变换来计算. 显然 D_{xy} 为圆域 $x^2 + y^2 \leqslant 1$，而上半球面方程(柱面坐标方程)为 $z = \sqrt{1-r^2}$，则由公式(15.29)

$$I = \int_0^{2\pi}\mathrm{d}\theta \int_0^1 r\mathrm{d}r \int_0^{\sqrt{1-r^2}} z\mathrm{d}z = \pi\int_0^1 (1-r^2)r\mathrm{d}r = \frac{\pi}{4}.$$

一般地，在 V 为"圆柱形"区域或者投影区域 D_{xy}（或 D_{yz}, D_{zx}）是"圆形域"时，利用柱面坐标计算较为方便.

2. **球面坐标变换**

若令变换

$$F_1: \begin{cases} x = r\sin\varphi\cos\theta, \\ y = r\sin\varphi\sin\theta, \\ z = r\cos\varphi, \end{cases} \qquad (15.30)$$

$r = |\overrightarrow{OP}|$，$\varphi$ 为向量 $\overrightarrow{OP}$ 与 oz 轴的夹角，规定 $0 \leqslant \varphi \leqslant \pi$，设 M 为 P 在 xy 平面上的投影，则 θ 为向量 $\overrightarrow{OM}$ 与 ox 轴的夹角(图 15 - 24)，称 (r,φ,θ) 为空间一点 P 的**球面坐标**. 易知，球面坐标变换的函数行列式

$$J_{F_1}(r,\varphi,\theta) = r^2 \sin\varphi.$$

在变换(15.30)之下,(r,φ,θ)空间中的长方体 $[0,R] \times [0,\pi] \times [0,2\pi]$ 对应于 (x,y,z) 空间中的球 $x^2+y^2+z^2 \leqslant R^2$,这里的对应并非一对一,例如 (r,φ,θ) 空间中的平面 $r=0$ 对应于 (x,y,z) 空间中的坐标原点. 由于变换(15.30)只在零体积的平面和直线上破坏一对一性(或者 $J_{F_1}(r,\varphi,\theta)=0$),因此我们同样可以证明

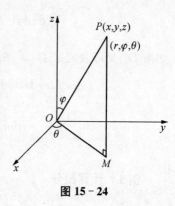

图 15 - 24

$$\iiint\limits_V f(x,y,z)\mathrm{d}x\mathrm{d}y\mathrm{d}z$$

$$= \iiint\limits_{V'} f(r\sin\varphi\cos\theta, r\sin\varphi\sin\theta, r\cos\varphi) r^2 \sin\varphi \, \mathrm{d}r\mathrm{d}\varphi \, \mathrm{d}\theta,$$

$$(15.31)$$

这里 V' 为 V 在球面坐标下的原像,$r^2\sin\varphi\mathrm{d}r\mathrm{d}\varphi\mathrm{d}\theta$ 为球面坐标系下的体积微元.

在 (x,y,z) 空间,$r=$ 常数是中心在原点的球面,$\varphi=$ 常数是以 z 轴为中心轴的锥面,$\theta=$ 常数是通过 z 轴的半平面,这三组曲面通常称为球面坐标的坐标曲面.

将球面坐标下的三重积分(15.31)化为累次积分计算时,一般取积分顺序 $\int \mathrm{d}\theta \int \mathrm{d}\varphi \int \mathrm{d}r$. 显然,若 V 为中心在原点半径为 R 的球,则

$$\iiint\limits_V f(x,y,z)\mathrm{d}x\mathrm{d}y\mathrm{d}z$$

$$= \int_0^{2\pi} \mathrm{d}\theta \int_0^{\pi} \mathrm{d}\varphi \int_0^R \widetilde{f}(r,\varphi,\theta) r^2 \sin\varphi \, \mathrm{d}r,$$

其中 $\widetilde{f}(r,\varphi,\theta) = f(r\sin\varphi\cos\theta, r\sin\varphi\sin\theta, r\cos\varphi)$. 一般地，如果 V 的边界曲面与过原点的向径至多交于两点（即 (r,φ,θ) 空间中平行于 r 轴直线与 V' 的边界曲面至多交于两点），则

$$V' = \{(r,\varphi,\theta) \mid r_1(\varphi,\theta) \leqslant r \leqslant r_2(\varphi,\theta), (\varphi,\theta) \in D_{\varphi\theta}\}.$$

这里 $r_1(\varphi,\theta), r_2(\varphi,\theta)$ 为 V 的边界曲面的球面坐标方程（即 (r,φ,θ) 空间中 V' 的上、下边界曲面方程），$D_{\varphi\theta}$ 是 V' 在 $\varphi\theta$ 平面上的投影区域. 我们有

$$\iiint\limits_{V} f(x,y,z)\,\mathrm{d}x\mathrm{d}y\mathrm{d}z$$

$$= \iint\limits_{D_{\varphi\theta}} \mathrm{d}\varphi\mathrm{d}\theta \int_{r_1(\varphi,\theta)}^{r_2(\varphi,\theta)} \widetilde{f}(r,\varphi,\theta) r^2 \sin\varphi\,\mathrm{d}r. \qquad (15.32)$$

特别地，若原点属于 V，则 $r_1(\varphi,\theta) = 0$. 记

$$F(\varphi,\theta) = \int_{r_1(\varphi,\theta)}^{r_2(\varphi,\theta)} \widetilde{f}(r,\varphi,\theta) r^2 \sin\varphi\,\mathrm{d}r.$$

下面我们举例说明如何把二重积分

$$\iint\limits_{D_{\varphi\theta}} F(\varphi,\theta)\,\mathrm{d}\varphi\mathrm{d}\theta$$

化为累次积分.

例 2 设 V 为球面 $x^2 + y^2 + z^2 = 2az\,(a>0)$ 与半顶角为 $\beta, \beta \in \left(0, \dfrac{\pi}{2}\right)$，$z$ 轴为中心轴的锥面所围成（如图 15-25），求 V 的体积 $\mu(V)$.

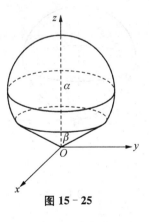

图 15-25

解 利用球面坐标，球面 $x^2 + y^2 + z^2 = 2az$ 的方程表示为 $r = 2a\cos\varphi$，则由公式 (15.32) 有

$$\mu(V) = \iint\limits_{D_{\varphi\theta}} \mathrm{d}\varphi\mathrm{d}\theta \int_0^{2a\cos\theta} r^2 \sin\varphi\,\mathrm{d}r,$$

易知 $D_{\varphi\theta}$ 为矩形域 $[0,\beta]\times[0,2\pi]$(这是因为 V 与 $\{(r,\varphi,\theta)\mid 0\leqslant r\leqslant 2a\cos\varphi,0\leqslant\theta\leqslant 2\pi,0\leqslant\varphi\leqslant\beta\}$ 对应)故

$$\mu(V)=\int_0^{2\pi}\mathrm{d}\theta\int_0^{\beta}\sin\varphi\mathrm{d}\varphi\int_0^{2a\cos\varphi}r^2\mathrm{d}r$$

$$=\frac{4}{3}\pi a^3(1-\cos^4\beta).$$

通常情况下,当 V 为"球形"区域或 V 的边界曲面方程含有三项式 $x^2+y^2+z^2$ 时,利用球坐标来计算三重积分较为简单. 也容易看到,若原点是区域 V 的内点,则 V 就和 (r,φ,θ) 空间中的区域 $V'=\{(r,\varphi,\theta)\mid 0\leqslant r\leqslant r(\varphi,\theta),0\leqslant\theta\leqslant 2\pi,0\leqslant\varphi\leqslant\pi\}$ 对应,其中 $r(\varphi,\theta)$,是 V 的边界曲面的球面坐标方程,故 $D_{\varphi\theta}$ 为矩形域 $[0,\pi]\times[0,2\pi]$. 对一些特殊的"球形"区域 V,当原点不是 V 的内点时,通常只要求出 V 在 xy 平面上投影区域 D_{xy} 中点的极角 θ 的最大值 β,最小值 α,则 $\alpha<\theta<\beta$,再求出 V 中点的球面坐标 φ 的最大值、最小值,就是 φ 的上限、下限.

例3 计算球面 $x^2+y^2+z^2=2az$ 与旋转抛物面 $x^2+y^2=az(a>0)$ 所围立体的体积 $\mu(V)$ (如图 15-26).

解 利用球面坐标,球面和旋转抛物面可分别表示为

$$r=2a\cos\varphi,$$

$$r=a\frac{\cos\varphi}{\sin^2\varphi}.$$

先求出图 15-26 所示半顶角 α,因为球面和旋转抛物面的交线为

$$\begin{cases}x^2+y^2=a^2,\\z=a,\end{cases}$$

故 $\alpha=\dfrac{\pi}{4}$,锥面 $\varphi=\alpha=\dfrac{\pi}{4}$ 把 V 分成两部分,由公式(15.32)得 V 的体积

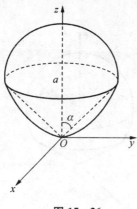

图 15-26

$$\mu(V) = \int_0^{2\pi} \mathrm{d}\theta \int_0^{\frac{\pi}{4}} \sin\varphi \mathrm{d}\varphi \int_0^{2a\cos\varphi} r^2 \mathrm{d}r$$

$$+ \int_0^{2\pi} \mathrm{d}\theta \int_{\frac{\pi}{4}}^{\frac{\pi}{2}} \sin\varphi \mathrm{d}\varphi \int_0^{\frac{a\cos\varphi}{\sin^2\varphi}} r^2 \mathrm{d}r$$

$$= \pi a^3 + \frac{1}{6}\pi a^3 = \frac{7}{6}\pi a^3.$$

建议读者用柱面坐标变换或者用平面 $z = a$ 把区域 V 分为两部分来解例 3.

3. 广义球面坐标变换

当 V 的边界曲面方程中含有式子 $\dfrac{x^2}{a^2} + \dfrac{y^2}{b^2} + \dfrac{z^2}{c^2}$ 时,常可作广

义球面坐标变换:

$$F_2 : \begin{cases} x = ar\sin\varphi\cos\theta, \\ y = br\sin\varphi\sin\theta, \\ z = cr\cos\varphi, \end{cases}$$

这时变换的函数行列式为

$$J_{F_2}(r,\varphi,\theta) = abcr^2\sin\varphi,$$

且它将 (r,φ,θ) 空间中长方体 $[0,1] \times [0,\pi] \times [0,2\pi]$ 映为 $(x,y,$
$z)$ 空间中的椭球体 $\dfrac{x^2}{a^2} + \dfrac{y^2}{b^2} + \dfrac{z^2}{c^2} \leqslant 1$. 广义球坐标变换相当于作了
两个变换("伸长、压缩"变换和球面坐标变换),故相应的累次积分
定限方法与球面坐标相同.

例 4　计算曲面

$$\left(\frac{x^2}{a^2} + \frac{y^2}{b^2} + \frac{z^2}{c^2}\right)^2 = \frac{x^2}{a^2} + \frac{y^2}{b^2}$$

所围立体 V 的体积 $\mu(V)$.

解　利用广义球面坐标,得曲面的方程为

$$r = \sin\varphi,$$

因为原点属于 V,且对一切 $0 \leqslant \theta \leqslant 2\pi, 0 \leqslant \varphi \leqslant \pi$, 点 $(x,y,z) =$

$(a\sin^2\varphi\cos\theta,b\sin^2\varphi\sin\theta,c\sin\varphi\cos\varphi)$ 满足方程 $\left(\dfrac{x^2}{a^2}+\dfrac{y^2}{b^2}+\dfrac{z^2}{c^2}\right)^2$

$=\dfrac{x^2}{a^2}+\dfrac{y^2}{b^2}$，故 $V'=\{(r,\varphi,\theta)\mid 0\leqslant r\leqslant\sin\varphi,0\leqslant\varphi\leqslant\pi,0\leqslant\theta\leqslant$

$2\pi\}$，$D_{\varphi\theta}=[0,\pi]\times[0,2\pi]$，再由对称性

$$\mu(V)=8abc\int_0^{\frac{\pi}{2}}\mathrm{d}\theta\int_0^{\frac{\pi}{2}}\sin\varphi\mathrm{d}\varphi\int_0^{\sin\varphi}r^2\mathrm{d}r$$

$$=8abc\int_0^{\frac{\pi}{2}}\mathrm{d}\theta\int_0^{\frac{\pi}{2}}\dfrac{\sin^4\varphi}{3}\mathrm{d}\varphi=\dfrac{abc}{4}\pi^2.$$

习　题

1. 计算下列三重积分：

(1) $\iiint\limits_{V}xy^2z^3\mathrm{d}x\mathrm{d}y\mathrm{d}z$，其中 V 是曲面 $z=xy,y=x,x=1$，$z=0$ 所围成的区域；

(2) $\iiint\limits_{V}\sqrt{x^2+y^2}\mathrm{d}x\mathrm{d}y\mathrm{d}z$，其中 V 是由曲面 $x^2+y^2=z^2,z=1$ 所围成的区域；

(3) $\iiint\limits_{V}y\cos(x+z)\mathrm{d}x\mathrm{d}y\mathrm{d}z$，其中 V 是由 $y=\sqrt{x},y=0,z=0$ 及 $x+z=\dfrac{\pi}{2}$ 所围成的区域；

(4) $\iiint\limits_{V}\sqrt{x^2+y^2+z^2}\mathrm{d}x\mathrm{d}y\mathrm{d}z$，其中 V 为球体 $x^2+y^2+z^2\leqslant z$.

2. 以各种方法改变下列累次积分顺序：

(1) $\int_0^1\mathrm{d}x\int_0^{1-x}\mathrm{d}y\int_0^{x+y}f(x,y,z)\mathrm{d}z$；

(2) $\int_0^1\mathrm{d}x\int_0^1\mathrm{d}y\int_\theta^{x^2+y^2}f(x,y,z)\mathrm{d}z$.

3. 进行适当的变量代换,计算下列三重积分

(1) $\iiint\limits_{V} \sqrt{1 - \dfrac{x^2}{a^2} - \dfrac{y^2}{b^2} - \dfrac{z^2}{c^2}}\, dxdydz$, 其中 V 为椭球 $\dfrac{x^2}{a^2} + \dfrac{y^2}{b^2} + \dfrac{z^2}{c^2} \leqslant 1$;

(2) $\displaystyle\int_0^1 dx \int_0^{\sqrt{1-x^2}} dy \int_{\sqrt{x^2+y^2}}^{\sqrt{2-x^2-y^2}} z^2 dz$;

(3) $\iiint\limits_{V} x^2 dxdydz$, 其中 V 是由曲面 $z = ay^2, z = by^2, y > 0 \,(0 < a < b), z = \alpha x, z = \beta x \,(0 < \alpha < \beta)$ 和 $z = h \,(h > 0)$ 所围成的区域.

4. 计算下列曲面所围成区域的体积:

(1) $z = x^2 + y^2, z = 2x^2 + 2y^2, y = x, y = x^2$;

(2) $x^2 + y^2 + z^2 = 2az, x^2 + y^2 \leqslant z^2$;

(3) $\dfrac{x^2}{a^2} + \dfrac{y^2}{b^2} + \dfrac{z^2}{c^2} = 1, \dfrac{x^2}{a^2} + \dfrac{y^2}{b^2} = \dfrac{z}{c}$;

(4) $\left(\dfrac{x}{a} + \dfrac{y}{b} \right)^2 + \left(\dfrac{z}{c} \right)^2 = 1, (x \geqslant 0, y \geqslant 0, z \geqslant 0)$.

5. 计算三重积分 $\iiint\limits_{V} |z - x^2 - y^2|\, dxdydz$, 其中 $V: 0 \leqslant x \leqslant 1, 0 \leqslant y \leqslant 1, 0 \leqslant z \leqslant 1$.

6. 设 V 是在两个平面 $x = a$ 和 $x = b$ 之间 $(a < b), f(x, y, z)$ 在 V 上连续, 若对每个平面 $x = x_0 \,(a \leqslant x_0 \leqslant b)$ 截 V 所得图形在 yz 平面上的投影区域是 P_{x_0}, 试应用定理 15.9 证明

$$\iiint\limits_{V} f(x, y, z)\, dxdydz = \int_a^b dx \iint\limits_{P_0} f(x, y, z)\, dydz.$$

15.4　重积分的应用

在 15.1 和 15.3 中我们已经提到利用重积分可以求空间立体

体积以及空间物体的质量，本节再举几个它在几何与力学方面的应用.

15.4.1　曲面的面积

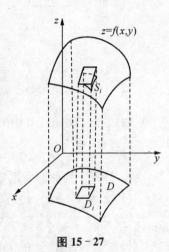

图 15 - 27

设光滑曲面 S 的方程为 $z = f(x, y)$，S 在 xy 平面上的投影区域是 D_{xy}，$f(x, y)$ 在 D_{xy} 上连续且有连续偏导数，因而曲面上每一点都存在切平面和法线. 为了定义和计算曲面 S 的面积，我们将曲面 S 分割成 n 个小曲面 $S_1, \cdots, S_n$，把每个 S_i 投影到 xy 平面上得 D_{xy} 的一个分割，设 S_i 的投影区域为 $D_i (i = 1, \cdots, n)$，其面积为 $\Delta\sigma_i$，任取点 $P_i(x_i, y_i) \in D_i$，令 $z_i = f(x_i, y_i)$，则 $M_i(x_i, y_i, z_i) \in S_i$，过 M_i 作曲面 S_i 的切平面 π_i，设 π_i 被 S_i 的投影柱面截下的面积为 ΔT_i（图 15 - 27）. 我们用 ΔT_i 近似地表示小曲面 S_i 的面积 ΔS_i，则曲面 S 的面积

$$\mu(S) = \sum_{i=1}^{n} \Delta S_i \approx \sum_{i=1}^{n} \Delta T_i,$$

令 d 为诸 S_i 的最大直径，d' 为诸 D_i 的最大直径，很自然我们规定

$$\mu(S) = \lim_{d \to 0} \sum_{i=1}^{n} \Delta T_i.$$

现在按照上述曲面面积的定义来建立曲面面积的计算公式.

首先计算 ΔT_i. 记切平面 π_i 与 xy 平面的交角为 γ_i（取锐角），γ_i 就是 π_i 的法向量 $\boldsymbol{n}$ 与 z 轴的交角，法向量 $\boldsymbol{n}$ 的方向数为 $(f_x(x_i, y_i), f_y(x_i, y_i), -1)$，所以

$$\cos\gamma_i = \frac{1}{\sqrt{1 + f_x^2(x_i, y_i) + f_y^2(x_i, y_i)}},$$

$$\Delta\sigma_i = \Delta T_i \cdot \cos\gamma_i,$$

故

$$\Delta T_i = \frac{\Delta\sigma_i}{\cos\gamma_i} = \sqrt{1 + f_x^2(x_i, y_i) + f_y^2(x_i, y_i)}\,\Delta\sigma_i.$$

因为 $d \to 0$ 当且仅当 $d' \to 0$，所以

$$\begin{aligned}\lim_{d\to 0}\sum_{i=1}^{n} \Delta T_i &= \lim_{d'\to 0}\sum_{i=1}^{n} \sqrt{1 + f_x^2(x_i, y_i) + f_y^2(x_i, y_i)}\,\Delta\sigma_i \\ &= \iint_{D_{xy}} \sqrt{1 + f_x^2(x, y) + f_y^2(x, y)}\,\mathrm{d}x\mathrm{d}y,\end{aligned}$$

从而得曲面 S 的面积计算公式

$$\mu(S) = \iint_{D_{xy}} \sqrt{1 + f_x^2(x, y) + f_y^2(x, y)}\,\mathrm{d}x\mathrm{d}y. \tag{15.33}$$

或者

$$\mu(S) = \iint_{D_{xy}} \frac{\mathrm{d}x\mathrm{d}y}{\cos(\boldsymbol{n}, z)}, \tag{15.34}$$

这里 $\cos(\boldsymbol{n}, z)$ 为曲面法向量 $\boldsymbol{n}$ 与 z 轴的夹角(取锐角)的方向余弦.

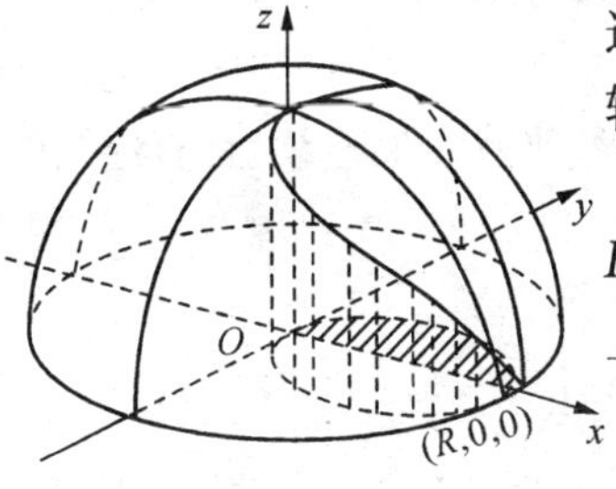

图 15－28

例 1　计算球面 $x^2 + y^2 + z^2 = R^2$ 被圆柱面 $x^2 + y^2 = Rx$ 所割下的上半球面那块面积 $\mu(S)$(图15－28).

解　曲面 S 的方程为

$$z = \sqrt{R^2 - x^2 - y^2},$$

而 D_{xy} 为圆域 $x^2 + y^2 \leqslant Rx$. 计算得

$$f_x = \frac{-x}{\sqrt{R^2 - x^2 - y^2}}, \quad f_y = \frac{-y}{\sqrt{R^2 - x^2 - y^2}},$$

所以由公式(15.33)，

$$\mu(S) = \iint\limits_{D_{xy}} \frac{R}{\sqrt{R^2 - x^2 - y^2}} \mathrm{d}x\mathrm{d}y = 2R\int_0^{\frac{\pi}{2}} \mathrm{d}\theta \int_0^{R\cos\theta} \frac{r\mathrm{d}r}{\sqrt{R^2 - r^2}}$$

$$= 2\int_0^{\frac{\pi}{2}} (R^2 - R^2\sin\theta)\mathrm{d}\theta = 2R^2\left(\frac{\pi}{2} - 1\right).$$

如果曲面 S 的方程为 $y = g(x,z)$ 或 $x = h(y,z)$，同样可以得到计算曲面面积的公式

$$\mu(S) = \iint\limits_{D_{zx}} \sqrt{1 + g_x^2 + g_z^2}\mathrm{d}z\mathrm{d}x,$$

或

$$\mu(S) = \iint\limits_{D_{yz}} \sqrt{1 + h_y^2 + h_z^2}\mathrm{d}y\mathrm{d}z.$$

下面导出参数方程表示的曲面面积计算公式.

设曲面 S 的方程为参数方程

$$\begin{cases} x = x(u,v), \\ y = y(u,v), \quad (u,v) \in \Delta, \\ z = z(u,v), \end{cases}$$

其中函数 $x(u,v), y(u,v), z(u,v)$ 在参数域 Δ 上连续,且有连续的一阶偏导数,雅可比矩阵

$$\begin{bmatrix} x_u & y_u & z_u \\ x_v & y_v & z_v \end{bmatrix}$$

的秩处处为 2,记

$$A = \begin{vmatrix} y_u & z_u \\ y_v & z_v \end{vmatrix}, \quad B = \begin{vmatrix} z_u & x_u \\ z_v & x_v \end{vmatrix}, \quad C = \begin{vmatrix} x_u & y_u \\ x_v & y_v \end{vmatrix},$$

$$E = x_u^2 + y_u^2 + z_u^2,$$
$$F = x_u x_v + y_u y_v + z_u z_v,$$
$$G = x_v^2 + y_v^2 + z_v^2.$$

则曲面 S 的面积为

$$\mu(S) = \iint\limits_{\Delta} \sqrt{A^2 + B^2 + C^2}\,\mathrm{d}u\mathrm{d}v = \iint\limits_{\Delta} \sqrt{EG - F^2}\,\mathrm{d}u\mathrm{d}v.$$

$$(15.35)$$

我们利用隐函数组存在定理来证明(15.35).

因为雅可比矩阵的秩在 Δ 上处处为 2 等价于条件 $A^2 + B^2 + C^2 \neq 0$. 因此,我们不妨设当 $(u,v) \in (\delta) \subset \Delta$ 时,$C \neq 0$. 由隐函数组存在定理可从变换

$$\varphi: \begin{cases} x = x(u,v), \\ y = y(u,v), \end{cases} \quad (u,v) \in (\delta) \qquad (15.36)$$

解出

$$\begin{cases} u = u(x,y), \\ v = v(x,y), \end{cases} \quad (x,y) \in (d).$$

且由隐函数求导法则求得

$$\frac{\partial u}{\partial x} = \frac{y_v}{C}, \quad \frac{\partial v}{\partial x} = \frac{-y_u}{C}$$

与

$$\frac{\partial u}{\partial y} = \frac{-x_v}{C}, \quad \frac{\partial v}{\partial y} = \frac{x_u}{C},$$

其中 $(d) \subset D_{xy}$ 是 (δ) 在变换(15.36)之下的对应区域,于是,在 $C \neq 0$ 的条件下,从 S 的参数方程确定了 z 是 x,y 的函数,即

$$z = z(u(x,y), v(x,y)), \quad (x,y) \in (d).$$

求导

$$\frac{\partial z}{\partial x} = \frac{\partial z}{\partial u}u_x + \frac{\partial z}{\partial v}v_x = -\frac{A}{C},$$

$$\frac{\partial z}{\partial y} = \frac{\partial z}{\partial u}u_y + \frac{\partial z}{\partial v}v_y = -\frac{B}{C},$$

得

$$\sqrt{1 + z_x^2 + z_y^2} = \frac{\sqrt{A^2 + B^2 + C^2}}{|C|}.$$

又变换(15.36)将(δ)一对一地变成(d)，且

$$J_\varphi(u,v) = \frac{\partial(x,y)}{\partial(u,v)} = C.$$

从而利用公式(15.33)，并作变数变换，则投影为(d)的一小块曲面 S_d 的面积为

$$\mu(S_d) = \iint\limits_{(d)} \sqrt{1 + z_x^2 + z_y^2}\,\mathrm{d}x\mathrm{d}y$$

$$= \iint\limits_{(\delta)} \sqrt{A^2 + B^2 + C^2}\,\mathrm{d}u\mathrm{d}v,$$

再利用上等式关于 A,B,C 的对称性，立即可得整个曲面的面积

$$\mu(S) = \iint\limits_{\Delta} \sqrt{A^2 + B^2 + C^2}\,\mathrm{d}u\mathrm{d}v.$$

由于 $\sqrt{A^2 + B^2 + C^2} = \sqrt{EG - F^2}$，从而公式(15.35)得证.

例 2　利用上半球面的参数方程

$$\begin{cases} x = R\sin\varphi\cos\theta, \\ y = R\sin\varphi\sin\theta, & 0 \leqslant \varphi \leqslant \dfrac{\pi}{2}, 0 \leqslant \theta \leqslant 2\pi \\ z = R\cos\varphi, \end{cases}$$

来计算例 1 中提到的曲面面积 $\mu(S)$.

解　通过直接计算

$$E = R^2, F = 0, G = R^2\sin^2\varphi,$$

由于曲面的边界曲线是球面与圆柱面的交线，得 $x = R\sin\varphi\cos\theta$，$y = R\sin\varphi\sin\theta$，代入圆柱方程 $x^2 + y^2 = Rx$ 得

$$\sin\varphi = \cos\theta.$$

再利用对称性，我们仅考虑第一卦限，则

$$0 \leqslant \varphi \leqslant \frac{\pi}{2}, \quad 0 \leqslant \theta \leqslant \frac{\pi}{2}.$$

于是球面与圆柱面交线上的点对应于 $\varphi\theta$ 平面上直线 $\theta + \varphi = \dfrac{\pi}{2}$，故

$$\Delta = \left\{ (\varphi,\theta) \mid 0 \leqslant \varphi \leqslant \frac{\pi}{2} - \theta, 0 \leqslant \theta \leqslant \frac{\pi}{2} \right\}.$$

由(15.35)式

$$\mu(S) = \iint\limits_{\Delta} \sqrt{A^2 + B^2 + C^2}\, \mathrm{d}u\mathrm{d}v$$

$$= 2\int_0^{\frac{\pi}{2}} \mathrm{d}\theta \int_0^{\frac{\pi}{2}-\theta} R^2 \sin\varphi\, \mathrm{d}\varphi = 2R^2\left(\frac{\pi}{2} - 1\right).$$

注　在计算曲线的弧长时,我们用弧内接折线周长在其各段之长趋于零时的极限来定义,是否能类似地用曲面的内接多面形的面积在其各面直径趋于零时的极限来定义呢? 许瓦尔兹举出一个反例说明这种定义方法是不行的,对此读者可参阅有关的数学分析教程(如菲赫金哥尔茨著《微积分学教程》中译本第三卷第二分册).

15.4.2　几何体的质量中心和转动惯量

设 V 是密度函数为 $\rho(x,y,z)$ 的空间物体,$\rho(x,y,z)$ 在 V 上连续,类似于 14.1 例 3 关于曲线弧质量中心的求法,读者不难得到几何体 V 质量中心坐标为

$$\bar{x} = \frac{1}{M}\iiint\limits_{V} x\rho(x,y,z)\,\mathrm{d}V,$$

$$\bar{y} = \frac{1}{M}\iiint\limits_{V} y\rho(x,y,z)\,\mathrm{d}V,$$

$$\bar{z} = \frac{1}{M}\iiint\limits_{V} z\rho(x,y,z)\,\mathrm{d}V,$$

这里 $M = \iiint\limits_{V} \rho(x,y,z)\,\mathrm{d}V$ 是物体 V 的质量,特别 V 为均匀物体时,则

$$\bar{x} = \frac{1}{\mu(V)}\iiint\limits_{V} x\,\mathrm{d}V, \quad \bar{y} = \frac{1}{\mu(V)}\iiint\limits_{V} y\,\mathrm{d}V,$$

$$\bar{z} = \frac{1}{\mu(V)} \iiint\limits_V z \, dV,$$

其中 $\mu(V)$ 仍表示 V 的体积.

如果几何体是密度分布为 $\rho(x,y)$ 的平面薄板 D,则它的质量中心坐标可用二重积分来计算,具体公式读者可自己写出.

下面我们考虑几何体的转动惯量. 据力学,一质量为 m 的质点 A 对直线 L 的转动惯量为

$$I_L = mr^2,$$

其中 r 是点 A 到直线 L 的距离. 对于质量分别为 $m_1, m_2, \cdots, m_k$ 的质点组,$r_1, r_2, \cdots, r_k$ 分别为每个质点到 L 的距离,则质点组对 L 的转动惯量为

$$I_L = \sum_{i=1}^{k} m_i r_i^2.$$

现在有一几何体 V,其密度函数 $\rho(x,y,z)$ 在 V 上连续,我们求 V 分别对 x, y, z 轴的转动惯量. 例如求对 x 轴的转动惯量,把 V 分成 n 个小区域 V_i,任取点 $(x_i, y_i, z_i) \in V_i (i = 1, 2, \cdots, n)$,$V_i$ 的质量近似地等于 $\rho(x_i, y_i, z_i) \Delta V_i$,用质点组 $\{(x_i, y_i, z_i) \mid i = 1, 2, \cdots, n\}$($(x_i, y_i, z_i)$ 的质量为 $\rho(x_i, y_i, z_i) \Delta V_i; i = 1, 2, \cdots, n$) 近似代替 V,得

$$I_x \approx \sum_i (y_i^2 + z_i^2) \rho(x_i, y_i, z_i) \Delta V_i,$$

故

$$I_x = \iiint\limits_V (y^2 + z^2) \rho(x,y,z) \, dV.$$

同理,V 对 y 轴和 z 轴的转动惯量分别为

$$I_y = \iiint\limits_V (x^2 + z^2) \rho(x,y,z) \, dV;$$

$$I_z = \iiint\limits_V (x^2 + y^2) \rho(x,y,z) \, dV.$$

若几何体是 xy 平面上具有密度 $\rho(x,y)$ 的薄片 D，则

$$I_x = \iint\limits_{D} y^2 \rho(x,y)\mathrm{d}x\mathrm{d}y, \quad I_y = \iint\limits_{D} x^2 \rho(x,y)\mathrm{d}x\mathrm{d}y.$$

同理 V 对坐标平面的转动惯量分别为

$$I_{xy} = \iiint\limits_{V} z^2 \rho(x,y,z)\mathrm{d}V,$$

$$I_{yz} = \iiint\limits_{V} x^2 \rho(x,y,z)\mathrm{d}V,$$

$$I_{zx} = \iiint\limits_{V} y^2 \rho(x,y,z)\mathrm{d}V.$$

例 1 设有两平行直线 L_0 和 L，它们之间的距离为 h，L_0 过物体 V 的质量中心 O 点，则

$$I_L = I_0 + mh^2,$$

其中 $I_0 = I_{L_0}$，m 为物体质量.

证 取质量中心 O 为坐标原点，L_0 为 z 轴，设 L 与 xy 平面相交于点 $M(\xi,\eta,0)$（图 15-29），$P(x,y,z)$ 为 V 内任一点，$Q(x,y,0)$ 为 P 在 xy 平面上的投影，$QM \perp L$，作 $PN \perp L$ 交直线 L 于 N 点，则

$$r = |PN| = |QM|$$
$$= \sqrt{(x-\xi)^2 + (y-\eta)^2}.$$

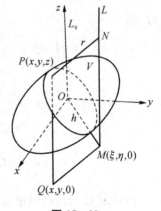

图 15-29

由于

$$I_L = \iiint\limits_{V} r^2 \rho(x,y,z)\mathrm{d}V$$

$$= \iiint\limits_{V} \left[(x-\xi)^2 + (y-\eta)^2\right]\rho(x,y,z)\mathrm{d}V$$

$$= \iiint\limits_{V} (x^2 + y^2)\rho(x,y,z)\mathrm{d}V - 2\xi \iiint\limits_{V} x\rho(x,y,z)\mathrm{d}V$$

$$- 2\eta \iiint\limits_{V} y\rho(x,y,z)\mathrm{d}V + (\xi^2 + \eta^2) \iiint\limits_{V} \rho(x,y,z)\mathrm{d}V$$

$$= I_0 + h^2 m = I_0 + mh^2,$$

这里用到条件 $\bar{x} = \bar{y} = \bar{z} = 0$.

例 2 试求半径为 R 密度为 ρ_0 的均匀球体对它一条切线 L 的转动惯量.

解 选取和例 1 一样的坐标系,球心在原点,L 垂直于 xy 平面. 由例 1,

$$I_L = I_z + mR^2,$$

这里 $m = \dfrac{4}{3}\pi R^3 \rho_0$ 为球的质量,利用球面坐标变换(15.30),计算 I_z 得

$$I_z = \iiint\limits_{x^2+y^2+z^2 \leqslant R^2} (x^2 + y^2)\rho_0 \mathrm{d}x\mathrm{d}y\mathrm{d}z$$

$$= \rho_0 \int_0^{2\pi} \mathrm{d}\theta \int_0^{\pi} \mathrm{d}\varphi \int_0^R r^2 \sin^2\varphi \cdot r^2 \sin\varphi \mathrm{d}r$$

$$= 2\pi\rho_0 \int_0^{\pi} \sin^3\varphi \mathrm{d}\varphi \int_0^R r^4 \mathrm{d}r$$

$$= \frac{8}{15}\pi R^5 \rho_0 = \frac{2}{5}mR^2.$$

所以球对 L 的转动惯量为 $I_L = \dfrac{7}{5}mR^2$.

15.4.3 引力

设几何体 V 的密度函数为连续函数 $\rho(x,y,z)$,求 V 对 V 外一单位质点 $M_0(x_0,y_0,z_0)$ 的引力 $\boldsymbol{F}$.

我们用微元法求 V 对 M_0 的引力. V 中的点用 (x,y,z) 代表,

令 $r = \sqrt{(x-x_0)^2 + (y-y_0)^2 + (z-z_0)^2}$，$k$ 为引力系数，V 中的质量微元 $\mathrm{d}m = \rho\mathrm{d}V$，则 $\mathrm{d}m$ 对 M_0 的引力在三个坐标轴上的投影为

$$\mathrm{d}F_x = k\frac{\rho\mathrm{d}V}{r^2} \cdot \frac{x-x_0}{r} = k\frac{x-x_0}{r^3}\rho\mathrm{d}V,$$

$$\mathrm{d}F_y = k\frac{y-y_0}{r^3}\rho\mathrm{d}V,$$

$$\mathrm{d}F_z = k\frac{z-z_0}{r^3}\rho\mathrm{d}V.$$

这里 $\rho = \rho(x,y,z)$，于是力 $\boldsymbol{F}$ 在三个坐标轴上的投影为

$$F_x = k\iiint\limits_V \frac{x-x_0}{r^3}\rho\mathrm{d}V,$$

$$F_y = k\iiint\limits_V \frac{y-y_0}{r^3}\rho\mathrm{d}V,$$

$$F_z = k\iiint\limits_V \frac{z-z_0}{r^3}\rho\mathrm{d}V.$$

$$\boldsymbol{F} = F_x\boldsymbol{i} + F_y\boldsymbol{j} + F_z\boldsymbol{k}.$$

例 设半径为 1 的球体有均匀密度 ρ_0，求 V 对球外一单位质点 M_0 的引力(引力系数为 k_0).

解 设球体 V 由不等式 $x^2 + y^2 + z^2 \leqslant 1$ 确定，M_0 的坐标为 $(0,0,a)(a>1)$，显然有 $F_x = F_y = 0$，现计算 F_z. 由上述公式

$$F_z = k_0\iiint\limits_V \frac{\rho_0(z-a)}{[x^2+y^2+(z-a)^2]^{3/2}}\mathrm{d}x\mathrm{d}y\mathrm{d}z$$

$$= k_0\rho_0\int_{-1}^1 (z-a)\mathrm{d}z\iint\limits_{D_z} \frac{\mathrm{d}x\mathrm{d}y}{[x^2+y^2+(z-a)^2]^{3/2}},$$

其中 $D_z = \{(x,y) \mid x^2+y^2 \leqslant 1-z^2\}$，用极坐标

$$F_z = k_0\rho_0\int_{-1}^1 (z-a)\mathrm{d}z\int_0^{2\pi}\mathrm{d}\theta\int_0^{\sqrt{1-z^2}} \frac{r\mathrm{d}r}{(r^2+(z-a)^2)^{3/2}}$$

$$= 2\pi k_0 \rho_0 \int_{-1}^{1} \left(-1 - \frac{z-a}{\sqrt{1-2az-a^2}} \right) \mathrm{d}z$$

$$= -\frac{4}{3a^2}\pi\rho_0 k_0,$$

故

$$\boldsymbol{F} = -\frac{4}{3a^2}\pi\rho_0 k_0 \boldsymbol{k}.$$

最后，我们介绍利用重积分计算引力场位势的公式，设 V 为某物体占有的空间区域，体密度是连续函数 $\rho(x,y,z)$，这个物体在空间形成一引力场，则场中任一点 $M(\xi,\eta,\zeta)$ 的位势为

$$u(\xi,\eta,\zeta) = \iiint\limits_{V} \frac{k\rho(x,y,z)}{r} \mathrm{d}x\mathrm{d}y\mathrm{d}z. \tag{15.37}$$

其中 $r = \sqrt{(x-\xi)^2 + (y-\eta)^2 + (z-\zeta)^2}$（习题 9）。$u(\xi,\eta,\zeta)$ 通常称为点 $M(\xi,\eta,z)$ 的牛顿位势。

习 题

1. 求曲面 $az = xy$ 包含在圆柱 $x^2 + y^2 = a^2$ 内那部分的面积.

2. 求曲面 $z = \sqrt{x^2 + y^2}$ 包含在圆柱 $x^2 + y^2 = 2x$ 内那部分的面积.

3. 求螺旋面
$$\begin{cases} x = r\cos\varphi, \\ y = r\sin\varphi, \quad 0 \leqslant r \leqslant a, 0 \leqslant \varphi \leqslant 2\pi \\ z = h\varphi, \end{cases}$$
的面积.

4. 设 S_1, S_2 分别为球面 $x^2 + y^2 + z^2 = R^2, x^2 + y^2 + z^2 = r^2$ $(R > r)$，S_3 为锥面 $x^2 + y^2 = \tan^2\beta\, z^2 \left(0 < \beta < \frac{\pi}{2}, z \geqslant 0 \right)$，

试求：

(1) S_1, S_2 被 S_3 所截部分的面积；

(2) S_3 被 S_1 和 S_2 所截部分的面积.

5. 求下列均匀密度的平面薄板和空间物体的质量中心：

(1) 半椭圆

$$\frac{x^2}{a^2} + \frac{y^2}{b^2} \leqslant 1, \quad y \geqslant 0;$$

(2) 高为 h, 底分别为 a 和 b 的等腰梯形；

(3) 由坐标面和平面 $x + 2y - z = 1$ 所围成的四面体.

6. 设球上点 $P(x, y, z)$ 的密度与该点到球心的距离成正比, 求质量为 M 的该非均匀球体 $x^2 + y^2 + z^2 \leqslant R^2$ 对于其直径的转动惯量.

7. 求密度为 ρ_0, 由曲面

$$(x^2 + y^2 + z^2)^2 = a^2(x^2 + y^2)$$

所围立体对于坐标原点的转动惯量.

8. 计算下列吸引力：(k_0 为引力系数, ρ_0 为密度)

(1) 均匀薄片 $x^2 + y^2 \leqslant R^2$, $z = 0$ 对于 z 轴上一点 $(0, 0, c)$ $(c > 0)$ 处单位质量的吸引力；

(2) 均匀柱体 $x^2 + y^2 \leqslant a^2$, $0 \leqslant z \leqslant h$ 对于 $P(0, 0, c)$ $(c > h)$ 处单位质量的吸引力.

9. 试证关于引力场的位势公式 (15.37).

15.5 反 常 重 积 分

对于重积分我们同样可以作两方面的推广, 一是允许积分区域是无界区域, 二是被积函数可以无界, 得到无界区域和无界函数的反常重积分, 它们在数学物理中有许多应用. 这里我们仅以反常二重积分为例进行介绍. 而且文中所述区域均为闭区域.

15.5.1　无界区域的反常二重积分

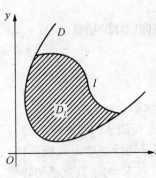

图 15 - 30

设 D 是平面上一无界区域,$f(x,y)$ 在 D 上处处有定义且在 D 的每个有界子区域 D_l 上正常可积,其中 D_l 为用面积为零的曲线 l 割 D 所得的有界子区域(图 15 - 30). 令 $d = \inf\{\sqrt{x^2+y^2} \mid (x,y) \in l \bigcap D\}$,若极限

$$\lim_{d\to+\infty} \iint\limits_{D_l} f(x,y)\mathrm{d}x\mathrm{d}y$$

存在有限,且与 D_l 取法无关,则称 $f(x,y)$ 在 D 上的反常二重积分**收敛**,并记

$$\iint\limits_{D} f(x,y)\mathrm{d}x\mathrm{d}y = \lim_{d\to+\infty} \iint\limits_{D_l} f(x,y)\mathrm{d}x\mathrm{d}y. \qquad (15.38)$$

若(15.38)中极限不存在,则称 $\iint\limits_{D} f(x,y)\mathrm{d}x\mathrm{d}y$ **发散**.

定理 15.11　设在无界区域 D 上 $f(x,y) \geqslant 0$,若存在有界子区域序列 $\{D_n\}(n=1,2,\cdots)$,其中 D_n 是由面积为零的曲线 l_n 割 D 所得,满足:

(i) $d_n = \inf_{n}\{\sqrt{x^2+y^2} \mid (x,y) \in l_n \bigcap D\} \to \infty (n \to \infty)$;

(ii) $I = \sup_{n} \iint\limits_{D_n} f(x,y)\mathrm{d}x\mathrm{d}y < +\infty$,

则

$$\iint\limits_{D} f(x,y)\mathrm{d}x\mathrm{d}y = I.$$

证　由条件(i),则对 D 的任一有界子集 D',必存在 D_n,使 $D' \subset D_n$,于是

$$\iint\limits_{D'} f(x,y)\mathrm{d}x\mathrm{d}y \leqslant \iint\limits_{D_n} f(x,y)\mathrm{d}x\mathrm{d}y \leqslant I.$$

另一方面,对任给的 $\varepsilon > 0$,据(ii)存在 n_0,使

$$\iint\limits_{D_{n_0}} f(x,y)\mathrm{d}x\mathrm{d}y > I - \varepsilon.$$

据 D_{n_0} 的有界性,又存在数 $d^* > 0$,当 $d > d^*$ 时,使子区域 $D_l \supset D_{n_0}$,从而当 $d > d^*$,有

$$I - \varepsilon < \iint\limits_{D_l} f(x,y)\mathrm{d}x\mathrm{d}y \leqslant I,$$

故

$$\iint\limits_{D} f(x,y)\mathrm{d}x\mathrm{d}y = 1.$$

读者可证明下面两个很有用的推论:

推论 1　若 $f(x,y) \geqslant 0$,则 $\iint\limits_{D} f(x,y)\mathrm{d}x\mathrm{d}y$ 收敛的充要条件是存在 $M > 0$,使得 $f(x,y)$ 在 D 的任一有界区域 D_l 上正常可积,且

$$\iint\limits_{D_l} f(x,y)\mathrm{d}x\mathrm{d}y \leqslant M.$$

推论 2　若 $f(x,y) \geqslant 0$,且存在有界子区域序列 $\{D_n\}$,满足

$$D_1 \subset D_2 \subset \cdots \subset D_n \subset \cdots$$

和 $d_n \to +\infty(n \to \infty)$,则有

$$\iint\limits_{D} f(x,y)\mathrm{d}x\mathrm{d}y = \lim_{n \to \infty} \iint\limits_{D_n} f(x,y)\mathrm{d}x\mathrm{d}y \text{ (有限或 } +\infty).$$

例 1　计算积分

$$I = \iint\limits_{R^2} \mathrm{e}^{-(x^2+y^2)} \mathrm{d}x\mathrm{d}y.$$

其中 R^2 代表整个 xy 平面.

解 因为 $e^{-(x^2+y^2)} \geqslant 0$，对每个自然数 $n=1,2,\cdots$ 由定理 15.11 的推论 2，有

$$I = \lim_{n\to\infty} \iint_{x^2+y^2\leqslant n^2} e^{-(x^2+y^2)} \mathrm{d}x\mathrm{d}y = \lim_{n\to\infty} \int_0^{2\pi} \mathrm{d}\theta \int_0^n e^{-r^2} r\mathrm{d}r$$

$$= \lim_{n\to\infty} 2\pi \left(\frac{1}{2} - \frac{1}{2}e^{-n^2} \right) = \pi,$$

另外，再利用

$$\iint_{R^2} e^{-(x^2+y^2)} \mathrm{d}x\mathrm{d}y = \lim_{n\to\infty} \iint_{\substack{|x|\leqslant n \\ |y|\leqslant n}} e^{-(x^2+y^2)} \mathrm{d}x\mathrm{d}y$$

$$= \lim_{n\to\infty} \int_{-n}^n e^{-x^2} \mathrm{d}x \int_{-n}^n e^{-x^2} \mathrm{d}y = \left(\int_{-\infty}^{+\infty} e^{-x^2} \mathrm{d}x \right)^2.$$

我们又得到

$$\int_{-\infty}^{+\infty} e^{-x^2} \mathrm{d}x = \sqrt{\pi}, \quad \int_0^{+\infty} e^{-x^2} \mathrm{d}x = \frac{\sqrt{\pi}}{2}.$$

我们知道，一元函数反常积分的绝对收敛性蕴含反常积分的收敛性，反之则不然，可是对于多元函数，反常积分的收敛性也蕴含了绝对收敛性.

定理 15.12 函数 $f(x,y)$ 在无界区域 D 上反常二重积分收敛的充要条件是 $|f(x,y)|$ 在 D 上反常二重积分收敛.

证 （充分性） 设积分 $\iint\limits_D |f(x,y)| \mathrm{d}x\mathrm{d}y$ 收敛，令

$$f_+(x,y) = \begin{cases} f(x,y), & \text{当 } f(x,y) \geqslant 0 \text{ 时}, \\ 0, & \text{当 } f(x,y) < 0 \text{ 时}, \end{cases}$$

$$f_-(x,y) = \begin{cases} 0, & \text{当 } f(x,y) > 0 \text{ 时}, \\ -f(x,y), & \text{当 } f(x,y) \leqslant 0 \text{ 时}. \end{cases}$$

显然，$0 \leqslant f_+(x,y) \leqslant |f(x,y)|$，$0 \leqslant f_-(x,y) \leqslant |f(x,y)|$，$f(x,y) = f_+(x,y) - f_-(x,y)$.

由定理 15.11 推论 1，$\iint\limits_{D} f_{+}(x,y)\mathrm{d}x\mathrm{d}y, \iint\limits_{D} f_{-}(x,y)\mathrm{d}x\mathrm{d}y$ 均收敛，从而积分 $\iint\limits_{D} f(x,y)\mathrm{d}x\mathrm{d}y$ 也收敛.

（必要性） 假如 $f(x,y)$ 在 D 上的反常积分收敛而结论不真，由定理 15.11 推论 2，总存在子区域序列 $\{D_{n}\}, D_{1} \subset D_{2} \subset \cdots d_{k} \to +\infty$，使不等式

$$\iint\limits_{D_{n+1}} |f(x,y)| \mathrm{d}x\mathrm{d}y > 3\iint\limits_{D_{n}} |f(x,y)| \mathrm{d}x\mathrm{d}y + 2n$$

成立. 记 $\Delta_{n} = D_{n+1} \backslash D_{n}$，又有

$$\iint\limits_{\Delta_{n}} |f(x,y)| \mathrm{d}x\mathrm{d}y > 2\iint\limits_{D_{n}} |f(x,y)| \mathrm{d}x\mathrm{d}y + 2n.$$

因 $|f(x,y)| = f_{+}(x,y) + f_{-}(x,y)$，从上不等式知，在 $f_{+}(x,y)$ 和 $f_{-}(x,y)$ 中至少有一个（例如 $f_{+}(x,y)$）满足

$$\iint\limits_{\Delta_{n}} f_{+}(x,y)\mathrm{d}x\mathrm{d}y > \iint\limits_{D_{n}} |f(x,y)| \mathrm{d}x\mathrm{d}y + n.$$

存在 Δ_{n} 的一个分割，使得左边积分的下和仍有

$$\sum_{i} m_{i}^{(n)} \mu(\Delta_{i}^{(n)}) > \iint\limits_{D_{n}} |f(x,y)| \mathrm{d}x\mathrm{d}y + n,$$

这里 $\Delta_{i}^{(n)}$ 是子区域 Δ_{n} 分割的元素部分，$\mu(\Delta_{i}^{(n)})$ 为其面积，$m_{i}^{(n)}$ 是 $f_{+}(x,y)$ 在 $\Delta_{i}^{(n)}$ 上的下确界. 令

$$\Delta_{n}' = \bigcup_{i} \{\Delta_{i}^{(n)} \mid m_{i}^{(n)} > 0\},$$

在 Δ_{n}' 上 $f(x,y) = f_{+}(x,y) > 0$，从上不等式有

$$\iint\limits_{\Delta_{n}'} f(x,y)\mathrm{d}x\mathrm{d}y > \iint\limits_{D_{n}} |f(x,y)| \mathrm{d}x\mathrm{d}y + n.$$

此外，显然有

$$\iint\limits_{D_n} f(x,y)\mathrm{d}x\mathrm{d}y \geqslant -\iint\limits_{D_n} |f(x,y)|\,\mathrm{d}x\mathrm{d}y,$$

如果再令 $E_n' = \Delta_n' \bigcup D_n$，那么

$$\iint\limits_{E_n'} f(x,y)\mathrm{d}x\mathrm{d}y > n.$$

如果 E_n' 不是一个连通的区域，我们总可以用一些狭窄的"小走廊"把它们连接成一个连通的区域 E_n，而这些"小走廊"的总面积可任意地小，并且使上面不等式在 E_n 上仍成立，即

$$\iint\limits_{E_n} f(x,y)\mathrm{d}x\mathrm{d}y > n.$$

由此表明 $f(x,y)$ 在 D 上的反常积分是发散的，这与假设相矛盾.

定理 15.13(柯西判别法) 设 $f(x,y)$ 在无界区域 D 的任何一个有界子区域 D_l 上正常可积，$(x,y)\in D$ 时，令 $r = \sqrt{x^2 + y^2}$，则下面两个结论成立：

1° 若当 r 充分大时，

$$|f(x,y)| \leqslant \frac{C}{r^p}$$

(C 为常数)，$p > 2$，则积分 $\iint\limits_{D} f(x,$

$y)\mathrm{d}x\mathrm{d}y$ 收敛；

2° 若 D 含有顶点在原点的无限扇

形 Δ：$\alpha \leqslant \theta \leqslant \beta, r \geqslant r_0$ (r_0 为常数)(如

图 15-31 所示)，且 $r > r_0$ 时，

$$|f(x,y)| \geqslant \frac{C}{r^p}\ (C\ \text{为常数})，p \leqslant 2,$$

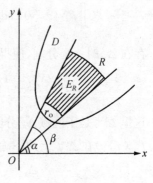

图 15-31

则积分 $\iint\limits_{D} f(x,y)\mathrm{d}x\mathrm{d}y$ 发散.

证　1° 设 $r \geqslant r_0$ 时，$|f(x,y)| \leqslant \dfrac{C}{r^p}$，$p > 2$. 作圆域 $A_R: x^2 + y^2 \leqslant R^2$，令 $D_R = A_R \cap D$，当 $R > r_0$ 时，

$$\iint\limits_{D_R} |f(x,y)| \, \mathrm{d}x\mathrm{d}y$$

$$= \iint\limits_{D_{r_0}} |f(x,y)| \, \mathrm{d}x\mathrm{d}y + \iint\limits_{D_R \backslash D_{r_0}} |f(x,y)| \, \mathrm{d}x\mathrm{d}y$$

$$\leqslant \iint\limits_{D_{r_0}} |f(x,y)| \, \mathrm{d}x\mathrm{d}y + \iint\limits_{A_R \backslash A_{r_0}} \frac{C}{r^p} \mathrm{d}x\mathrm{d}y.$$

因为

$$\iint\limits_{A_R \backslash A_{r_0}} \frac{C}{r^p} \mathrm{d}x\mathrm{d}y = C \int_0^{2\pi} \mathrm{d}\theta \int_{r_0}^R \frac{1}{r^p} r \, \mathrm{d}r$$

$$\leqslant 2\pi C \frac{1}{p-2} \left(\frac{1}{r_0}\right)^{p-2},$$

$p > 2$，则 $2\pi C \dfrac{1}{p-2}\left(\dfrac{1}{r_0}\right)^{p-2} \leqslant K$，故当 $R > r_0$ 时

$$\iint\limits_{D_R} |f(x,y)| \, \mathrm{d}x\mathrm{d}y$$

有界，据定理 15.11 推论 1，立即知 $\iint\limits_{D} |f(x,y)| \, \mathrm{d}x\mathrm{d}y$ 收敛，从而

反常二重积分 $\iint\limits_{D} f(x,y)\mathrm{d}x\mathrm{d}y$ 收敛.

2° 令 $E_R = \{(r,\theta) \mid \alpha \leqslant \theta \leqslant \beta, r_0 \leqslant r \leqslant R\}$，则

$$\iint\limits_{D_R} |f(x,y)| \, \mathrm{d}x\mathrm{d}y$$

$$= \iint\limits_{D_r} |f(x,y)| \, \mathrm{d}x\mathrm{d}y + \iint\limits_{D_R \backslash D_r} |f(x,y)| \, \mathrm{d}x\mathrm{d}y$$

$$\geqslant \iint\limits_{D_r} \mid f(x,y) \mid \mathrm{d}x\mathrm{d}y + \iint\limits_{E_R} \mid f(x,y) \mid \mathrm{d}x\mathrm{d}y.$$

但

$$\iint\limits_{E_R} \mid f(x,y) \mid \mathrm{d}x\mathrm{d}y$$

$$\geqslant \int_\alpha^\beta \mathrm{d}\theta \int_r^R \frac{C}{r^p} r\,\mathrm{d}r$$

$$= \begin{cases} (\beta-\alpha)\dfrac{C}{2-p}\Big(\dfrac{1}{R^{p-2}} + \dfrac{1}{r_0^{p-2}}\Big), & \text{当 } p < 2 \text{ 时}, \\ C(\beta-\alpha)(\ln R - \ln r_0), & \text{当 } p = 2 \text{ 时}, \end{cases}$$

显然当 $R \to +\infty$ 时, 上式右边趋于 $+\infty$, 故积分 $\iint\limits_{D} \mid f(x,y) \mid \mathrm{d}x\mathrm{d}y$ 发散, 再由定理 15.12 知, 积分 $\iint\limits_{D} f(x,y)\mathrm{d}x\mathrm{d}y$ 也发散.

例 2 讨论积分

$$\iint\limits_{x^2+y^2\geqslant 1} \frac{\mathrm{d}x\mathrm{d}y}{(x^2+y^2)^m}$$

的敛散性.

解 因为 $f(x,y) = \dfrac{1}{(x^2+y^2)^m} = \dfrac{1}{r^{2m}}$, 则由定理 15.13 易知, 当 $m > 1$ 时原积分收敛, 当 $m \leqslant 1$ 时发散.

15.5.2 无界函数的反常二重积分

设 $P_0(x_0, y_0)$ 为有界闭区域 D 的一个聚点, $f(x,y)$ 在 D 上除点 P_0 外处处有定义, 且在 P_0 点的任何邻域内无界(P_0 称作奇点). 用 Δ 表示 P_0 点的任一邻域, $\Delta \subset D$, d 表示 Δ 的直径, 设 $f(x, y)$ 在任一 $D \backslash \Delta$ 上正常可积, 若极限

$$\lim_{d\to 0} \iint\limits_{D\backslash\Delta} f(x,y)\mathrm{d}x\mathrm{d}y$$

存在有限,且与 Δ 取法无关,则称 $f(x,y)$ 在 D 上的反常二重积分收敛,并记作

$$\iint\limits_{D} f(x,y)\mathrm{d}x\mathrm{d}y = \lim_{d \to 0} \iint\limits_{D\setminus\Delta} f(x,y)\mathrm{d}x\mathrm{d}y. \tag{15.39}$$

类似于定理 15.11—15.13,对无界函数的反常二重积分也有相应的讨论.下面我们仅给出相应于定理 15.13 的无界函数反常二重积分柯西收敛判别法.

定理 15.14 设 $f(x,y)$ 在有界闭区域 D 上除了 P_0 点外处处有定义,P_0 点为它的奇点,则下面两个结论成立:

1° 若 P_0 点附近有

$$|f(x,y)| \leqslant \frac{c}{r^p},$$

其中

$$r = \sqrt{(x-x_0)^2 + (y-y_0)^2},$$

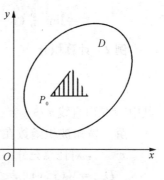

图 15-32

c 为常数,$p < 2$,则积分 $\iint\limits_{D} f(x,y)\mathrm{d}x\mathrm{d}y$ 收敛;

2° 若 D 含有一个以 P_0 顶点的角状区域(图 15-32),且在 P_0 点附近有 $|f(x,y)| \geqslant \dfrac{C}{r^p}, p \geqslant 2$,则积分 $\iint\limits_{D} f(x,y)\mathrm{d}x\mathrm{d}y$ 发散.

定理 15.14 的证明方法同定理 15.13,我们留给读者作为练习.

如果 $f(x,y)$ 在有界闭区域 D 内有一条面积为零的奇线 Γ,同样可以定义它的反常二重积分,只要取 Δ 为 Γ 的一个 δ 邻域(例如,$\Delta = \{(x,y) \mid \sqrt{(x-x')^2 + (y-y')^2} < \delta, (x', y') \in \Gamma\}$),$d \to 0$ 用 Δ 的面积 $\to 0$ 代替即可.对于反常三重积分完全与反常二重积分相似,我们在此不再一一细述.

数学分析教程(下册)

对于被积函数具有奇线的情形,有下面的

例1 设 $D = [0,1] \times [0,1]$,求积分

$$I = \iint\limits_{D} x^{-\frac{2}{3}} y \mathrm{d}x \mathrm{d}y.$$

解 易知 $x = 0(0 \leqslant y \leqslant 1)$ 是一条奇线,任给 $\varepsilon > 0$,我们令 $D_\varepsilon = [\varepsilon,1] \times [0,1]$,因为 $f(x,y) = x^{-\frac{2}{3}} y \geqslant 0$,$(x,y) \in (0,1] \times [0,1]$,所以

$$I = \lim_{\varepsilon \to 0_+} \iint\limits_{D_\varepsilon} x^{-\frac{2}{3}} y \mathrm{d}x \mathrm{d}y = \lim_{\varepsilon \to 0_+} \int_0^1 y \mathrm{d}y \int_\varepsilon^1 x^{-\frac{2}{3}} \mathrm{d}x$$

$$= \lim_{\varepsilon \to 0_+} \frac{3}{2}(1 - \varepsilon^{\frac{1}{3}}) = \frac{3}{2}.$$

例2 计算积分

$$I = \iint\limits_{D} \ln \sin(x+y) \mathrm{d}x \mathrm{d}y,$$

其中 D 是由直线 $x+y = \pi, x = 0, y = 0$ 所围成的三角形域.

解 易知被积函数在 D 上有奇点 $(0,0)$ 和奇线 $x+y = \pi$,$0 \leqslant x \leqslant 1$,对任意充分小的 $\varepsilon > 0$ 和 $\eta > 0$,取

$$D_{\varepsilon,\eta} = \{(x,y) \mid \varepsilon \leqslant x+y \leqslant \pi - \eta, x \geqslant 0, y \geqslant 0\}$$

$D_{\varepsilon,\eta} \subset D$. 对区域 $D_{\varepsilon,\eta}$ 作变换 φ:

$$x = \frac{1}{2}(u+v), \quad y = \frac{1}{2}(v-u),$$

$J_\varphi(u,v) = \frac{1}{2}$(参看 15.2.2 例3 和图 5-10,11),$D_{\varepsilon,\eta}$ 在 φ 之下的原象为区域

$$\Delta_{\varepsilon,\eta} = \{(u,v) \mid -v \leqslant u \leqslant v, \varepsilon \leqslant v \leqslant \pi - \eta\},$$

于是由变换公式(15.13)

$$I = \lim_{\substack{\varepsilon \to 0 \\ \eta \to 0}} \iint\limits_{\Delta_{\varepsilon,\eta}} \ln \sin(x+y) \mathrm{d}x \mathrm{d}y$$

$$= \lim_{\substack{\varepsilon \to 0 \\ \eta \to 0}} \iint_{\Delta_{\varepsilon,\eta}} \frac{1}{2} \ln \sin v \, \mathrm{d}u \mathrm{d}v$$

$$= \lim_{\substack{\varepsilon \to 0 \\ \eta \to 0}} \frac{1}{2} \int_\varepsilon^{\pi-\eta} \ln \sin v \mathrm{d}v \int_{-v}^v \mathrm{d}u$$

$$= \int_0^\pi v \ln \sin v \mathrm{d}v.$$

上式最后一个反常积分收敛,这是因为把积分区间$[0,\pi]$分为 $\left[0,\dfrac{\pi}{2}\right]$和$\left[\dfrac{\pi}{2},\pi\right]$,在$\left[\dfrac{\pi}{2},\pi\right]$上作积分变换$t=\pi-v$,有

$$\int_0^\pi v \ln \sin v \mathrm{d}v = \pi \int_0^{\frac{\pi}{2}} \ln \sin v \mathrm{d}v = -\frac{\pi^2}{2} \ln 2.$$

(12.3 例 3). 因此原反常二重积分收敛且有值 $I = -\dfrac{\pi^2}{2} \ln 2$.

读者可以思考如何用解例 2 的思想方法去建立无界函数反常二重积分(类似于定理 15.8)的变数变换公式.

习　题

1. 讨论反常二重积分的敛散性:

(1) $\displaystyle\int_{-\infty}^{+\infty}\int_{-\infty}^{+\infty} \frac{\mathrm{d}x\mathrm{d}y}{(1+|x|^p)(1+|y|^q)}$;

(2) $\displaystyle\iint_{0 \leqslant y \leqslant 1} \frac{\varphi(x,y)}{(1+x^2+y^2)^p} \mathrm{d}x\mathrm{d}y \quad (0 < m \leqslant |\varphi(x,y)| \leqslant M)$;

(3) $\displaystyle\iint_{x^2+y^2 \leqslant 1} \frac{\mathrm{d}x\mathrm{d}y}{(1-x^2-y^2)^m}$; 　　(4) $\displaystyle\iint_{x^2+y^2 \leqslant 1} \frac{\mathrm{d}x\mathrm{d}y}{(x^2+xy+y^2)^p}$.

2. 计算下列反常积分:

(1) $\displaystyle\int_{-\infty}^{+\infty}\int_{-\infty}^{+\infty} \mathrm{e}^{-(x^2+y^2)} \cos(x^2+y^2) \mathrm{d}x\mathrm{d}y$;

(2) $\displaystyle\iint_{x^2+y^2 \leqslant 1} \ln \frac{1}{\sqrt{x^2+y^2}} \mathrm{d}x\mathrm{d}y$; 　　(3) $\displaystyle\iint_{x^2+y^2 \leqslant x} \frac{\mathrm{d}x\mathrm{d}y}{\sqrt{x^2+y^2}}$.

3. 求均匀密度的正圆锥体(高为 h,底半径为 R)关于它的顶点处质量为 m 的质点吸引力(引力系数为 k,密度为 μ).

4. 试证明:若 $f(x,y)$ 是无界区域 D 上的非负函数;则反常二重积分 $\iint\limits_D f(x,y)\mathrm{d}x\mathrm{d}y$ 收敛的充要条件是:在 D 的任何有界区域上 $f(x,y)$ 正常可积,且积分值有界.

15.6 n 重 积 分

本节将把有界闭区域的积分概念(包括定积分,二重积分,三重积分)推广到 n 维欧几里得空间 $\mathbf{R}^n$ 中一个有界闭区域的积分,我们称集合
$$A = [a_1,b_1] \times [a_2,b_2] \times \cdots \times [a_n,b_n]$$
$$= \{x = (x_1,x_2,\cdots,x_n) \mid a_i \leqslant x_i \leqslant b_i, i = 1,2,\cdots,n\}$$
为 $\mathbf{R}^n$ 中的 **n 维矩形**. 对于 n 维矩形 A,它的体积规定为
$$\mu(A) = (b_1 - a_1)(b_2 - a_2)\cdots(b_n - a_n).$$
$n=2$ 时,$\mu(A)$ 就是平面上矩形 A 的面积. 另外,称由有限个 n 维矩形的并组成的有界闭区域为 **n 维简单图形**. 易知,每个 n 维简单图形 P 都能表示成有限个两两无公共内点 n 维矩形的并,我们规定,P 的体积 $\mu(P)$ 等于这有限个 n 维矩形体积之和.

类似于二、三维(7.6.1 和 7.6.2)情形,引入 $\mathbf{R}^n$ 空间中可积图形概念. 设 V 是由一个或几个($n-1$ 维的)闭曲面围成的 n 维有界闭区域,考虑含于 V 内的 n 维简单图形 P 以及包含 V 的简单图形 Q,记
$$\mu_* = \sup\{\mu(P)\}; \quad \mu^* = \inf\{\mu(Q)\}.$$
当 $\mu_* = \mu^*$ 时,称它们的公共值为 V 的体积,记为 $\mu(V)$,并且说 V 是**可积图形**(或说 V 是可测图形).

由可积图形的定义,我们可以证明 $\mathbf{R}^n$ 中有界点集 V 为可积图

形的充要条件是 V 的边界 ∂V 的 n 维体积为零,即对任给的 $\varepsilon > 0$,存在简单图形 Q,使 ∂V 含于 Q 内,并且 Q 的 n 维体积 $\mu(Q) < \varepsilon$.

例如平面上有界区域 Ω 可求面积的充要条件是 Ω 的边界曲线有零面积.

类似于 15.1 中习题 8 我们还可以证明如下结论:

设 $\mathbf{R}^n$ 中有界区域 V 的边界 ∂V 可表为显函数

$$x_i = f(x_1, \cdots, x_{i-1}, x_{i+1}, \cdots, x_n),$$

其中 f 在 R^{n-1} 的有界闭集 D 上连续,则 ∂V 的 n 维体积为零,V 是 $\mathbf{R}^n$ 中的可积图形.

于是 $\mathbf{R}^n$ 中的 n 维球体

$$\{(x_1, x_2, \cdots, x_n) \mid x_1^2 + x_2^2 + \cdots + x_n^2 \leqslant R^2\}$$

和 n 维单纯形

$$\{(x_1, x_2, \cdots, x_n) \mid x_1 \geqslant 0, x_2 \geqslant 0, \cdots, x_n \geqslant 0,$$
$$x_1 + x_2 + \cdots + x_n \leqslant h\}$$

都是可积图形.

为了引进 n 重积分的概念,我们先介绍一个物理问题,即求三维空间中两个物体 V_1 与 V_2 之间的引力问题. 设 V_1 中点的坐标为 (x_1, y_1, z_1),V_2 中点的坐标为 (x_2, y_2, z_2),它们的密度分布分别为连续函数 $\rho_1(x_1, y_1, z_1)$ 和 $\rho_2(x_2, y_2, z_2)$,不妨设它们之间的引力系数为 1,我们用微元法求它们之间的引力. 为此,在 V_1 中取质量微元 $\rho_1 dx_1 dy_1 dz_1$,在 V_2 中取质量微元 $\rho_2 dx_2 dy_2 dz_2$. 由万有引力定律知,V_1 中的微元对 V_2 中的微元引力在 x 轴上投影为

$$\frac{\rho_1 \rho_2 (x_1 - x_2) dx_1 dy_1 dz_1 dx_2 dy_2 dz_2}{r^3},$$

其中 $r = \sqrt{(x_1 - x_2)^2 + (y_1 - y_2)^2 + (z_1 - z_2)^2}$,于是 V_1 对 V_2 的引力在 x 轴上投影的值是一个六重积分,即

$$F_x = \iiiiii\limits_{V} \frac{\rho_1(x_1, y_1, z_1) \rho_2(x_2, y_2, z_2)(x_1 - x_2)}{r^3} dx_1 dy_1 dz_1 dx_2 dy_2 dz_2,$$

其中 $V = V_1 \times V_2 = \{(x_1, y_1, z_1, x_2, y_2, z_2): (x_1, y_1, z_1) \in V_1,$
$(x_2, y_2, z_2) \in V_2\}.$

一般地,设 n 元函数 $f(x_1, x_2, \cdots, x_n)$ 定义在 $\mathbf{R}^n$ 的一个有界闭区域 V 上,并假定 V 的边界 ∂V 有 n 维零体积,作积分和,取极限便可得到 n 重积分概念,并记作

$$I = \overbrace{\int \cdots \int}^{n}_{V} f(x_1, x_2, \cdots, x_n) \mathrm{d}x_1 \cdots \mathrm{d}x_n, \qquad (15.40)$$

或者简记为

$$\int_V f(x) \mathrm{d}x,$$

其中 x 表示 $\mathbf{R}^n$ 中的点,$\mathrm{d}x$ 表示 $\mathbf{R}^n$ 空间中的体积微元.

与二重积分相仿,对 n 重积分也有以下结论(证明略):

$1°$ 若 $f(x_1, x_2, \cdots, x_n)$ 在 V 上连续,则 n 重积分 (15.40) 必存在;

$2°$ 设 $f(x_1, x_2, \cdots, x_n)$ 在 n 维矩形 $V = [a_1, b_1] \times \cdots \times [a_n, b_n]$ 上连续,则有

$$I = \int_{a_1}^{b_1} \mathrm{d}x_1 \int_{a_2}^{b_2} \mathrm{d}x_2 \cdots \int_{a_n}^{b_n} f(x_1, x_2, \cdots, x_n) \mathrm{d}x_n. \quad (15.41)$$

进而,当 V 由不等式组 $a_1 \leqslant x_1 \leqslant b_1, a_2(x_1) \leqslant x_2 \leqslant b_2(x_1), \cdots,$
$a_n(x_1, x_2, \cdots, x_{n-1}) \leqslant x_n \leqslant b_n(x_1, x_2, \cdots, x_{n-1})$ 表示时,有

$$I = \int_{a_1}^{b_1} \mathrm{d}x_1 \int_{a_2(x_2)}^{b_2(x_2)} \mathrm{d}x_2 \cdots \int_{a_n(x_1, x_2, \cdots, x_{n-1})}^{b_n(x_1, x_2, \cdots, x_{n-1})} f(x_1, x_2, \cdots, x_n) \mathrm{d}x_n.$$

$$(15.42)$$

利用公式 (15.41) 和 (15.42) n 重积分可化为累次积分来计算.

$3°$ 变数变换公式:设 $f(x_1, x_2, \cdots, x_n)$ 在 V 上连续,变换

$$\varphi:\begin{cases} x_1 = x_1(\xi_1,\xi_2,\cdots,\xi_n), \\ x_2 = x_2(\xi_1,\xi_2,\cdots,\xi_n), \\ \cdots\cdots \\ x_n = x_n(\xi_1,\xi_2,\cdots,\xi_n). \end{cases}$$

把 n 维 $(\xi_1,\xi_2,\cdots,\xi_n)$ 空间区域 Δ 一对一地映成 n 维 $(x_1,x_2,\cdots,x_n)$ 空间区域 V，n 元函数 $x_i(\xi_1,\xi_2,\cdots,\xi_n)(i=1,2,\cdots,n)$ 在 Δ 上连续，且有连续的一阶偏导数，在 Δ 上

$$J_\varphi(\xi_1,\xi_2,\cdots,\xi_n) = \begin{vmatrix} \dfrac{\partial x_1}{\partial \xi_1} & \dfrac{\partial x_1}{\partial \xi_2} & \cdots & \dfrac{\partial x_1}{\partial \xi_n} \\ \dfrac{\partial x_2}{\partial \xi_1} & \dfrac{\partial x_2}{\partial \xi_2} & \cdots & \dfrac{\partial x_2}{\partial \xi_n} \\ \vdots & \vdots & & \vdots \\ \dfrac{\partial x_n}{\partial \xi_1} & \dfrac{\partial x_n}{\partial \xi_2} & \cdots & \dfrac{\partial x_n}{\partial \xi_n} \end{vmatrix} \neq 0,$$

则

$$\overbrace{\iint\cdots\int}^{n}_{V} f(x_1,x_2,\cdots,x_n)\mathrm{d}x_1\mathrm{d}x_2\cdots\mathrm{d}x_n$$

$$= \overbrace{\iint\cdots\int}^{n}_{\Delta} f(x_1(\xi_1,\cdots,\xi_n),\cdots,x_n(\xi_1,\cdots,\xi_n))$$

$$\cdot |J_\varphi(\xi_1,\cdots,\xi_n)|\,\mathrm{d}\xi_1\cdots\mathrm{d}\xi_n, \qquad (15.43)$$

或者简记为

$$\int_V f(x)\mathrm{d}x = \int_{\varphi^{-1}(V)} f(\boldsymbol{\varphi}(\xi))\,|J_\varphi|\,\mathrm{d}\xi,$$

其中 $\boldsymbol{\varphi}(\xi) = (x_1(\xi_1,\xi_2,\cdots,\xi_n),x_2(\xi_1,\xi_2,\cdots,\xi_n),\cdots,x_n(\xi_1,\xi_2,\cdots,\xi_n))$.

在 n 维空间中，常用到 n 维球坐标变换：

$$\varphi:\begin{cases} x_1 = r\cos\varphi_1; \\ x_2 = r\sin\varphi_1\cos\varphi_2; \\ x_3 = r\sin\varphi_1\sin\varphi_2\cos\varphi_3; \\ \cdots\cdots \end{cases} \quad (15.44)$$

$$\begin{cases} x_{n-1} = r\sin\varphi_1\sin\varphi_2\sin\varphi_3\cdots\sin\varphi_{n-2}\cos\varphi_{n-1}, \\ x_n = r\sin\varphi_1\sin\varphi_2\sin\varphi_3\cdots\sin\varphi_{n-2}\sin\varphi_{n-1}. \end{cases}$$

容易验证

$$J_\varphi(r,\varphi_1,\cdots,\varphi_{n-1}) = r^{n-1}\sin^{n-2}\varphi_1\sin^{n-3}\varphi_2\cdots\sin^2\varphi_{n-3}\sin\varphi_{n-2}.$$

$(x_1,x_2,\cdots,x_n)$ 空间中的 n 维球体 $x_1^2 + x_2^2 + \cdots + x_n^2 \leqslant R^2$ 对应于 $(r,\varphi_1,\cdots,\varphi_{n-1})$ 空间中的矩形.

$$0 \leqslant r \leqslant R, 0 \leqslant \varphi_1, \varphi_2, \cdots, \varphi_{n-2} \leqslant \pi, 0 \leqslant \varphi_{n-1} \leqslant 2\pi.$$

例 1 试求 n 维单纯形 $T_n: x_1 \geqslant 0, x_2 \geqslant 0, \cdots, x_n \geqslant 0, x_1 + x_2 + \cdots + x_n \leqslant 1$ 的体积 $\mu(T_n)$.

解
$$\mu(T_n) = \overbrace{\int\cdots\int}^{n}_{T_n}\mathrm{d}x_1\mathrm{d}x_2\cdots\mathrm{d}x_n$$

$$= \int_0^1\mathrm{d}x_n\overbrace{\int\cdots\int}^{n-1}_{\substack{x_1+x_2+\cdots+x_{n-1}\leqslant 1-x_n \\ x_1\geqslant 0,\cdots,x_{n-1}\geqslant 0}}\mathrm{d}x_1\mathrm{d}x_2\cdots\mathrm{d}x_{n-1},$$

作 $n-1$ 维的变换 $x_1 = (1-x_n)\xi_1, x_2 = (1-x_n)\xi_2, \cdots, x_{n-1} = (1-x_n)\xi_{n-1}$, 所以有

$$\mu(T_n) = \int_0^1\mathrm{d}x_n\overbrace{\int\cdots\int}^{n-1}_{\substack{\xi_1+\cdots+\xi_{n-1}\leqslant 1 \\ \xi_1\geqslant 0,\cdots,\xi_{n-1}\geqslant 0}}(1-x_n)^{n-1}\mathrm{d}\xi_1\mathrm{d}\xi_2\cdots\mathrm{d}\xi_{n-1}$$

$$= \mu(T_{n-1})\int_0^1(1-x_n)^{n-1}\mathrm{d}x_n = \frac{\mu(T_{n-1})}{n},$$

其中 $\mu(T_{n-1})$ 是 $n-1$ 维单纯形 T_{n-1} 的体积, 利用上面这个递推公

式,因为 $\mu(T_1)=1$,所以

$$\mu(T_n) = \frac{1}{n!}.$$

如果用 $T_n(h)$ 表示 n 维空间中的单纯形 $x_1 \geqslant 0, x_2 \geqslant 0, \cdots,$ $x_n \geqslant 0, x_1 + x_2 + \cdots + x_n \leqslant h$,由例 1,容易知道 $T_n(h)$ 的体积是 $\dfrac{h^n}{n!}$.

例 2　试求 n 维球体 $B_n: x_1^2 + x_2^2 + \cdots + x_n^2 \leqslant R^2$ 的体积 $\mu(B_n)$.

解　用球坐标变换(15.44),

$$\mu(B_n) = \overbrace{\int \cdots \int}^{n}_{B_n} \mathrm{d}x_1 \mathrm{d}x_2 \cdots \mathrm{d}x_n$$

$$= \int_0^R \mathrm{d}r \int_0^\pi \mathrm{d}\varphi_1 \cdots \int_0^\pi \mathrm{d}\varphi_{n-2} \int_0^{2\pi} r^{n-1} \sin^{n-2}\varphi_1 \cdots \sin\varphi_{n-2} \mathrm{d}\varphi_{n-1}$$

$$= \frac{1}{n} R^n \left(\int_0^\pi \sin^{n-2}\varphi_1 \mathrm{d}\varphi_1 \right) \left(\int_0^\pi \sin^{n-3}\varphi_2 \mathrm{d}\varphi_2 \right)$$

$$\cdots \left(\int_0^\pi \sin\varphi_{n-2} \mathrm{d}\varphi_{n-2} \right) \left(\int_0^{2\pi} \mathrm{d}\varphi_{n-1} \right)$$

$$= \frac{2\pi R^n}{n} \prod_{k=1}^{n-2} \int_0^\pi \sin^k\theta \mathrm{d}\theta.$$

据 13.3.3 例 3 知

$$\int_0^{\frac{\pi}{2}} \sin^k\theta \mathrm{d}\theta = \frac{\sqrt{\pi}}{2} \frac{\Gamma\left(\dfrac{k+1}{2}\right)}{\Gamma\left(\dfrac{k}{2}+1\right)}$$

以及

$$\int_0^\pi \sin^k\theta \mathrm{d}\theta = 2 \int_0^{\frac{\pi}{2}} \sin^k\theta \mathrm{d}\theta,$$

故

$$\mu(B_n) = \frac{\pi^{\frac{n}{2}}}{\Gamma\left(\dfrac{n}{2}+1\right)} R^n.$$

由 Γ 函数的性质,$\mu(B_n)$ 还可书为

$$\mu(B_n) = \begin{cases} \dfrac{\pi^m}{m!} R^{2m}, & n = 2m, \\[3mm] \dfrac{2(2\pi)^m}{(2m+1)!!} R^{2m+1}, & n = 2m+1. \end{cases}$$

特别,当 $n = 1, 2, 3$ 时,$\mu(B_1) = 2R, \mu(B_2) = \pi R^2, \mu(B_3) = \dfrac{4}{3}\pi R^3$.

读者也可以用例 1 的方法来解例 2,从中发现,n 维单位球体 $x_1^2 + x_2^2 + \cdots + x_n^2 \leqslant 1$ 的体积正好是 $\dfrac{\pi^{\frac{n}{2}}}{\Gamma\left(\dfrac{n}{2}+1\right)}$.

例 3 计算四重积分

$$I = \iiiint\limits_{V} \sqrt{\frac{1 - x_1^2 - x_2^2 - x_3^2 - x_4^2}{1 + x_1^2 + x_2^2 + x_2^2 + x_4^2}} \, dx_1 \, dx_2 \, dx_3 \, dx_4,$$

其中 $V: x_1^2 + x_2^2 + x_3^2 + x_4^2 \leqslant 1$.

解 利用 n 维球坐标变换 (15.44),现在 $n = 4$,$J = r^3 \sin^2\varphi_1 \sin\varphi_2$,

$$I = \int_0^1 dr \int_0^\pi d\varphi_1 \int_0^\pi d\varphi_2 \int_0^{2\pi} \sqrt{\frac{1 - r^2}{1 + r^2}} r^3 \sin^2\varphi_1 \sin\varphi_2 \, d\varphi_3$$

$$= 4\pi \int_0^\pi \sin^2\varphi_1 \, d\varphi_1 \int_0^1 \sqrt{\frac{1 - r^2}{1 + r^2}} r^3 \, dr$$

$$= 2\pi^2 \int_0^1 \sqrt{\frac{1 - r^2}{1 + r^2}} r^3 \, dr = \pi^2 \left(1 - \frac{\pi}{4}\right).$$

习 题

1. 计算

$$I = \int_0^1 \int_0^1 \cdots \int_0^1 (x_1^2 + x_2^2 + \cdots x_n^2) \, dx_1 \, dx_2 \cdots dx_n.$$

2. 计算

$$I = \int_0^1 dx_1 \int_0^{x_1} dx_2 \cdots \int_0^{x_{n-1}} x_1 x_2 \cdots x_n \, dx_n.$$

3. 计算四重积分

$$\iiiint_{x_1^2 + x_2^2 + x_3^2 + x_4^2 \leqslant 1} \frac{dx_1 \, dx_2 \, dx_3 \, dx_4}{\sqrt{1 - x_1^2 - x_2^2 - x_3^2 - x_4^2}}.$$

4. 把 $V : x_1^2 + x_2^2 + \cdots + x_n^2 \leqslant R^2$ 上的 $n(\geqslant 2)$ 重积分

$$\overbrace{\int \cdots \int}^{n}_{V} f(\sqrt{x_1^2 + x_2^2 + \cdots + x_n^2}) \, dx_1 \, dx_2 \cdots dx_n$$

化为单积分,其中 $f(u)$ 为连续函数.

第 15 章总习题

1. 计算下列各式:

(1) 设 $f(t) = \int_1^{t^2} e^{-x^2} \, dx$,求 $\int_0^1 t f(t) \, dt$;

(2) 设 $f(x, y)$ 在 $[0, \pi] \times [0, \pi]$ 上连续,且恒取正值,试求

$$\lim_{n \to \infty} \iint_{\substack{0 \leqslant x \leqslant \pi \\ 0 \leqslant y \leqslant \pi}} (\sin x)(f(x, y))^{\frac{1}{n}} \, dx dy.$$

2. 设 $V = [0, 1] \times [0, 1] \times [0, 1]$,证明

$$1 \leqslant \iiint_V \cos(xyz) \, dx dy dz + \iiint_V \sin(xyz) \, dx dy dz \leqslant \sqrt{2}.$$

3. 设 $f(x,y)$ 在矩形域 $D=[0,1]\times[0,1]$ 上连续,证明:

$$\lim_{p\to+\infty}\left(\iint\limits_{D}\mid f(x,y)\mid^{p}\mathrm{d}x\mathrm{d}y\right)^{\frac{1}{p}}=\max_{(x,y)\in D}\mid f(x,y)\mid.$$

4. 设 $r=\sqrt{x^{2}+y^{2}+z^{2}}$, n 为正整数,试求

$$\lim_{n\to\infty}\frac{1}{n^{4}}\iiint\limits_{r\leqslant n}[r]\mathrm{d}x\mathrm{d}y\mathrm{d}z,$$

又若 n 为正实数,上式等于多少?

5. 试作适当变换,把下列重积分化为单积分:

(1) $\displaystyle\iint\limits_{|x|+|y|\leqslant 1}f(x+y)\mathrm{d}x\mathrm{d}y$;

(2) $\displaystyle\iint\limits_{D}f(\sqrt{x^{2}+y^{2}})\mathrm{d}x\mathrm{d}y$, 其中 $D=\{(x,y)\mid\mid y\mid\leqslant\mid x\mid,$ $\mid x\mid\leqslant 1\}$;

(3) $\displaystyle\iint\limits_{D}f(xy)\mathrm{d}x\mathrm{d}y$, 其中 $D=\{(x,y)\mid x\leqslant y\leqslant 4x,1\leqslant xy\leqslant 2\}$;

(4) $\displaystyle\iint\limits_{x^{2}+y^{2}\leqslant 1}f(ax+by+c)\mathrm{d}x\mathrm{d}y\ (a^{2}+b^{2}\neq 0)$.

6. 试作适当变换,计算下列二重积分:

(1) $\displaystyle\iint\limits_{D}(x+y)\sin(x-y)\mathrm{d}x\mathrm{d}y$, 其中 $D=\{(x,y)\mid 0\leqslant x+y\leqslant\pi;0\leqslant x-y\leqslant\pi\}$;

(2) $\displaystyle\iint\limits_{x^{4}+y^{4}\leqslant 1}(x^{2}+y^{2})\mathrm{d}x\mathrm{d}y$.

7. 求 $F'(t)$,若

(1) $F(t)=\displaystyle\iint\limits_{\substack{0\leqslant x\leqslant t\\0\leqslant y\leqslant t}}\exp\left(\frac{tx}{y^{2}}\right)\mathrm{d}x\mathrm{d}y\ (t>0)$;

(2) $F(t) = \iiint\limits_{x^2+y^2+z^2 \leqslant t^2} f(x^2 + y^2 + z^2)\mathrm{d}x\mathrm{d}y\mathrm{d}z$，其中 f 为连续

函数.

8. 证明下列等式：

(1) 设 V 为单位球 $x^2 + y^2 + z^2 \leqslant 1$，则

$$\iiint\limits_{V} \cos(ax + by + cz)\mathrm{d}x\mathrm{d}y\mathrm{d}z = \frac{4\pi}{p^3}(\sin p - p\cos p),$$

其中 $p^2 = a^2 + b^2 + c^2 > 0$；

(2) 设 $f(x,y,z)$ 连续，则

$$\iiint\limits_{x^2+y^2+z^2 \leqslant 1} f(ax + by + cz)\mathrm{d}x\mathrm{d}y\mathrm{d}z = \pi\int_{-1}^{1}(1 - u^2)f(ku)\mathrm{d}u,$$

其中 $k = \sqrt{a^2 + b^2 + c^2} > 0$.

9. 证明 $f(x,y)$ 在有界闭区域 D 上正常可积的充要条件是：对任给的 $\eta > 0, \sigma > 0$，存在 $\delta > 0$，使得对任意的分法，只要最大直径 $d < \delta$，就有对应于 $f(x,y)$ 的振幅大于等于 σ 的小区域 ΔD_i 总面积小于 η.

10. 设 $f(x,y)$ 在 D 上正常可积，$m < f(x,y) < M$，$\varphi(u)$ 在 $[m,M]$ 上连续，则 $\varphi(f(x,y))$ 在 D 上也正常可积.

11. 设 $x_n = f(x_1, x_2, \cdots, x_{n-1})$，$(x_1, x_2, \cdots, x_{n-1}) \in \Sigma \subset \mathbf{R}^{n-1}$ 是 n 维空间中的曲面，其面积公式为

$$\overbrace{\int \cdots \int}^{n-1}_{\Delta} \sqrt{1 + f_{x_1}^2 + f_{x_2}^2 + \cdots + f_{x_{n-1}}^2}\,\mathrm{d}x_1\mathrm{d}x_2\cdots\mathrm{d}x_{n-1},$$

利用这个公式计算 n 维空间中的单位球面 $x_1^2 + x_2^2 + \cdots + x_n^2 = 1$ 的面积 ω_{n-1}，并证明：

$$\omega_{n-1} = n\beta_n,$$

其中 β_n 表示 n 维空间中的单位球 $x_1^2 + x_2^2 + \cdots + x_n^2 \leqslant 1$ 的体积.

第16章 曲面积分

函数沿空间曲面的积分与曲线积分一样也可分为两类,一类是与曲面的方向无关,称之为第一型曲面积分;另一类曲面积分则与曲面的方向(或者说与曲面的侧)有关,通常称之为第二型曲面积分.这两类积分的计算都可通过把它们化为二重积分的方法而得到解决.

16.1 第一型曲面积分

类似于第一型曲线积分,质量分布在一曲面 S(设密度函数 $\rho(x,y,z)$ 连续)上物体的质量为

$$m = \lim_{d \to 0} \sum_{i=1}^{n} \rho(x_i, y_i, z_i) \Delta S_i ,$$

其中 ΔS_i 表示一小块曲面 S_i 的面积,d 表示诸 S_i 的最大直径,(x_i, y_i, z_i) 为 S_i 中任意一点.

定义(第一型曲面积分) 设 $f(x,y,z)$ 是定义在 S 上的(有界)函数,将曲面 S 用光滑曲线分成 n 个小曲面 $S_1, S_2, \cdots, S_n$. S_i 的面积记为 ΔS_i,任取 $(x_i, y_i, z_i) \in S_i (i=1, \cdots, n)$,$d$ 表示诸 S_i 的最大直径. 若极限

$$\lim_{d \to 0} \sum_{i=1}^{n} f(x_i, y_i, z_i) \Delta S_i$$

存在有限,且与对曲面 S 的分法与对点 $(x_i, y_i, z_i) \in S_i$ 的取法无关,则称此极限为 $f(x,y,z)$ 在 S 上的**第一型曲面积分**,并记作

$$\iint\limits_{S} f(x,y,z) \mathrm{d}S.$$

特别地,当 $f(x,y,z)\equiv 1$ 时,曲面积分 $\iint\limits_S f(x,y,z)\mathrm{d}S$ 就是曲面 S 的面积. 读者也可以证明 $\iint\limits_S f(x,y,z)\mathrm{d}S$ 存在的充要条件是

$$\lim_{d\to 0}\sum_{i=1}^n \omega_i \Delta S_i = 0,$$ 其中 ω_i 为 $f(x,y,z)$ 在 S_i 上的振幅.

第一型曲面积分的性质完全类似于第一型曲线积分,读者可仿照第 14 章 14.1 写出.

第一型曲面积分可化为二重积分来计算. 我们有下面结论:

定理 16.1(第一型曲面积分计算方法) 设曲面 S 的方程为 $z=z(x,y)$,S 在 xy 平面上的投影为有界区域 D_{xy},$z(x,y)$ 在 D_{xy} 上连续且有一阶连续偏导数. 若 $f(x,y,z)$ 在 S 上连续,则曲面积分 $\iint\limits_S f(x,y,z)\mathrm{d}S$ 存在,且

$$\iint\limits_S f(x,y,z)\mathrm{d}S = \iint\limits_{D_{xy}} f(x,y,z(x,y))\sqrt{1+z_x^2+z_y^2}\,\mathrm{d}x\mathrm{d}y.$$

$$(16.1)$$

证 设 D_i 是 S_i 在 xy 平面上的投影区域,d' 为诸 D_i 的最大直径,因为

$$\Delta S_i = \iint\limits_{D_i} \sqrt{1+z_x^2+z_y^2}\,\mathrm{d}x\mathrm{d}y$$

$$= \sqrt{1+z_x^2(\overline{x}_i,\overline{y}_i)+z_y^2(\overline{x}_i,\overline{y}_i)}\,\Delta\sigma_i,$$

这里 $\Delta\sigma_i$ 为 D_i 的面积,$(\overline{x}_i,\overline{y}_i)\in D_i(i=1,2,\cdots,n)$,令 $\overline{z}_i=z(\overline{x}_i,\overline{y}_i)$,则 $\overline{M}_i(\overline{x}_i,\overline{y}_i,\overline{z}_i)\in S_i$,记 $(z_x)_i=z_x(\overline{x}_i,\overline{y}_i)$,又 $(z_y)_i=z_y(\overline{x}_i,\overline{y}_i)$,以及 I 表示(16.1)式右边二重积分,则

$$I = \lim_{d'\to 0}\sum_{i=1}^n f(\overline{x}_i,\overline{y}_i,\overline{z}_i)\sqrt{1+(z_x)_i^2+(z_y)_i^2}\,\Delta\sigma_i.$$

亦即,对任意的 $\varepsilon>0$,存在 $\delta_1>0$,当 $d'<\delta_1$ 时,

$$\left| \sum_{i=1}^{n} f(\overline{M}_i) \sqrt{1+(z_x)_i^2+(z_y)_i^2} \Delta\sigma_i - I \right| < \frac{\varepsilon}{2}. \quad (16.2)$$

任取 $M_i(x_i,y_i,z(x_i,y_i)) \in S_i(i=1,2,\cdots,n)$,由定理所设条件,在 D_{xy} 上 $\sqrt{1+z_x^2+z_y^2} \leqslant K$($K$ 为常数)和 $f(x,y,z(x,y))$ 一致连续. 于是存在 $\delta_2 > 0$,当最大直径 $d < \delta_2$ 时,对于 $i=1,2,\cdots,$ n,有

$$\left| f(M_i) - f(\overline{M}_i) \right| < \frac{\varepsilon}{2K\mu(D)},$$

这里 $\mu(D)$ 表示 D_{xy} 的面积. 进而,当 $d < \delta_2$ 时,

$$\left| \sum_{i=1}^{n} (f(M_i) - f(\overline{M}_i)) \sqrt{1+(z_x)_i^2+(z_y)_i^2} \Delta\sigma_i \right| < \frac{\varepsilon}{2},$$

$$(16.3)$$

因此,当 $d < \min(\delta_1,\delta_2)$ 时,联合(16.2)式,(16.3)式我们就可得到

$$\left| \sum_{i=1}^{n} f(M_i)\Delta S_i - I \right| < \varepsilon.$$

这意味着 $\iint\limits_{S} f(x,y,z)\mathrm{d}S$ 存在且(16.1)成立.

很自然,如果 S 的方程为 $x=x(y,z)$ 或者 $y=y(x,z)$,且定理 16.1 相应条件被满足,则成立

$$\iint\limits_{S} f(x,y,z)\mathrm{d}S = \iint\limits_{D_{yz}} f(x(y,z),y,z) \sqrt{1+x_y^2+x_z^2}\mathrm{d}y\mathrm{d}z,$$

或者

$$\iint\limits_{S} f(x,y,z)\mathrm{d}S = \iint\limits_{D_{zx}} f(x,y(x,z),z) \sqrt{1+y_x^2+y_z^2}\mathrm{d}z\mathrm{d}x,$$

这里 D_{yz},D_{zx} 分别表示曲面 S 在 yz 平面和 zx 平面上的投影区域.

如果曲面 S 的方程为参数方程

$$\begin{cases} x=x(u,v), \\ y=y(u,v), \quad (u,v)\in\Delta, \\ z=z(u,v), \end{cases}$$

其中 $x(u,v),y(u,v)$ 和 $z(u,v)$ 在 Δ 上连续,且有一阶连续偏导数,雅可比矩阵的秩处处为 2,曲面 S 上的点与 Δ 上点一一对应(即 S 无重点),$f(x,y,z)$ 在 S 上连续,则

$$\iint\limits_{S} f(x,y,z)\mathrm{d}S = \iint\limits_{\Delta} f(x(u,v),y(u,v),z(u,v))\,\sqrt{EG-F^2}\,\mathrm{d}u\mathrm{d}v,$$

(16.4)

这里的 E,F,G 由(15.35)式所示.

公式(16.4)的证明与公式(16.2)的证明方法相同,只要利用曲面无重点的条件来得到 $d\to0$ 等价于诸 Δ_i 的最大直径趋于零,其中 Δ_i 为相应 S 一个分割得到的 Δ 分割(这一结论类似于定理 14.2 证明中指出:当曲线由参数方程给出时,由曲线无重点条件可得到 $\Delta s\to0$ 当且仅当 $\Delta t\to0$).

例 1 计算曲面积分 $\iint\limits_{S}\dfrac{\mathrm{d}S}{z}$,其中 S 为球面 $x^2+y^2+z^2=a^2$ 被平面 $z=h$ 截下的顶部 $(a>h>0)$.

解 S 的方程为 $z=\sqrt{a^2-x^2-y^2}$,D_{xy} 是 xy 平面上的一个闭圆域:$x^2+y^2\leqslant a^2-h^2$,则

$$\sqrt{1+z_x^2+z_y^2} = \frac{a}{\sqrt{a^2-x^2-y^2}},$$

于是由(16.1)

$$\iint\limits_{S}\frac{\mathrm{d}S}{z} = \iint\limits_{D_{xy}}\frac{a\,\mathrm{d}x\mathrm{d}y}{a^2-x^2-y^2} = a\int_0^{2\pi}\mathrm{d}\theta\int_0^{\sqrt{a^2-h^2}}\frac{r\mathrm{d}r}{a^2-r^2}$$

$$= 2\pi a\ln\frac{a}{h}.$$

与重积分相同,利用第一型曲面积分可以求几何体为曲面的

质量中心、转动惯量,引力等,作为练习,读者自行写出这些公式.

例2 试求均匀曲面 $S: x^2 + y^2 + z^2 = a^2, x \geqslant 0, y \geqslant 0, z \geqslant 0$ 的质量中心.

解 设 S 的均匀密度为 ρ_0,利用 S 的参数方程

$$
\begin{cases}
x = a\sin\varphi\cos\theta, \\
y = a\sin\varphi\sin\theta, \quad 0 \leqslant \varphi \leqslant \dfrac{\pi}{2}, 0 \leqslant \theta \leqslant \dfrac{\pi}{2}. \\
z = a\cos\varphi,
\end{cases}
$$

通过直接计算可得 $\sqrt{EG - F^2} = a^2\sin\varphi$,利用公式(16.4)

$$
\bar{x} = \frac{\iint\limits_S x\rho_0\,\mathrm{d}S}{\iint\limits_S \rho_0\,\mathrm{d}S} = \frac{\displaystyle\int_0^{\frac{\pi}{2}}\mathrm{d}\theta\int_0^{\frac{\pi}{2}} a\sin\varphi\cos\theta \cdot a^2\sin\varphi\,\mathrm{d}\varphi}{\dfrac{\pi}{2}a^2} = \frac{a}{2}.
$$

由对称性立即得 $\bar{y} = \bar{z} = \dfrac{a}{2}$.

习　题

1. 计算下列第一型曲面积分:

(1) $\iint\limits_S (x + y + z)\,\mathrm{d}S$,其中 S 为曲面 $x^2 + y^2 + z^2 = a^2, z \geqslant 0$;

(2) $\iint\limits_S (x^2 + y^2)\,\mathrm{d}S$,其中 S 为立体 $\sqrt{x^2 + y^2} \leqslant z \leqslant 1$ 的边界;

(3) $\iint\limits_S \dfrac{\mathrm{d}S}{(1 + x + y)^2}$,其中 S 为四面体 $x + y + z \leqslant 1, x \geqslant 0, y \geqslant 0, z \geqslant 0$ 的边界曲面;

(4) $\iint\limits_S z\,\mathrm{d}S$,其中 S 为螺旋面 $x = u\cos v, y = u\sin v, z = v(0 \leqslant u \leqslant a, 0 \leqslant v \leqslant 2\pi)$.

2. 求均匀曲面 $z = \sqrt{x^2 + y^2}$ 被曲面 $x^2 + y^2 = ax(a > 0)$ 所割

下部分的重心坐标.

3. 求密度为 μ 的均匀球面 $x^2 + y^2 + z^2 = a^2 (z \geqslant 0)$ 对于 oz 轴的转动惯量.

4. 设 S 是球 $x^2 + y^2 + z^2 \leqslant 1$ 的表面,证明公式

$$\iint\limits_S f(ax + by + cz)\mathrm{d}S = 2\pi \int_0^I f(\sqrt{a^2 + b^2 + c^2}\, u)\mathrm{d}u.$$

16.2 第二型曲面积分

在引进第二型曲面积分之前,我们先介绍曲面的侧和有向曲面的概念.

设 S 是一光滑曲面,P 是曲面上一点,曲面 S 在 P 点的法向量 $\boldsymbol{n}$ 有两个指向,我们取定一个指向,如果 P 在曲面 S 的任一条闭曲线(不越过 S 的边界)上转动一圈回到原来位置时,$\boldsymbol{n}$ 的指向不改变,则称 S 为**双侧曲面**,否则称 S 为**单侧曲面**.

我们通常碰到的曲面大多是双侧曲面. 单侧曲面的一个典型例子是麦比乌斯(Mobius)带,它的构造方法如下:

取一矩形长纸带 $ABCD$(如图 16-1(a)),将其一端扭转 $180°$ 后与另一端黏合在一起(即让 A 与 C 重合,B 与 D 重合,如图 16-1(b)所示).

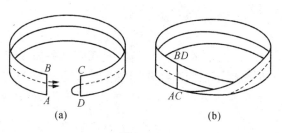

(a)   (b)

图 16-1

由麦比乌斯带还可以更简单地说明曲面的双侧、单侧性,即如果将 S 的一面涂颜色,不经过边界曲线就不可能涂到另一面,则称 S 为双侧曲面,否则称 S 为单侧曲面.

今后我们不考虑单侧曲面,并规定 n 向上(即 n 与 Oz 轴的夹角为锐角)方向为**上侧**,又当 S 为封闭曲面时,规定 n 指向外为**外侧**.则规定了法向量 n 指向的某一侧曲面称为**有向曲面**.

定义(第二型曲面积分) 设 $A(x,y,z)=P(x,y,z)i+Q(x,y,z)j+R(x,y,z)k$ 为定义在有向曲面 S 上的有界向量函数,将 S 分成 n 个小曲面 $S_1,S_2,\cdots,S_n$,任取 $(x_i,y_i,z_i)\in S_i(i=1,\cdots,n)$,令 $(\Delta\sigma_{yz})_i,(\Delta\sigma_{zx})_i,(\Delta\sigma_{xy})_i$ 分别为(有向曲面)S_i 在 yz 平面,zx 平面和 xy 平面上的投影(其绝对值正好等于相应投影区域的面积,正负号与 n 的方向有关).我们用 ΔS_i 表示小曲面 S_i 的面积,并设 S 在点 (x_i,y_i,z_i) 的单位法向量为

$$n_i=(\cos\alpha_i,\cos\beta_i,\cos\gamma_i),$$

则规定

$$(\Delta\sigma_{yz})_i=\Delta S_i\cos\alpha_i,$$
$$(\Delta\sigma_{zx})_i=\Delta S_i\cos\beta_i,$$
$$(\Delta\sigma_{xy})_i=\Delta S_i\cos\gamma_i,$$

作积分和

$$\sum_{i=1}^{n}[P(x_i,y_i,z_i)(\Delta\sigma_{yz})_i+Q(x_i,y_i,z_i)(\Delta\sigma_{zx})_i$$
$$+R(x_i,y_i,z_i)(\Delta\sigma_{xy})_i]. \qquad (16.5)$$

若当诸 S_i 的最大直径 $d\to 0$ 时,(16.5)式中三个和式的极限都存在且有限,同时极限值与对 S 的分法和点 $(x_i,y_i,z_i)\in S_i$ 的取法无关,则称此极限为 $A(x,y,z)$ 在曲面 S 上的**第二型曲面积分**,并记作

$$\iint\limits_{S}P\mathrm{d}y\mathrm{d}z+Q\mathrm{d}z\mathrm{d}x+R\mathrm{d}x\mathrm{d}y, \qquad (16.6)$$

或者

$$\iint_S \boldsymbol{A} \cdot \mathrm{d}\boldsymbol{S}. \tag{16.7}$$

这里 $\mathrm{d}\boldsymbol{S} = (\mathrm{d}y\mathrm{d}z, \mathrm{d}z\mathrm{d}x, \mathrm{d}x\mathrm{d}y)$ 是一个向量记号. 或者 $\mathrm{d}\boldsymbol{S} = \boldsymbol{n}\mathrm{d}S$, 这样

$$\iint_S \boldsymbol{A} \cdot \mathrm{d}\boldsymbol{S} = \iint_S \boldsymbol{A} \cdot \boldsymbol{n}\mathrm{d}S. \tag{16.8}$$

(16.6), (16.7) 或 (16.8) 式中包括三个积分.

我们将在第 17 章 4.2 段中指出第二型曲面积分 $\iint_S \boldsymbol{A} \cdot \mathrm{d}\boldsymbol{S}$ 的物理意义是：流速为 $\boldsymbol{A}(x,y,z)$ 的流体 (密度为 1) 在单位时间内沿 $\boldsymbol{n}$ 方向流过曲面 S 的流量.

据第二型曲面积分的定义, 我们可得到第二型曲面积分的下述简单性质：设 $\boldsymbol{A}(x,y,z)$, $\boldsymbol{B}(x,y,z)$ 在有向曲面 S 上的第二型曲面积分存在, 则

1°

$$\iint_S (\alpha\boldsymbol{A} + \beta\boldsymbol{B}) \cdot \boldsymbol{n}\mathrm{d}S = \alpha\iint_S \boldsymbol{A} \cdot \boldsymbol{n}\mathrm{d}S + \beta\iint_S \boldsymbol{B} \cdot \boldsymbol{n}\mathrm{d}S,$$

其中 α, β 为常数.

2° 若用光滑曲线将 S 分为曲面 S_1 和 S_2, 且 S_1, S_2 的法向量 $\boldsymbol{n}$ 的指向和 S 上给定的指向一致, 则

$$\iint_S \boldsymbol{A} \cdot \boldsymbol{n}\mathrm{d}S = \iint_{S_1} \boldsymbol{A} \cdot \boldsymbol{n}\mathrm{d}S + \iint_{S_2} \boldsymbol{A} \cdot \boldsymbol{n}\mathrm{d}S.$$

(假定上式右边每个积分存在).

3° 若用 S_- 表示同一曲面 S, 但 $\boldsymbol{n}$ 指向相反, 则

$$\iint_S \boldsymbol{A} \cdot \boldsymbol{n}\mathrm{d}S = -\iint_{S_-} \boldsymbol{A} \cdot \boldsymbol{n}\mathrm{d}S.$$

4° 两类曲面积分的关系：设 S 的法向量为, $\boldsymbol{n} = (\cos\alpha, \cos\beta,$

$\cos \gamma)$，则

$$\iint\limits_{S} \mathbf{A} \cdot \mathbf{n}\mathrm{d}S = \iint\limits_{S}(P\cos \alpha + Q\cos \beta + R\cos \gamma)\mathrm{d}S. \qquad (16.9)$$

上述性质的证明留给读者.

第二型曲面积分也可以化为二重积分来计算,我们以曲面积分 $\iint\limits_{S}R(x,y,z)\mathrm{d}x\mathrm{d}y$ 为例来说明.

定理 16.2 设 $R(x,y,z)$ 是有向曲面 S 上的连续函数, S 的方程为

$$z = z(x,y), (x,y) \in D_{xy},$$

其中 D_{xy} 为 S 在 xy 平面上的投影区域. 若积分沿上侧 $\left(\text{即 } 0 < \gamma < \dfrac{\pi}{2}\right)$ 取, $z(x,y)$ 在 D_{xy} 上连续,且有连续偏导数,则第二型曲面积分 $\iint\limits_{S}R(x,y,z)\mathrm{d}x\mathrm{d}y$ 存在,且

$$\iint\limits_{S}R(x,y,z)\mathrm{d}x\mathrm{d}y = \iint\limits_{D_{xy}}R(x,y,z(x,y))\mathrm{d}x\mathrm{d}y. \qquad (16.10)$$

这里(16.10)式右端是一个二重积分.

证 因为 $\cos \gamma > 0$, $(\Delta\sigma_{xy})_i$ 正好等于 S_i 在 xy 平面上投影区域面积. 则由二重积分的定义立即得

$$\iint\limits_{S}R(x,y,z)\mathrm{d}x\mathrm{d}y = \lim_{d \to 0}\sum_{i=1}^{n}R(x_i,y_i,z(x_i,y_i))(\Delta\sigma_{xy})_i$$
$$= \iint\limits_{D_{xy}}R(x,y,z(x,y))\mathrm{d}x\mathrm{d}y.$$

类似地,在定理 16.2 中若积分沿 S 的下侧取,则(由上述积分性质 3°)

$$\iint\limits_{S}R(x,y,z)\mathrm{d}x\mathrm{d}y = -\iint\limits_{D_{xy}}R(x,y,z(x,y))\mathrm{d}x\mathrm{d}y. \qquad (16.10')$$

对于复杂的曲面 S,总可将它分成几块,使得在每一部分上保

持有 $\cos\gamma>0$ 或者 $\cos\gamma<0$. 从(16.10)或(16.10′)计算出在每小块曲面上的积分,再由性质 2° 计算出 $\iint\limits_{S}R(x,y,z)\mathrm{d}x\mathrm{d}y$.

同理,如果光滑曲面 S 的方程为 $x=x(y,z)$ 或者 $y=y(x,z)$,则

$$\iint\limits_{S}P(x,y,z)\mathrm{d}y\mathrm{d}z =\pm \iint\limits_{D_{yz}}P(x(y,z),y,z)\mathrm{d}y\mathrm{d}z, \quad (16.11)$$

$$\iint\limits_{S}Q(x,y,z)\mathrm{d}z\mathrm{d}x =\pm \iint\limits_{D_{zx}}Q(x,y(x,z),z)\mathrm{d}z\mathrm{d}x, \quad (16.12)$$

其中,(16.11)中当 $0<\alpha<\dfrac{\pi}{2}$ 时,取正号,$\alpha>\dfrac{\pi}{2}$ 时取负号;(16.12)中当 $0<\beta<\dfrac{\pi}{2}$ 时取正号,$\beta>\dfrac{\pi}{2}$ 时取负号.

注 1 第一型曲面积分 $\iint\limits_{S}f(x,y,z)\mathrm{d}S$ 化为二重积分计算时,可投影到任一坐标平面上,视曲面方程和投影区域是否简单而定.而第二型曲面积分 $\iint\limits_{S}R(x,y,z)\mathrm{d}x\mathrm{d}y$ 按公式(16.10)或(16.10′)计算时,只能投影到 xy 平面上,若要投影到其他坐标面上进行计算,公式需要另外推导(见习题2),一般情形下不这样做.

注 2 若 S 是母线平行于 z 轴的柱面一部分,则构成对 S 的分割的小块曲面 $S_i(i=1,2,\cdots,n)$ 在 xy 平面上的投影 $(\Delta\sigma_{xy})_i$ 面积为零,故

$$\iint\limits_{S}R(x,y,z)\mathrm{d}x\mathrm{d}y = 0.$$

一般地,如果投影区域变成一面积为零的曲线时,则相应的第二型曲面积分为零.

例 1 求 $\iint\limits_{S}xyz\mathrm{d}x\mathrm{d}y$ 的值,其中 S 为球面 $x^2+y^2+z^2=1$ 的第

一,第五卦限部分外侧(图 16-2).

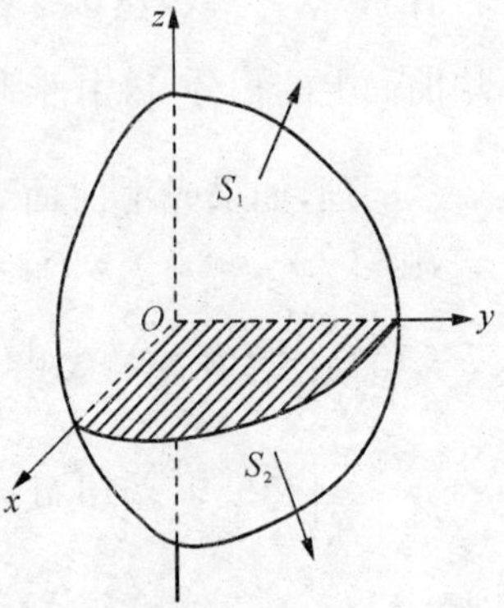

图 16-2

解 把 S 分成上、下两部分

S_1: $z=\sqrt{1-x^2-y^2}$, S_2: $z=-\sqrt{1-x^2-y^2}$,而 $D_{xy}=\{(x,y)\mid x^2+y^2\leqslant 1, x\geqslant 0, y\geqslant 0\}$,则

$$\begin{aligned}&\iint_S xyz\,\mathrm{d}x\mathrm{d}y\\&=\iint_{S_1} xyz\,\mathrm{d}x\mathrm{d}y+\iint_{S_2} xyz\,\mathrm{d}x\mathrm{d}y\\&=\iint_{D_{xy}} xy\sqrt{1-x^2-y^2}\,\mathrm{d}x\mathrm{d}y-\iint_{D_{xy}} xy(-\sqrt{1-x^2-y^2})\,\mathrm{d}x\mathrm{d}y\\&=2\int_0^{\frac{\pi}{2}}\mathrm{d}\theta\int_0^1 r^3\cos\theta\sin\theta\sqrt{1-r^2}\,\mathrm{d}r=\frac{2}{15}.\end{aligned}$$

例 2 求 $I=\iint_S yz\,\mathrm{d}y\mathrm{d}z+zx\,\mathrm{d}z\mathrm{d}x+xy\,\mathrm{d}x\mathrm{d}y$,其中 S 为圆柱面 $x^2+y^2=a^2(0\leqslant z\leqslant h)$的(侧表面)外侧.

解 因为 D_{xy} 是一个圆,$x^2+y^2=a^2$,所以

$$\iint_S xy\,\mathrm{d}x\mathrm{d}y=0.$$

这样,

$$\begin{aligned}I&=\iint_{(x>0)} yz\,\mathrm{d}y\mathrm{d}z+\iint_{(x<0)} yz\,\mathrm{d}y\mathrm{d}z+\iint_{(y>0)} zx\,\mathrm{d}z\mathrm{d}x+\iint_{(y<0)} zx\,\mathrm{d}z\mathrm{d}x\\&=\iint_{D_{yz}} yz\,\mathrm{d}y\mathrm{d}z-\iint_{D_{yz}} yz\,\mathrm{d}y\mathrm{d}z+\iint_{D_{zx}} zx\,\mathrm{d}z\mathrm{d}x-\iint_{D_{zx}} zx\,\mathrm{d}z\mathrm{d}x\\&=0.\end{aligned}$$

若光滑曲面 S 由参数方程给出,即 S 的方程为

$$
\begin{cases}
x = x(u,v), \\
y = y(u,v), \quad (u,v) \in \Delta. \\
z = z(u,v),
\end{cases}
$$

并设矩阵

$$
\begin{pmatrix}
x_u & y_u & z_u \\
x_v & y_v & z_v
\end{pmatrix}
$$

的秩在 Δ 内处处为 2，仍记

$$
A = \begin{vmatrix} y_u & z_u \\ y_v & z_v \end{vmatrix}, \quad
B = \begin{vmatrix} z_u & x_u \\ z_v & x_v \end{vmatrix}, \quad
C = \begin{vmatrix} x_u & y_u \\ x_v & y_v \end{vmatrix},
$$

则可以证明 S 的法向量 $\boldsymbol{n} = (\cos\alpha, \cos\beta, \cos\gamma)$ 满足

$$
\cos\alpha = \frac{\pm A}{\sqrt{A^2 + B^2 + C^2}}, \cos\beta = \frac{\pm B}{\sqrt{A^2 + B^2 + C^2}},
$$

$$
\cos\gamma = \frac{\pm C}{\sqrt{A^2 + B^2 + C^2}},
$$

其中正负号由曲面 S 的侧来决定.

事实上，我们记

$$
r(u,v) = (x(u,v), y(u,v), z(u,v)),
$$

$$
P_0 = P_0(u_0, v_0) = (x(u_0, v_0), y(u_0, v_0), z(u_0, v_0)),
$$

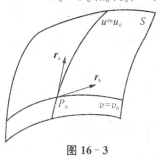

图 16-3

则当 v_0（或 u_0）固定时，$r(u, v_0)$（或 $r(u_0, v)$）代表 S 上过 P_0 点的曲线，分别称作 S 上过 P_0 点的 u-曲线（或 v-曲线）（图 16-3）它们在 P_0 点的切向量分别为

$$
r_u = (x_u(u_0, v_0),
$$
$$
y_u(u_0, v_0), z_u(u_0, v_0)),
$$
$$
r_v = (x_v(u_0, v_0),
$$
$$
y_v(u_0, v_0), z_v(u_0, v_0)).
$$

因为 $\boldsymbol{n} \perp r_u, \boldsymbol{n} \perp r_v$，故曲面 S 的法向量

$$n = \pm \frac{\boldsymbol{r}_u \times \boldsymbol{r}_v}{|\boldsymbol{r}_u \times \boldsymbol{r}_v|} = \pm \frac{1}{\sqrt{A^2 + B^2 + C^2}} (A, B, C),$$

这里 $|\boldsymbol{r}_u \times \boldsymbol{r}_v|$ 表示向量 $\boldsymbol{r}_u \times \boldsymbol{r}_v$ 的长度.

因为

$$\iint_S \boldsymbol{A} \cdot n \mathrm{d}S = \iint_S (P\cos\alpha + Q\cos\beta + R\cos\gamma)\mathrm{d}S,$$

再利用第一型曲面积分的计算公式(16.4)式,可得

$$\left.\begin{aligned}
&\iint_S P(x, y, z)\mathrm{d}y\mathrm{d}z \\
&\quad = \pm \iint_\Delta P(x(u,v), y(u,v), z(u,v))A\mathrm{d}u\mathrm{d}v, \\
&\iint_S Q(x, y, z)\mathrm{d}z\mathrm{d}x \\
&\quad = \pm \iint_\Delta Q(x(u,v), y(u,v), z(u,v))B\mathrm{d}u\mathrm{d}v, \\
&\iint_S R(x, y, z)\mathrm{d}x\mathrm{d}y \\
&\quad = \pm \iint_\Delta R(x(u,v), y(u,v), z(u,v))C\mathrm{d}u\mathrm{d}v,
\end{aligned}\right\} \quad (16.13)$$

(16.13)式中的正负号由曲面的侧(即 n 的指向)和 A, B, C 的正负号来确定. 例如

$$\iint_S R(x, y, z)\mathrm{d}x\mathrm{d}y$$

$$= \pm \iint_\Delta R(x(u,v), y(u,v), z(u,v))C\mathrm{d}u\mathrm{d}v,$$

若 S 为取上侧,$\cos\gamma > 0$,我们应取 $+C$(或 $-C$)使得 $+C$(或 $-C$)大于零.

注 如果规定有向曲面 S 的边界曲线 L 正向如下:设有人站

在 S 上指定的一侧,若沿 L 行走,指定的侧总在人的左方,则人的前进方向为 L 的正向,这个规定方法也称为**右手法则**. 又若 Δ 的边界曲线 l 的正向环行正好对应于 S 的边界 L 的正向环行,则可以证明(参阅菲赫金哥尔茨著《微积分学教程》第三卷第二分册 596 段)

$$\cos \alpha = \frac{A}{\sqrt{A^2+B^2+C^2}},$$

$$\cos \beta = \frac{B}{\sqrt{A^2+B^2+C^2}},$$

$$\cos \gamma = \frac{C}{\sqrt{A^2+B^2+C^2}}.$$

因此,在这样的假定下,我们有计算公式

$$\iint_S \boldsymbol{A} \cdot \boldsymbol{n} \mathrm{d}S = \iint_\Delta [P(x(u,v),y(u,v),z(u,v)) \cdot A$$
$$+ Q(x(u,v),y(u,v),z(u,v)) \cdot B$$
$$+ R(x(u,v),y(u,v),z(u,v)) \cdot C] \mathrm{d}u \mathrm{d}v.$$

$$(16.14)$$

例 3　计算 $I = \iint_S x^3 \mathrm{d}y \mathrm{d}z$,其中曲面 S 为 $\dfrac{x^2}{a^2} + \dfrac{y^2}{b^2} + \dfrac{z^2}{c^2} = 1(z \geqslant$

$0)$ 的外侧.

解　S 的参数方程为

$$\begin{cases} x = a \sin \varphi \cos \theta, \\ y = b \sin \varphi \sin \theta, \quad 0 \leqslant \varphi \leqslant \dfrac{\pi}{2}, 0 \leqslant \theta \leqslant 2\pi. \\ z = c \cos \varphi, \end{cases}$$

$$\Delta = \left[0, \frac{\pi}{2}\right] \times [0, 2\pi],$$

$$A = \begin{vmatrix} y_\varphi & z_\varphi \\ y_\theta & z_\theta \end{vmatrix} = bc \sin^2 \varphi \cos \theta.$$

将 S 分为前半部分 $S_1\left(0\leqslant\varphi\leqslant\dfrac{\pi}{2},-\dfrac{\pi}{2}\leqslant\theta\leqslant\dfrac{\pi}{2}\right)$ 和后半部分 S_2 $\left(0\leqslant\varphi\leqslant\dfrac{\pi}{2},\dfrac{\pi}{2}\leqslant\theta\leqslant\dfrac{3}{2}\pi\right)$，因为在 S_1 上 $\cos\alpha>0$，$A>0$，在 S_2 上 $\cos\alpha<0$，$A<0$，故应用公式(16.13)时都取正号，从而

$$I=\iint\limits_{\Delta}a^3\sin^3\varphi\cos^3\theta A\,\mathrm{d}\varphi\mathrm{d}\theta$$

$$=\int_0^{\frac{\pi}{2}}a^3bc\,\sin^5\varphi\mathrm{d}\varphi\int_0^{2\pi}\cos^4\theta\mathrm{d}\theta=\frac{2}{5}\pi a^3bc.$$

读者也可以利用直角坐标来计算例 3 中的第二型曲面积分.

习　题

1. 计算下列第二型曲面积分.

(1) $\displaystyle\iint\limits_{S}x\mathrm{d}y\mathrm{d}z+y\mathrm{d}z\mathrm{d}x+z\mathrm{d}x\mathrm{d}y$，其中 S 为球面 $x^2+y^2+z^2=a^2$ 的外侧；

(2) $\displaystyle\iint\limits_{S}(y-z)\mathrm{d}y\mathrm{d}z+(z-x)\mathrm{d}z\mathrm{d}x+(x-y)\mathrm{d}x\mathrm{d}y$，其中 S 为锥面 $x^2+y^2=z^2(0\leqslant z\leqslant h)$ 的外侧；

(3) $\displaystyle\iint\limits_{S}z\mathrm{d}x\mathrm{d}y$，其中 S 为椭球面 $\dfrac{x^2}{a^2}+\dfrac{y^2}{b^2}+\dfrac{z^2}{c^2}=1$ 的外侧；

(4) $\displaystyle\iint\limits_{S}x^2\mathrm{d}y\mathrm{d}z+y^2\mathrm{d}z\mathrm{d}x+z^2\mathrm{d}x\mathrm{d}y$，其中 S 为球面 $(x-a)^2+(y-b)^2+(z-c)^2=R^2$ 的外侧.

2. 设 $\cos\alpha,\cos\beta,\cos\gamma$ 是锥面 $x^2+y^2=z^2(0\leqslant z\leqslant h)$ 的外法向方向余弦，$\boldsymbol{A}(x,y,z)=P(x,y,z)\boldsymbol{i}+Q(x,y,z)\boldsymbol{j}+R(x,y,z)\boldsymbol{k}$ 在 S 上连续，试证明

$$\iint\limits_{S} [P\cos\alpha + Q\cos\beta + R\cos\gamma]\mathrm{d}S$$

$$= \iint\limits_{x^2+y^2\leqslant h^2} \left[\frac{x}{z}P + \frac{y}{z}Q - R\right]\mathrm{d}x\mathrm{d}y,$$

其中 $z = \sqrt{x^2+y^2}$.

3. 设 S 为锥面 $x^2+y^2=z^2$ $(0\leqslant z\leqslant h)$ 外侧, $\boldsymbol{A}=(y-z)\boldsymbol{i}+(z-x)\boldsymbol{j}+(x-y)\boldsymbol{k}$, 利用上题来计算

$$I = \iint\limits_{S} (y-z)\mathrm{d}y\mathrm{d}z + (z-x)\mathrm{d}z\mathrm{d}x + (x-y)\mathrm{d}x\mathrm{d}y.$$

第 16 章总习题

1. 设

$$f(x,y,z)=\begin{cases} x^2+y^2, & \text{当 } z\geqslant\sqrt{x^2+y^2}, \\ 0, & \text{当 } z<\sqrt{x^2+y^2}, \end{cases}$$

试计算第一型曲面积分

$$\iint\limits_{x^2+y^2+z^2=t^2} f(x,y,z)\mathrm{d}s.$$

2. 设 p 表示从原点到椭球面

$$S: \frac{x^2}{a^2}+\frac{y^2}{b^2}+\frac{z^2}{c^2}=1$$

上 $M(x,y,z)$ 点的切平面垂直距离之长, 试证明

(1) $\iint\limits_{S} p\,\mathrm{d}S = 4\pi abc$;

(2) $\iint\limits_{S} \dfrac{\mathrm{d}S}{p} = \dfrac{4\pi}{3abc}(b^2c^2+c^2a^2+a^2b^2)$.

3. 设均匀的圆台侧面

$$x^2+y^2=z^2 \quad (0<a\leqslant z\leqslant b)$$

密度为 μ,求它对位于坐标原点单位质点的引力(引力常数为 k_0).

4. 设某流体的流速为 $\boldsymbol{v} = (k, y, 0)$,求单位时间内从球面 $x^2 + y^2 + z^2 = 4$ 的内部流过球面的流量 Q(流体密度为 1).

5. 证明:对连续函数 $f(u)$,有

$$\iint\limits_{x^2+y^2+z^2=1} f(z)\mathrm{d}S = 2\pi \int_{-1}^{1} f(t)\mathrm{d}t.$$

第 17 章　各种积分的联系·场论

本章首先讨论多元函数的各类积分之间的关系,建立多元函数积分学中的三个重要公式:格林(Green)公式,奥高(Остроградский - Gauss)公式和斯托克斯(Stokes)公式,然后利用多元函数的微分和积分介绍在物理学中有着广泛应用的梯度、散度、旋度概念及其计算公式.最后引入微分形式及其积分概念把上述三个公式统一成同一形式(斯托克斯公式).

17.1　格林公式

17.1.1　格林公式

本段我们要讨论平面上第二型曲线积分和二重积分之间的联系.设 D 为平面上的有界闭区域,D 的边界 L 由有限条光滑曲线组成,闭曲线 L 的正向规定见 14.2 设

$$A(x,y)=P(x,y)\boldsymbol{i}+Q(x,y)\boldsymbol{j},$$

用

$$\oint_L \boldsymbol{A} \cdot \mathrm{d}\boldsymbol{s} = \oint_L P(x,y)\mathrm{d}x + Q(x,y)\mathrm{d}y$$

表示沿闭曲线 L 正向的第二型曲线积分.

定理 17.1　设 $P(x,y)$,$Q(x,y)$ 在 D 上连续,且有连续一阶偏导数,L 为区域 D 的边界曲线,则

$$\oint_L P\mathrm{d}x + Q\mathrm{d}y = \iint_D \left(\frac{\partial Q}{\partial x} - \frac{\partial P}{\partial y}\right)\mathrm{d}x\mathrm{d}y. \tag{17.1}$$

称公式(17.1)为**格林公式**.

证 根据区域 D 的不同形式,我们分三种情况来证明公式(17.1).

(1) 设 D 是平面上的简单区域(即平行于 x 轴、y 轴的直线与 L 均至多交于两点),则 D 可表示成:

$$\varphi_1(x) \leqslant y \leqslant \varphi_2(x),$$
$$a \leqslant x \leqslant b,$$

或

$$\psi_1(y) \leqslant x \leqslant \psi_2(y),$$
$$c \leqslant y \leqslant d.$$

由图 $17-1(a)$ 所示,$\overset{\frown}{CAE}$, $\overset{\frown}{CBE}$ 的方程分别为 $x = \psi_1(y)$ 和 $x = \psi_2(y)$,则

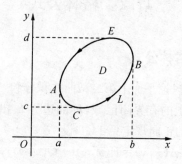

图 17 − 1(a)

$$
\iint\limits_{D} \frac{\partial Q}{\partial x} \mathrm{d}x\mathrm{d}y = \int_c^d \mathrm{d}y \int_{\psi_1(y)}^{\psi_2(y)} \frac{\partial Q}{\partial x}\mathrm{d}x
$$

$$
= \int_c^d \left[Q(\psi_2(y), y) - Q(\psi_1(y), y) \right] \mathrm{d}y
$$

$$
= \int_{\overset{\frown}{CBE}} Q(x, y)\mathrm{d}y - \int_{\overset{\frown}{CAE}} Q(x, y)\mathrm{d}y
$$

$$= \oint_L Q(x,y)\mathrm{d}y,$$

即

$$\iint\limits_D \frac{\partial Q}{\partial x}\mathrm{d}x\mathrm{d}y = \oint_L Q(x,y)\mathrm{d}y. \tag{17.2}$$

同理可证

$$-\iint\limits_D \frac{\partial P}{\partial y}\mathrm{d}x\mathrm{d}y = \oint_L P(x,y)\mathrm{d}x. \tag{17.3}$$

从(17.2)和(17.3)式便得公式(17.1)成立.

如果 D 仍是简单区域,但是它有平行于 x 轴的边界直线段 (图 17 - 1(b))(或平行于 y 轴的边界直线段(图 17 - 1(c))),这时公式(17.1)仍然成立. 其实,对于图 17 - 1(b) 所示的区域,弧 $\overparen{C_1AE_1}$ 和 $\overparen{C_2BE_2}$ 的方程分别为 $x = \psi_1(y)$ 和 $x = \psi_2(y)$,由上段证明得

$$\iint\limits_D \frac{\partial Q}{\partial x}\mathrm{d}x\mathrm{d}y = \int_{\overparen{C_2BE_2}} Q(x,y)\mathrm{d}y + \int_{\overparen{E_1AC_1}} Q(x,y)\mathrm{d}y. \tag{17.4}$$

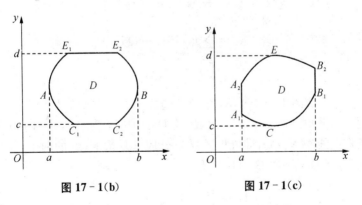

图 17 - 1(b)   图 17 - 1(c)

因函数 Q 在直线段 E_2E_1 和直线段 C_1C_2 上的线积分

$$\int_{E_1E_2} Q(x,y)\mathrm{d}y = 0, \quad \int_{C_1C_2} Q(x,y)\mathrm{d}y = 0.$$

所以(17.4)式右边添加这两个积分,仍得(17.2)式. 若取弧 $\overset{\frown}{AC_1C_2B}, \overset{\frown}{AE_1E_2B}$ 的方程分别为 $y=\varphi_1(x), y=\varphi_2(x)$,有(17.3)成立,从而结论(17.1)成立.

对于图 17-1(c)所示区域可类同讨论. 这样,我们已证得格林公式(17.1)对简单区域 D 成立.

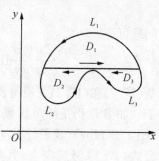

图 17-2

(2) 设 D 不是情形(1)所说的简单区域,但中间无"洞",这时我们总可用有限条辅助曲线把 D 分为有限个简单子区域 $D_i(i=1,2,\cdots,n)$,在每个 D_i 上格林公式成立,相加即得在 D 上格林公式(17.1)也成立. 如图 17-2 所示,可将 D 分成 D_1,D_2,D_3,记 D_i 的边界为 $L_i(i=1,2,3)$,则

$$\iint\limits_{D}\left(\frac{\partial Q}{\partial x}-\frac{\partial P}{\partial y}\right)\mathrm{d}x\mathrm{d}y = \sum_{i=1}^{3}\iint\limits_{D_i}\left(\frac{\partial Q}{\partial x}-\frac{\partial P}{\partial y}\right)\mathrm{d}x\mathrm{d}y$$

$$= \sum_{i=1}^{3}\oint_{L_i}P\mathrm{d}x+Q\mathrm{d}y$$

$$= \oint_{L}P\mathrm{d}x+Q\mathrm{d}y.$$

(3) 如图 17-3 所示,若 D 的边界 L 由两条(或两条以上)不相连的简单闭曲线 L_1,L_2 组成(即 D 的中间有"洞"),我们添加两条辅助线 MN,PQ,即可将区域 D 分成满足情形(2)的两个(无公共内点的)子区域 D_1,D_2. 于是

$$\iint\limits_{D}\left(\frac{\partial Q}{\partial x}-\frac{\partial P}{\partial y}\right)\mathrm{d}x\mathrm{d}y = \sum_{i=1}^{2}\iint\limits_{D_i}\left(\frac{\partial Q}{\partial x}-\frac{\partial P}{\partial y}\right)\mathrm{d}x\mathrm{d}y$$

$$= \sum_{i=1}^{2}\oint_{L_i}P\mathrm{d}x+Q\mathrm{d}y$$

$$= \oint_L P\,\mathrm{d}x + Q\,\mathrm{d}y.$$

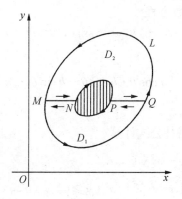

图 17 – 3

格林公式有许多重要应用,除去在 17.1.2 和 17.1.3 将介绍它在理论上的应用外,在实际中可常用格林公式计算区域面积、曲线积分等. 现在通过例题来说明.

若在公式(17.1)中取 $P(x,y) = -y, Q(x,y) = x$,则得

$$\oint_L x\,\mathrm{d}y - y\,\mathrm{d}x = 2\iint_D \mathrm{d}x\,\mathrm{d}y.$$

所以区域 D 的面积 $\mu(D)$ 为

$$\mu(D) = \frac{1}{2}\oint_L x\,\mathrm{d}y - y\,\mathrm{d}x. \tag{17.5}$$

此外,也可求得

$$\mu(D) = \oint_L x\,\mathrm{d}y = -\oint_L y\,\mathrm{d}x. \tag{17.6}$$

例 1　试用曲线积分计算椭圆域 $\dfrac{x^2}{a^2} + \dfrac{y^2}{b^2} \leqslant 1$ 的面积.

解　设 $D: \dfrac{x^2}{a^2} + \dfrac{y^2}{b^2} \leqslant 1$,我们有

$$\mu(D) = \frac{1}{2}\oint_L x\mathrm{d}y - y\mathrm{d}x,$$

利用椭圆 L 的参数方程

$$x = a\cos\theta, y = b\sin\theta, (0 \leqslant \theta \leqslant 2\pi)$$

得

$$\mu(D) = \frac{1}{2}\int_0^{2\pi}\big[a\cos\theta \cdot b\cos\theta - b\sin\theta(-a\sin\theta)\big]\mathrm{d}\theta$$

$$= \pi ab.$$

例 2　利用格林公式计算

$$I = \int_C xy^2\mathrm{d}y - x^2 y\mathrm{d}x,$$

其中 C 是上半圆 $x^2 + y^2 = a^2$ $(y \geqslant 0)$ 从 $(a,0)$ 到 $(-a,0)$ 一段 (图 $17-4$).

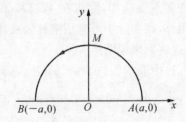

图 17-4

解　设 $P(x,y) = -x^2 y, Q(x,y) = xy^2$,于是

$$I = \int_{\overset{\frown}{AMB}} xy^2\mathrm{d}y - x^2 y\mathrm{d}x$$

$$= \int_{\overset{\frown}{AMB}} xy^2\mathrm{d}y - x^2 y\mathrm{d}x + \int_{BA} xy^2\mathrm{d}y - x^2 y\mathrm{d}x$$

$$= \iint\limits_{\substack{x^2 + y^2 \leqslant a^2 \\ y \geqslant 0}} (y^2 + x^2)\mathrm{d}x\mathrm{d}y$$

$$= \int_0^{\pi}\mathrm{d}\theta\int_0^a r^3\mathrm{d}r = \frac{\pi}{4}a^4.$$

例 2 告诉我们,在计算非闭曲线上的第二型曲线积分时,有时可添加适当弧段,使它成为封闭的曲线,只要满足定理 17.1 的条件,可用格林公式(17.1)来计算.

例 3　计算曲线积分

$$I = \oint_L \frac{-y}{x^2 + y^2} \mathrm{d}x + \frac{x}{x^2 + y^2} \mathrm{d}y,$$

其中 L 是平面上的任一条包含原点在内的逐段光滑闭曲线.

解　作一个中心在原点,半径为 ε 的小圆 l,使小圆域完全含于 L 所围的区域,用 D 表示由 L 与 l 所围的区域(图 17-5),则在 D 上可应用格林公式,用 l_- 表示沿顺时针方向的小圆,l_+ 表示沿逆时针方向的小圆,就得

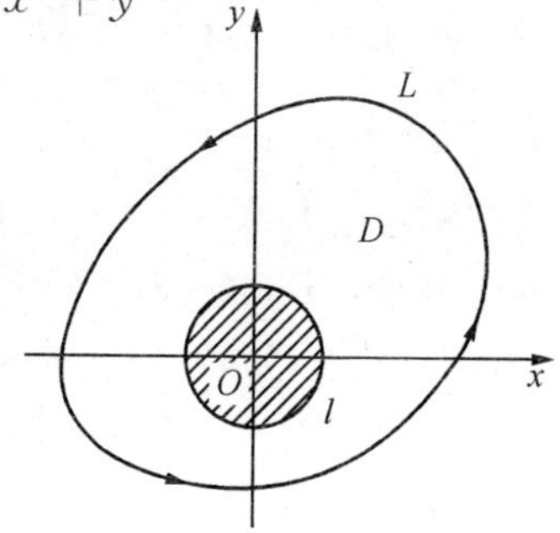

图 17-5

$$\oint_L \frac{-y}{x^2 + y^2} \mathrm{d}x + \frac{x}{x^2 + y^2} \mathrm{d}y + \oint_{l_-} \frac{-y}{x^2 + y^2} \mathrm{d}x + \frac{x}{x^2 + y^2} \mathrm{d}y$$

$$= \iint_D \left[\frac{y^2 - x^2}{(x^2 + y^2)^2} - \frac{y^2 - x^2}{(x^2 + y^2)^2} \right] \mathrm{d}x \mathrm{d}y = 0,$$

所以

$$I = \oint_{l_+} \frac{-y}{x^2 + y^2} \mathrm{d}x + \frac{x}{x^2 + y^2} \mathrm{d}y = 2\pi.$$

读者必须注意,在利用格林公式计算曲线积分时,要求函数 $P(x, y)$,$Q(x, y)$ 及其偏导数在 D 中连续. 在例 3 中,

$$P(x, y) = \frac{-y}{x^2 + y^2}, \quad Q(x, y) = \frac{x}{x^2 + y^2}$$

及其偏导数在原点 $(0,0)$ 处不连续,而 $(0,0)$ 又在曲线 L 的内部,故不满足定理 17.1 的条件,所以才有例 3 中的处理方法;如果直接用格林公式,会导出 $I = 0$ 的错误结论.

17.1.2　平面上第二型曲线积分与路径无关的条件

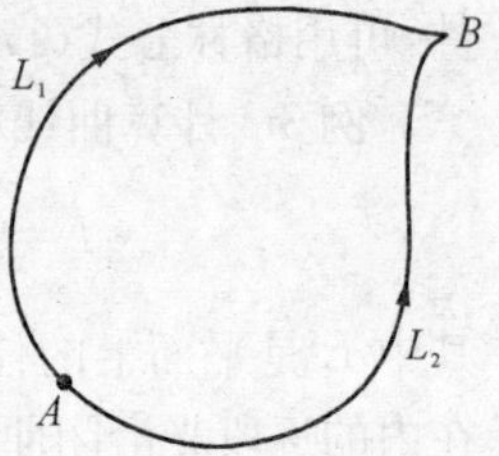

如图 17-6 所示，设 L_1, L_2 为平面上从 A 到 B 的任意两条路径，我们问：在什么条件下等式

$$\int_{L_1} P\mathrm{d}x + Q\mathrm{d}y = \int_{L_2} P\mathrm{d}x + Q\mathrm{d}y$$

$$(17.7)$$

成立？若用 L 表示由 L_2 与 $(-L_1)$ 所组成的闭路径，其中 $(-L_1)$ 表示 L_1 的反向路径，则显然有(17.7)成立的充要条件是

图 17-6

$$\oint_L P\mathrm{d}x + Q\mathrm{d}y = 0.$$

因此，我们得到这样的结论：积分 $\int_{\widehat{AB}} P\mathrm{d}x + Q\mathrm{d}y$ 与路径无关的充要条件是

$$\oint_L P\mathrm{d}x + Q\mathrm{d}y = 0,$$

$$(17.8)$$

其中 L 为过点 A, B 的任一条闭曲线.

若 $\int_{\widehat{AB}} P\mathrm{d}x + Q\mathrm{d}y$ 与路径无关，仅与起点 A 和终点 B 有关，就可把它记为

$$\int_A^B P\mathrm{d}x + Q\mathrm{d}y \quad \text{或者} \quad \int_{(x_0,y_0)}^{(x,y)} P\mathrm{d}x + Q\mathrm{d}y,$$

这里 $A = (x_0, y_0)$, $B = (x, y)$. 现在让 A 点固定，而让 B 点在函数 $P(x,y)$, $Q(x,y)$ 的定义域 D 内变动，则 $\int_{(x_0,y_0)}^{(x,y)} P\mathrm{d}x + Q\mathrm{d}y$ 是 $(x,y) \in D$ 的函数，常记作

$$u(x,y) = \int_{(x_0,y_0)}^{(x,y)} P\mathrm{d}x + Q\mathrm{d}y.$$

为了进一步得到除条件(17.8)外的积分与路径无关的充要条件,我们需要单连通区域的概念.

设 D 是平面上的开区域,如果 D 内任一条闭曲线 L 所围的区域 D_0 全含于 D 内,则称 D 为平面上的**单连通区域**,否则称作**复连通区域**. 通俗地讲,单连通区域是没有"洞"的区域,复连通区域是有"洞"的区域. 如图 17−7 所示,D_1,D_2,是单连通区域,D_3,D_4 是多连通区域.

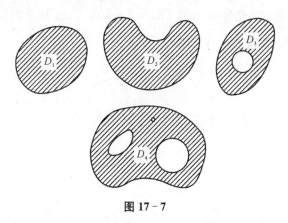

图 17−7

定理 17.2 设 $P(x,y)$,$Q(x,y)$ 在单连通区域 D 上连续,且有一阶连续偏导数,则下列条件等价:

(i) 对 D 中任一逐段光滑闭曲线 L,有

$$\oint_L P\,\mathrm{d}x + Q\,\mathrm{d}y = 0.$$

(ii) $P\,\mathrm{d}x + Q\,\mathrm{d}y$ 是 D 内某一函数 $u(x,y)$ 的全微分,即存在 $u(x,y)$,使在 D 内有

$$\mathrm{d}u(x,y) = P\,\mathrm{d}x + Q\,\mathrm{d}y.$$

此时,我们称 $P\,\mathrm{d}x + Q\,\mathrm{d}y$ 为**恰当微分**.

(iii) 在 D 中处处有

$$\frac{\partial Q}{\partial x} = \frac{\partial P}{\partial y}.$$

证 (i)$\Rightarrow$(ii)设(i)成立,则积分 $\int_{\overset{\frown}{AB}} P\mathrm{d}x + Q\mathrm{d}y$ 与路径无关,令

$$u(x,y) = \int_{(x_0,y_0)}^{(x,y)} P\mathrm{d}x + Q\mathrm{d}y,$$

其中 $A(x_0,y_0)$ 是 D 中某一点,$B(x,y)$ 是 D 内任意一点(图 17-8).取 Δx 充分小,使点 $C(x+\Delta x,y)\in D$,并取 A 到 C 的路径 $\overset{\frown}{ABC}$为AB弧段加上直线段BC,

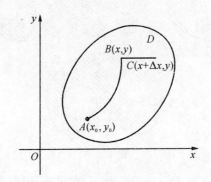

图 17-8

$$u(x+\Delta x,y) - u(x,y)$$
$$= \int_{\overset{\frown}{ABC}} P\mathrm{d}x + Q\mathrm{d}y - \int_{\overset{\frown}{AB}} P\mathrm{d}x + Q\mathrm{d}y$$
$$= \int_{BC} P\mathrm{d}x + Q\mathrm{d}y$$
$$= \int_x^{x+\Delta x} P(x,y)\mathrm{d}x$$
$$= P(x+\theta\Delta x,y)\Delta x,$$

其中 $0<\theta<1$,故

$$\frac{\partial u}{\partial x} = \lim_{\Delta x \to 0} P(x + \theta \Delta x, y) = P(x, y).$$

同理可证

$$\frac{\partial u}{\partial y} = Q(x, y).$$

于是有

$$\mathrm{d}u(x, y) = P\mathrm{d}x + Q\mathrm{d}y.$$

(ii)⇒(iii)   设存在函数 $u(x, y)$，使得

$$P\mathrm{d}x + Q\mathrm{d}y = \frac{\partial u}{\partial x}\mathrm{d}x + \frac{\partial u}{\partial y}\mathrm{d}y,$$

则

$$P(x, y) = \frac{\partial u}{\partial x}, \quad Q(x, y) = \frac{\partial u}{\partial y},$$

$$\frac{\partial P}{\partial y} = \frac{\partial^2 u}{\partial y \partial x}, \quad \frac{\partial Q}{\partial x} = \frac{\partial^2 u}{\partial x \partial y}.$$

因为 $P(x, y), Q(x, y)$ 在 D 内有一阶连续偏导数，所以

$$\frac{\partial^2 u}{\partial y \partial x} = \frac{\partial^2 u}{\partial x \partial y},$$

从而在 D 内处处成立 $\dfrac{\partial Q}{\partial x} = \dfrac{\partial P}{\partial y}$.

(iii)⇒(i)   设 L 是 D 内任一条逐段光滑闭曲线，记 L 所围的区域为 D_0，由于 D 是单连通的，则 $D_0 \subset D$，应用格林公式(17.1)，立即由(iii)得

$$\oint_L P\mathrm{d}x + Q\mathrm{d}y = \iint\limits_{D_0} \left(\frac{\partial Q}{\partial x} - \frac{\partial P}{\partial y} \right) \mathrm{d}x\mathrm{d}y = 0.$$

注 1   定理 17.2 中对 D 是单连通区域的要求是必要的. 例如，取 $D = \{(x, y) \mid x^2 + y^2 \neq 0\}$，$P(x, y) = \dfrac{-y}{x^2 + y^2}$，$Q(x, y) = \dfrac{x}{x^2 + y^2}$ 以及取 L 为 D 中任一逐段光滑闭曲线，它所围区域为 D_0，

虽然有

$$\frac{\partial Q}{\partial x} = \frac{\partial P}{\partial y}, \quad (x, y) \in D,$$

但 17.1.1 例 3 和定理 17.1,有

$$\oint_L P\mathrm{d}x + Q\mathrm{d}y = \begin{cases} 2\pi, & \text{当}(0,0) \in D_0, \\ 0, & \text{当}(0,0) \overline{\in} D_0. \end{cases}$$

注 2 当 $P\mathrm{d}x + Q\mathrm{d}y$ 为恰当微分时,我们通常称函数

$$u(x, y) = \int_{(x_0, y_0)}^{(x, y)} P\mathrm{d}x + Q\mathrm{d}y$$

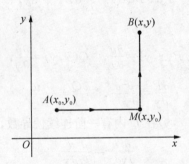

图 17 - 9

为 $P\mathrm{d}x + Q\mathrm{d}y$ 的一个原函数. 由定理 17.2,我们可以通过取折线段 AMB 求得(图 17 - 9)

$$u(x, y) = \int_{x_0}^{x} P(x, y_0)\mathrm{d}x + \int_{y_0}^{y} Q(x, y)\mathrm{d}y. \tag{17.9}$$

例 1 验证下面的积分与路径无关,并求它的值

$$I = \int_{(0,0)}^{(2,2)} (2x + \sin y)\mathrm{d}x + x\cos y\mathrm{d}y.$$

解 这里 $P(x, y) = 2x + \sin y, Q(x, y) = x\cos y$,易知对平面上一切 (x, y) 有

$$\frac{\partial Q}{\partial x} = \frac{\partial P}{\partial y} = \cos y,$$

于是据定理 17.2,积分 I 与路径无关,由公式(17.9)

$$I = \int_0^2 2x\mathrm{d}x + \int_0^2 2\cos y\mathrm{d}y = 4 + 2\sin 2.$$

例 2　验证 $(x^2 + 2xy - y^2)\mathrm{d}x + (x^2 - 2xy - y^2)\mathrm{d}y$ 是一个恰当微分,并求出它的一个原函数.

解　因为 $P(x,y) = x^2 + 2xy - y^2$,$Q(x,y) = x^2 - 2xy - y^2$,则

$$\frac{\partial Q}{\partial x} = \frac{\partial P}{\partial y} = 2x - 2y,$$

于是原式是一个恰当微分,它的一个原函数是

$$\begin{aligned}
u(x,y) &= \int_{(0,0)}^{(x,y)} (x^2 + 2xy - y^2)\mathrm{d}x + (x^2 - 2xy - y^2)\mathrm{d}y \\
&= \int_0^x x^2 \mathrm{d}x + \int_0^y (x^2 - 2xy - y^2)\mathrm{d}y \\
&= \frac{x^3}{3} + x^2 y - xy^2 - \frac{y^3}{3}.
\end{aligned}$$

17.1.3　二重积分的变数变换公式的证明

我们在 15.2.2 段曾指出如下的引理 15.7:

设变换 φ:

$$x = x(u,v), y = y(u,v), (u,v) \in \Delta.$$

将 uv 平面上区域 Δ 一对一地映成 xy 平面上区域 D,并设 $x(u,v), y(u,v)$ 及其一阶偏导数在 Δ 上连续,$J_\varphi(u,v) \neq 0, (u, v) \in \Delta$,则成立

$$\mu(D) = \iint\limits_\Delta | J_\varphi(u,v) | \, \mathrm{d}u\mathrm{d}v, \tag{17.10}$$

其中 $\mu(D)$ 表示 D 的面积.

证　我们在假定函数 $y(u,v)$ 有二阶连续混合偏导数的条件下证明(17.10)式.设 D 和 Δ 的边界分别为逐段光滑连续曲线 L

和 l,L 与 l ——对应(图 17-10).再设 l 的参数方程为

$$u=u(t), \quad v=v(t), \quad \alpha \leqslant t \leqslant \beta,$$

其中 $u'(t),v'(t)$ 在 $[\alpha,\beta]$ 上至多除去有限个第一类间断点外连续.
利用变换 φ 可得 L 的参数方程

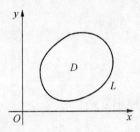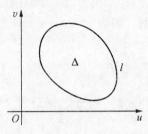

图 17-10

$$x=x(t)=x(u(t),v(t)),$$
$$y=y(t)=y(u(t),v(t)), \quad \alpha \leqslant t \leqslant \beta.$$

若规定 t 从 α 变到 β 时对应于 L 的正向,则由公式(17.6)

$$\mu(D)=\oint_L x\mathrm{d}y=\int_\alpha^\beta x(t)y'(t)\mathrm{d}t$$

$$=\int_\alpha^\beta x(u(t),v(t))\left[\frac{\partial y}{\partial u}u'(t)+\frac{\partial y}{\partial v}v'(t)\right]\mathrm{d}t.$$

另一方面,在 uv 平面上

$$\oint_l x(u,v)\left[\frac{\partial y}{\partial u}\mathrm{d}u+\frac{\partial y}{\partial v}\mathrm{d}v\right]$$

$$=\pm\int_\alpha^\beta x(u(t),v(t))\left[\frac{\partial y}{\partial u}u'(t)+\frac{\partial y}{\partial v}v'(t)\right]\mathrm{d}t.$$

这里正(负)号由 t 从 α 变到 β 时对应于 l 的正(反)向而定.从上两
等式得到

$$\mu(D)=\pm\oint_l x(u,v)\left[\frac{\partial y}{\partial u}\mathrm{d}u+\frac{\partial y}{\partial v}\mathrm{d}v\right].$$

我们令 $P(u,v)=x(u,v)\dfrac{\partial y}{\partial u},Q(u,v)=x(u,v)\dfrac{\partial y}{\partial v}$,在 uv 平面上对

上式用格林公式(17.1),又可得

$$\mu(D) = \pm \iint_{\Delta} \left(\frac{\partial Q}{\partial u} - \frac{\partial P}{\partial v} \right) du dv.$$

因$\dfrac{\partial^2 y}{\partial u \partial v} = \dfrac{\partial^2 y}{\partial v \partial u}$,有$\dfrac{\partial Q}{\partial u} - \dfrac{\partial P}{\partial v} = J_{\varphi}(u,v)$,

因此

$$\mu(D) = \pm \iint_{\Delta} J_{\varphi}(u,v) du dv = \iint_{\Delta} | J_{\varphi}(u,v) | du dv.$$

注　实际上不假定 $y(u,v)$ 有连续的二阶混合偏导数,我们也可以证明公式(17.10).例如,我们先证明

$$\lim_{\rho \to 0} \frac{\mu(D)}{\mu(\Delta)} = | J_{\varphi}(u_0,v_0) | \qquad (17.11)$$

(其中 Δ 为矩形域 $|u-u_0| < \rho$, $|v-v_0| < \rho$ 关于 (u_0,v_0) 属于有界闭区域是一致的,则可以证明(17.10)成立.下面来证明(17.11).

如图 17 - 11,设 Δ 是以 $A(u_0-\rho,v_0-\rho)$, $B(u_0+\rho,v_0-\rho)$, $C(u_0+\rho,v_0+\rho)$, $E(u_0-\rho,v_0+\rho)$ 为顶点的正方形,在变换 φ 之下,Δ 变成 xy 平面上的区域 D,点 A,B,C,E 分别映为 A', B', C', E'.因为在 $Q(u_0,v_0)$ 附近,映射

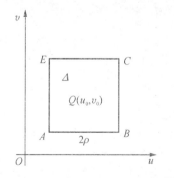
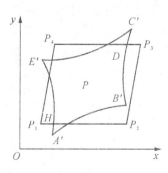

图 17 - 11

$$\varphi:\begin{cases} x=x(u_0,v_0)+x_u(u_0,v_0)\Delta u+x_v(u_0,v_0)\Delta v+\varepsilon_1\rho, \\ y=y(u_0,v_0)+y_u(u_0,v_0)\Delta u+y_v(u_0,v_0)\Delta v+\varepsilon_2\rho, \end{cases}$$

其中 $\varepsilon_1,\varepsilon_2$ 为 $\rho\to 0$ 时的高阶无穷小，$\Delta u=u-u_0$，$\Delta v=v-v_0$. 于是，如果我们忽略高阶无穷小，令

$$\overline{\varphi}:\begin{cases} \overline{x}=x(u_0,v_0)+x_u(u_0,v_0)\Delta u+x_v(u_0,v_0)\Delta v, \\ \overline{y}=y(u_0,v_0)+y_u(u_0,v_0)\Delta u+y_v(u_0,v_0)\Delta v, \end{cases}$$

则显然有 $\overline{\varphi}$ 将 uv 平面上的正方形 Δ 变为 xy 平面上的以 $P(x_0,y_0)$ 为中心的平行四边形 $P_1P_2P_3P_4$，记为 H，这里 $x_0=x(u_0,v_0)$，$y_0=y(u_0,v_0)$，点 P_1,P_2,P_3,P_4 分别表示 A,B,C,D 在变换 $\overline{\varphi}$ 之下的像.

现在来估计 D 与 H 的面积误差. 对给定的 $\varepsilon>0$，取 ρ 充分小，使 $|\varepsilon_1|<\varepsilon$，$|\varepsilon_2|<\varepsilon$，由上述 $\varphi,\overline{\varphi}$ 的表示式得

$$|x-\overline{x}|<\varepsilon\rho, \quad |y-\overline{y}|<\varepsilon\rho.$$

因此 D 的边界曲线必落在距离 H 的边界不超过 $2\varepsilon\rho$ 的带状区域内，即 D 的边界曲线（如图 17-12）夹在较大的平行四边形 H' 和较小的平行四边形 H'' 之间，故

$$\mu(H'')<\mu(D)<\mu(H').$$

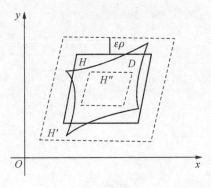

图 17-12

从而 D 与 H 的面积误差估计为

$$|\mu(D)-\mu(H)|<\mu(H')-\mu(H'').$$

由于 $\mu(H')-\mu(H'')$ 等于 H 的周长与 $2\varepsilon\rho$ 的乘积,而 H 的周长又与 ρ 成正比,记为 $k\rho$,这里的 k 仅与 x_u,x_v,y_u 和 y_v 在 (u_0,v_0) 点之值有关,所以

$$|\mu(D)-\mu(H)|<2k\varepsilon\rho^2.$$

又因为 $\mu(\Delta)=4\rho^2$,$\mu(H)$ 等于三角形 $P_1P_2P_3$ 面积的两倍,由解析几何知,顶点位于 $(x_1,y_1),(x_2,y_2),(x_3,y_3)$ 的三角形面积的两倍等于行列式

$$\begin{vmatrix} x_2-x_1 & x_3-x_2 \\ y_2-y_1 & y_3-y_2 \end{vmatrix}$$

的绝对值,故

$$\mu(H)=4|J_\varphi(u_0,v_0)|\rho^2,$$

$$\left|\frac{\mu(D)}{\mu(\Delta)}-J_\varphi(u_0,v_0)\right|=\frac{|\mu(D)-4|J_\varphi(u_0,v_0)\rho^2|}{4\rho^2}$$

$$=\frac{|\mu(D)-\mu(H)|}{4\rho^2}<\frac{k}{2}\varepsilon,$$

$$\lim_{\rho\to0}\frac{\mu(D)}{\mu(\Delta)}=J_\varphi(u_0,v_0).$$

且此极限关于 (u_0,v_0) 属于有界闭区域是一致的.

更一般的重积分变数变换公式(包括三重积分,n 重积分)可用数学归纳法证明(参阅菲赫全哥尔茨著《微积分学教程》三卷二分册).

习　　题

1. 应用格林公式来计算下列曲线积分:

(1) $\displaystyle\int_L xy^2\mathrm{d}x-x^2y\mathrm{d}y$,其中 L 为圆周 $x^2+y^2=a^2$;

(2) $\displaystyle\int_L (x+y)^2\,\mathrm{d}x - (x^2+y^2)\,\mathrm{d}y$,其中 L 是以 $A(1,1)$,$B(3,2)$,$C(2,5)$ 为顶点的三角形;

(3) $\displaystyle\oint_L \mathrm{e}^x[(1-\cos y)\,\mathrm{d}x - (y-\sin y)\,\mathrm{d}y]$;其中 L 为区域 $0\leqslant x\leqslant\pi,0\leqslant y\leqslant\sin x$ 的边界曲线;

(4) $\displaystyle\int_{AMO} (\mathrm{e}^x\sin y - my)\,\mathrm{d}x + (\mathrm{e}^x\cos y - m)\,\mathrm{d}y$,其中 m 为常数,AMO 是由 $(a,0)$ 到 $(0,0)$ 经过圆 $x^2+y^2=ax(a>0)$ 的上半部分路径.

2. 应用曲线积分计算下列曲线所围区域的面积:

(1) 星形线 $x=a\cos^3 t, y=b\sin^3 t$ $(0\leqslant t\leqslant 2\pi)$;

(2) 抛物线 $(x+y)^2=ax$ $(a>0)$ 和 x 轴.

3. 为了使曲线积分 $\displaystyle\int_{\overset{\frown}{AB}} F(x,y)(y\,\mathrm{d}x + x\,\mathrm{d}y)$ 与路径无关,试问可微函数 $F(x,y)$ 应满足怎样的条件?

4. 计算

$$I = \oint_L \frac{x\,\mathrm{d}y - y\,\mathrm{d}x}{x^2+y^2},$$

其中 L 为任一不经过原点的光滑封闭曲线.

5. 设 L 为平面上的光滑封闭曲线,$\boldsymbol{l}=(\cos\alpha,\cos\beta)$ 为任意固定的方向矢量,$\boldsymbol{n}$ 为曲线 L 的外法线方向,证明

$$\int_L \cos(\boldsymbol{l},\boldsymbol{n})\,\mathrm{d}s = 0.$$

6. 求积分

$$I = \oint_L [x\cos(\boldsymbol{n},x) + y\cos(\boldsymbol{n},y)]\,\mathrm{d}s,$$

其中 L 为有界区域 D 的边界曲线,$\boldsymbol{n}$ 为 L 的外法向.

7. 验证下列积分与路径无关,并计算它们的值:

(1) $\displaystyle\int_{(0,0)}^{(1,1)} (x-y)(\mathrm{d}x - \mathrm{d}y)$;

(2) $\displaystyle\int_{(0,0)}^{(a,b)} f(x+y)(\mathrm{d}x+\mathrm{d}y)$ 其中 $f(u)$ 有一阶连续导数；

(3) $\displaystyle\int_{(2,1)}^{(1,2)} \frac{y\mathrm{d}x - x\mathrm{d}y}{x^2}$，沿不与 oy 轴相交的路径.

8. 计算曲线积分

$$I = \int_C \mathrm{e}^x(\cos y\mathrm{d}x - \sin y\mathrm{d}y),$$

其中 C 为曲线 $y = x^2$ 在第一象限从点 $(0,0)$ 到点 $(2,4)$ 一段.

17.2 奥 高 公 式

格林公式联系了平面区域 D 上的二重积分与 D 的边界曲线 L 上的第二型曲线积分，同样，空间区域 V 上的三重积分与 V 的边界曲面上第二型曲面积分也有类似的关系，这就是本节所要介绍的奥斯特罗格拉特斯基-高斯公式，简称奥高公式.

在通常情况下，我们用 $\displaystyle\oiint_S \boldsymbol{A} \cdot \boldsymbol{n}\mathrm{d}S$ 表示封闭曲面 S 外侧的第二型曲面积分.

定理 17.3 设 $P(x,y,z),Q(x,y,z),R(x,y,z)$ 在有界闭区域 V 上连续，且有连续的偏导数 $\dfrac{\partial P}{\partial x},\dfrac{\partial Q}{\partial y},\dfrac{\partial R}{\partial z}$，$S$ 为区域 V 的边界曲面，则

$$\oiint_S P(x,y,z)\mathrm{d}y\mathrm{d}z + Q(x,y,z)\mathrm{d}z\mathrm{d}x + R(x,y,z)\mathrm{d}x\mathrm{d}y$$

$$= \iiint_V \left(\frac{\partial P}{\partial x} + \frac{\partial Q}{\partial y} + \frac{\partial R}{\partial z}\right)\mathrm{d}x\mathrm{d}y\mathrm{d}z. \tag{17.12}$$

称公式 (17.12) 为**奥高公式**.

证 根据区域 V 的不同形式，我们分下述三种情形来证明奥高公式.

(1) 设平行于 z 轴的直线与 S 至多交于两点，则 S 有上、下两

个边界曲面 S_2 和 S_1，分别取 S_2 的法向为上侧，S_1 为下侧(图 17 - 13(a))。又设 S_2 和 S_1 的方程分别为

$$z = z_2(x,y), z = z_1(x,y), (x,y) \in D_{xy},$$

其中 D_{xy} 是 V 在 xy 平面上的投影区域，由公式(15.23)，(16.10)，(16.10′)

$$\iiint\limits_{V} \frac{\partial R}{\partial z} \mathrm{d}x\mathrm{d}y\mathrm{d}z = \iint\limits_{D_{xy}} \mathrm{d}x\mathrm{d}y \int_{z_1(x,y)}^{z_2(x,y)} \frac{\partial R}{\partial z} \mathrm{d}z$$

$$= \iint\limits_{D_{xy}} [R(x,y,z_2(x,y)) - R(x,y,z_1(x,y))] \mathrm{d}x\mathrm{d}y$$

$$= \iint\limits_{S_2} R(x,y,z) \mathrm{d}x\mathrm{d}y + \iint\limits_{S_1} R(x,y,z) \mathrm{d}x\mathrm{d}y$$

$$= \oiint\limits_{S} R(x,y,z) \mathrm{d}x\mathrm{d}y.$$

(2) 若 V 的边界曲面 S 除了图 17 - 13(a)所示有上、下边界曲面 S_3 和 S_1 外，还有母线平行于 z 轴的柱面部分 S_2(图 17 - 13(b))，因为

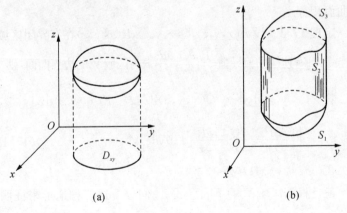

(a)   (b)

图 17 - 13

$$\iint\limits_{S_2} R(x,y,z)\mathrm{d}x\mathrm{d}y = 0,$$

其中积分取 S_2 的外侧,故仍有

$$\iiint\limits_{V} \frac{\partial R}{\partial z}\mathrm{d}x\mathrm{d}y\mathrm{d}z = \oiint\limits_{S} R(x,y,z)\mathrm{d}x\mathrm{d}y.$$

(3) 若平行于 z 轴的直线与 S 相交多于两点,但中间无"洞"(如图 17-14(a)所示);或者如图 17-14(b)所示,V 的边界曲面由两个互不相连的闭曲面 S_1 和 S_2 组成(即 V 内有一个"洞"),此时,我们总可以把 V 分成有限个满足情况(1)或(2)的小区域 V_i $(i=1,2,\cdots,k)$,故而仍然有

$$\iiint\limits_{V} \frac{\partial R}{\partial z}\mathrm{d}x\mathrm{d}y\mathrm{d}z = \oiint\limits_{S} R(x,y,z)\mathrm{d}x\mathrm{d}y.$$

同理可证:

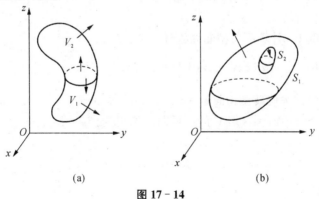

(a)　　　　　　　　(b)

图 17-14

$$\iiint\limits_{V} \frac{\partial P}{\partial x}\mathrm{d}x\mathrm{d}y\mathrm{d}z = \oiint\limits_{S} P(x,y,z)\mathrm{d}y\mathrm{d}z,$$

和

$$\iiint\limits_{V} \frac{\partial Q}{\partial y}\mathrm{d}x\mathrm{d}y\mathrm{d}z = \oiint\limits_{S} Q(x,y,z)\mathrm{d}z\mathrm{d}x,$$

故最终(17.12)成立.

特别地,若取 $P=\dfrac{1}{3}x,Q=\dfrac{1}{3}y,R=\dfrac{1}{3}z$,则由(17.12)得区域 V 的体积

$$\mu(V) = \frac{1}{3}\oiint\limits_{S} x\,\mathrm{d}y\mathrm{d}z + y\mathrm{d}z\mathrm{d}x + z\mathrm{d}x\mathrm{d}y, \qquad (17.13)$$

又若 V 的边界曲面 S 由参数方程给出:

$$x=x(u,v),y=y(u,v),z=z(u,v),(u,v)\in\Delta$$

据公式(16.13),区域 V 的体积为

$$\mu(V) = \frac{1}{3}\left|\iint\limits_{\Delta} \begin{vmatrix} x & y & z \\ x_u & y_u & z_u \\ x_v & y_v & z_v \end{vmatrix} \mathrm{d}u\mathrm{d}v\right|. \qquad (17.14)$$

利用奥高公式可将沿闭曲面外侧的第二型曲面积分化为三重积分来计算.

例 1 计算第二型曲面积分

$$I = \oiint\limits_{S} y^2 z\mathrm{d}x\mathrm{d}y - xz\mathrm{d}y\mathrm{d}z + x^2 y\mathrm{d}z\mathrm{d}x,$$

其中 S 是由旋转抛物面 $z=x^2+y^2$,圆柱面 $x^2+y^2=1$ 和坐标面在第一卦限中所围区域 V 的边界曲面外侧(图 17-15).

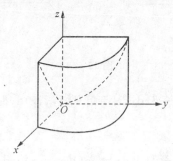

图 17-15

解　这里 $P(x,y,z) = -xz, Q(x,y,z) = x^2y, R(x,y,z) = y^2z$,利用奥高公式 (17.12) 得

$$I = \iiint\limits_{V} (-z + x^2 + y^2)\mathrm{d}x\mathrm{d}y\mathrm{d}z$$

$$= \int_0^{\frac{\pi}{2}} \mathrm{d}\theta \int_0^1 r\mathrm{d}r \int_0^{r^2} (-z + r^2)\mathrm{d}z = \frac{\pi}{24}.$$

例 2　设 p 表示从原点到椭球面

$$S: \frac{x^2}{a^2} + \frac{y^2}{b^2} + \frac{z^2}{c^2} = 1$$

上 $M(x,y,z)$ 点切平面的垂直距离之长,试证

$$\iint\limits_{S} p\mathrm{d}S = 4\pi abc.$$

(参看第 16 章总习题 2)

证　因为 $p = \left(\dfrac{x^2}{a^4} + \dfrac{y^2}{b^4} + \dfrac{z^2}{c^4} \right)^{-\frac{1}{2}}$,所以在曲面 S 上,单位法向量

$$\boldsymbol{n} = p\left(\frac{x}{a^2}\boldsymbol{i} + \frac{y}{b^2}\boldsymbol{j} + \frac{z}{c^2}\boldsymbol{k} \right),$$

且

$$p\mathrm{d}S = p(x\boldsymbol{i} + y\boldsymbol{j} + z\boldsymbol{k}) \cdot \left(\frac{x}{a^2}\boldsymbol{i} + \frac{y}{b^2}\boldsymbol{j} + \frac{z}{c^2}\boldsymbol{k} \right)\mathrm{d}S$$

$$= (x\boldsymbol{i} + y\boldsymbol{j} + z\boldsymbol{k}) \cdot \boldsymbol{n}\mathrm{d}S$$

$$= x\mathrm{d}y\mathrm{d}z + y\mathrm{d}z\mathrm{d}x + z\mathrm{d}x\mathrm{d}y.$$

从而由奥高公式

$$\iint\limits_{S} p\mathrm{d}S = 3\iiint\limits_{V} \mathrm{d}x\mathrm{d}y\mathrm{d}z = 4\pi abc,$$

这里 V 为由 S 包围的椭球体,其体积为 $\dfrac{4}{3}\pi abc$ (15.2.3 段例 4).

例 3 设 S 是任一封闭曲面,

$$I_S = \oiint\limits_S \frac{x\cos\alpha + y\cos\beta + z\cos\gamma}{(x^2+y^2+z^2)^{3/2}}\mathrm{d}S,$$

$(\cos\alpha, \cos\beta, \cos\gamma)$ 为 S 外法向的方向余弦,按下面两种情况来计算 I_S:

(1) 原点在 S 的外部;

(2) 原点在 S 的内部.

解 (1) 因为

$$I_S = \oiint\limits_S \frac{x\,\mathrm{d}y\mathrm{d}z + y\,\mathrm{d}z\mathrm{d}x + z\,\mathrm{d}x\mathrm{d}y}{(x^2+y^2+z^2)^{3/2}},$$

取

$$P(x,y,z) = \frac{x}{(x^2+y^2+z^2)^{3/2}}, Q(x,y,z) = \frac{y}{(x^2+y^2+z^2)^{3/2}},$$

$$R(x,y,z) = \frac{z}{(x^2+y^2+z^2)^{3/2}},$$

容易验证

$$\frac{\partial P}{\partial x} + \frac{\partial Q}{\partial y} + \frac{\partial R}{\partial z} = 0 \quad (x^2+y^2+z^2 \neq 0).$$

利用奥高公式立即得 $I_S = 0$.

(2) 由于原点属于 S 所围的区域 V,函数 P, Q, R 在 V 上不连续,从而不能应用奥高公式. 我们取一个原点为中心,半径为 R 的球面 S_1,S_1 完全落在 S 的内部,在 S 和 S_1 所围的区域内我们可应用奥高公式,从而得

$$I_S = \oiint\limits_{S_1} \frac{x\cos\alpha_1 + y\cos\beta_1 + z\cos\gamma_1}{(x^2+y^2+z^2)^{3/2}}\mathrm{d}S = I_{S_1},$$

其中 $(\cos\alpha_1, \cos\beta_1, \cos\gamma_1)$ 为 S_1 外法向方向余弦. 设 $M(x,y,z)$ 为 S_1 上任一点,记 $\boldsymbol{r} = \overrightarrow{OM}, r = \sqrt{x^2+y^2+z^2} = |\boldsymbol{r}|$,则

$$(\cos\alpha_1, \cos\beta_1, \cos\gamma_1) = \frac{\boldsymbol{r}}{|\boldsymbol{r}|} = \frac{1}{\sqrt{x^2+y^2+z^2}}(x,y,z),$$

数学分析教程(下册)

$$I_{S_1} = \oiint\limits_{S_1} \frac{1}{r^2}\mathrm{d}S = \frac{1}{R^2}\oiint\limits_{S_1}\mathrm{d}S = 4\pi,$$

即 $I_S = 4\pi$.

习　题

1. 应用奥高公式计算下列曲面积分:

(1) $\oiint\limits_S x^2\mathrm{d}y\mathrm{d}z + y^2\mathrm{d}z\mathrm{d}x + z^2\mathrm{d}x\mathrm{d}y$, 其中 S 为立方体 $0 \leqslant x \leqslant a$, $0 \leqslant y \leqslant a, 0 \leqslant z \leqslant a$ 的表面;

(2) $\oiint\limits_S x^3\mathrm{d}y\mathrm{d}z + y^3\mathrm{d}z\mathrm{d}x + z^3\mathrm{d}x\mathrm{d}y$, 其中 S 为球面 $x^2 + y^2 + z^2 = 1$;

(3) $\iint\limits_S (x^2\cos\alpha + y^2\cos\beta + z^2\cos\gamma)\mathrm{d}S$, 其中 S 为锥面 $x^2 + y^2 = z^2$ 界于平面 $z=0$ 和 $z=h$ 部分的外侧, $(\cos\alpha, \cos\beta, \cos\gamma)$ 为此曲面外侧方向余弦;

(4) $\iint\limits_S x\mathrm{d}y\mathrm{d}z + y\mathrm{d}z\mathrm{d}x + z\mathrm{d}x\mathrm{d}y$, 其中 S 为球面 $z = \sqrt{a^2 - x^2 - y^2}$ 的外侧的上半部分.

2. 设 S 为简单闭曲面, l 为任一固定方向, 试证明
$$\oiint\limits_S \cos(\boldsymbol{n}, \boldsymbol{l})\mathrm{d}S = 0,$$
其中 $\boldsymbol{n}$ 为曲面 S 的外法向.

3. 计算
$$I = \oiint\limits_S (x - y + z)\mathrm{d}y\mathrm{d}z + (2y - \sin(x+z))\mathrm{d}z\mathrm{d}x$$
$$+ (3z + \mathrm{e}^{x+y})\mathrm{d}x\mathrm{d}y,$$

其中 S 为曲面
$$|x-y+z|+|y-z+x|+|z-x+y|=1$$
的外表面.

4. 设 $r=\sqrt{x^2+y^2+z^2}$，$r=\dfrac{1}{r}(x,y,z)$，S 为任一闭曲面，原点在 S 的外部，V 为 S 所围的区域，n 是 S 的外法向，试证明
$$\iiint\limits_{V}\frac{\mathrm{d}x\mathrm{d}y\mathrm{d}z}{r}=\frac{1}{2}\oiint\limits_{S}\cos(\boldsymbol{r},\boldsymbol{n})\mathrm{d}S.$$

17.3 斯托克斯公式

斯托克斯公式是讨论沿空间曲面 S 的第二型曲面积分与沿 S 的边界曲线 L 上第二型曲线积分之间的关系.

定理 17.4 设 S 是光滑曲面，其边界 $\varGamma$ 是光滑闭曲线，若 $P(x,y,z)$，$Q(x,y,z)$，$R(x,y,z)$ 在 S 及其边界 $\varGamma$ 上连续，则
$$\oint_{\varGamma}P\mathrm{d}x+Q\mathrm{d}y+R\mathrm{d}z$$
$$=\iint\limits_{S}\left(\frac{\partial R}{\partial y}-\frac{\partial Q}{\partial z}\right)\mathrm{d}y\mathrm{d}z+\left(\frac{\partial P}{\partial z}-\frac{\partial R}{\partial x}\right)\mathrm{d}z\mathrm{d}x$$
$$+\left(\frac{\partial Q}{\partial x}-\frac{\partial P}{\partial y}\right)\mathrm{d}x\mathrm{d}y,\tag{17.15}$$
其中 $\varGamma$ 的正向与 S 的法向 $\boldsymbol{n}$ 按右手法则规定. 公式(17.15)也可简记为
$$\oint_{\varGamma}P\mathrm{d}x+Q\mathrm{d}y+R\mathrm{d}z=\iint\limits_{S}\begin{vmatrix}\mathrm{d}y\mathrm{d}z & \mathrm{d}z\mathrm{d}x & \mathrm{d}x\mathrm{d}y\\[4pt]\dfrac{\partial}{\partial x} & \dfrac{\partial}{\partial y} & \dfrac{\partial}{\partial z}\\[6pt]P & Q & R\end{vmatrix},$$
称公式(17.15)为**斯托克斯公式**.

证 我们只证简单情形. 设平行于 z 轴的直线与 S 至多交于

一点,并不妨设 S 的侧为上侧(即 $\cos \gamma > 0$), S 在 xy 平面上的投影区域为 D_{xy}, D_{xy} 的边界曲线是 L(见图 17 - 16),则 Γ 的正向必对应于 L 的正向,先证明

$$\oint_\Gamma P(x,y,z)\mathrm{d}x = \iint_S \frac{\partial P}{\partial z}\mathrm{d}z\mathrm{d}x - \frac{\partial P}{\partial y}\mathrm{d}x\mathrm{d}y. \qquad (17.16)$$

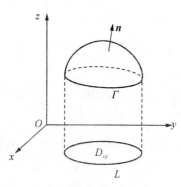

图 17 - 16

设 S 的方程为

$$z = z(x,y), (x,y) \in D_{xy},$$

则 S 的法向量 $\boldsymbol{n} = (\cos \alpha, \cos \beta, \cos \gamma)$ 为

$$\cos \alpha = \frac{-z_x}{\sqrt{1+z_x^2+z_y^2}}, \cos \beta = \frac{-z_y}{\sqrt{1+z_x^2+z_y^2}}, \cos \gamma = \frac{1}{\sqrt{1+z_x^2+z_y^2}},$$

现由第二型曲线积分定义和格林公式得

$$\oint_\Gamma P(x,y,z)\mathrm{d}x = \oint_\Gamma P(x,y,z(x,y))\mathrm{d}x$$

$$= \iint_{D_{xy}} -\frac{\partial}{\partial y}P(x,y,z(x,y))\mathrm{d}x\mathrm{d}y$$

$$= -\iint_{D_{xy}} \left(\frac{\partial P}{\partial y} + \frac{\partial P}{\partial z}z_y\right)\mathrm{d}x\mathrm{d}y$$

$$=-\iint\limits_{S}\left(\frac{\partial P}{\partial y}+\frac{\partial P}{\partial z}z_y\right)\mathrm{d}x\mathrm{d}y. \qquad (17.17)$$

由此,要得到(17.16),只要证明

$$-\iint\limits_{S}\frac{\partial P}{\partial z}z_y\mathrm{d}x\mathrm{d}y=\iint\limits_{S}\frac{\partial P}{\partial z}\mathrm{d}z\mathrm{d}x.$$

因为 $-z_y=\dfrac{\cos\beta}{\cos\gamma}$,所以

$$-\iint\limits_{S}\frac{\partial P}{\partial z}z_y\mathrm{d}x\mathrm{d}y=\iint\limits_{S}\frac{\partial P}{\partial z}\cos\beta\frac{\mathrm{d}x\mathrm{d}y}{\cos\gamma}$$

$$=\iint\limits_{S}\frac{\partial P}{\partial z}\cos\beta\mathrm{d}S=\iint\limits_{S}\frac{\partial P}{\partial z}\mathrm{d}z\mathrm{d}x,$$

故(17.16)式成立.

如果 S 取下侧,则 Γ 正向对应于 L 负向,易知(17.17)式仍然成立,从而(17.16)式也成立;如果平行于 z 轴的直线与 S 相交多于一点,我们总可以把 S 分为有限个简单情形中的曲面,从而(17.16)式对任何情况都成立.

同样利用曲面 S 的表达式 $x=x(y,z)$ 和 $y=y(x,z)$ 可以证明:

$$\oint\limits_{\Gamma}Q(x,y,z)\mathrm{d}y=\iint\limits_{S}\frac{\partial Q}{\partial x}\mathrm{d}x\mathrm{d}y-\frac{\partial Q}{\partial z}\mathrm{d}y\mathrm{d}z$$

和

$$\oint\limits_{\Gamma}R(x,y,z)\mathrm{d}z=\iint\limits_{S}\frac{\partial R}{\partial y}\mathrm{d}y\mathrm{d}z-\frac{\partial R}{\partial x}\mathrm{d}z\mathrm{d}x.$$

由上面两式和(17.16)式一起相加得(17.15)式.

例 计算

$$I=\oint\limits_{C}(y-z)\mathrm{d}x+(z-x)\mathrm{d}y+(x-y)\mathrm{d}z,$$

其中 C 是柱面 $x^2+y^2=a^2$ 和平面 $\dfrac{x}{a}+\dfrac{z}{b}=1(a>0,b>0)$ 的交线,

其方向如图 14 - 6(见第 14 章总习题 1(2)).

　　解　本题除了用曲线参数方程来计算第二型曲线积分的方法外,还可用斯托克斯公式来解决.今提供两个解法.

　　解法 1　记平面$\dfrac{x}{a}+\dfrac{z}{b}=1$上由 C 所围的区域为 S,S 的法向 $\boldsymbol{n}$ 向上,其方向数为$(b,0,a)$,则

$$\cos\alpha=\frac{b}{\sqrt{a^2+b^2}},\cos\beta=0,\cos\gamma=\frac{a}{\sqrt{a^2+b^2}}.$$

由斯托克斯公式

$$I=-2\iint\limits_{S}\mathrm{d}y\mathrm{d}z+\mathrm{d}z\mathrm{d}x+\mathrm{d}x\mathrm{d}y, \tag{17.18}$$

而

$$\iint\limits_{S}\mathrm{d}y\mathrm{d}z+\mathrm{d}z\mathrm{d}x+\mathrm{d}x\mathrm{d}y=\iint\limits_{S}(\cos\alpha+\cos\beta+\cos\gamma)\mathrm{d}S.$$

上式右端等于 S 在三个坐标平面投影区域的面积之和.因为

$$C:\begin{cases} x^2+y^2=a^2,\\[2mm] \dfrac{x}{a}+\dfrac{z}{b}=1. \end{cases}$$

故在 xy 平面上的投影区域为 $x^2+y^2\leqslant a^2$,其面积为 πa^2,在 xz 平面上的投影区域面积显然为零,C 在 yz 平面上的投影曲线为

$$\begin{cases} a^2\left(1-\dfrac{z}{b}\right)^2+y^2=a^2,\\[2mm] x=0. \end{cases}$$

它是 yz 平面上的一个椭圆$\dfrac{y^2}{a^2}+\dfrac{(z-b)^2}{b^2}=1$,故 S 在 yz 平面上投影区域面积为 πab.于是由(17.18)得 $I=-2\pi a(a+b)$.

　　解法 2　由斯托克斯公式得(17.18)式,其中 S 是由曲线 C 在平面$\dfrac{x}{a}+\dfrac{z}{b}=1$上所围的曲面,由 C 的正向知应取 S 的法向为上

侧，S 的方程是

$$z=b\left(1-\frac{x}{a}\right),(x,y)\in D_{xy}:x^2+y^2\leqslant a^2.$$

因

$$\frac{\cos\alpha}{\cos\gamma}=-z_x=\frac{b}{a},\frac{\cos\beta}{\cos\gamma}=-z_y=0,$$

故

$$\iint\limits_S \mathrm{d}y\mathrm{d}z=\iint\limits_S\frac{\cos\alpha}{\cos\gamma}\cdot\cos\gamma\mathrm{d}S=\frac{b}{a}\iint\limits_S\mathrm{d}x\mathrm{d}y,$$

$$\iint\limits_S \mathrm{d}z\mathrm{d}x=\iint\limits_S\frac{\cos\beta}{\cos\gamma}\cdot\cos\gamma\mathrm{d}S=0.$$

从而由(17.18)得

$$I=-2\iint\limits_S\left(\frac{b}{a}+1\right)\mathrm{d}x\mathrm{d}y=-2\iint\limits_{D_{xy}}\left(\frac{b}{a}+1\right)\mathrm{d}x\mathrm{d}y$$

$$=-2\pi a(a+b).$$

习　题

1. 应用斯托克斯公式，计算曲线积分：

(1) $\oint_C y\mathrm{d}x+z\mathrm{d}y+x\mathrm{d}z$，其中 C 为圆周 $x^2+y^2+z^2=a^2$，$x+y+z=0$ 从 ox 轴正向看去，这圆周是依逆时针方向进行的；

(2) $\oint_C(z-y)\mathrm{d}x+(x-z)\mathrm{d}y+(y-x)\mathrm{d}z$，其中 C 为以 $A(a,0,0)$，$B(0,a,0)$，$C(0,0,a)$ 为顶点的三角形 $ABCA$ 的方向；

(3) $\oint_C(y^2+z^2)\mathrm{d}x+(x^2+z^2)\mathrm{d}y+(x^2+y^2)\mathrm{d}z$，其中 C 为 $x+y+z=1$ 与三个坐标面的交线，它的正向和平面 $x+y+z=1$ 上侧成右手系.

2. 设 C 为椭圆柱面 $x^2+2y^2=1$ 和平面 $y=z$ 的交线，其正向

与 C 在 $y=z$ 平面上所围的 $\cos\beta>0$ 一侧成右手系,试用斯托克斯公式计算积分

$$I = \oint_C xyz\,\mathrm{d}z,$$

并用直接计算法验证.

3. 设 C 为平面 $x\cos\alpha+y\cos\beta+z\cos r-p=0$ 上的闭曲线,它所包围区域的面积为 $\mu(S)$,试计算曲线积分

$$\oint_C \begin{vmatrix} \mathrm{d}x & \mathrm{d}y & \mathrm{d}z \\ \cos\alpha & \cos\beta & \cos\gamma \\ x & y & z \end{vmatrix},$$

其中 C 的正向与平面法向成右手系.

4. 设曲面 S 为球面 $x^2+y^2+z^2=2az$ $\left(\dfrac{a}{2}\leqslant z\leqslant 2a\right)$ 一部分,试用斯托克斯定理中的证明方法证明

$$\oint_\Gamma P(x,y,z)\,\mathrm{d}x = \iint_S \frac{\partial P}{\partial z}\mathrm{d}z\mathrm{d}x - \frac{\partial P}{\partial y}\mathrm{d}x\mathrm{d}y,$$

其中 S 取外侧,Γ 为曲面 S 的边界曲线,取正向环行.

17.4　场　　论

我们知道物理量有的是数量,有的是向量,物理量在空间的分布在物理上通常称为场(如电场、湿度场等). 例如,空间某个区域 V 内各点温度是不同的,即温度 T 是一个函数 $T(x,y,z)$,我们就说 V 内有一个温度场,这是一个数量场. 又如流体在空间区域 V 内不同位置有不同的流速 v ,v 是一个向量函数,我们说 V 内有一个流速场,这是一个向量场. 一般地,如果在全空间或在某一区域 V 中每一点都有一数量(或向量)与之对应,则称 V 上给定了一个**数量场(或向量场)**. 因此,一个与时间无关的数量场可以用一个数

量函数 $u(x,y,z)$ 表示,与时间无关的向量场则可以用一个向量函数 $A(x,y,z)=P(x,y,z)i+Q(x,y,z)j+R(x,y,z)k$ 表示.

给定了数量场 $u(x,y,z)$,则方程 $u(x,y,z)=c$(c 为常数)代表空间一个曲面,在这个曲面上,u 保持常值 c 称它为**等量面**.例如温度场中的等量面就是等温面,搞清楚了数量场中等量面分布,也就直观地了解了数量场分布情况.显然,等量面彼此不相交.

对于向量场 $A(x,y,z)$,设 P,Q,R 连续并有连续偏导数,为了直观地表示向量场分布情况,我们引进向量线概念.如果一条曲线 L 每点 $M(x,y,z)$ 处的切线方向正好与向量场在该点的向量 $A(x,y,z)$ 的方向重合,即

$$\frac{\mathrm{d}x}{P}=\frac{\mathrm{d}y}{Q}=\frac{\mathrm{d}z}{R},$$

则称 L 为向量场 $A(x,y,z)$ 的**向量线**.例如,静电场的电力线和磁场的磁力线就是向量线.

等量面(向量线)只能粗略地刻画数量场(向量场)的分布规律.下面我们将进一步讨论刻画数量场和向量场另一些较深刻的属性——梯度、散度和旋度等.需要注意,这些场的属性和坐标系选取无关,我们引入或选取某种坐标系是为了便于通过数学方法来研究它的性质.

17.4.1 数量场的方向导数和梯度

研究物理量在数量场中沿某一方向的变化率(方向导数),并从各方向的变化率中找出变化最快的方向,这些问题是有实际意义的.例如,由于热胀冷缩,产生温度应力,便使水坝发生裂缝,如果在某一点附近温度变化大,那么水坝在这点裂开的可能性就大.

定义(方向导数) 设 $M(x,y,z)$ 为函数 $u(x,y,z)$ 的定义域 V 中给定的一点,l 为从 M 出发的射线的方向向量,另外 $M'(x+\Delta x,y+\Delta y,z+\Delta z)$ 为 V 中 l 方向上任一点,以 ρ 表示 M' 和 M 之

间的距离,若极限

$$\lim_{\rho \to 0} \frac{u(M') - u(M)}{\rho} = \lim_{\rho \to 0} \frac{u(x + \Delta x, y + \Delta y, z + \Delta z) - u(x, y, z)}{\rho}$$

存在,则称此极限为 $u(x, y, z)$ 在 M 点沿方向 l 的**方向导数**,记作

$$\frac{\partial u}{\partial l} \quad \text{或} \quad u_l(x, y, z).$$

关于沿任一方向的方向导数与偏导数的关系是

定理 17.5 设 $u(x, y, z)$ 在点 $M(x, y, z)$ 可微,则 $u(x, y, z)$ 在 M 点沿任一方向 l 的方向导数存在,且

$$\frac{\partial u}{\partial l} = \frac{\partial u}{\partial x} \cos \alpha + \frac{\partial u}{\partial y} \cos \beta + \frac{\partial u}{\partial z} \cos \gamma, \qquad (17.19)$$

其中 $\cos \alpha, \cos \beta, \cos \gamma$ 为 l 的方向余弦.

证 设 $M'(x + \Delta x, y + \Delta y, z + \Delta z)$ 为 l 方向上的任一点,则 (见图 17-17)

$$\cos \alpha = \frac{\Delta x}{\rho}, \cos \beta = \frac{\Delta y}{\rho},$$

$$\cos \gamma = \frac{\Delta z}{\rho},$$

由假设 u 在 M 点可微,则

$$u(M') - u(M)$$
$$= \frac{\partial u}{\partial x} \Delta x + \frac{\partial u}{\partial y} \Delta y$$
$$+ \frac{\partial u}{\partial z} \Delta z + o(\rho), (\rho \to 0)$$

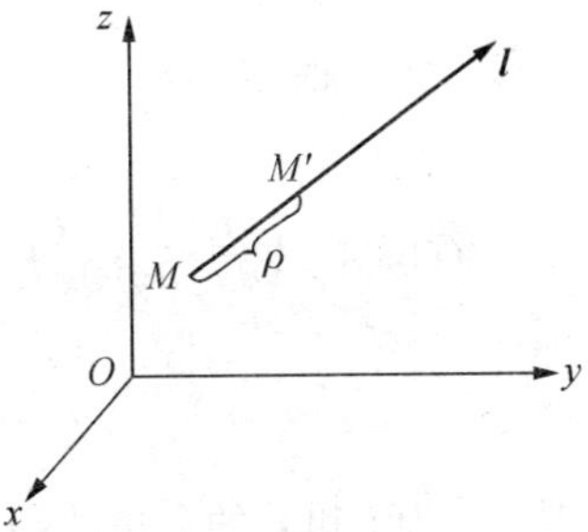

图 17-17

所以

$$\frac{u(M') - u(M)}{\rho} = \frac{\partial u}{\partial x} \cos \alpha + \frac{\partial u}{\partial y} \cos \beta + \frac{\partial u}{\partial z} \cos \gamma + \frac{o(\rho)}{\rho},$$

令 $\rho \to 0$,就得 (17.19) 式.

例1 设函数

$$u(x,y)=\begin{cases}1, & \text{当}\ 0<y<x^2,\ -\infty<x<+\infty,\\ 0, & \text{其余部分}.\end{cases}$$

试问在原点的方向导数 $u_l(0,0)$ 是否存在？这里 l 是任意方向。

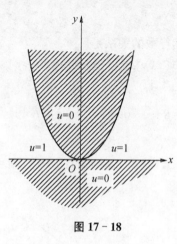

图 17-18

解 这个函数在点 $(0,0)$ 不连续（当然也不可微），但在过 $(0,0)$ 的任何射线上都有包含 $(0,0)$ 的充分小的一段，在这一段上 $u(x,y)$ 恒为零（图 17-18）。于是由方向导数的定义可得在点 $(0,0)$ 沿任何方向 l 都有方向导数 $u_l(0,0)=0$。

例1 说明：(i) 函数在一点可微是方向导数存在的充分条件，不是必要条件；(ii) 函数在一点连续也不是方向导数（沿一切方向）存在的必要条件。

若记 $\boldsymbol{g}=\left(\dfrac{\partial u}{\partial x},\dfrac{\partial u}{\partial y},\dfrac{\partial u}{\partial z}\right),\ l=(\cos\alpha,\cos\beta,\cos\gamma)$，由定理 17.5 可知

$$\frac{\partial u}{\partial l}=\boldsymbol{g}\cdot\boldsymbol{l}=|\boldsymbol{g}|\cos\theta,$$

其中 θ 为 l 和 $\boldsymbol{g}$ 的夹角，据上式，$\theta=0$ 时（即 $l\parallel\boldsymbol{g}$ 且指向一致）$\dfrac{\partial u}{\partial l}=|\boldsymbol{g}|=\sqrt{\left(\dfrac{\partial u}{\partial x}\right)^2+\left(\dfrac{\partial u}{\partial y}\right)^2+\left(\dfrac{\partial u}{\partial z}\right)^2}$ 为最大，因此，向量 $\boldsymbol{g}=\left(\dfrac{\partial u}{\partial x},\dfrac{\partial u}{\partial y},\dfrac{\partial u}{\partial z}\right)$ 的方向就是 $u(x,y,z)$ 增长最快的方向，$|\boldsymbol{g}|$ 就是最大增长率的值。我们称向量 $\boldsymbol{g}=\left(\dfrac{\partial u}{\partial x},\dfrac{\partial u}{\partial y},\dfrac{\partial u}{\partial z}\right)$ 为数量场 $u(x,y,z)$ 的梯度，并记作

$$\mathrm{grad}\,u=\left(\frac{\partial u}{\partial x},\frac{\partial u}{\partial y},\frac{\partial u}{\partial z}\right).$$

定义（梯度）　设 $u(x,y,z)$ 为数量场，u 的**梯度** grad u 是一个向量，其正向规定为 $u(x,y,z)$ 增长最快的方向，其模（大小）规定为（沿这个方向）最大增长率的值.

由定义，梯度与坐标系的选取无关. 一个数量场的梯度是一个向量场，称作梯度场. 由前段的讨论，我们实际上已证明了

定理 17.6　设 $u(x,y,z)$ 是空间区域 V 上的可微函数，则

$$\text{grad } u = \frac{\partial u}{\partial x}\boldsymbol{i} + \frac{\partial u}{\partial y}\boldsymbol{j} + \frac{\partial u}{\partial z}\boldsymbol{k}. \tag{17.20}$$

$u(x,y,z)=c$ 表示数量场 $u(x,y,z)$ 的等量面，在等量面上任一点 $M_0(x_0,y_0,z_0)$ 的切平面方程是

$$\frac{\partial u}{\partial x}\bigg|_{M_0}(x-x_0) + \frac{\partial u}{\partial y}\bigg|_{M_0}(y-y_0) + \frac{\partial u}{\partial z}\bigg|_{M_0}(z-z_0) = 0,$$

故等量面在 M_0 的法向量为 $\boldsymbol{n} = (\text{grad } u)_{M_0}$，即数量场的梯度方向就是等量面的法向量方向，且为低等量面到高等量面方向.

例 2　设 $u(x,y,z) = \dfrac{1}{\sqrt{x^2+y^2+z^2}}$，求 grad u 和它的模.

解　令 $r = \sqrt{x^2+y^2+z^2}$，则

$$\frac{\partial u}{\partial x} = -\frac{1}{r^2}\frac{\partial r}{\partial x} = -\frac{x}{r^3}, \quad \frac{\partial u}{\partial y} = -\frac{y}{r^3}, \quad \frac{\partial u}{\partial z} = -\frac{z}{r^3}.$$

所以

$$\text{grad } u = -\frac{1}{r^3}(x,y,z),$$

$$|\text{grad } u| = \frac{1}{r^2} = \frac{1}{x^2+y^2+z^2}.$$

17.4.2　向量场的流量和散度

考虑不可压缩流体流过某一个曲面的流量：设流体密度为 $\rho(x,y,z)$，流速为 $\boldsymbol{v}(x,y,z)$，任取一双侧曲面 S（若 S 是闭曲面，取外侧），S 指定侧的法向量 $\boldsymbol{n} = (\cos\alpha, \cos\beta, \cos\gamma)$，现在要求出流

体在单位时间内通过曲面 S 流向指定侧的流量 Q.

由图 17 - 19,单位时间内通过曲面微元 $\mathrm{d}S$ 流向指定侧的流量充满一以 $\mathrm{d}S$ 为底,$|\boldsymbol{v}|\cos\theta$ 为高的斜柱体,其中 θ 为 $\boldsymbol{n}$ 和 $\boldsymbol{v}$ 之间的夹角,则

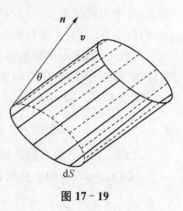

$$\mathrm{d}Q = \rho(\boldsymbol{v}\cdot\boldsymbol{n})\mathrm{d}S,$$

所以

$$Q = \iint\limits_{S}\rho\,\boldsymbol{v}\cdot\boldsymbol{n}\mathrm{d}S.$$

如果 S 为封闭曲面,$\boldsymbol{n}$ 为外侧的单位法向量,则称第二型曲面积分

图 17 - 19

$$\oiint\limits_{S}\boldsymbol{A}\cdot\boldsymbol{n}\mathrm{d}S$$

为向量 $\boldsymbol{A}(x,y,z)$ 通过封闭曲面 S 的**流量**.

在许多实际问题中,常常需要研究流体场 $\boldsymbol{A}(x,y,z)$ 中某一点 M 流量对体积的变化率(流量密度). 设包含 M 点的小封闭曲面 S 所围立体体积为 $\mu(V)$,通过 S 的流量为 Q,则

$$\frac{Q}{\mu(V)} = \frac{\oiint\limits_{S}\boldsymbol{A}\cdot\boldsymbol{n}\mathrm{d}S}{\mu(V)}$$

就是 M 点处流量对体积的平均变化率,记 d 为立体 V 的直径,让 V 缩成一点 M,若

$$\lim_{\substack{d\to 0 \\ V\to M}}\frac{\oiint\limits_{S}\boldsymbol{A}\cdot\boldsymbol{n}\mathrm{d}S}{\mu(V)} = \delta(M)$$

存在,则在物理上称 $\delta(M)$ 为流体在 M 点的流量密度. $\delta(M)$ 刻画了流体场在各点的发散程度,例如 $\delta(M)>0$ 且很大,则在 M 点就

能发散出较多的流体. 因此,在数学上我们称极限

$$\lim_{\substack{d \to 0 \\ V \to M}} \frac{\oiint\limits_{S} \boldsymbol{A} \cdot \boldsymbol{n} \mathrm{d}S}{\mu(V)}$$

为向量 $\boldsymbol{A}(x,y,z)$ 在 M 点的**散度**,且记作 $\mathrm{div}\,\boldsymbol{A}$,即

$$\mathrm{div}\,\boldsymbol{A} = \lim_{\substack{d \to 0 \\ V \to M}} \frac{\oiint\limits_{S} \boldsymbol{A} \cdot \boldsymbol{n} \mathrm{d}S}{\mu(V)}. \tag{17.21}$$

散度 $\mathrm{div}\,\boldsymbol{A}$ 是一个数量,它是由向量场 $\boldsymbol{A}(x,y,z)$ 产生的数量场,称作**散度场**. 由定义知它与坐标系的选取无关,利用奥高公式可得下述计算 $\mathrm{div}\,\boldsymbol{A}$ 的公式.

定理 17.7　设 $P(x,y,z),Q(x,y,z),R(x,y,z)$ 在空间某一区域中连续,且有一阶连续偏导数,$\boldsymbol{A}=(P,Q,R)$,则在定义域内

$$\mathrm{div}\,\boldsymbol{A} = \frac{\partial P}{\partial x} + \frac{\partial Q}{\partial y} + \frac{\partial R}{\partial z}. \tag{17.22}$$

证　取包含 M 点的小区域 V,其边界曲面为 S,则据奥高公式和积分中值定理可得

$$\oiint\limits_{S} \boldsymbol{A} \cdot \boldsymbol{n} \mathrm{d}S = \iiint\limits_{V} \left(\frac{\partial P}{\partial x} + \frac{\partial Q}{\partial y} + \frac{\partial R}{\partial z} \right) \mathrm{d}x\mathrm{d}y\mathrm{d}z$$

$$= \left(\frac{\partial P}{\partial x} + \frac{\partial Q}{\partial y} + \frac{\partial R}{\partial z} \right)_{M'} \mu(V),$$

其中 $M' \in V$,由连续性便得公式(17.22).

利用散度,奥高公式可写为

$$\oiint\limits_{S} \boldsymbol{A} \cdot \boldsymbol{n} \mathrm{d}S = \iiint\limits_{V} \mathrm{div}\,\boldsymbol{A}\mathrm{d}x\mathrm{d}y\mathrm{d}z.$$

若 $\mathrm{div}\,\boldsymbol{A}=0$,则称向量场 $\boldsymbol{A}(x,y,z)$ 为**无源场**;又若 $\boldsymbol{A}$ 是定义在一个“空间”**单连通区域** V(即 V 中任一闭曲面 S 所围的立体含于 V 内)上,P,Q,R 在 V 上连续,且有一阶连续偏导数,则无源场的流量

$$Q = \oiint_S \boldsymbol{A} \cdot \boldsymbol{n} \mathrm{d}S = 0.$$

17.4.3　向量场的环流量和旋度

在湍急的河道中,我们经常可以看到一个旋涡,它们绕着中心打转,有的转得快,有的转得慢.我们可以用流体的环流量来刻画这种旋涡的强弱.

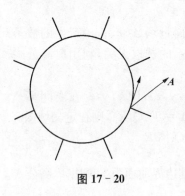

图 17-20

举一个实例来说明,我们将装有叶片的轮子平放到有旋涡的河面上(图 17-20),轮子就会旋转,旋转快慢显然与流速 $\boldsymbol{A}$ 在叶片的切向分量 A_l 大小有关,即可以用

$$\oint_l A_l \mathrm{d}s = \oint_l \boldsymbol{A} \cdot \mathrm{d}\boldsymbol{s}$$

来刻画环形流动的强弱,它称为 $\boldsymbol{A}$ 沿曲线 l 的环流量.

一般地,设 l 是空间任一封闭曲线,取定方向,则称第二型曲线积分

$$\oint_l \boldsymbol{A} \cdot \mathrm{d}\boldsymbol{s}$$

为向量 $\boldsymbol{A}$ 沿 l 的**环流量**.

如果 l 是平面上封闭曲线,环流量 $\oint_l \boldsymbol{A} \cdot \mathrm{d}\boldsymbol{s}$ 仅仅刻画 l 所围区域 D 的旋涡强弱.进一步,我们要研究各点旋涡的强弱,即研究环流量对面积的变化率.

设 L 是包围点 M 的平面闭曲线,L 所围区域 D 的法向 $\boldsymbol{n}$ 与 L 正

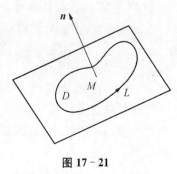

图 17-21

向成右手系(图 17 - 21),$\mu(D)$ 为 D 的面积,则

$$\frac{\oint_L \boldsymbol{A} \cdot \mathrm{d}\boldsymbol{s}}{\mu(D)}$$

表示流体绕 $\boldsymbol{n}$ 轴旋转的环流量对面积的平均变化率. 用 d 表示 D 的直径,让 D 缩成一点 M,若极限

$$\lim_{\substack{d \to 0 \\ D \to M}} \frac{\oint_L \boldsymbol{A} \cdot \mathrm{d}\boldsymbol{s}}{\mu(D)} \tag{17.23}$$

存在,则称此极限为流体在 M 点绕 $\boldsymbol{n}$ 轴旋转的**环流量面密度**(即环流量对面积的变化率).

为了计算环流量面密度,我们引进旋度 $\operatorname{rot} \boldsymbol{A}$ 的定义,并讨论 $\operatorname{rot} \boldsymbol{A}$ 和极限(17.23)的关系.

定义(旋度)　设 $\boldsymbol{A}(x,y,z)=(P,Q,R)$,$P,Q,R$ 在空间某区域内连续,且有一阶连续偏导数,则称向量

$$\begin{vmatrix} \boldsymbol{i} & \boldsymbol{j} & \boldsymbol{k} \\ \dfrac{\partial}{\partial x} & \dfrac{\partial}{\partial y} & \dfrac{\partial}{\partial z} \\ P & Q & R \end{vmatrix} = \left(\frac{\partial R}{\partial y} - \frac{\partial Q}{\partial z}\right)\boldsymbol{i} + \left(\frac{\partial P}{\partial z} - \frac{\partial R}{\partial x}\right)\boldsymbol{j}$$

$$+ \left(\frac{\partial Q}{\partial x} - \frac{\partial P}{\partial y}\right)\boldsymbol{k}$$

为向量 $\boldsymbol{A}$ 的**旋度**,记作 $\operatorname{rot} \boldsymbol{A}$.

利用旋度 $\operatorname{rot} \boldsymbol{A}$,斯托克斯公式可简记为

$$\oint_L \boldsymbol{A} \cdot \mathrm{d}\boldsymbol{s} = \oiint_S \operatorname{rot} \boldsymbol{A} \cdot \boldsymbol{n}\mathrm{d}S.$$

现在,我们来计算(17.23)式这个极限. 由斯托克斯公式和曲面积分性质

$$\lim_{\substack{d \to 0 \\ D \to M}} \frac{\oint_L \boldsymbol{A} \cdot \mathrm{d}\boldsymbol{s}}{\mu(D)} = \lim_{\substack{d \to 0 \\ D \to M}} \frac{\iint_D \operatorname{rot} \boldsymbol{A} \cdot \boldsymbol{n}\mathrm{d}S}{\mu(D)}$$

$$= \operatorname{rot} \boldsymbol{A} \cdot \boldsymbol{n} = \operatorname{rot}_n \boldsymbol{A}, \tag{17.24}$$

其中 $\operatorname{rot}_n \boldsymbol{A}$ 表示向量 $\operatorname{rot} \boldsymbol{A}$ 在 $\boldsymbol{n}$ 上的投影.

由 (17.24) 式知，$\operatorname{rot} \boldsymbol{A}$ 的三个分量就是流体场绕三个坐标轴旋转的环流量面密度. 从而也得到结论：向量 $\boldsymbol{A}$ 的旋度 $\operatorname{rot} \boldsymbol{A}$ 是一个向量，称作**旋度场**，它与坐标轴的选取无关.

最后，我们引进"那卜拉"符号向量 ∇（在运算微积中也称 ∇ 为哈密顿（Hamilton）算子）

$$\nabla = \boldsymbol{i}\frac{\partial}{\partial x} + \boldsymbol{j}\frac{\partial}{\partial y} + \boldsymbol{k}\frac{\partial}{\partial z}.$$

利用算符 ∇ 能将前面讨论的梯度、散度、旋度以及奥高公式、斯托克斯公式表示成更简单的形式，以便我们记忆.

$$\operatorname{grad} u = \frac{\partial u}{\partial x}\boldsymbol{i} + \frac{\partial u}{\partial y}\boldsymbol{j} + \frac{\partial u}{\partial z}\boldsymbol{k} = \nabla u.$$

$$\frac{\partial u}{\partial l} = \frac{\partial u}{\partial x}\cos\alpha + \frac{\partial u}{\partial y}\cos\beta + \frac{\partial u}{\partial z}\cos\gamma = \nabla u \cdot \vec{l}.$$

$$\operatorname{div}\boldsymbol{A} = \frac{\partial P}{\partial x} + \frac{\partial Q}{\partial y} + \frac{\partial R}{\partial z} = \nabla \cdot \boldsymbol{A}.$$

$$\operatorname{rot}\boldsymbol{A} = \begin{vmatrix} \boldsymbol{i} & \boldsymbol{j} & \boldsymbol{k} \\ \dfrac{\partial}{\partial x} & \dfrac{\partial}{\partial y} & \dfrac{\partial}{\partial z} \\ P & Q & R \end{vmatrix} = \nabla \times \boldsymbol{A}.$$

奥高公式：

$$\oiint_S \boldsymbol{A} \cdot \boldsymbol{n}\mathrm{d}S = \iiint_V \operatorname{div}\boldsymbol{A}\mathrm{d}x\mathrm{d}y\mathrm{d}z = \iiint_V \nabla \cdot \boldsymbol{A}\mathrm{d}x\mathrm{d}y\mathrm{d}z.$$

斯托克斯公式：

$$\oint_L \boldsymbol{A} \cdot \mathrm{d}\boldsymbol{s} = \iint_S \operatorname{rot}\boldsymbol{A} \cdot \boldsymbol{n}\mathrm{d}S = \iint_S \nabla \times \boldsymbol{A} \cdot \boldsymbol{n}\mathrm{d}S.$$

对于梯度 $\operatorname{grad} u$，散度 $\operatorname{div}\boldsymbol{A}$ 和旋度 $\operatorname{rot}\boldsymbol{A}$ 继续进行可能的梯度，散度、旋度运算可以得到以下五种量

$$\text{div}\,(\text{grad}\,u),\text{rot}\,(\text{grad}\,u),\text{grad}\,(\text{div}\,\boldsymbol{A}).$$

$$\text{div}\,(\text{rot}\,\boldsymbol{A}),\text{rot}\,(\text{rot}\,\boldsymbol{A}).$$

读者注意,算符 ∇ 是一个向量性微分算子,因此在计算中它有微分和向量的双重性质. ∇ 作用在一个数量函数或向量函数上时,其方式只有下面三种形式

$$\nabla u,\nabla\cdot\boldsymbol{A},\nabla\times\boldsymbol{A}.$$

也就是说,在 ∇ 之后只允许数量函数,在 $\nabla\times,\nabla\cdot$ 之后只允许向量函数,其他的,例如 $\nabla\boldsymbol{A},\nabla\cdot u$ 和 $\nabla\times u$ 等都没有意义.

例 1　设 $u(x,y,z),v(x,y,z),\boldsymbol{A}(x,y,z)$ 是某空间区域 V 的可微函数及可微向量函数,则

1° $\nabla(uv)=v\nabla u+u\nabla v$;

2° $\nabla\cdot(u\boldsymbol{A})=\nabla u\cdot\boldsymbol{A}+u\nabla\cdot\boldsymbol{A}$;

3° $\nabla\times(u\boldsymbol{A})=\nabla u\times\boldsymbol{A}+u\nabla\times\boldsymbol{A}$.

证　由 ∇ 的定义和乘积函数微商法则,1°,2°可直接验证,今留给读者,现只证 3°. 设 $\boldsymbol{A}(x,y,z)=(P,Q,R)$,由

$$\begin{vmatrix} \dfrac{\partial}{\partial x} & \dfrac{\partial}{\partial y} \\ uP & uQ \end{vmatrix}=u\Big(\dfrac{\partial Q}{\partial x}-\dfrac{\partial P}{\partial y}\Big)+\Big(Q\dfrac{\partial u}{\partial x}-P\dfrac{\partial u}{\partial y}\Big)$$

$$=u\begin{vmatrix} \dfrac{\partial}{\partial x} & \dfrac{\partial}{\partial y} \\ P & Q \end{vmatrix}+\begin{vmatrix} \dfrac{\partial u}{\partial x} & \dfrac{\partial u}{\partial y} \\ P & Q \end{vmatrix}$$

等结果可知

$$\nabla\times(u\boldsymbol{A})=\begin{vmatrix} \boldsymbol{i} & \boldsymbol{j} & \boldsymbol{k} \\ \dfrac{\partial}{\partial x} & \dfrac{\partial}{\partial y} & \dfrac{\partial}{\partial z} \\ uP & uQ & uR \end{vmatrix}=u\begin{vmatrix} \boldsymbol{i} & \boldsymbol{j} & \boldsymbol{k} \\ \dfrac{\partial}{\partial x} & \dfrac{\partial}{\partial y} & \dfrac{\partial}{\partial z} \\ P & Q & R \end{vmatrix}+\begin{vmatrix} \boldsymbol{i} & \boldsymbol{j} & \boldsymbol{k} \\ \dfrac{\partial u}{\partial x} & \dfrac{\partial u}{\partial y} & \dfrac{\partial u}{\partial z} \\ P & Q & R \end{vmatrix}$$

$$=u\nabla\times\boldsymbol{A}+\nabla u\times\boldsymbol{A}.$$

例 2　设 $F(x,y,z)$ 在空间区域 V 及其边界曲面 S 上连续,且有一阶连续偏导数,$G(x,y,z)$ 在 V 和 S 上有二阶连续偏导数,$\boldsymbol{n}$

是 S 外法向单位矢量,试证明

$$\iiint_V F \Delta G \mathrm{d}x \mathrm{d}y \mathrm{d}z = \oiint_S F \frac{\partial G}{\partial n} \mathrm{d}S$$
$$- \iiint_V (\operatorname{grad} F \cdot \operatorname{grad} G) \mathrm{d}x \mathrm{d}y \mathrm{d}z.$$

其中记号

$$\Delta G = \frac{\partial^2 G}{\partial x^2} + \frac{\partial^2 G}{\partial y^2} + \frac{\partial^2 G}{\partial z^2}.$$

证　因 $\dfrac{\partial G}{\partial n} = \nabla G \cdot \boldsymbol{n}$,由奥高公式

$$\oiint_S F \frac{\partial G}{\partial n} \mathrm{d}S = \oiint_S F \nabla G \cdot \boldsymbol{n} \mathrm{d}S = \iiint_V \nabla \cdot (F \nabla G) \mathrm{d}x \mathrm{d}y \mathrm{d}z,$$

利用例 1 的 $2°$,

$$\nabla \cdot (F \nabla G) = \nabla F \cdot \nabla G + F(\nabla \cdot \nabla G)$$
$$= \nabla F \cdot \nabla G + F \Delta G$$
$$= \operatorname{grad} F \cdot \operatorname{grad} G + F \Delta G,$$

由此结论成立.

17. 4. 4　有势场以及空间第二型曲线积分与路径无关的条件

一个数量场 $u(x,y,z)$ 可产生一个向量场 $\operatorname{grad} u$,现在要问,一个向量场能否成为一个数量场 $u(x,y,z)$ 的梯度场? 为此,我们引进

定义（有势场·保守场·无旋场）　如果存在一个数量函数 $u(x,y,z)$ 使 $\boldsymbol{A} = \operatorname{grad} u$,则称 $\boldsymbol{A}$ 为**有势场**,$u(x,y,z)$ 称作向量场 $\boldsymbol{A}$ 的势函数;如果曲线积分 $\int_{\overset{\frown}{AB}} \boldsymbol{A} \cdot \mathrm{d}\boldsymbol{s}$ 与路径无关,则称 $\boldsymbol{A}$ 为**保守场**;如果 $\operatorname{rot} \boldsymbol{A} = 0$,则称 $\boldsymbol{A}$ 为**无旋场**.

由有势场定义可知,$\boldsymbol{A}$ 为有势场当且仅当 $P\mathrm{d}x + Q\mathrm{d}y + R\mathrm{d}z$

为某个函数 u 的全微分.

定义("曲面"单连通区域) 如果对 V 内任一闭路 L,V 内总存在一个以 L 为边界的曲面 S,则称空间区域 V 为**"曲面"单连通区域**.

例如两个同心球面所围的立体是"曲面"单连通区域,但不是"空间"单连通区域;环面体(例如车胎)是非"曲面"单连通的.

定理 17.8 设 P,Q,R 在"曲面"单连通区域 V 内连续,且有一阶连续偏导数,$A=(P,Q,R)$,则下列条件等价:

(i) A 为有势场;

(ii) A 为无旋场;

(iii) A 为保守场.

证 (ii)$\Rightarrow$(iii) 设 L 为 V 内任一简单闭曲线,由于 V 是"曲面"单连通区域,在 V 内存在曲面 S 以 L 为边界.因为 A 是无旋场,由斯托克斯公式得

$$\oint_L \boldsymbol{A} \cdot \mathrm{d}\boldsymbol{s} = \iint_S \mathrm{rot}\, \boldsymbol{A} \cdot \boldsymbol{n}\mathrm{d}S = 0,$$

故 A 是保守场.

(iii)$\Rightarrow$(i) 设 A 为保守场,则可定义函数

$$u(x,y,z) = \int_{(x_0,y_0,z_0)}^{(x,y,z)} P\mathrm{d}x + Q\mathrm{d}y + R\mathrm{d}z,$$

类似于定理 17.2 可证明 $\dfrac{\partial u}{\partial x}=P$,$\dfrac{\partial u}{\partial y}=Q$,$\dfrac{\partial u}{\partial z}=R$,故

$$\boldsymbol{A}=\mathrm{grad}\, u.$$

即 A 为有势场.

(i)$\Rightarrow$(ii) 设 A 为有势场,则存在函数 $u(x,y,z)$,使

$$\boldsymbol{A}=\mathrm{grad}\, u,$$

则通过直接计算得

$$\mathrm{rot}\, \boldsymbol{A}=\mathrm{rot}\,(\mathrm{grad}\, u)=\boldsymbol{0},$$

故 A 是无旋场.

例如,设引力场 $\boldsymbol{F}=-\dfrac{m}{r^3}(x,y,z)$,其中 $r=\sqrt{x^2+y^2+z^2}$,则易知 $\boldsymbol{F}$ 的势函数是 $u=\dfrac{m}{r}$,即

$$\operatorname{grad} u = \boldsymbol{F},$$

以及

$$\operatorname{div} \boldsymbol{F} = 0,$$

故引力场 $\boldsymbol{F}$ 既是有势场又是无源场.

*17.4.5 应用

在场论中得到的一些概念和公式在物理学中有着许多重要应用,本段我们将利用它们来建立热传导方程以及流体力学中的连续性方程.

1. 热传导方程

考察一物体(无热源)在内部热传导作用下的热状态,设物体在点 $M(x,y,z)$ 的温度为 $T(M,t)=T(x,y,z,t)$,密度为 $\rho(x,y,z)$,无热源,求物体温度分布所满足的方程.

由于物体各点温度不相同,则在这温度场中就会出现热量移动.考虑温度场中一闭曲面 S,$\boldsymbol{n}$ 为 S 的外法向单位向量,取曲面微元 $\mathrm{d}S$,由热传导理论知道,t 到 $t+\mathrm{d}t$ 时间内沿 $\boldsymbol{n}$ 方向流过曲面 $\mathrm{d}S$ 的热量与 $\mathrm{d}t$,$\mathrm{d}S$ 及 $\left|\dfrac{\partial T}{\partial n}\right|$ 成比例,设比例系数为 k_1,则

$$\mathrm{d}Q = -k_1 \mathrm{d}t \mathrm{d}S \frac{\partial T}{\partial n}.$$

但

$$\frac{\partial T}{\partial n} = \operatorname{grad} T \cdot \boldsymbol{n},$$

所以 $\mathrm{d}t$ 时间内流过 S 的总热量为

$$Q = -\mathrm{d}t \oiint\limits_{S} k_1 \operatorname{grad} T \cdot \boldsymbol{n} \mathrm{d}S$$

$$=- \mathrm{d}t \iiint\limits_{V} \mathrm{div}\,(k_1 \mathrm{grad}\,T) \mathrm{d}V. \qquad (17.25)$$

另一方面,考虑体积微元 $\mathrm{d}V$,在 $\mathrm{d}t$ 时间内温度上升 $\mathrm{d}T$ 时,吸收热量应该与上升的温度及 $\mathrm{d}V$ 的质量成比例(在 $\mathrm{d}V$ 中温度 T 视为仅是 t 的函数),设比例系数为 k_2,则流出的热量

$$\mathrm{d}Q =- k_2 \mathrm{d}T \rho \mathrm{d}V =- k_2 \frac{\partial T}{\partial t} \mathrm{d}t \rho \mathrm{d}V,$$

所以

$$Q =- \mathrm{d}t \iiint\limits_{V} k_2 \rho \frac{\partial T}{\partial t} \mathrm{d}V. \qquad (17.26)$$

由(17.25),(17.26)两式得

$$\iiint\limits_{V} \left[k_2 \rho \frac{\partial T}{\partial t} - \mathrm{div}\,(k_1 \mathrm{grad}\,T) \right] \mathrm{d}V = 0.$$

由于 V 是任意的,故有

$$k_2 \rho \frac{\partial T}{\partial t} - \mathrm{div}\,(k_1 \mathrm{grad}\,T) = 0. \qquad (17.27)$$

(17.27)式称作**热传导方程**.

对于均匀物体,ρ, k_1, k_2 都是常数,并记 $\dfrac{k_1}{k_2 \rho} = a^2$,则(17.27)式可写为

$$\frac{\partial T}{\partial t} = a^2 \mathrm{div}\,(\mathrm{grad}\,T),$$

或者(习题 4(3))

$$\frac{\partial T}{\partial t} = a^2 \left(\frac{\partial^2 T}{\partial x^2} + \frac{\partial^2 T}{\partial y^2} + \frac{\partial^2 T}{\partial z^2} \right). \qquad (17.28)$$

又若物体的温度不随时间变化,即 $\dfrac{\partial T}{\partial t} = 0$,则有

$$\frac{\partial^2 T}{\partial x^2} + \frac{\partial^2 T}{\partial y^2} + \frac{\partial^2 T}{\partial z^2} = 0. \qquad (17.29)$$

(17.28)称作均匀物体的热传导方程,(17.29)称为均匀稳定温度

场的分布方程.

2. 流体力学连续性方程

设流体速度为 $\boldsymbol{v}(M,t)$,密度为 $\rho(M,t)$,用类似的方法可得在 $\mathrm{d}t$ 时间内流出闭曲面 S 的流量为

$$Q = \mathrm{d}t \oiint\limits_{S} \rho\,\boldsymbol{v} \cdot \boldsymbol{n}\mathrm{d}S = \mathrm{d}t \iiint\limits_{V} \mathrm{div}\,(\rho\,\boldsymbol{v}\,)\mathrm{d}V. \qquad (17.30)$$

另一方面,若考虑到在 $\mathrm{d}t$ 时间内密度 ρ 改变 $\mathrm{d}\rho = \dfrac{\partial \rho}{\partial t}\mathrm{d}t$,则 $\mathrm{d}V$ 的质量 $\rho\mathrm{d}V$ 就改变 $\dfrac{\partial \rho}{\partial t}\mathrm{d}t\mathrm{d}V$,因而整个立体 V 质量改变了

$$\mathrm{d}t \iiint\limits_{V} \frac{\partial \rho}{\partial t}\mathrm{d}V.$$

这一流体质量的增加必须等于在 $\mathrm{d}t$ 时间内流进 S 的流体流量,故

$$Q = -\,\mathrm{d}t \iiint\limits_{V} \frac{\partial \rho}{\partial t}\mathrm{d}V. \qquad (17.31)$$

由 (17.30),(17.31) 便得

$$\frac{\partial \rho}{\partial t} + \mathrm{div}\,(\rho\,\boldsymbol{v}\,) = 0. \qquad (17.32)$$

称 (17.32) 为流体力学**连续性方程**.

习　题

1. 设 $r = \sqrt{x^2 + y^2 + z^2}$,计算

(1) $\mathrm{grad}\,r$;　　　　　　　　(2) $\mathrm{grad}\,r^2$;

(3) $\mathrm{grad}\,f(r)$,其中 $f(u)$ 为连续可微函数.

2. 计算下列向量场的散度和旋度:

(1) $\boldsymbol{A} = (y^2 + z^2, z^2 + x^2, x^2 + y^2)$;

(2) $\boldsymbol{A} = \left(\dfrac{x}{yz}, \dfrac{y}{zx}, \dfrac{z}{xy}\right)$.

3. 已知 $u(x,y,z)=xy+yz+zx$，求 u 在点 $(1,1,3)$ 沿曲面 $xy+yz+zx=7$ 的法线方向的方向导数.

4. 证明下列等式：

(1) $\mathrm{div}\,(\mathrm{rot}\,\boldsymbol{A})=0$；

(2) $\mathrm{rot}\,(\mathrm{grad}\,u)=0$；

(3) $\mathrm{div}\,(\mathrm{grad}\,u)=\dfrac{\partial^2 u}{\partial x^2}+\dfrac{\partial^2 u}{\partial y^2}+\dfrac{\partial^2 u}{\partial z^2}$.

5. 设 $r=\sqrt{x^2+y^2+z^2}$，$f(u)$ 有二阶连续导数，$\Delta=\dfrac{\partial^2}{\partial x^2}+\dfrac{\partial^2}{\partial y^2}+\dfrac{\partial^2}{\partial z^2}$.

(1) 试证 $\Delta f(r)=f''(r)+\dfrac{2f'(r)}{r}$；

(2) 若 $\Delta f(r)=0$，确定 $f(r)$.

6. 证明 $\boldsymbol{A}=(yz(2x+y+z),xz(x+2y+z),xy(x+y+2z))$ 是有势场，并求其势函数.

7. 设流体流速 $\boldsymbol{A}=(x^2,y^2,z^2)$，求单位时间内穿过 $\dfrac{1}{8}$ 球面 $x^2+y^2+z^2=1,x>0,y>0,z>0$ 的流量.

8. 验证下列线积分与路径无关，并计算其值：

(1) $\displaystyle\int_{(0,0,0)}^{(x,y,z)}(x^2-2yz)\mathrm{d}x+(y^2-2xz)\mathrm{d}y+(z^2-2xy)\mathrm{d}z$；

(2) $\displaystyle\int_{(x_1,y_1,z_1)}^{(x_2,y_2,z_2)}\dfrac{x\mathrm{d}x+y\mathrm{d}y+z\mathrm{d}z}{\sqrt{x^2+y^2+z^2}}$，

其中点 (x_1,y_1,z_1) 位于球 $x^2+y^2+z^2=a^2$ 上，点 (x_2,y_2,z_2) 位于球 $x^2+y^2+z^2=b^2$ 上 $(b>a>0)$.

9. 计算曲面积分

$$\iint\limits_{S}\mathrm{rot}\,\boldsymbol{A}\cdot\boldsymbol{n}\mathrm{d}S,$$

其中 $A=(x-z,x^3-yz,-3xy^2)$，S 为半球面 $z=\sqrt{4-x^2-y^2}$，n 为 S 上侧的单位法向量.

17.5 微分形式及其积分

格林公式、奥高公式、斯托克斯公式和定积分中的牛顿-莱布尼兹公式实际上都分别给出了在某个区域上的积分与该区域边界上积分之间的关系,本节将只在 $\mathbf{R}^3$ 空间中引入多元微分的外积和外微分运算,用微分形式的积分把上述公式给予统一的描述,从而使我们对这些内容有一个新的认识,也为进一步学习多元函数微积分的现代理论提供感性基础.

17.5.1 微分的外积

多元函数的微分之间除去通常数乘和加法运算外,现在再引入一种新的乘法运算,称作外积并用记号 $\wedge$ 表示.

设二元函数

$$x=x(u,v),y=y(u,v)$$

是 uv 平面中某区域 $\triangle$ 上的 C^1 类函数,于是

$$\mathrm{d}x=\frac{\partial x}{\partial u}\mathrm{d}u+\frac{\partial x}{\partial v}\mathrm{d}v,$$

$$\mathrm{d}y=\frac{\partial y}{\partial u}\mathrm{d}u+\frac{\partial y}{\partial v}\mathrm{d}v,$$

(17.33)

其中 $\mathrm{d}u,\mathrm{d}v$ 是两个独立变数. 我们定义 $\mathrm{d}x$ 和 $\mathrm{d}y$ 的**外积**为

$$\mathrm{d}x\wedge\mathrm{d}y=\frac{\partial(x,y)}{\partial(u,v)}\mathrm{d}u\mathrm{d}v,$$

(17.34)

其中雅可比行列式 $\dfrac{\partial(x,y)}{\partial(u,v)}=\begin{vmatrix}\dfrac{\partial x}{\partial u}&\dfrac{\partial x}{\partial v}\\\dfrac{\partial y}{\partial u}&\dfrac{\partial y}{\partial v}\end{vmatrix}$ 相当于 (17.33) 中 $\mathrm{d}u,\mathrm{d}v$

的系数行列式.

特别,变量 u,v 也可看作自身的函数

$$u=u, v=v.$$

由定义(17.34)

$$du \wedge dv = dudv,$$

故又有

$$dx \wedge dy = \frac{\partial(x,y)}{\partial(u,v)} du \wedge dv. \qquad (17.35)$$

如果变量 u,v 又是 st 平面中某区域 Δ' 上的 C^1 类函数

$$u=u(s,t), v=v(s,t).$$

$(s,t) \in \Delta'$ 时 $(u,v) \in \Delta$. 读者不难验证公式(17.35)仍然成立. 这表明,(17.35)中 u,v 既可以是自变量,也可以为中间变量,它相当于一元函数微分形式的不变性.

设二元函数

$$x=x(u,v), y=y(u,v), z=z(u,v)$$

是 uv 平面中区域 Δ 上 C^1 类函数,类似于(17.35),我们可定义外积 $dy \wedge dz, dz \wedge dx$,且有

$$dy \wedge dz = \frac{\partial(y,z)}{\partial(u,v)} du \wedge dv, \qquad (17.36)$$

$$dz \wedge dx = \frac{\partial(z,x)}{\partial(u,v)} du \wedge dv. \qquad (17.37)$$

在三维空间内可引入三个微分的外积,设

$$x=x(u,v,w), y=y(u,v,w), z=z(u,v,w)$$

是 uvw 空间中某区域 Δ 上的 C^1 类函数,我们定义微分 dx, dy, dz 的外积为

$$dx \wedge dy \wedge dz = \frac{\partial(x,y,z)}{\partial(u,v,w)} dudvdw, \qquad (17.38)$$

其中 du, dv, dw 是三个独立变数,类似于(17.35)式,我们也可推得:不管 u,v,w 是自变量还是中间变量,有

$$\mathrm{d}x \wedge \mathrm{d}y \wedge \mathrm{d}z = \frac{\partial(x,y,z)}{\partial(u,v,w)} \mathrm{d}u \wedge \mathrm{d}v \wedge \mathrm{d}w. \tag{17.39}$$

在解释微分外积几何意义或涉及其他问题时,我们需要空间以及空间中的曲线、曲面或区域的定向概念.

我们总可以认为 $\mathbf{R}^1$,$\mathbf{R}^2$ 和 $\mathbf{R}^3$ 空间是有方向性的,这可通过坐标系来给它们定向,具体地说,作为 $\mathbf{R}^3$ 的 xyz 空间,用 i,j,k 分别表示坐标轴 ox,oy,oz 上的单位向量且与坐标轴同指向,如果三向量 i,j,k 成一右手系(左手系)则称 $\mathbf{R}^3$ 空间具有正(负)定向;作为二维平面 $\mathbf{R}^2$ 的 xy 平面,用它的两个法线方向 n 来给 xy 平面定向,当 i,j,n 成右(左)手系时称对应的 xy 面有正(负)定向;作为一维直线 $\mathbf{R}^1$ 用它的两个方向来给它定向,当该方向对应于实数的增加(减少)方向时,称对应的直线有正(负)定向.

在 14.2.2 和 16.2 我们已分别介绍了空间(或平面)曲线和(双侧)曲面的定向概念.下面将给 $\mathbf{R}^k(k=2,3)$ 中的 k 维区域 Ω 定向,同时来解释微分外积的几何意义,对 $k=1,\mathbf{R}^1$ 中的有向区域概念就是数直线上有向区间的概念.

设 $\Delta \subset \mathbf{R}^2$ 为 uv 平面中的区域,变换 $\boldsymbol{\varphi}$:
$$x = x(u,v), y = y(u,v),$$
把 Δ 一对一映成 $D \subset \mathbf{R}^2$ 为 xy 平面中区域,变换还满足引理 15.7 全部条件,记
$$\boldsymbol{\varphi}(u,v) = (x(u,v), y(u,v)), \quad (u,v) \in \Delta.$$
如果 uv 平面已定向,因为
$$\boldsymbol{\varphi}_u \times \boldsymbol{\varphi}_v = \frac{\partial(x,y)}{\partial(u,v)} i \times j, \tag{17.40}$$
$\boldsymbol{\varphi}_u, \boldsymbol{\varphi}_v$ 为坐标曲线的切向,所以,我们规定区域 D 的方向为向量 $\boldsymbol{\varphi}_u \times \boldsymbol{\varphi}_v$ 的指向,这样,如果行列式 $\frac{\partial(x,y)}{\partial(u,v)} > 0$,则区域 D 和 xy 平面具有相同定向;$\frac{\partial(x,y)}{\partial(u,v)} < 0$,则区域 D 和 xy 平面有相反的定向.

如果 uv 平面取正定向,由(17.34)和(17.40)

$$\mathrm{d}x \wedge \mathrm{d}y = \frac{\partial(x,y)}{\partial(u,v)} \mathrm{d}u\mathrm{d}v = \pm\,|\boldsymbol{\varphi}_u \times \boldsymbol{\varphi}_v|\,\mathrm{d}u\mathrm{d}v.$$

这正好是切向量 $\boldsymbol{\varphi}_u \mathrm{d}u$ 和 $\boldsymbol{\varphi}_v \mathrm{d}v$ 张成平行四边形的有号面积,如果区域 D 也取正向,$\mathrm{d}x \wedge \mathrm{d}y > 0$,取负定向时 $\mathrm{d}x \wedge \mathrm{d}y < 0$. 特别,当 x,y 为自变数时(即变换 φ 为恒同变换时),$\mathrm{d}x \wedge \mathrm{d}y = \mathrm{d}x\mathrm{d}y = \mathrm{d}\sigma$ 为区域 D 的面积微元. 这时称区域 D 具有自然定向.

设 $\Delta \subset \mathbf{R}^3$ 是 uvw 空间中的区域,变换 $\boldsymbol{\varphi}$:

$$x = x(u,v,w), y = y(u,v,w), z = z(u,v,w),$$

把 Δ 一对一映成 $V \subset \mathbf{R}^3$ 为 xyz 空间中区域,且 $\boldsymbol{\varphi}$ 满足 15.3.2 中的条件,如果 uvw 空间已定向,记

$$\boldsymbol{\varphi}(u,v,w) = (x(u,v,w), y(u,v,w), z(u,v,w)),$$

因为

$$\boldsymbol{\varphi}_u \times \boldsymbol{\varphi}_v \cdot \boldsymbol{\varphi}_w = \frac{\partial(x,y,z)}{\partial(u,v,w)} \boldsymbol{i} \times \boldsymbol{j} \cdot \boldsymbol{k},$$

$\boldsymbol{\varphi}_u, \boldsymbol{\varphi}_v, \boldsymbol{\varphi}_w$ 为坐标曲线的切向,而混合积为正(负)表示三向量为右(左)手系,所以可用 $\boldsymbol{\varphi}_u \times \boldsymbol{\varphi}_v \cdot \boldsymbol{\varphi}_w$ 给区域 V 定向,这样,当 $\dfrac{\partial(x,y,z)}{\partial(u,v,w)} > 0$ 时,xyz 空间和区域 V 同向,< 0 时具有相反的定向.

如果 xyz 空间取正的定向,因

$$\mathrm{d}x \wedge \mathrm{d}y \wedge \mathrm{d}z = \frac{\partial(x,y,z)}{\partial(u,v,w)} \mathrm{d}u\mathrm{d}v\mathrm{d}w = \pm\,|\boldsymbol{\varphi}_u \times \boldsymbol{\varphi}_v \cdot \boldsymbol{\varphi}_w|\,\mathrm{d}u\mathrm{d}v\mathrm{d}w,$$

故外积 $\mathrm{d}x \wedge \mathrm{d}y \wedge \mathrm{d}z$ 正好是由切矢量 $\boldsymbol{\varphi}_u \mathrm{d}u, \boldsymbol{\varphi}_v \mathrm{d}v$ 和 $\boldsymbol{\varphi}_w \mathrm{d}w$ 张的平行六面体的有号体积,且 V 取正定向时,$\mathrm{d}x \wedge \mathrm{d}y \wedge \mathrm{d}z > 0$,取负定向时 $\mathrm{d}x \wedge \mathrm{d}y \wedge \mathrm{d}z < 0$. 特别,当 x, y, z 是自变量时 $\mathrm{d}x \wedge \mathrm{d}y \wedge \mathrm{d}z = \mathrm{d}x\mathrm{d}y\mathrm{d}z$ 为区域 V 的体积微元,这时称 V 具有自然定向.

设 $S \subset \mathbf{R}^3$ 是 xyz 空间中的有向曲面,且有参数方程

$$x = x(u,v), y = y(u,v), z = z(u,v),$$

$(u,v)\in\Delta\subset\mathbf{R}^2$, $n=(\cos\alpha,\cos\beta,\cos\gamma)$ 为 S 的单位法向量. 如果 S 满足 16.2 中的条件, 则分别由 (17.36), (17.37) 和 (17.35), 有

$$dy\wedge dz=\cos\alpha dS,$$
$$dz\wedge dx=\cos\beta dS,$$

和

$$dx\wedge dy=\cos\gamma dS.$$

因此, 外积 $dy\wedge dz$, $dz\wedge dx$ 和 $dx\wedge dy$ 是曲面 S 的面积微元在 yz 平面, zx 平面和 xy 平面上的投影.

外积运算有一定的规则. 由 (17.35), (17.36) 和 (17.37), 两个微分的外积满足:

1° 设 c 为常数, $c(dx\wedge dy)=cdx\wedge dy$;

2° 外积对加法的分配律, 如

$$dx\wedge(dy+dz)=dx\wedge dy+dx\wedge dz;$$

3° 反对称律,

$$dx\wedge dy=-dy\wedge dx, dy\wedge dz=-dz\wedge dy$$
$$dz\wedge dx=-dx\wedge dz;$$

4° $dx\wedge dx=dy\wedge dy=dz\wedge dz=0.$

性质 3° 和 4° 分别说明交换外积运算顺序外积的值改号和相同微分外积之值为零. 这两个运算性质对三个微分外积 $dx\wedge dy\wedge dz$ 也成立, 由 (17.38) 式, 有

$$dx\wedge dy\wedge dz=-dy\wedge dx\wedge dz,$$
$$dx\wedge dy\wedge dz=-dx\wedge dz\wedge dy,$$
$$dx\wedge dy\wedge dz=-dz\wedge dy\wedge dx,$$
$$dx\wedge dy\wedge dz=dy\wedge dz\wedge dx=dz\wedge dx\wedge dy,$$

和

$$dx\wedge dx\wedge dy=\cdots=dx\wedge dz\wedge dz=0.$$

5° 对三维的 xyz 空间中三个自变量微分的外积, 我们规定它们满足结合律:

$$(\mathrm{d}x \wedge \mathrm{d}y) \wedge \mathrm{d}z = \mathrm{d}x \wedge (\mathrm{d}y \wedge \mathrm{d}z) = \mathrm{d}x \wedge \mathrm{d}y \wedge \mathrm{d}z$$

和分配律,如

$$\mathrm{d}x \wedge (\mathrm{d}y \wedge \mathrm{d}z + \mathrm{d}z \wedge \mathrm{d}x)$$
$$= \mathrm{d}x \wedge (\mathrm{d}y \wedge \mathrm{d}z) + \mathrm{d}x \wedge (\mathrm{d}z \wedge \mathrm{d}x)$$
$$= \mathrm{d}x \wedge \mathrm{d}y \wedge \mathrm{d}z.$$

$$\mathrm{d}x \wedge \mathrm{d}y \wedge (\mathrm{d}y + \mathrm{d}z)$$
$$= (\mathrm{d}x \wedge \mathrm{d}y) \wedge \mathrm{d}y + (\mathrm{d}x \wedge \mathrm{d}y) \wedge \mathrm{d}z$$
$$= \mathrm{d}x \wedge \mathrm{d}y \wedge \mathrm{d}z.$$

例 1　设 $\omega_i = a_i \mathrm{d}x + b_i \mathrm{d}y + c_i \mathrm{d}z, a_i, b_i, c_i (i=1,2,3)$ 为常数,试计算外积 $\omega_1 \wedge \omega_2, \omega_1 \wedge \omega_2 \wedge \omega_3$.

解　
$$\omega_1 \wedge \omega_2 = (a_1 \mathrm{d}x + b_1 \mathrm{d}y + c_1 \mathrm{d}z) \wedge (a_2 \mathrm{d}x + b_2 \mathrm{d}y + c_2 \mathrm{d}z)$$
$$= a_1 a_2 \mathrm{d}x \wedge \mathrm{d}x + a_1 b_2 \mathrm{d}x \wedge \mathrm{d}y + a_2 c_2 \mathrm{d}x \wedge \mathrm{d}z$$
$$+ b_1 a_2 \mathrm{d}y \wedge \mathrm{d}x + b_1 b_2 \mathrm{d}y \wedge \mathrm{d}y + b_1 c_2 \mathrm{d}y \wedge \mathrm{d}z$$
$$+ c_1 a_2 \mathrm{d}z \wedge \mathrm{d}x + c_1 b_2 \mathrm{d}z \wedge \mathrm{d}y + c_1 c_2 \mathrm{d}z \wedge \mathrm{d}z$$
$$= \begin{vmatrix} b_1 & c_1 \\ b_2 & c_2 \end{vmatrix} \mathrm{d}y \wedge \mathrm{d}z + \begin{vmatrix} c_1 & a_1 \\ c_2 & a_2 \end{vmatrix} \mathrm{d}z \wedge \mathrm{d}x$$
$$+ \begin{vmatrix} a_1 & b_1 \\ a_2 & b_2 \end{vmatrix} \mathrm{d}x \wedge \mathrm{d}y$$
$$= \begin{vmatrix} \mathrm{d}y \wedge \mathrm{d}z & \mathrm{d}z \wedge \mathrm{d}x & \mathrm{d}x \wedge \mathrm{d}y \\ a_1 & b_1 & c_1 \\ a_2 & b_2 & c_2 \end{vmatrix}.$$

同理,可计算得

$$\omega_1 \wedge \omega_2 \wedge \omega_3 = \begin{vmatrix} a_1 & b_1 & c_1 \\ a_2 & b_2 & c_2 \\ a_3 & b_3 & c_3 \end{vmatrix} \mathrm{d}x \wedge \mathrm{d}y \wedge \mathrm{d}z.$$

例 2 设 $\omega_1 = a_1 \mathrm{d}x + b_1 \mathrm{d}y + c_1 \mathrm{d}z$, $\omega = a \mathrm{d}y \wedge \mathrm{d}z + b \mathrm{d}z \wedge \mathrm{d}x + c \mathrm{d}x \wedge \mathrm{d}y$, 试计算 $\omega_1 \wedge \omega$.

解 $\omega_1 \wedge \omega = (a_1 \mathrm{d}x + b_1 \mathrm{d}y + c_1 \mathrm{d}z) \wedge$
$$(a \mathrm{d}y \wedge \mathrm{d}z + b \mathrm{d}z \wedge \mathrm{d}x + c \mathrm{d}x \wedge \mathrm{d}y)$$
$$= a_1 a \mathrm{d}x \wedge \mathrm{d}y \wedge \mathrm{d}z + b_1 b \mathrm{d}y \wedge \mathrm{d}z \wedge \mathrm{d}x$$
$$+ c_1 c \mathrm{d}z \wedge \mathrm{d}x \wedge \mathrm{d}y$$
$$= (a_1 a + b_1 b + c_1 c) \mathrm{d}x \wedge \mathrm{d}y \wedge \mathrm{d}z.$$

17.5.2 微分形式和外微分

在三维的 xyz 空间中, 我们称自变量的微分 $\mathrm{d}x, \mathrm{d}y, \mathrm{d}z$ 为**基本一次微分形式**; $\mathrm{d}x \wedge \mathrm{d}y, \mathrm{d}y \wedge \mathrm{d}z, \mathrm{d}z \wedge \mathrm{d}x$ 称为**基本二次微分形式**; $\mathrm{d}x \wedge \mathrm{d}y \wedge \mathrm{d}z$ 为**基本三次微分形式**. 设 P, Q, R 是区域 $\Omega \subset \mathbf{R}^3$ 上的函数, 下列形式
$$\omega = P \mathrm{d}x + Q \mathrm{d}y + R \mathrm{d}z;$$
$$\omega = P \mathrm{d}y \wedge \mathrm{d}z + Q \mathrm{d}z \wedge \mathrm{d}x + R \mathrm{d}x \wedge \mathrm{d}y;$$
$$\omega = P \mathrm{d}x \wedge \mathrm{d}y \wedge \mathrm{d}z$$
分别称为 $\mathbf{R}^3$ 中区域 Ω 上的一次、二次、三次**微分形式**. 我们通常还称实函数(或实常数)P 为 Ω 上的**零次微分形式**, 记为
$$\omega = P.$$
上述的函数(或常数)P, Q, R 称为微分形式 ω 的系数; 如果 P, Q, R 是 Ω 上的 C^n 类函数, 就称 $\omega \in C^n(\Omega)$.

对微分形式也可施行外积运算, 例如设
$$\omega_i = P_i \mathrm{d}x + Q_i \mathrm{d}y + R_i \mathrm{d}z \quad (i = 1, 2, 3)$$
是 $\Omega \subset \mathbf{R}^3$ 上的三个一次微分形式由 17.5.1 例 1, 两个一次微分形式外积

$$\omega_1 \wedge \omega_2 = \begin{vmatrix} \mathrm{d}y \wedge \mathrm{d}z & \mathrm{d}z \wedge \mathrm{d}x & \mathrm{d}x \wedge \mathrm{d}y \\ P_1 & Q_1 & R_1 \\ P_2 & Q_2 & R_2 \end{vmatrix}$$

是 Ω 上的一个二次微分形式;而三个一次微分形式的外积

$$\omega_1 \wedge \omega_2 \wedge \omega_3 = \begin{vmatrix} P_1 & Q_1 & R_1 \\ P_2 & Q_2 & R_2 \\ P_3 & Q_3 & R_3 \end{vmatrix} \mathrm{d}x \wedge \mathrm{d}y \wedge \mathrm{d}z$$

是 Ω 上的三次微分形式. 又如,设 $\eta = P\mathrm{d}y \wedge \mathrm{d}z + Q\mathrm{d}z \wedge \mathrm{d}x + R\mathrm{d}x \wedge \mathrm{d}y$ 是 Ω 上的二次微分形式,由 17.5.1 例 2,

$$\omega_i \wedge \eta = (P_i P + Q_i Q + R_i R)\mathrm{d}x \wedge \mathrm{d}y \wedge \mathrm{d}z,$$

也就是说,一个一次微分形式和一个二次微分形式的外积为三次微分形式.

在 $\mathbf{R}^3$ 空间中不存在四次以上微分形式. 因为在四个基本一次微分形式的外积中至少有一个重复出现,其外积必为零.

对微分形式可施行外微分运算. 设 Ω 为 $\mathbf{R}^3$ 中的区域,$\omega \in C^1(\Omega)$ 是 k 次微分形式($k = 0, 1, 2, 3$). 我们定义 ω 的外微分 $\mathrm{d}\omega$ 如下:

(1) $k = 0$,即 $\omega = P$,定义

$$\mathrm{d}\omega = \mathrm{d}P$$

就是通常的微分,即

$$\mathrm{d}\omega = \frac{\partial P}{\partial x}\mathrm{d}x + \frac{\partial P}{\partial y}\mathrm{d}y + \frac{\partial P}{\partial z}\mathrm{d}z. \tag{17.41}$$

(2) $k = 1$,即 $\omega = P\mathrm{d}x + Q\mathrm{d}y + R\mathrm{d}z$,定义

$$\mathrm{d}\omega = \mathrm{d}P \wedge \mathrm{d}x + \mathrm{d}Q \wedge \mathrm{d}y + \mathrm{d}R \wedge \mathrm{d}z.$$

通过外积运算,有

$$\mathrm{d}\omega = \begin{vmatrix} \mathrm{d}y \wedge \mathrm{d}z & \mathrm{d}z \wedge \mathrm{d}x & \mathrm{d}x \wedge \mathrm{d}y \\ \dfrac{\partial}{\partial x} & \dfrac{\partial}{\partial y} & \dfrac{\partial}{\partial z} \\ P & Q & R \end{vmatrix}. \tag{17.42}$$

(3) $k = 2$,即 $\omega = P\mathrm{d}y \wedge \mathrm{d}z + Q\mathrm{d}z \wedge \mathrm{d}x + R\mathrm{d}x \wedge \mathrm{d}y$,定义

$$\mathrm{d}\omega = \mathrm{d}P \wedge \mathrm{d}y \wedge \mathrm{d}z + \mathrm{d}Q \wedge \mathrm{d}z \wedge \mathrm{d}x + \mathrm{d}R \wedge \mathrm{d}x \wedge \mathrm{d}y,$$

通过外积计算,有

$$d\omega = \left(\frac{\partial P}{\partial x} + \frac{\partial Q}{\partial y} + \frac{\partial R}{\partial z} \right) dx \wedge dy \wedge dz. \qquad (17.43)$$

(4) $k=3$,即 $\omega = P dx \wedge dy \wedge dz$,定义

$$d\omega = dP \wedge dx \wedge dy \wedge dz,$$

这时,实际上恒有 $d\omega = 0$.

从上述外微分运算的定义中可见,$\mathbf{R}^3$ 中的 $k(k<3)$ 次微分形式 ω 的外微分 $d\omega$ 是一个 $k+1$ 次微分形式,三次微分形式 ω 的外微分 $d\omega = 0$.

外微分运算有一个特别性质:微分形式的两次外微分恒为零. 具体地说,设 $\Omega \subset \mathbf{R}^3$ 为区域,$\omega \in C^2(\Omega)$ 是 $k(k \leqslant 3)$ 次微分形式,则(习题3)

$$d(d\omega) = 0. \qquad (17.44)$$

在微分形式中有两类重要的微分形式:恰当形式和闭形式. 设 $\omega \in C^1(\Omega)$ 是 $\mathbf{R}^3$ 中 k 次微分形式,如果在区域 Ω 上有 $d\omega = 0$,则称 ω 是**闭形式**;如果存在 $k-1$ 次微分形式 $\eta \in C^2(\Omega)$,使得在 Ω 上有 $d\eta = \omega$,便称 ω 是**恰当形式**.

显然,由公式(17.44),每个恰当形式 ω 必是闭形式;但是闭形式就不一定是恰当形式. 例如,在 $\mathbf{R}^2$ 中考察一次微分形式

$$\omega = -\frac{y}{x^2+y^2} dx + \frac{x}{x^2+y^2} dy,$$

如果取 Ω 是平面上除去原点的区域,由外微分的定义,计算知在 Ω 上 $d\omega = 0$,ω 是一个闭形式,可是在 Ω 上不存在零次微分形式 η,使 $d\eta = \omega$(定理 17.2),所以 ω 不是 Ω 上的恰当形式;又如果取 Ω 是不含 y 轴的右半平面,则存在零次微分形式 $\eta = \arctan \frac{y}{x}$,满足 $d\eta = \omega$,因此 ω 既是闭形式又是恰当形式. 由此可见,一个闭形式是否是恰当形式与区域 Ω 的形状有关.

定理 17.2 告诉我们 $\mathbf{R}^2$ 中单连通区域 Ω 上的每个一次闭形式

都是恰当形式. 定理 17.8 则说明 $\mathbf{R}^3$ 中"曲面"单连通区域 Ω 上的每个一次闭形式是恰当形式. 稍一般的结论有: 如果 Ω 是 $\mathbf{R}^3$ 中以原点 O 为中心的星形区域(即任一点 $M \in \Omega$, 都有线段 $OM \in \Omega$), 则 Ω 上的每个 $k(k=1,2,3)$ 次闭形式是恰当形式.

17.5.3　微分形式的积分

我们先从 $\mathbf{R}^k(k=1,2,3)$ 中积分的变数变换开始(以 $k=3$ 为例). 设 $\Delta \subset \mathbf{R}^3$, 变换 $\boldsymbol{\varphi}$:

$$x=x(u,v,w),y=y(u,v,w),z=z(u,v,w),(u,v,w) \in \Delta$$

映 Δ 为 xyz 空间中区域 M, 并且满足第 15 章 3.2 段三重积分变数变换条件, 则对 $P \in C(M)$, 公式(15.26)为

$$\iiint\limits_M P(x,y,z)\mathrm{d}x\mathrm{d}y\mathrm{d}z$$

$$=\iiint\limits_\Delta P(x(u,v,w),y(u,v,w),z(u,v,w))$$

$$\cdot \left| \frac{\partial(x,y,z)}{\partial(u,v,w)} \right| \mathrm{d}u\mathrm{d}v\mathrm{d}w.$$

如果 $\mathbf{R}^3$ 空间已定向, 区域 Δ 为取自然定向的有向区域, 则当有向区域 M 和 xyz 空间的定向相同时, $\dfrac{\partial(x,y,z)}{\partial(u,v,w)}>0$, 有

$$\iiint\limits_M P(x,y,z)\mathrm{d}x\mathrm{d}y\mathrm{d}z$$

$$=\iiint\limits_\Delta P(x(u,v,w),y(u,v,w),z(u,v,w))$$

$$\cdot \frac{\partial(x,y,z)}{\partial(u,v,w)}\mathrm{d}u\mathrm{d}v\mathrm{d}w; \tag{17.45}$$

当 M 和 xyz 空间有相反定向时, 有

$$\iiint\limits_{M} P(x,y,z)\mathrm{d}x\mathrm{d}y\mathrm{d}z$$

$$= -\iiint\limits_{\Delta} P(x(u,v,w),y(u,v,w),z(u,v,w))$$

$$\cdot \frac{\partial(x,y,z)}{\partial(u,v,w)}\mathrm{d}u\mathrm{d}v\mathrm{d}w. \tag{17.46}$$

我们在引入 $\mathbf{R}^k$ 空间中 k 次微分形式的积分后，可把公式（17.45）和（17.46）合为一个公式并把雅可比行列式的绝对值去掉．

设 $\mathbf{R}^3$ 已经定向，M 是 $\mathbf{R}^3$ 中的有向区域，我们定义有向区域 M 上的三次微分形式

$$\omega = P\mathrm{d}x \wedge \mathrm{d}y \wedge \mathrm{d}z$$

的积分为

$$\int_{M}\omega = \int_{M} P\mathrm{d}x \wedge \mathrm{d}y \wedge \mathrm{d}z = \varepsilon\iiint\limits_{M} P(x,y,z)\mathrm{d}x\mathrm{d}y\mathrm{d}z,$$

$$\tag{17.47}$$

其中若 $\mathbf{R}^3$ 与 M 取相同定向，取 $\varepsilon=1$；取相反定向时取 $\varepsilon=-1$．

对于二维（一维）空间中的二次（一次）微分形式在有向平面区域（有向区间）上的积分可类似定义，只要把（17.47）式中三重积分改为二重积分（定积分）．

容易验证，在定义式（17.47）之下，变数变换公式（17.45）和（17.46）可统一地表示成

$$\int_{M} P(x,y,z)\mathrm{d}x \wedge \mathrm{d}y \wedge \mathrm{d}z$$

$$= \int_{\Delta} P(x(u,v,w),y(u,v,w),z(u,v,w))$$

$$\cdot \frac{\partial(x,y,z)}{\partial(u,v,w)}\mathrm{d}u \wedge \mathrm{d}v \wedge \mathrm{d}w. \tag{17.48}$$

现在再引入 $\mathbf{R}^3$ 空间中 k 次微分形式（$k=1,2$）在有向集合上

的积分概念.

设 $\Omega \subset \mathbf{R}^3$ 为区域, M 是 Ω 中的有向曲线,且有参数表示

$$\boldsymbol{\varphi}(t) = (x(t), y(t), z(t)), \alpha \leqslant t \leqslant \beta,$$

$\boldsymbol{\varphi} \in C^1([\alpha, \beta])$,又设 $\omega \in C(\Omega)$ 是一次微分形式 $\omega = P\mathrm{d}x + Q\mathrm{d}y + R\mathrm{d}z$,我们定义

$$\int_M \omega = \int_{[\alpha, \beta]} \big[P(x(t), y(t), z(t)) x'(t) + Q(x(t), y(t), z(t)) y'(t)$$
$$+ R(x(t), y(t), z(t)) z'(t) \big] \mathrm{d}t, \qquad (17.49)$$

其中(17.49)右边是一次微分形式在有向区间上的积分.

设 M 是 Ω 中的有向曲面,且有参数表示

$$\boldsymbol{\varphi}(u, v) = (x(u, v), y(u, v), z(u, z)), (u, v) \in \Delta.$$

$\boldsymbol{\varphi} \in C^1(\Delta)$,这里 $\Delta \subset \mathbf{R}^2$ 是有向闭区域,又设 $\omega \in C(\Omega)$ 是二次微分形式 $\omega = P\mathrm{d}y \wedge \mathrm{d}z + Q\mathrm{d}z \wedge \mathrm{d}x + R\mathrm{d}x \wedge \mathrm{d}y$,我们定义

$$\int_M \omega = \int_\Delta \Big[P(x(u, v), y(u, v), z(u, v)) \frac{\partial(y, z)}{\partial(u, v)}$$
$$+ Q(x(u, v), y(u, v), z(u, v)) \frac{\partial(z, x)}{\partial(u, v)}$$
$$R(x(u, v), y(u, v), z(u, v)) \frac{\partial(x, y)}{\partial(u, v)} \Big] \mathrm{d}u \wedge \mathrm{d}v.$$

$$(17.50)$$

现在对微分形式的积分作几点说明,

(1) $\mathbf{R}^3$ 中一次微分形式在有向曲线,二次微分在有向曲面 M 上的积分实际上分别就是第二型曲线积分和第二型曲面积分. 事实上,先看定义式(17.49),如果有向曲线 M 的正向(弧长增加的方向)对应于参数 t 增加方向,这时 $\Delta = [\alpha, \beta] \subset \mathbf{R}^1$ 为正定向,于是(17.49)右边为区间 $[\alpha, \beta]$ 上的定积分,再由定理 14.2 实际上是 M 上的第二型曲线积分:

$$\int_M \omega = \int_\alpha^\beta \big[P(x(t), y(t), z(t)) x'(t) + Q(x(t), y(t), z(t)) y'(t)$$

$$+ R(x(t), y(t), z(t))z'(t)]\mathrm{d}t$$

$$= \int_M P\mathrm{d}x + Q\mathrm{d}y + R\mathrm{d}z.$$

如果 M 的正向对应于参数 t 减小方向，则有

$$\int_M \omega = -\int_\alpha^\beta [P(x(t), y(t), z(t))x'(t)$$
$$+ Q(x(t), y(t), z(t))y'(t)$$
$$+ R(x(t), y(t), z(t))z'(t)]\mathrm{d}t$$
$$= \int_M P\mathrm{d}x + Q\mathrm{d}y + R\mathrm{d}z.$$

类似地，利用二次微分形式在有向平面区域 Δ 上的定义和(16.13)式，定义式(17.50)实际上为

$$\int_M \omega = \int_M P\mathrm{d}y \wedge \mathrm{d}z + Q\mathrm{d}z \wedge \mathrm{d}x + R\mathrm{d}x \wedge \mathrm{d}y$$
$$= \iint_M P\mathrm{d}y\mathrm{d}z + Q\mathrm{d}z\mathrm{d}x + R\mathrm{d}x\mathrm{d}y.$$

(2) 零次微分形式在有向点上的积分. 空间（或平面）有向曲线的两个端点可以视为曲线的边界，我们对边界点定向如下：规定终点具有正定向，起点具有负定向. 例如，设 M 是以 A 为起点 B 为终点的有向曲线，M 的边界便为有向边界，记为 $\partial M = \{-A, B\}$.

设 ω 是 $\Omega \subset \mathbf{R}^3$ 上零次微分形式，$A \in \Omega$ 为具有正定向的点，定义

$$\int_A \omega = w(A), \quad \int_{-A} \omega = -\omega(A).$$

又设 $A_1, A_2 \in \Omega$ 且已定向，我们定义

$$\int_{(A_1, A_2)} \omega = \int_{A_1} \omega + \int_{A_2} \omega.$$

在上述定义下，零次微分形式 ω 在有向边界 $\partial M = \{-A, B\}$ 上的积分为

$$\int_{\partial M} \omega = \omega(B) - \omega(A). \tag{17.51}$$

（3）用$-M$表示与M是同一点、曲线、曲面或区域但有相反的定向，则由$\mathbf{R}^3$中$k(k=0,1,2,3)$次微分形式在M上积分定义知

$$\int_{-M}\omega=-\int_{M}\omega.$$

现在回到本节的开头提到的问题，用微分形式的积分来统一描述格林公式、奥高公式、斯托克斯公式和牛顿-莱布尼兹公式.

以下我们都假设$\mathbf{R}^k(k=1,2,3)$空间是取正定向的定向空间.

先考察格林公式. 设$M\subset\mathbf{R}^2$是有界闭区域，取M为自然定向，二元函数$P,Q\in C^1(M)$，则格林公式（17.1）为

$$\oint_{\partial M}P\mathrm{d}x+Q\mathrm{d}y=\iint_{M}\left(\frac{\partial Q}{\partial x}-\frac{\partial P}{\partial y}\right)\mathrm{d}x\mathrm{d}y,$$

其中∂M是M的有向边界（14.2.2 注 2）. 如果取M上的一次微分形式

$$\omega=P\mathrm{d}x+Q\mathrm{d}y,$$

则

$$\mathrm{d}\omega=\mathrm{d}P0\mathrm{d}x+\mathrm{d}Q\wedge\mathrm{d}y=\left(\frac{\partial Q}{\partial x}-\frac{\partial P}{\partial y}\right)\mathrm{d}x\wedge\mathrm{d}y.$$

于是格林公式可写为微分形式的积分

$$\int_{\partial M}\omega=\int_{M}\mathrm{d}\omega.$$

其次考察奥高公式. 设M是$\mathbf{R}^3$中有界闭区域，M取自然定向，三元函数$P,Q,R\in C^1(M)$，则奥高公式（17.12）为

$$\oiint_{\partial M}P\mathrm{d}y\mathrm{d}z+Q\mathrm{d}z\mathrm{d}x+R\mathrm{d}x\mathrm{d}y$$

$$=\iiint_{M}\left(\frac{\partial P}{\partial x}+\frac{\partial Q}{\partial y}+\frac{\partial R}{\partial z}\right)\mathrm{d}x\mathrm{d}y\mathrm{d}z,$$

其中M的边界∂M取M的外侧法向为其正定向. 如果取M上的二次微分形式

$$\omega=P\mathrm{d}y\wedge\mathrm{d}z+Q\mathrm{d}z\wedge\mathrm{d}x+R\mathrm{d}x\wedge\mathrm{d}y,$$

由(17.43)式

$$d\omega = \left(\frac{\partial P}{\partial x} + \frac{\partial Q}{\partial y} + \frac{\partial R}{\partial z}\right) dx \wedge dy \wedge dz,$$

于是奥高公式也具有形式

$$\int_{\partial M} \omega = \int_M d\omega.$$

再看斯托克斯公式. 设 $M \subset \mathbf{R}^3$ 是有向曲面, M 的边界是有向曲线, 且随 M 而已定向(定理 17.4), 三元函数 $P, Q, R \in C^1(M)$, 则斯托克斯公式(17.15)可书为

$$\int_{\partial M} P dx + Q dy + R dz$$

$$= \iint_M \left(\frac{\partial R}{\partial y} - \frac{\partial Q}{\partial z}\right) dy dz + \left(\frac{\partial P}{\partial z} - \frac{\partial R}{\partial x}\right) dz dx$$

$$+ \left(\frac{\partial Q}{\partial x} - \frac{\partial P}{\partial y}\right) dx dy,$$

如果取 M 上的一次微分形式

$$\omega = P dx + Q dy + R dz,$$

由(17.42)

$$d\omega = \left(\frac{\partial R}{\partial y} - \frac{\partial Q}{\partial z}\right) dy \wedge dz + \left(\frac{\partial P}{\partial z} - \frac{\partial R}{\partial x}\right) dz \wedge dx$$

$$+ \left(\frac{\partial Q}{\partial x} - \frac{\partial P}{\partial y}\right) dx \wedge dy,$$

于是斯托克斯公式仍可书为

$$\int_{\partial M} \omega = \int_M d\omega.$$

最后, 设 $M = [a, b]$ 是 $\mathbf{R}^1$ 中的闭区间, $f \in C^1(M)$, 则有牛顿-莱布尼兹公式

$$\int_a^b \frac{df(x)}{dx} dx = f(b) - f(a).$$

如果取 M 上的零次微分形式

$$\omega = f(x),$$

M 取自然定向, $\partial M = \{-a, b\}$. 于是由(17.51),牛顿-莱布尼兹公式还是可以写成形式

$$\int_M \mathrm{d}\omega = \int_{\partial M} \omega. \tag{17.52}$$

上式中的 $M = [a, b]$ 是 $\mathbf{R}^1$ 中的一维区域,其实对 $\mathbf{R}^3$ 中的有向曲线 $M, \omega \in C^1(M)$ 是零次微分形式,则公式(17.52)仍成立(习题7).

通过上面的陈述,牛顿-莱布尼兹公式、格林公式、奥高公式和斯托克斯公式都可以统一地表示成微分形式的积分:

$$\int_{\partial M} \omega = \int_M \mathrm{d}\omega.$$

这个公式通称为斯托克斯公式. 现在总结为下面的定理:

定理 17.9(斯托克斯公式) 设 $M \subset \mathbf{R}^3$ 是一有向曲线、有向曲面或有向区域, $\omega \in C^1(M)$ 是相应的零次、一次或二次微分形式,则

$$\int_{\partial M} \omega = \int_M \mathrm{d}\omega. \tag{17.53}$$

牛顿-莱布尼兹公式是一元微积分学的基本公式,斯托克斯公式(17.53)是它在高维情形下的推广,而在流形上积分的现代理论中仍有形如(17.53)的一般斯托克斯公式成立,因此可以说,斯托克斯公式乃是整个微分学的"基本公式".

习 题

1. 计算
(1) $(x\mathrm{d}x - y\mathrm{d}y) \wedge (z\mathrm{d}z + 3\mathrm{d}x)$;
(2) $(\mathrm{d}x + \mathrm{d}y + \mathrm{d}z) \wedge (x\mathrm{d}y \wedge \mathrm{d}z + \mathrm{d}x \wedge \mathrm{d}z)$.

2. 计算 $\mathrm{d}\omega$,设
(1) $\omega = xyz$;   (2) $\omega = x^2 y\mathrm{d}y$;
(3) $\omega = xy\mathrm{d}x + xz\mathrm{d}y$;

(4) $\omega = y\mathrm{d}x \wedge \mathrm{d}y + z\mathrm{d}y \wedge \mathrm{d}z + x\mathrm{d}z \wedge \mathrm{d}x$.

3. 如果 $\omega \in C^2$,证明 $\mathrm{d}(\mathrm{d}\omega) = 0$.

4. 设有向曲面 S 的方程为

$$z = f(x,y), \quad (x,y) \in D,$$

$f \in C^1(D)$,试证:

$$\int_S Q\mathrm{d}x \wedge \mathrm{d}z = \iint_D Q(x,y,f(x,y))\frac{\partial z}{\partial y}\mathrm{d}x\mathrm{d}y.$$

5. 设 $\omega = yz\mathrm{d}y \wedge \mathrm{d}z + zx\mathrm{d}z \wedge \mathrm{d}x + xy\mathrm{d}x \wedge \mathrm{d}y$,

(1) 证明 ω 是闭形式;

(2) 求一次微分形式 η,使 $\mathrm{d}\eta = \omega$.

6. 设 $\Omega \subset \mathbf{R}^3$ 是三维矩形,$\omega \in C^2(\Omega)$ 是二次微分形式,试证如果 ω 是闭形式,则必是恰当形式.

7. 如果 M 是 $\mathbf{R}^3$ 中的一条有向曲线,$\omega \in C^1$ 是 M 上的零次微分形式,求证

$$\int_{\partial M} \omega = \int_M \mathrm{d}\omega.$$

第 17 章总习题

1. 设函数 $u(x,y)$ 在光滑闭曲线 L 所围的闭区域 D 上具有二阶连续偏导数,试证明

$$\iint_D \left(\frac{\partial^2 u}{\partial x^2} + \frac{\partial^2 u}{\partial y^2}\right)\mathrm{d}x\mathrm{d}y = \oint_L \frac{\partial u}{\partial n}\mathrm{d}s,$$

其中 $\dfrac{\partial u}{\partial n}$ 是 $u(x,y)$ 沿 L 外法线方向 $\boldsymbol{n}$ 的方向导数.

2. $\Delta u = \dfrac{\partial^2 u}{\partial x^2} + \dfrac{\partial^2 u}{\partial y^2} + \dfrac{\partial^2 u}{\partial z^2}$,$S$ 为区域 V 边界曲面外侧,试证明

$$\iiint_V \Delta u\mathrm{d}x\mathrm{d}y\mathrm{d}z = \oiint_S \frac{\partial u}{\partial n}\mathrm{d}S,$$

其中 u 在区域 V 及其边界上具有二阶连续偏导数，$\dfrac{\partial u}{\partial n}$ 为沿曲面 S 外法向的方向导数．

3. 设 C 是平面上有界区域 D 的光滑边界曲线，试按下面两种情况来计算积分

$$I = \oint_C \frac{\partial \ln r}{\partial n} \mathrm{d}s,$$

其中 $r = \sqrt{x^2 + y^2 + z^2}$，$\boldsymbol{n}$ 表示 C 的外法向：

（1）原点不在 C 内，也不在 C 上；

（2）原点在 D 的内部．

4. 设 $P(x, y)$，$Q(x, y)$ 在全平面连续且有一阶连续偏导数，若积分

$$\int_L P(x, y)\mathrm{d}x + Q(x, y)\mathrm{d}y = 0,$$

其中 L 为半圆 $y = y_0 + \sqrt{a^2 - (x - x_0)^2}$，$x_0$，$y_0$ 为任意实数，a 为任意正数．试证明：$P(x, y) = 0$ 和 $\dfrac{\partial Q}{\partial x} = 0$．

5. 设 C 为曲面 $x^2 + y^2 + z^2 = 2ax\,(z > 0)$ 和 $x^2 + y^2 = 2bx\,(a > b > 0)$ 的交线，计算曲线积分

$$I = \oint_C (y^2 + z^2)\mathrm{d}x + (x^2 + z^2)\mathrm{d}y + (x^2 + y^2)\mathrm{d}z,$$

其中 C 的正向与球面 $x^2 + y^2 + z^2 = 2ax\,(z > 0)$ 被圆柱面 $x^2 + y^2 = 2bx$ 所割下的那块曲面的上侧成右手系．

6. 用奥高公式计算曲面积分

$$I = \iint\limits_S (ax^2 + by^2 + cz^2)\mathrm{d}S,$$

其中 S 表示球面 $x^2 + y^2 + z^2 = 1$．

7. 设 $\varphi_1(x, y, z)$ 和 $\varphi_2(x, y, z)$ 在区域 $\dfrac{1}{2} < \sqrt{x^2 + y^2 + z^2} < 2$ 内二阶连续可微，试证明

(1) grad $\varphi_1 \times$ grad $\varphi_2 =$ rot $(\varphi_1$ grad $\varphi_2)$；

(2) 向量 $\boldsymbol{A}=$ grad $\varphi_1 \times$ grad φ_2 通过球面 $x^2+y^2+z^2=1$ 的流量等于零.

第18章　囿变函数和 RS 积分

本章将讨论一类新的积分——黎曼-斯蒂杰(Stieltjes)积分，通常简称为 RS 积分. RS 积分的形式符号是 $\int_a^b f(x)\mathrm{d}\mu(x)$，当 $\mu(x)=x$ 时就是通常的 R 积分(黎曼积分). RS 积分有一个很重要的性质，当 μ 是一个连续可微函数时，积分号下的符号 $\mathrm{d}\mu(x)$ 可用 $\mu'(x)\,\mathrm{d}x$ 来代替，且 RS 积分 $\int_a^b f(x)\mathrm{d}\mu(x)$ 就是 R 积分 $\int_a^b f(x)\mu'(x)\mathrm{d}x$，然而，即使 μ 不具备可微性，甚至是一个不连续函数时，RS 积分仍可有其意义，在实用上，我们可以用 RS 积分来处理涉及质量分布的物理问题，而这种分布允许部分离散与部分连续的，在概率论中，这种积分是同时处理离散的与连续随机变量的有用工具.

在介绍 RS 积分之前，先引入一类新的函数，囿变函数或称为有界变差函数. 这种函数与单调函数有密切的联系，并且是 RS 积分和傅里叶级数中常用的函数类.

18.1　囿　变　函　数

先从囿变函数的定义开始.

定义(囿变函数·全变差)　设 $f(x)$ 是区间 $[a,b]$ 上定义的函数，$\pi=\{x_0,x_1,\cdots,x_n\}$ 是 $[a,b]$ 的一个分割，即

$$a=x_0<x_1<\cdots<x_n=b,$$

称有限和

$$v(f;\pi)=\sum_{k=1}^{n}\mid f(x_k)-f(x_{k-1})\mid \qquad (18.1)$$

是 $f(x)$ 关于分割 π 的**变差**，如果存在常数 $M>0$，使得对 $[a,b]$ 的所有分割 π 都有 $v(f;\pi)\leqslant M$，称 $f(x)$ 是 $[a,b]$ 上的**囿变函数**（或**有界变差函数**），且称数

$$\bigvee_a^b(f)=\sup_\pi v(f;\pi) \qquad (18.2)$$

为 $f(x)$ 在 $[a,b]$ 上的**全变差**（或**总变分**）.

据全变差的意义，$f(x)$ 是 $[a,b]$ 上的囿变函数，当且仅当 $\bigvee_a^b(f)<\infty$，因此囿变函数的全变差 $\bigvee_a^b(f)$ 总是一个非负的有限数，并且 $\bigvee_a^b(f)=0$ 当且仅当 $f(x)$ 在 $[a,b]$ 上是常数.

区间 $[a,b]$ 上的单调函数或者满足利普希茨条件的函数都是囿变函数的例子（见习题 1,2），进一步的例子有

例 1 如果 $f(x)$ 在 $[a,b]$ 上连续，在 (a,b) 内存在有界导数，则 $f(x)$ 是 $[a,b]$ 上的囿变函数.

证 设 $|f'(x)|\leqslant M,a<x<b$，对 $[a,b]$ 的每个分割 $\pi=\{x_0,x_1,\cdots,x_n\}$，由微分学中值公式

$$f(x_k)-f(x_{k-1})=f'(\xi_k)(x_k-x_{k-1}),$$

其中 $x_{k-1}<\xi_k<x_k,k=1,2,\cdots,n$，于是

$$v(f;\pi)=\sum_{k=1}^{n}\mid f(x_k)-f(x_{k-1})\mid$$
$$=\sum_{k=1}^{n}\mid f'(\xi_k)\mid(x_k-x_{k-1})\leqslant M(b-a),$$

从而 $f(x)$ 是 $[a,b]$ 上的囿变函数.

例 2 试研究函数

$$f(x)=\begin{cases}x^2\sin\dfrac{1}{x}, & 0<x\leqslant 1,\\ 0, & x=0\end{cases}$$

在区间 $[0,1]$ 上的围变性.

解　因 $f(x)$ 在 $[0,1]$ 上连续且对 $0<x<1$,有

$$f'(x)=2x\sin\frac{1}{x}-\cos\frac{1}{x},$$

故 $|f'(x)|\leqslant 3$,由例 1,$f(x)$ 在 $[0,1]$ 上围变.

例 3　设函数

$$f(x)=\begin{cases}x\cos\dfrac{\pi}{2x}, & 0<x\leqslant 1,\\[2mm] 0, & x=0,\end{cases}$$

试研究 $f(x)$ 在 $[0,1]$ 上围变性.

解　取区间 $[0,1]$ 上的一个分割 π:

$$0<\frac{1}{2n}<\frac{1}{2n-1}<\cdots<\frac{1}{3}<\frac{1}{2}<1,$$

$f(x)$ 相应于 π 的变差为

$$\sum_{k=1}^{2n}|f(x_k)-f(x_{k-1})|=\sum_{k=1}^{n}\frac{1}{k}.$$

由于 $\displaystyle\sum_{k=1}^{\infty}\frac{1}{k}=+\infty$,推出 $\overset{1}{\underset{0}{\bigvee}}(f)=+\infty$.因此 $f(x)$ 在 $[0,1]$ 上虽然连续,但不是围变的,然而,因 $f'(x)$ 在 $[\delta,1]$ 上有界$(0<\delta<1)$,据例 1,$f(x)$ 在任一子区间 $[\delta,1]$ 上还是围变的.

现在讨论围变函数的一些基本性质.

$1°$ 设 $f(x)$ 是 $[a,b]$ 上的围变函数,则 $f(x)$ 在 $[a,b]$ 上有界.

证　取分割 $\pi=\{a,x,b\}$,$a<x<b$,

$$v(f;\pi)=|f(x)-f(a)|+|f(x)-f(b)|\leqslant\overset{b}{\underset{a}{\bigvee}}(f),$$

有 $|f(x)-f(a)|\leqslant\overset{b}{\underset{a}{\bigvee}}(f)$,从而

$$|f(x)|\leqslant|f(a)|+\overset{b}{\underset{a}{\bigvee}}(f).$$

由此得出 $f(x)$ 在 $[a,b]$ 上有界,

2° 设 $f(x)$, $g(x)$ 是 $[a,b]$ 上的囿变函数, α,β 是实数,则 $\alpha f(x) + \beta g(x)$, $f(x)g(x)$ 也是 $[a,b]$ 上的囿变函数.

证 任取 $[a,b]$ 的分割, $\pi = \{x_0, x_1, \cdots, x_n\}$, 记 $S(x) = \alpha f(x) + \beta g(x)$, 由

$$|S(x_k) - S(x_{k-1})|$$
$$\leqslant |\alpha| |f(x_k) - f(x_{k-1})| + |\beta| |g(x_k) - g(x_{k-1})|,$$

对 k 求和,

$$v(S;\pi) \leqslant |\alpha| v(f;\pi) + |\beta| v(g;\pi)$$
$$\leqslant |\alpha| \bigvee_a^b (f) + |\beta| \bigvee_a^b (g),$$

从而 $S(x)$ 在 $[a,b]$ 上囿变,且

$$\bigvee_a^b (S) \leqslant |\alpha| \bigvee_a^b (f) + |\beta| \bigvee_a^b (g).$$

其次,设 $A = \sup\limits_{a \leqslant x \leqslant b} |g(x)|$, $B = \sup\limits_{a \leqslant x \leqslant b} |f(x)|$, 且记 $h(x) = f(x)g(x)$, 由

$$|h(x_k) - h(x_{k-1})| \leqslant |g(x_k)| |f(x_k) - f(x_{k-1})|$$
$$+ |f(x_{k-1})| |g(x_k) - g(x_{k-1})|$$
$$\leqslant A|f(x_k) - f(x_{k-1})| + B|g(x_k) - g(x_{k-1})|,$$

对 k 求和得

$$v(h;\pi) \leqslant Av(f;\pi) + Bv(g;\pi),$$

从而

$$\bigvee_a^b (h) \leqslant A \bigvee_a^b (f) + B \bigvee_a^b (g).$$

这表明 $f(x)g(x)$ 在 $[a,b]$ 上是囿变函数.

3° 如果 $f(x)$ 是 $[a,b]$ 上的囿变函数,则必定是任一子区间 $[a_1,b_1]$ 上的囿变函数, $a \leqslant a_1 < b_1 \leqslant b$,

证 设 π 是 $[a_1,b_1]$ 的任一分割,由

$$v(f;\pi) \leqslant |f(a_1) - f(a)| + v(f;\pi) + |f(b) - f(b_1)| \leqslant \bigvee_a^b (f),$$

得

$$\bigvee_{a_1}^{b_1}(f)\leqslant\bigvee_{a}^{b}(f),$$

故 3°成立.

4° 设 $f(x)$是$[a,b]$上的囿变函数,$a<c<b$,有

$$\bigvee_{a}^{b}(f)=\bigvee_{a}^{c}(f)+\bigvee_{c}^{b}(f). \tag{18.3}$$

公式(18.3)称为囿变函数的可加性质.

证 设 π_1是$[a,c]$上的任一分割,π_2是$[c,b]$上的任一分割,于是 $\pi=\pi_1\bigcup\pi_2$ 是$[a,b]$上的一个分割,有

$$v(f;\pi_1)+v(f;\pi_2)=v(f;\pi)\leqslant\bigvee_{a}^{b}(f),$$

分别对 π_1 和 π_2 取上确界,得

$$\bigvee_{a}^{c}(f)+\bigvee_{c}^{b}(f)\leqslant\bigvee_{a}^{b}(f). \tag{18.4}$$

另一方面,对任意的 $\varepsilon>0$,总存在$[a,b]$的某个分割 $\pi=\{x_0,x_1,\cdots,x_n\}$,使

$$v(f;\pi)\geqslant\bigvee_{a}^{b}(f)-\varepsilon.$$

不妨设 c 不是 π 中的分点,并假定 $x_r<c<x_{r+1}(0<r<n-1)$,令 $\pi'=\{x_0,x_1,\cdots,x_r,c\}$,$\pi''=\{c,x_{r+1},\cdots,x_n\}$,显然有

$$v(f;\pi')+v(f;\pi'')\geqslant v(f;\pi)\geqslant\bigvee_{a}^{b}(f)-\varepsilon,$$

从而

$$\bigvee_{a}^{c}(f)+\bigvee_{c}^{b}(f)\geqslant\bigvee_{a}^{b}(f)-\varepsilon.$$

由此,令 $\varepsilon\to0$,与(18.4)式一起表明(18.3)成立.

利用性质 4°,可推得如下的关于囿变函数的约当(Jordan)分解定理:

定理 18.1 $f(x)$是$[a,b]$上的囿变函数充要条件是 $f(x)$能表示成两个单调增加函数的差.

证 只证必要性.设 $f(x)$ 是 $[a,b]$ 上的囿变函数,令 $\alpha(x)=\overset{x}{\underset{a}{V}}(f),a<x\leqslant b$,且 $\alpha(a)=0$,则由性质 4°推得 $\alpha(x)$ 是 $[a,b]$ 上的增加函数.令

$$\beta(x)=\alpha(x)-f(x),$$

只要证明 $\beta(x)$ 是 $[a,b]$ 上的增加函数,使得 $f(x)$ 的分解式 $f(x)=\alpha(x)-\beta(x)$.为此设 $a\leqslant x_1<x_2\leqslant b$,有

$$\beta(x_2)-\beta(x_1)=\alpha(x_2)-\alpha(x_1)-[f(x_2)-f(x_1)]$$
$$=\overset{x_2}{\underset{x_1}{V}}(f)-[f(x_2)-f(x_1)]$$
$$\geqslant|f(x_2)-f(x_1)|-[f(x_2)-f(x_1)]$$
$$\geqslant 0.$$

故 $\beta(x)$ 的确是 $[a,b]$ 上的增函数.

定理 18.2 设 $f(x)$ 是 $[a,b]$ 上的囿变函数,则 $x=x_0$ 是 $f(x)$ 的一个连续点的充要条件为 $x=x_0$ 是函数

$$\alpha(x)=\overset{x}{\underset{a}{V}}(f),a<x\leqslant b,\qquad \alpha(a)=0$$

的连续点.

证 设 $x_0<b$,如果 $x=x_0$ 是 $f(x)$ 的连续点,这意味着对任意 $\varepsilon>0$,存在 $\delta>0$,当 $0<x-x_0<\delta$ 时

$$|f(x)-f(x_0)|<\frac{\varepsilon}{2}.$$

另据性质 3°,$f(x)$ 是 $[a,b]$ 上的囿变函数,于是存在 $[x_0,b]$ 上的一个分割 $\pi=\{x_0,x_1,\cdots,x_n\},x_n=b$,使

$$v(f;\pi)=\sum_{k=1}^{n}|f(x_k)-f(x_{k-1})|>\overset{b}{\underset{x_0}{V}}(f)-\frac{\varepsilon}{2}.$$

由于加入新的分点后绝不减少变差 v,故不妨设 $0<x_1-x_0<\delta$,于是

$$\overset{b}{\underset{x_0}{V}}(f)<\frac{\varepsilon}{2}+|f(x_1)-f(x_0)|+\sum_{k=2}^{n}|f(x_k)-f(x_{k-1})|$$

$$\leqslant \varepsilon + \bigvee_{x_1}^{b}(f),$$

故

$$\bigvee_{x_0}^{x_1}(f) \leqslant \varepsilon,$$

即

$$\alpha(x_1) - \alpha(x_0) \leqslant \varepsilon, \quad 0 < x_1 - x_0 < \delta.$$

从而

$$\alpha(x_{0+}) = \alpha(x_0).$$

同理可证,对 $a < x_0$,有 $\alpha(x_{0-}) = \alpha(x_0)$. 这样,$x = x_0$ 是 $\alpha(x)$ 的连续点,必要性得证.

反之,由于每个单调函数的单边极限都存在,据定理 18.1 推知,对 $x_0 < b, f(x_{0+})$ 存在以及对 $a < x_0, f(x_{0-})$ 存在. 于是对 $a \leqslant x_0 < x \leqslant b$,有

$$0 \leqslant |f(x) - f(x_0)| \leqslant \alpha(x) - \alpha(x_0).$$

令 $x \to x_0$,有

$$0 \leqslant |f(x_{0+}) - f(x_0)| \leqslant \alpha(x_{0+}) - \alpha(x_0).$$

同理,对 $a < x_0 \leqslant b$,有

$$0 < |f(x_0) - f(x_{0-})| \leqslant \alpha(x_0) - \alpha(x_{0-}).$$

若 $x = x_0$ 是 $\alpha(x)$ 的连续点,则由上面最后两个不等式推出 $x = x_0$ 也是 $f(x)$ 的连续点. 充分性得证.

我们在 7.6.3 已经建立了可求长曲线的概念,并给出了曲线可求长的充分条件. 曲线的可求长性和囿变函数有密切关系,这就是下面的定理

定理 18.3　设平面简单曲线 C 由参数方程

$$x = x(t), y = y(t), \alpha \leqslant t \leqslant \beta$$

给出,其中 $x(t)$ 和 $y(t)$ 是 $[\alpha, \beta]$ 上的连续函数,则 C 可求长的充要条件是 $x(t)$ 和 $y(t)$ 是 $[\alpha, \beta]$ 上的囿变函数.

证 设 $\pi=\{\alpha=t_0,t_1,\cdots,t_n=\beta\}$ 是 $[\alpha,\beta]$ 的任一分割,则对应于分割 π 曲线 C 的内接折线的总长度 $p(\pi)$ 为

$$p(\pi)=\sum_{k=1}^{n}\sqrt{[x(t_k)-x(t_{k-1})]^2+[y(t_k)-y(t_{k-1})]^2}.$$

如果 C 是可求长的曲线并有弧长 s,则 $p(\pi)\leqslant s$,更有

$$v(x;\pi)=\sum_{k=1}^{n}\mid x(t_k)-x(t_{k-1})\mid\leqslant p(\pi)\leqslant s,$$

和

$$v(y;\pi)\leqslant s.$$

因此,$x(t),y(t)$ 在 $[\alpha,\beta]$ 上囿变.

反之,设 $x(t),y(t)$ 在 $[\alpha,\beta]$ 上是囿变函数,对 $[\alpha,\beta]$ 的任一分割 π,相应有

$$p(\pi)\leqslant v(x;\pi)+v(y;\pi)$$
$$\leqslant\overset{\beta}{\underset{\alpha}{V}}(x)+\overset{\beta}{\underset{\alpha}{V}}(y)<+\infty.$$

令 $s=\sup\limits_{\pi}\{p(\pi)\}$,下面证明 s 就是曲线 C 的总弧长.

对任给的 $\varepsilon>0$,存在 $[\alpha,\beta]$ 的某一分割 $\pi^*=\{\alpha=t_0^*,t_1^*,\cdots,t_m^*=\beta\}$,使

$$p(\pi^*)>s-\frac{\varepsilon}{2}.$$

又据 $x(t),y(t)$ 在 $[\alpha,\beta]$ 上的一致连续性,存在正数 $\delta>0$,只要 $|t'-t''|<\delta,t',t''\in[\alpha,\beta]$,有

$$|x(t')-x(t'')|<\frac{\varepsilon}{8m},\quad|y(t')-y(t'')|<\frac{\varepsilon}{8m}.$$

现在设 π 是满足 $\lambda<\delta$ 的区间 $[\alpha,\beta]$ 的任一分割(这里 $\lambda=\max\limits_{1\leqslant k\leqslant n}(t_k-t_{k-1})$),$\pi'$ 是分割 π 和 π^* 的并,因为 π' 是 π^* 的加细分割,故有

$$p(\pi')\geqslant p(\pi^*).$$

另一方面,π' 也是 π 的加细分割,它总共在 π 中至多加入了 m 个分

点 t_k^*,而每加入一个分点,相应的折线长 p 的增加不超过 $\dfrac{\varepsilon}{2m}$(即不超过函数 $x(t),y(t)$ 对应振动和的两倍),因此有

$$p(\pi')-p(\pi)<\frac{\varepsilon}{2}.$$

这样,

$$p(\pi)>p(\pi')-\frac{\varepsilon}{2}\geqslant p(\pi^*)-\frac{\varepsilon}{2}>s-\varepsilon,$$

也就是说,只要 $\lambda<\delta$,就有

$$s-\varepsilon<p(\pi)<s.$$

故曲线 C 可求长且 $s=\lim\limits_{\lambda\to 0}p(\pi)$ 就是 C 的总弧长.

作为练习,读者可把定理 18.3 的结论推广到 $\mathbf{R}^n$ 空间中去,给出 $\mathbf{R}^n$ 空间中曲线可求长的充要条件.

习　题

1. 若 $f(x)$ 是 $[a,b]$ 上的单调函数,则 $f(x)$ 是 $[a,b]$ 上的囿变函数且 $\overset{b}{\underset{a}{\bigvee}}(f)=|f(b)-f(a)|$.

2. 若函数 $f(x)$ 在 $[a,b]$ 上满足一致利普希茨条件,即存在常数 $M>0$,使对每对 $x,y\in[a,b]$

$$|f(x)-f(y)|\leqslant M|x-y|,$$

则 $f(x)$ 是 $[a,b]$ 上的囿变函数.

3. 试给出在 $(0,1)$ 内导数无界而在 $[0,1]$ 上是囿变函数的例子.

4. 判定下述函数 $f(x)$ 是否是 $[0,1]$ 上的囿变函数:

(1) $f(x)=x^2\cos\dfrac{1}{x}$,对 $x\neq 0,f(0)=0$;

(2) $f(x)=\sqrt{x}\sin\dfrac{1}{x}$,对 $x\neq 0,f(0)=0.$

5. 若 $f(x)$ 在 $[a,b]$ 上是囿变函数,且 $|f(x)| \geqslant m > 0$,则 $\dfrac{1}{f(x)}$ 是 $[a,b]$ 上的囿变函数.

6. 函数

$$f(x) = \begin{cases} x^2, & 0 \leqslant x < 1, \\ 5, & x = 1, \\ x+3, & 1 < x \leqslant 2 \end{cases}$$

在 $[0,2]$ 上的全变差等于多少? 验证 $\overset{2}{\underset{0}{V}}(f) = \overset{1}{\underset{0}{V}}(f) + \overset{2}{\underset{1}{V}}(f)$ 并表 $f(x)$ 为两个单调增加函数的差的形式.

18.2 RS 积 分

先从一个简单的物理问题开始,有一段已知质量分布的单位长直导线,有一轴垂直于此导线且过其一端点,考虑导线关于此轴的转动惯量.

设导线段用 $[0,1]$ 表示,导线段 $[0,x]$ 的总质量是 $m(x)$,$m(x)$ 必然是一个单调增加函数. $\pi = \{x_0, x_1, \cdots, x_n\}$ 表示 $[0,1]$ 的分割,$x_0 = 0$,$x_n = 1$,导线段 $[x_{k-1}, x_k]$ $(k = 1, \cdots, n)$ 的总质量应是 $m(x_k) - m(x_{k-1})$,于是整个导线段关于轴(通过 O 点)的转动惯量为

$$J = \lim_{\lambda(\pi) \to 0} \sum_{k=1}^{n} x_k^2 (m(x_k) - m(x_{k-1})),$$

并记为 $J = \displaystyle\int_0^1 x^2 \mathrm{d}m(x)$,这里 $\lambda(\pi) = \max_{1 \leqslant k \leqslant n} (x_k - x_{k-1})$.

这一类问题就导致我们去建立一种新的积分概念. 它应当是 R 积分的推广,并且在某种场合就是 R 积分. 关于这一点,从上面的例子也可以看出. 其实,如果质量分布 $m(x)$ 具有连续的密度 ρ,即 $m'(x) = \rho(x)$ 时(注意,这是一种较特殊情况),由微元法知,转

动惯量 J 可表示为 R 积分

$$J = \int_0^1 x^2 \rho(x) \mathrm{d}x = \int_0^1 x^2 m'(x) \mathrm{d}x.$$

也就是说,我们期望有

$$J = \int_0^1 x^2 \mathrm{d}m(x) = (\mathrm{R}) \int_0^1 x^2 m'(x) \mathrm{d}x,$$

这里(R)表示右边的积分是黎曼积分意义下的积分,这正是在下面的定理 18.9 将证明的.

18.2.1　RS 积分的概念与可积条件

定义(RS 积分)　设 $f(x), \mu(x)$ 是区间 $[a,b]$ 上定义的函数,对 $[a,b]$ 作任意的分割 $\pi = \{x_0, x_1, \cdots, x_n\}$,$\Delta \mu_k = \mu(x_k) - \mu(x_{k-1})$,任取 $\xi_k \in [x_{k-1}, x_k]$,$k = 1, 2, \cdots, n$ 作和

$$\sigma = \sigma(f, \mu, \pi) = \sum_{k=1}^n f(\xi_k) \Delta \mu_k.$$

无论分割 π 如何作法以及 $\xi_k \in [x_{k-1}, x_k]$ 怎样选取,只要当分割 π 的模 $\lambda = \lambda(\pi) = \max\limits_{1 \leqslant k \leqslant n}(x_k - x_{k-1}) \to 0$ 时,极限 $\lim\limits_{\lambda \to 0} \sigma(f, \mu, \pi)$ 都存在且为有限数 I,就称 I 是 $f(x)$ 在 $[a,b]$ 上的关于 $\mu(x)$ 的 **RS 积分**,记为

$$I = \int_a^b f(x) \mathrm{d}\mu(x).$$

也称 $f(x)$ 在 $[a,b]$ 上是关于 $\mu(x)$ 是 **RS 可积的**,并简记为 $f \in \mathrm{R}(\mu)$.

用"ε-δ"语言,在 $[a,b]$ 上 $f \in \mathrm{R}(\mu)$,可叙述为:如果存在常数 I,对任给的 $\varepsilon > 0$,总存在 $\delta > 0$,使得对任意的分割 π,以及任意的 $\xi_k \in [x_{k-1}, x_k]$,只要 $\lambda(\pi) < \delta$ 恒有

$$|\sigma(f, \mu, \pi) - I| < \varepsilon. \tag{18.5}$$

特别,若 $\mu(x) = x$,这时 RS 积分就是通常的 R 积分,在此意义下,RS 积分是 R 积分的一种推广.

在 $\mu(x)$ 是单调增加函数时,我们可以像在讨论黎曼积分时一样引进上下积分和概念,从而建立 $f \in R(\mu)$ 的条件,为此引入如下定义.

定义(上和·下和) 设 $\mu(x)$ 是 $[a,b]$ 上的单调增加函数,$f(x)$ 是 $[a,b]$ 上的有界函数,π 表示 $[a,b]$ 的分割,令

$$M_k = \sup\{f(x) \mid x \in [x_{k-1}, x_k]\},$$
$$m_k = \inf\{f(x) \mid x \in [x_{k-1}, x_k]\},$$

则称下述和数

$$S(f, \mu, \pi) = \sum_{k=1}^{n} M_k \Delta\mu_k,$$

$$s(f, \mu, \pi) = \sum_{k=1}^{n} m_k \Delta\mu_k$$

分别为 $f(x)$ 关于 $\mu(x)$ 的对应于分割 π 的 **RS 上和**与 **RS 下和**.

由 $\mu(x)$ 的单调性知 $\Delta\mu_k = \mu(x_k) - \mu(x_{k-1}) \geqslant 0$,以及 $m_k \leqslant M_k$,$k = 1, 2, \cdots, n$,完全类似于黎曼积分的达布上和、达布下和那样,我们不难建立 RS 上和,RS 下和亦有相应的性质,今陈述如下:

1° 对区间 $[a,b]$ 的每个分割 π,

$$s(f, \mu, \pi) \leqslant \sigma(f, \mu, \pi) \leqslant S(f, \mu, \pi).$$

2° 若 π' 是 π 的加细分割(即 π' 由 π 添加新的分点而得),则

$$S(f, \mu, \pi') \leqslant S(f, \mu, \pi),$$
$$s(f, \mu, \pi') \geqslant s(f, \mu, \pi).$$

3° 对 $[a,b]$ 的任意两个分割 π_1 和 π_2

$$s(f, \mu, \pi_1) \leqslant S(f, \mu, \pi_2).$$

我们记 $I^* = \inf\{S(f, \mu, \pi)\}$,$I_* = \sup\{s(f, \mu, \pi)\}$,这里的上下确界是对 $[a,b]$ 的一切可能分割取的,由 2° 和 3° 知,I^* 与 I_* 都存在,且

4° $I_* \leqslant I^*$.

关于 $I_* = I^*$ 有下述的充要条件

$5°$ $I_*=I^*$ 的充要条件是对任意给定的 $\varepsilon>0$,存在$[a,b]$的某个分割 π,使

$$S(f,\mu,\pi)-s(f,\mu,\pi)<\varepsilon. \qquad (18.6)$$

事实上,若 $I_*=I^*=J$ 并给定 $\varepsilon>0$,由 I_* 与 I^* 的定义,存在分割 π_1 和 π_2 使

$$S(f,\mu,\pi_1)-J<\frac{\varepsilon}{2},J-s(f,\mu,\pi_2)<\frac{\varepsilon}{2}.$$

由此以及性质 $2°,3°$,若取 $\pi=\pi_1\bigcup\pi_2$,有

$$S(f,\mu,\pi)\leqslant S(f,\mu,\pi_1)<J+\frac{\varepsilon}{2}<s(f,\mu,\pi_2)+\varepsilon$$
$$\leqslant s(f,\mu,\pi)+\varepsilon.$$

于是对于这个分割 π,(18.6)成立.反之,对任何分割 π,有

$$s(f,\mu,\pi)\leqslant I_*\leqslant I^*\leqslant S(f,\mu,\pi),$$

亦即

$$0\leqslant I^*-I_*\leqslant S(f,\mu,\pi)-s(f,\mu,\pi).$$

如果对任意的 ε 有(18.6)成立,从而

$$0\leqslant I^*-I_*<\varepsilon.$$

这表明 $I_*=I^*$,性质 $5°$ 得证.

顺便指出,如果有某个分割 π 使不等式(18.6)成立,那么对 π 的任何细分仍满足不等式(18.6),此外,对 RS 积分,由确界形式定义的 I^*,I_* 与极限形式 $\lim\limits_{\lambda\to0}S(f,\mu,\pi)=I^*$,$\lim\limits_{\lambda\to0}s(f,\mu,\pi)=I_*$ 并不等价,除非对函数 $f(x)$ 和 $\mu(x)$ 加上适当条件.这一点是与黎曼积分有所差异的地方.

定理 18.4　设在$[a,b]$上函数 $f(x)$ 有界,$\mu(x)$ 单调增加,若对任意的 $\varepsilon>0$,存在 $\delta>0$,对任何满足 $\lambda<\delta$ 的分割 π 使不等式(18.6)成立,则在$[a,b]$上 $f\in R(\mu)$,且

$$\int_a^b f(x)\mathrm{d}\mu(x)=I_*=I^*.$$

证 对于$[a,b]$的任何分割有

$$s(f,\mu,\pi) \leqslant \sigma(f,\mu,\pi) \leqslant S(f,\mu,\pi),$$

以及

$$s(f,\mu,\pi) \leqslant I^* \leqslant I_* \leqslant S(f,\mu,\pi).$$

设给定任意的$\varepsilon > 0$，特取分割π，使$\lambda < \delta$且

$$S(f,\mu,\pi) - s(f,\mu,\pi) < \varepsilon,$$

由性质$5°$，这时$I_* = I^*$，记其公共值为J，于是由这里的三个不等式知，只要$\lambda < \delta$，

$$|\sigma(f,\mu,\pi) - J| < S(f,\mu,\pi) - s(f,\mu,\pi) < \varepsilon,$$

这就是不等式(18.5).

定理 18.5 若在$[a,b]$上$f(x)$连续，$\mu(x)$囿变，则在$[a,b]$上$f \in R(\mu)$.

证 据约当分解定理(定理 18.1)，只要对$\mu(x)$是$[a,b]$上的单调增加函数证明定理 18.5 成立即可(见定理 18.6(2)).

设$\mu(x)$是$[a,b]$上的单调增加函数，因$f(x)$在$[a,b]$上连续，从而一致连续，于是对任给的$\varepsilon > 0$，存在$\delta > 0$，对$x',x'' \in [a,b]$，只要$|x' - x''| < \delta$，有

$$|f(x') - f(x'')| < \frac{\varepsilon}{\mu(b) - \mu(a)}.$$

任取$[a,b]$的分割$\pi = \{x_0, x_1, \cdots, x_n\}$，使之满足$\lambda < \delta$，这时，函数$f(x)$在每个小区间$[x_{k-1}, x_k]$上的振幅$M_k - m_k < \frac{\varepsilon}{\mu(b) - \mu(a)}, k = 1, 2, \cdots, n$. 因此，对这个分割$\pi$，

$$S(f,\mu,\pi) - s(f,\mu,\pi) = \sum_{k=1}^{n} M_k \Delta\mu_k - \sum_{k=1}^{n} m_k \Delta\mu_k$$

$$= \sum_{k=1}^{n} (M_k - m_k) \Delta\mu_k$$

$$< \frac{\varepsilon}{\mu(b) - \mu(a)} \sum_{k=1}^{n} [\mu(x_k) - \mu(x_{k-1})] = \varepsilon.$$

这由定理 18.4 得 $f \in R(\mu)$.

18.2.2 RS 积分的性质

定理 18.6

(1) 若在区间 $[a,b]$ 上 $f, g \in R(\mu)$，c_1, c_2 是常数，则 $c_1 f + c_2 g \in R(\mu)$，且

$$\int_a^b [c_1 f(x) + c_2 g(x)] \mathrm{d}\mu(x)$$

$$= c_1 \int_a^b f(x) \mathrm{d}\mu(x) + c_2 \int_a^b g(x) \mathrm{d}\mu(x).$$

(2) 若在区间 $[a,b]$ 上 $f \in R(\mu_1)$ 且 $f \in R(\mu_2)$，c_1, c_2 为常数，则 $f \in R(c_1 \mu_1 + c_2 \mu_2)$，且

$$\int_a^b f(x) \mathrm{d}[c_1 \mu_1(x) + c_2 \mu_2(x)]$$

$$= c_1 \int_a^b f(x) \mathrm{d}\mu_1(x) + c_2 \int_a^b f(x) \mathrm{d}\mu_2(x).$$

(3) 若在区间 $[a,b]$ 上 $f \in R(\mu)$，而 $\mu(x)$ 是囿变函数，$a < c < b$，则在子区间 $[a,c]$ 和 $[c,b]$ 上 $f \in R(\mu)$ 且

$$\int_a^c f(x) \mathrm{d}\mu(x) + \int_c^b f(x) \mathrm{d}\mu(x) = \int_a^b f(x) \mathrm{d}\mu(x). \quad (18.7)$$

定理 18.6 的证明可从 RS 积分的定义证得，并留给读者，在证明 (3) 时，可只限于考虑包含点 c 的分割.

读者必须注意，若在 $[a,c]$ 和 $[c,b]$ 上即使有 $f \in R(\mu)$，未必能推出在全区间 $[a,b]$ 上有 $f \in R(\mu)$，从而更说不上有等式 (18.7) 了，下述例子正好说明了这一点.

例 在 $[-1,1]$ 上给出函数

$$f(x) = \begin{cases} -1, & -1 \leqslant x < 0, \\ 0, & 0 \leqslant x \leqslant 1. \end{cases}$$

$$\mu(x) = \begin{cases} 0, & -1 \leqslant x \leqslant 0, \\ 1, & 0 < x \leqslant 1. \end{cases}$$

证明在$[-1,1]$上 $f(x)$关于 $\mu(x)$的 RS 积分不存在.

证 因为在$[-1,0]$上$\mu(x)=0$,在$[0,1]$上 $f(x)=0$,因此

$$\int_{-1}^{0} f(x)\mathrm{d}\mu(x) = 0, \quad \int_{0}^{1} f(x)\mathrm{d}\mu(x) = 0.$$

另外,在全区间$[-1,1]$,取 $x=0$ 不是分点的任意分割 $\pi=\{x_0, x_1,\cdots,x_n\}$,$x_0=-1$,$x_n=1$,并设 $x_{k-1}<0<x_k$;再任取 $\xi_j\in[x_{j-1}, x_j]$$(j=1,2,\cdots,n)$,作 RS 积分和

$$\sigma(f,\mu,\pi) = \sum_{j=1}^{n} f(\xi_j)\Delta\mu_j = f(\xi_k)[\mu(x_k)-\mu(x_{k-1})]$$

$$= f(\xi_k) = \begin{cases} -1, & \text{若 } \xi_k < 0, \\ 0, & \text{若 } \xi_k \geqslant 0. \end{cases}$$

由此说明在$[-1,1]$上 $f(x)$关于 $\mu(x)$的 RS 积分不存在.

定理 18.7（分部积分） 若在$[a,b]$上 $f\in\mathrm{R}(\mu)$,则在$[a,b]$上必有 $\mu\in\mathrm{R}(f)$,且等式成立

$$\int_{a}^{b} f(x)\mathrm{d}\mu(x) + \int_{a}^{b} \mu(x)\mathrm{d}f(x) = f(b)\mu(b) - f(a)\mu(a).$$

$$(18.8)$$

证 设 $\pi=\{x_0,x_1,\cdots,x_n\}$,$x_0=a$,$x_n=b$ 是区间$[a,b]$的分割,置 $\xi_k\in(x_{k-1},x_k)$,$k=1,2,\cdots,n$,作积分和

$$\sigma(f,\mu,\pi) = \sum_{k=1}^{n} f(\xi_k)[\mu(x_k)-\mu(x_{k-1})]$$

$$= \sum_{k=1}^{n} f(\xi_k)\mu(x_k) - \sum_{k=1}^{n} f(\xi_k)\mu(x_{k-1})$$

$$= f(\xi_n)\mu(b) - \sum_{k=1}^{n-1} \mu(x_k)[f(\xi_{k+1})-f(\xi_k)]$$

$$- f(\xi_1)\mu(a).$$

令 $A=f(b)\mu(b)-f(a)\mu(a)$,于是

$$\sigma(f,\mu,\pi) = A - \{\mu(a)[f(\xi_1)-f(a)] + \sum_{k=1}^{n-1} \mu(x_k)[f(\xi_{k+1})$$

$$-f(\xi_k)] + \mu(b)[f(b) - f(\xi_n)]\}. \tag{18.9}$$

现在,取 $\pi' = \{a, \xi_1, \xi_2, \cdots, \xi_n, b\}$, π' 也是 $[a,b]$ 的一个分割,而点 a, $x_1, x_2, \cdots, x_n, b$ 顺次是小区间 $[a, \xi_1], [\xi_1, \xi_2], \cdots, [\xi_n, b]$ 中的点, 于是 (18.9) 式右端花括号内的和是函数 $\mu(x)$ 关于 $f(x)$ 的对于分割 π' 的积分和 $\sigma(\mu, f, \pi')$,因此

$$\sigma(f, \mu, \pi) = A - \sigma(\mu, f, \pi').$$

若用 λ 和 λ' 分别表示分割 π 和 π' 的模,易见, $\lambda \to 0$ 当且仅当 $\lambda' \to 0$, 由于 $f \in R(\mu)$,据上式知 $\mu \in R(f)$,且等式 (18.8) 成立.

由定理 18.7 和定理 18.5,立得如下

推论　若在 $[a,b]$ 上 $f(x)$ 囵变, $\mu(x)$ 连续,则 $f \in R(\mu)$.

定理 18.8（变量代换）　设在 $[a,b]$ 上 $f \in R(\mu)$, $g(t)$ 是 $[\alpha, \beta]$ 上严格单调增加的连续函数, $g(\alpha) = a$, $g(\beta) = b$,令

$$h(t) = f[g(t)], \gamma(t) = \mu[g(t)], \alpha \leqslant t \leqslant \beta,$$

则在 $[\alpha, \beta]$ 上 $h \in R(\gamma)$ 具有

$$\int_a^b f(x)\mathrm{d}\mu(x) = \int_\alpha^\beta h(t)\mathrm{d}\gamma(t). \tag{18.10}$$

证　由反函数定理,在 $[a,b]$ 上存在一个严格单调增加的连续函数 $g^{-1}(x)$,因此对 $[\alpha, \beta]$ 的每个分割 $\pi = \{t_0, t_1, \cdots, t_n\}$ 都对应一个且仅有一个分割 $\pi' = \{x_0, x_1, \cdots, x_n\}$,使 $x_k = g(t_k)$, $k = 0, 1, \cdots$, n. 反之亦然.

因 $f \in R(\mu)$,故对任意的 $\varepsilon > 0$,存在 $\delta > 0$,以及对 $[a,b]$ 的分割 π' 只要 $\lambda(\pi') < \delta$,总有

$$\left| \sigma(f, \mu, \pi') - \int_a^b f(x)\mathrm{d}\mu(x) \right| < \varepsilon. \tag{18.11}$$

据 $g(t)$ 的连续性,对上述的正数 δ,存在 $\eta > 0$,对 $t', t'' \in [\alpha, \beta]$ 只要 $|t' - t''| < \eta$,有

$$|g(t') - g(t'')| < \delta. \tag{18.12}$$

现在,任取区间 $[\alpha, \beta]$ 的一个分割 $\pi = \{t_0, t_1, \cdots, t_n\}$, $t_0 = \alpha$,

$t_n = \beta$,使其满足 $\lambda(\pi) < \eta$,作积分和

$$\sigma(h, \gamma, \pi) = \sum_{k=1}^{n} h(u_k) \Delta \gamma_k,$$

其中 $u_k \in [t_{k-1}, t_k]$ 为任取的,$\Delta \gamma_k = \gamma(t_k) - \gamma(t_{k-1})$,令 $x_k = g(t_k)$,$\xi_k = g(u_k)$,据(18.12),当 $\lambda(\pi) < \eta$ 时,有 $\lambda(\pi') < \delta$,以及

$$\sigma(h, \gamma, \pi) = \sum_{k=1}^{n} f[g(u_k)](\mu[g(t_k)] - \mu[g(t_{k-1})])$$

$$= \sum_{k=1}^{n} f(\xi_k)(\mu(x_k) - \mu(x_{k-1}))$$

$$= \sigma(f, \mu, \pi').$$

因此,当 $[\alpha, \beta]$ 的分割 π 满足 $\lambda(\pi) < \eta$ 时,由(18.11)

$$\left| \sigma(h, \gamma, \pi) - \int_a^b f(x) \mathrm{d}\mu(x) \right| < \varepsilon,$$

也就是说,$h \in R(\gamma)$ 且等式(18.10)成立.

下面的定理揭示了 RS 积分和 R 积分的关系.

定理 18.9 若 $f(x)$ 在 $[a, b]$ 上连续,$\mu(x)$ 在 $[a, b]$ 上处处可导,且 $\mu'(x)$ 为 R 可积的,则在 $[a, b]$ 上 $f \in R(\mu)$ 且

$$\int_a^b f(x) \mathrm{d}\mu(x) = (R) \int_a^b f(x) \mu'(x) \mathrm{d}x. \tag{18.13}$$

证 据定理中对 $\mu(x)$ 的假定条件,$\mu(x)$ 在 $[a, b]$ 上是囿变函数(18.1,例 1),并由定理 18.5 推出 $f \in R(\mu)$.仍由定理的条件,$f(x)\mu'(x)$ 在 $[a, b]$ 上 R 可积,因此(18.13)两边的积分均存在,下证等式成立.

设 $\pi = \{a = x_0, x_1, \cdots, x_n = b\}$ 是 $[a, b]$ 的分割.由微分学中值定理

$$\Delta \mu_k = \mu(x_k) - \mu(x_{k-1}) = \mu'(\xi_k) \Delta x_k, \tag{18.14}$$

其中 $x_{k-1} < \xi_k < x_k, k = 1, 2, \cdots, n$.对(18.14)式中确定的 $\xi_k \in (x_{k-1}, x_k)$ 作 RS 积分和,并由(18.14)

$$\sigma(f,\mu,\pi) = \sum_{k=1}^{n} f(\xi_k) \Delta\mu_k = \sum_{k=1}^{n} f(\xi_k) \mu'(\xi_k) \Delta x_k.$$

(18.15)

(18.15)式右端是 $f(x)\mu'(x)$ 黎曼和，从而对（18.15）式两边令 $\lambda(\pi) \to 0$，得出（18.13）式，

RS 积分与级数的关系，我们给出下面的

定理 18.10　假设对每个 $n=1,2,3,\cdots$，$c_n \geqslant 0$ 且 $\sum\limits_{n=1}^{\infty} c_n$ 收敛，$\{s_n\}$ 是 (a,b) 内的一串不同的点，并且

$$\mu(x) = \sum_{n=1}^{\infty} c_n u(x-s_n),$$

(18.16)

其中 $u(x)$ 是单位阶跃函数，其具体定义是

$$u(x) = \begin{cases} 0, & x \leqslant 0, \\ 1, & x > 0. \end{cases}$$

如果 $f(x)$ 在 $[a,b]$ 上连续，那么

$$\int_a^b f(x)\mathrm{d}\mu(x) = \sum_{n=1}^{\infty} c_n f(s_n).$$

(18.17)

证　由于正项级数 $\sum\limits_{n=1}^{\infty} c_n$ 收敛，级数（18.16）绝对一致收敛，由（18.16）定义的函数 $\mu(x)$ 是一个单调增加函数且 $\mu(a) = 0$，$\mu(b) = \sum\limits_{n=1}^{\infty} c_n$，从而在 $[a,b]$ 上 $f \in \mathrm{R}(\mu)$（定理 18.5）.

对任意的 $\varepsilon > 0$，选取自然数 N，使

$$\sum_{n=N+1}^{\infty} c_n < \varepsilon,$$

并令

$$\mu_1(x) = \sum_{n=1}^{N} c_n u(x-s_n), \quad \mu_2(x) = \sum_{n=N+1}^{\infty} c_n u(x-s_n).$$

据定理 18.6 的(2)，

$$\int_a^b f(x)\,\mathrm{d}\mu_1(x) = \sum_{n=1}^N c_n \int_a^b f(x)\,\mathrm{d}u(x-s_n),$$

而(本节习题 4)

$$\int_a^b f(x)\,\mathrm{d}u(x-s_n) = f(s_n),$$

故

$$\int_a^b f(x)\,\mathrm{d}\mu_1(x) = \sum_{n=1}^N c_n f(s_n). \tag{18.18}$$

又因 $\mu_2(a)=0,\mu_2(b)=\sum_{n=N+1}^\infty c_n u(b-s_n)=\sum_{n=N+1}^\infty c_n < \varepsilon$,表明 $\mu_2(b)-\mu_2(a)<\varepsilon$,从而

$$\left|\int_a^b f(x)\,\mathrm{d}\mu_2(x)\right| \leqslant M[\mu(b)-\mu(a)] < M\varepsilon, \tag{18.19}$$

(本节习题 2)其中 $M=\sup\limits_{a\leqslant x\leqslant b}|f(x)|$.

由于 $\mu(x)=\mu_1(x)+\mu_2(x)$,因此由定理 18.16 的(2)与 (18.18)

$$\int_a^b f(x)\,\mathrm{d}\mu(x) = \sum_{n=1}^N c_n f(s_n) + \int_a^b f(x)\,\mathrm{d}\mu_2(x),$$

再由(18.19)

$$\left|\int_a^b f(x)\,\mathrm{d}\mu(x) - \sum_{n=1}^N c_n f(s_n)\right| < M\varepsilon,$$

让 $N\to+\infty$,就得(18.17).

从计算的角度出发,定理 18.9 和定理 18.10 提供了计算 RS 积分的一种方法,但是这两条定理也显示了 RS 积分方法所固有的普遍性和适应性,如果 $\mu(x)$ 如(18.16)式所示的那样是一个纯阶跃函数时,积分就变成了有限或无穷的级数;如果 $\mu(x)$ 有可积的导函数,积分就变作了普通的黎曼积分,这就使得在许多情况下同时研究级数和积分而不必分别讨论了.

例如,对于本节开首的转动惯量问题,导线关于轴的转动惯量

为 RS 积分

$$J = \int_0^1 x^2 \mathrm{d}m(x),\tag{18.20}$$

这里 $m(x)$ 是 $[0,x]$ 内导线的质量分布,若导线的质量分布的密度 ρ 是连续函数,即如果说 $m'(x) = \rho(x)$,则

$$J = \int_0^1 x^2 m'(x)\mathrm{d}x;\tag{18.21}$$

又如,若导线由集中于若干点 x_k 的质量为 m_k 组成,则

$$J = \sum_k x_k^2 m_k.\tag{18.22}$$

所以 (18.21) 和 (18.22) 是 (18.20) 的特殊情形,然而 (18.20) 式的适应性毕竟要广泛得多,例如 m 为连续而不是处处可微等情形,就可用 (18.20) 来处理.

习　　题

1. 设 $f(x), \mu(x)$ 在 $[-1,1]$ 上的定义是

$$f(x) = \begin{cases} 0, & -1 \leqslant x \leqslant 0, \\ 1, & 0 < x \leqslant 1, \end{cases}$$

$$\mu(x) = \begin{cases} 0, & -1 \leqslant x < 0, \\ x+1, & 0 \leqslant x \leqslant 1, \end{cases}$$

试问在 $[-1,1]$ 上是否有 $f \in \mathrm{R}(\mu)$.

2. 设在 $[a,b]$ 上 $\mu(x)$ 囿变,$f \in \mathrm{R}(\mu)$ 且有界,试证

$$\left| \int_a^b f(x)\mathrm{d}\mu(x) \right| \leqslant M \bigvee_a^b (\mu),$$

其中 M 满足 $|f(x)| \leqslant M$.

3. 试给出一个例子,$f(x)$ 是 $[a,b]$ 上的有界函数,$\mu(x)$ 在 $[a,b]$ 上是单调的,使 $|f| \in \mathrm{R}(\mu)$,但 $\int_a^b f(x)\mathrm{d}\mu(x)$ 不存在.

4. 设 $u(x)$ 是单位阶跃函数

$$u(x) = \begin{cases} 0, & x \leqslant 0, \\ 1, & x > 0. \end{cases}$$

对 $a < s < b$,令 $\mu(x) = u(x-s)$,如果 $f(x)$ 是 $[a,b]$ 上的有界函数且在点 s 处连续,试证

$$\int_a^b f(x) \mathrm{d}\mu(x) = f(s).$$

5. 设 $\{f_n(x)\}$ 是 $[a,b]$ 上的连续函数序列且一致收敛于函数 $f(x)$,$\mu(x)$ 是 $[a,b]$ 上的囿变函数,求证 $f \in \mathrm{R}(\mu)$,且

$$\lim_{n \to \infty} \int_a^b f_n(x) \mathrm{d}\mu(x) = \int_a^b f(x) \mathrm{d}\mu(x).$$

6. 试证每个有限和 $\sum\limits_{k=1}^{n} a_k$ 能表示成某个 RS 积分.

第 18 章总习题

1. 若 $f(x)$ 是 $[a,b]$ 上的囿变函数,则 $|f(x)|$ 也是 $[a,b]$ 上的囿变函数且 $\bigvee\limits_a^b(|f|) \leqslant \bigvee\limits_a^b(f)$,试问反过来结论是否正确?

2. 若 $f_1(x), f_2(x), \cdots, f_n(x)$ 是 $[a,b]$ 上的囿变函数,试证

$$\max_n \{f_1(x), \cdots, f_n(x)\}, \quad \min_n \{f_1(x), \cdots, f_n(x)\}$$

也是 $[a,b]$ 上的囿变函数.

3. 假设 $f(x)$ 是区间 $[a,b]$ 上的囿变函数,$\pi = \{x_0, x_1, \cdots, x_n\}$ 是 $[a,b]$ 的分割,定义

$$A(\pi) = \{k \mid f(x_k) - f(x_{k-1}) > 0\}$$
$$B(\pi) = \{k \mid f(x_k) - f(x_{k-1}) < 0\}$$

且和数

$$p_f(a,b) = \sup_\pi \{\sum_{k \in A(\pi)} f(x_k) - f(x_{k-1})\}$$
$$n_f(a,b) = \sup_\pi \{\sum_{k \in B(\pi)} \mid f(x_k) - f(x_{k-1}) \mid\}$$

分别称为 $f(x)$ 在 $[a,b]$ 上的**正变差**和**负变差**.

令 $V(x)=\overset{x}{\underset{a}{V}}(f)$, $p(x)=p_f(a,x)$, $n(x)=n_f(a,x)$ 且令 $V(a)=p(a)=n(a)=0$, 试证

(1) $V(x)=p(x)+n(x)$;

(2) $0\leqslant p(x)\leqslant V(x)$, 以及 $0\leqslant n(x)\leqslant V(x)$;

(3) 在 $[a,b]$ 上 $p(x),n(x)$ 是增函数;

(4) $f(x)=f(a)+p(x)-n(x)$;

(5) $2p(x)=V(x)+f(x)-f(a)$,
$\quad 2n(x)=V(x)-f(x)+f(a)$;

(6) $f(x)$ 的每个连续点也是 $p(x)$ 和 $n(x)$ 的连续点.

4. 函数 $f(x)$ 在 $[a,b]$ 上圈变的充要条件是存在这样的单调增加函数 $\varphi(x)$ 使得, $a\leqslant x'\leqslant x''\leqslant b$ 时

$$f(x'')-f(x')\leqslant\varphi(x'')-\varphi(x').$$

5. 设 $\mu(x)$ 在 $[a,b]$ 上单调增加, $f\in R(\mu)$, $g\in R(\mu)$, 试证下述结论

(1) 若在 $a\leqslant x\leqslant b$ 上, $f(x)\leqslant g(x)$, 则

$$\int_a^b f(x)\mathrm{d}\mu(x)\leqslant\int_a^b g(x)\mathrm{d}\mu(x);$$

(2) $|f|\in R(\mu)$, 且

$$\left|\int_a^b f(x)\mathrm{d}\mu(x)\right|\leqslant\int_a^b|f(x)|\mathrm{d}\mu(x);$$

(3) $f^2\in R(\mu)$;

(4) $f\cdot g\in R(\mu)$.

6. 若 $s>0$, 利用 RS 积分导出等式

$$\sum_{k=1}^n\frac{1}{k^s}=\frac{1}{n^{s-1}}+s\int_1^n\frac{[x]}{x^{s+1}}\mathrm{d}x.$$

7. 试证 RS 积分的第一积分中值定理:若在 $[a,b]$ 上 $\mu(x)$ 是单调增加函数, $f\in R(\mu)$ 且记 $M=\sup\limits_{a\leqslant x\leqslant b}f(x)$, $m=\inf\limits_{a\leqslant x\leqslant b}f(x)$, 则存在实数 c, $m\leqslant c\leqslant M$, 使

$$\int_a^b f(x)\mathrm{d}\mu(x) = c\int_a^b \mathrm{d}\mu(x) = c[\mu(b)-\mu(a)].$$

特别,若 $f(x)$ 在 $[a,b]$ 上连续,则对某个 $x_0 \in [a,b]$,$c = f(x_0)$.

8. 试证 RS 积分第二积分中值定理:若在 $[a,b]$ 上 $f(x)$ 单调增加,$\alpha(x)$ 连续,试证存在一点 $x_0 \in [a,b]$ 使

$$\int_a^b f(x)\mathrm{d}\alpha(x) = f(a)\int_a^{x_0}\mathrm{d}\alpha(x) + f(b)\int_{x_0}^b \mathrm{d}\alpha(x).$$

9. 设 $\{\mu_n\}$ 是 $[a,b]$ 上的囿变函数序列,假定存在 $[a,b]$ 上的囿变函数 $\mu(x)$,使 $\bigvee_a^b(\mu-\mu_n)\to 0(n\to\infty)$. 若 $f(x)$ 在 $[a,b]$ 上连续,求证

$$\lim_{n\to\infty}\int_a^b f(x)\mathrm{d}\mu_n(x) = \int_a^b f(x)\mathrm{d}\mu(x).$$

10. 设 $f(x,y)$ 在矩形域 $R=\{(x,y)\,|\,a\leqslant x\leqslant b, c\leqslant y\leqslant d\}$ 上连续,$\alpha(x)$ 是 $[a,b]$ 上的囿变函数,

$$F(y) = \int_a^b f(x,y)\mathrm{d}\alpha(x),$$

求证 $F(y)$ 在 $[c,d]$ 上连续,换言之,若 $y_0 \in [c,d]$,则

$$\lim_{y\to y_0}\int_a^b f(x,y)\mathrm{d}\alpha(x) = \int_a^b f(x,y_0)\mathrm{d}\alpha(x).$$

11. 设正实数 p,q 满足 $\dfrac{1}{p}+\dfrac{1}{q}=1$,在 $[a,b]$ 上 $\alpha(x)$ 单调递增,若 $f(x),g(x)$ 为正函数且 $f,g\in \mathrm{R}(\alpha)$ 满足

$$\int_a^b (f(x))^p \mathrm{d}\alpha(x) = 1 = \int_a^b (g(x))^q \mathrm{d}\alpha(x),$$

求证

$$\int_a^b f(x)g(x)\mathrm{d}\alpha(x) \leqslant 1.$$

第 19 章 傅里叶级数

本章继数项级数、函数项级数后要讨论级数的第三部分傅里叶(Fourier)级数. 傅里叶级数是基础数学中的一个重要分支,而且是工程技术,特别是无线电、通讯、数字处理中的一个不可缺少的重要数学工具.

19.1 傅里叶级数

众所周知,简谐振动是由正弦函数
$$y = A\sin(\omega t + \varphi)$$
来描述,其中 A 是振动的振幅,ω 是频率,φ 是初相,振动的周期是 $T = \dfrac{2\pi}{\omega}$. 若令 $x = \omega t = \dfrac{2\pi}{T}t$ 后,y 就变成了以 2π 为周期的正弦函数
$$y = A\sin(x + \varphi).$$
同样,函数
$$y_k = A_k\sin(kx + \varphi_k), \quad k = 1, 2, \cdots$$
具有周期 $\dfrac{2\pi}{k}$. 由 $y_1, y_2, \cdots, y_n$ 的叠加便构成了一个较复杂的振动
$$\sum_{k=1}^{n} y_k = \sum_{k=1}^{n} A_k\sin(kx + \varphi_k).$$
它仍具有周期 2π. 若有无穷多个 y_k 叠加,便得一级数
$$\sum_{k=0}^{\infty} A_k\sin(kx + \varphi_k),$$
其中 $y_0 = A_0\sin\varphi_0$ 为一常数. 如果这个级数处处收敛的话,它也代表一个周期为 2π 的振动. 我们在实际中常遇到的是相反的问题:

一个复杂的振动能否表示成有限或无限个简谐振动 $y_1, y_2, y_3, \cdots$ 的叠加? 或者说,给定一个以 2π 为周期的函数 $f(x)$,能否有等式

$$f(x) = \sum_{k=0}^{\infty} A_k \sin(kx + \varphi_k) \qquad (19.1)$$

成立? 通过三角函数的恒等变换

$$A_k \sin(kx + \varphi_k) = a_k \cos kx + b_k \sin kx,$$

其中 $a_k = A_k \sin \varphi_k$, $b_k = A_k \cos \varphi_k$,并令 $\dfrac{a_0}{2} = A_0 \sin \varphi_0$,则 (19.1) 变成

$$f(x) = \frac{a_0}{2} + \sum_{k=1}^{\infty} (a_k \cos kx + b_k \sin kx). \qquad (19.2)$$

因此,在给定了一个 2π 的周期函数 $f(x)$ 后,原问题就归结为:

(i) 如何求系数 a_k, b_k?

(ii) 在什么条件下等式 (19.2) 能成立?

这两个问题中,(ii) 就是通常的级数收敛性问题,这是一个比较复杂的问题,讨论时对函数 $f(x)$ 的限制较多,实际上是本章讨论的重点. 关于 (i) 就比较简单,只要假定 $f(x)$ 是 R 可积的函数就可以了 (参看 (19.6) 式).

通常,公式 (19.2) 中的级数称为 (实)**三角级数**. 如果有函数 $f(x)$ 能使等式 (19.2) 成立,就称 $f(x)$ 能展成三角级数. 为了讨论系数 a_k, b_k 与 $f(x)$ 的关系,必须引入直交函数系的概念.

定义(直交函数系) 设 $S = \{\varphi_0, \varphi_1, \varphi_2, \cdots\}$ 是函数的集合,若 S 中的每个函数 $\varphi_n(x)$ 是在 $[a, b]$ 上定义的 R 可积实(或复)值函数,且满足

$$\int_a^b \varphi_n(x) \overline{\varphi_m(x)} \mathrm{d}x = \begin{cases} 0, & n \neq m, \\ \lambda_n > 0, & n = m. \end{cases} \qquad (19.3)$$

则称 S 是 $[a, b]$ 上的**直交函数系**. 其中若 $\varphi_n(x)$ 是实函数,$\overline{\varphi_n(x)} =$

$\varphi_n(x)$；若 $\varphi_n(x)$ 是复值函数，$\varphi_n(x)=\alpha_n(x)+\mathrm{i}\beta_n(x)$，规定 $\overline{\varphi_n(x)}=$ $\alpha_n(x)-\mathrm{i}\beta_n(x)$，且规定

$$\int_a^b \varphi_n(x)\mathrm{d}x = \int_a^b \alpha_n(x)\mathrm{d}x + \mathrm{i}\int_a^b \beta_n(x)\mathrm{d}x.$$

若对每个 $n=0,1,2,\cdots,\lambda_n=1$，称 S 是**标准直交系**.

例 1　三角函数系 S：

$$\varphi_0(x)=\frac{1}{\sqrt{2\pi}},\ \varphi_{2n-1}(x)=\frac{\cos nx}{\sqrt{\pi}},\ \varphi_{2n}(x)=\frac{\sin nx}{\sqrt{\pi}}\ (n=1,2,\cdots)$$

是 $[-\pi,\pi]$ 上的标准直交系. 据周期性，从而也是 $[c,c+2\pi]$ 上的标准直交系，c 是任何实数.

证　从等式

$$\int_{-\pi}^{\pi} 1\cdot\sin nx\,\mathrm{d}x = \int_{-\pi}^{\pi} 1\cdot\cos nx\,\mathrm{d}x = 0,$$

$$\int_{-\pi}^{\pi} \cos nx\sin mx\,\mathrm{d}x = 0,\quad n,m=1,2,\cdots$$

$$\int_{-\pi}^{\pi} \cos nx\cos mx\,\mathrm{d}x = \int_{-\pi}^{\pi} \sin nx\sin mx\,\mathrm{d}x = 0,\quad n\neq m$$

以及

$$\int_{-\pi}^{\pi} (\sin mx)^2\,\mathrm{d}x = \int_{-\pi}^{\pi} (\cos mx)^2\,\mathrm{d}x = \pi,\quad m=1,2,\cdots$$

知函数系 S 满足(19.3)式，且 $\lambda_n=1$.

由于对每个具有周期 T 的连续函数 $t(x)$，恒有

$$\int_0^T t(x)\mathrm{d}x = \int_c^{c+T} t(x)\mathrm{d}x\quad (c\text{ 是任何实数})$$

的性质(7.4.2 例 4)，故三角函数系 S 也是 $[c,c+2\pi]$ 上的标准直交系.

例 2　指数函数系 S：

$$\varphi_n(x)=\frac{\mathrm{e}^{\mathrm{i}nx}}{\sqrt{2\pi}}=\frac{1}{\sqrt{2\pi}}(\cos nx+\mathrm{i}\sin nx),\quad n\in\mathbf{Z}$$

是 $[-\pi,\pi]$ 上从而也是 $[c,c+2\pi]$ 上的标准直交系. 这里 $\mathbf{Z}$ 表示整

数集合.

证 对每个 $n \in \mathbf{Z}, m \in \mathbf{Z}$,

$$\varphi_n(x)\overline{\varphi_m(x)} = \frac{1}{2\pi}(\cos(n-m)x + \mathrm{i}\sin(n-m)x),$$

由此得 $\int_{-\pi}^{\pi} \varphi_n(x)\overline{\varphi_m(x)}\mathrm{d}x = 0$, 若 $n \neq m$; 而 $\int_{-\pi}^{\pi} \varphi_n(x)\overline{\varphi_n(x)}\mathrm{d}x = \int_{-\pi}^{\pi} \frac{1}{2\pi}\mathrm{d}x = 1.$

类似地, 读者可以验证

例 3 函数系 $\left\{1, \cos\dfrac{n\pi x}{l}, \sin\dfrac{n\pi x}{l}\right\}_{n=1}^{\infty}$ 是 $[0, 2l]$ 或 $[-l, l]$ 上的直交系而 $\left\{\dfrac{1}{\sqrt{2l}}, \dfrac{1}{\sqrt{l}}\cos\dfrac{n\pi x}{l}, \dfrac{1}{\sqrt{l}}\sin\dfrac{n\pi x}{l}\right\}_{n=1}^{\infty}$ 是同一区间上的标准直交系.

现在再回到三角级数上来. 与(实)三角级数

$$\frac{a_0}{2} + \sum_{k=1}^{\infty}(a_k\cos kx + b_k\sin kx) \tag{19.4}$$

相对应, 我们也称函数项级数

$$\sum_{k=-\infty}^{\infty} c_k\mathrm{e}^{\mathrm{i}kx} \tag{19.5}$$

为**复三角级数**, 其中 a_k, b_k 为实数, c_k 为复数. 三角级数前面的形容词"实"或"复"是指对直交函数系 $\{1, \cos kx, \sin kx\}_{k=1}^{\infty}$ 或是直交函数系 $\{\mathrm{e}^{\mathrm{i}kx}\}_{k=-\infty}^{+\infty}$ 而言的. 给定两实数列 $\{a_k\}_{k=0}^{\infty}$, $\{b_k\}_{k=1}^{\infty}$ 或复数列 $\{c_k\}_{k=-\infty}^{+\infty}$ 后, 我们至少可以形式上作出三角级数 (19.4) 或 (19.5), 对每个 x, 这些级数可以是收敛的, 也可以是不收敛的. 按级数收敛性的定义, 我们称级数 (19.4) 或级数 (19.5) 在点 x 处收敛当且仅当部分和序列

$$S_n(x) = \frac{a_0}{2} + \sum_{k=1}^{n}(a_k\cos kx + b_k\sin kx)$$

或

$$S_n(x) = \sum_{k=-n}^{n} c_k \mathrm{e}^{\mathrm{i}kx}$$

在点 x 处收敛.

　　我们感兴趣的是一类具有特定系数的三角级数,其中的系数由下面的定义给出:

　　定义(傅里叶系数)　设 $f(x)$ 是 $[-\pi, \pi]$ 上的 R 可积函数,具有周期 2π(今后简记为 $f \in \mathbf{R}_{2\pi}$),称数

$$\left. \begin{aligned} a_0 &= \frac{1}{\pi} \int_{-\pi}^{\pi} f(u) \, \mathrm{d}u, \\ a_k &= \frac{1}{\pi} \int_{-\pi}^{\pi} f(u) \cos ku \, \mathrm{d}u, k = 1, 2, 3, \cdots \\ b_k &= \frac{1}{\pi} \int_{-\pi}^{\pi} f(u) \sin ku \, \mathrm{d}u, \end{aligned} \right\} \tag{19.6}$$

为 $f(x)$ 的(实)**傅里叶系数**;称数

$$c_k = \frac{1}{2\pi} \int_{-\pi}^{\pi} f(u) \mathrm{e}^{-\mathrm{i}ku} \, \mathrm{d}u, k \in \mathbf{Z} \tag{19.7}$$

为 $f(x)$ 的**复傅里叶系数**. 分别由(19.6)或(19.7)作为系数而形式上作出的三角级数(19.4)或(19.5)称为 $f(x)$ 的**傅里叶级数**或**复数形式的傅里叶级数**,记为

$$f(x) \sim \frac{a_0}{2} + \sum_{k=1}^{\infty} (a_k \cos kx + b_k \sin kx), \tag{19.8}$$

或

$$f(x) \sim \sum_{k=-\infty}^{\infty} c_k \mathrm{e}^{\mathrm{i}kx}. \tag{19.9}$$

这里,符号"$\sim$"的意义是一种对应关系,它仅仅是意味着对每个 $f \in \mathrm{R}_{2\pi}$ 的函数,我们联想到它对应的傅里叶级数而已.

　　现在,我们指出两点:

　　第一,实函数 $f(x)$ 的傅里叶级数(19.8)与(19.9)可以互化.

其实，例如从 $f(x)$ 的（实）傅里叶级数（19.8）出发，用欧拉公式

$$\cos kx = \frac{\mathrm{e}^{\mathrm{i}kx} + \mathrm{e}^{-\mathrm{i}kx}}{2}, \sin kx = \frac{\mathrm{e}^{\mathrm{i}kx} - \mathrm{e}^{-\mathrm{i}kx}}{2\mathrm{i}}$$

以及由（19.6），（19.7）知

$$c_0 = \frac{a_0}{2}, c_k = \frac{a_k - \mathrm{i}b_k}{2}, c_{-k} = \frac{a_k + \mathrm{i}b_k}{2}, \quad k = 1, 2, \cdots$$

即得（19.9）；反之，若从 $f(x)$ 的复数形式傅里叶级数（19.9）出发，只要令

$$a_0 = 2c_0, a_k = c_k + c_{-k}, \quad b_k = \mathrm{i}(c_k - c_{-k}), \quad k = 1, 2, \cdots$$

利用欧拉公式

$$\mathrm{e}^{\pm\mathrm{i}kx} = \cos kx \pm \mathrm{i}\sin kx, \quad k = 1, 2, \cdots$$

即得（19.8）. 因此，（19.8）与（19.9）只是形式上的不同，实质上没有什么差别.

第二，在一定条件下，收敛于 $f(x)$ 的三角函数就是它的傅里叶级数. 以复三角级数为例，我们给出如下的

定理 19.1　设 $f \in \mathbf{R}_{2\pi}$，且 $f(x) = \sum\limits_{k=-\infty}^{\infty} c_k \mathrm{e}^{\mathrm{i}kx}$ 在 $(-\infty, +\infty)$ 上一致收敛，则系数 c_k 由（19.7）给出，即级数就是 $f(x)$ 的傅里叶级数.

证　令 $S_n(x) = \sum\limits_{j=-n}^{n} c_j \mathrm{e}^{\mathrm{i}jx}$，则 $f(x) = \lim\limits_{n\to\infty} S_n(x)$ 关于 $x \in (-\infty, +\infty)$ 一致成立，从而对每个 $k \in \mathbf{Z}$，在 $(-\infty, +\infty)$ 上也一致有 $f(x)\mathrm{e}^{-\mathrm{i}kx} = \lim\limits_{n\to\infty} S_n(x)\mathrm{e}^{-\mathrm{i}kx}$，于是对 $n > k$，

$$\frac{1}{2\pi}\int_{-\pi}^{\pi} f(x)\mathrm{e}^{-\mathrm{i}kx}\,\mathrm{d}x = \frac{1}{2\pi}\int_{-\pi}^{\pi} \lim_{n\to\infty} S_n(x)\mathrm{e}^{-\mathrm{i}kx}\,\mathrm{d}x$$

$$= \lim_{n\to\infty} \sum_{j=-n}^{n} c_j \frac{1}{2\pi}\int_{-\pi}^{\pi} \mathrm{e}^{\mathrm{i}jx}\mathrm{e}^{-\mathrm{i}kx}\,\mathrm{d}x = c_k,$$

上面最后一个等式成立是利用了 $\{\mathrm{e}^{\mathrm{i}jx}\}_{j=-\infty}^{\infty}$ 是 $[-\pi, \pi]$ 上的直交函数系（例 2）.

第 19 章 傅里叶级数

例 4 设 $f(x)$ 具有周期 2π,且
$$f(x)=|x|, \quad -\pi\leqslant x\leqslant\pi,$$
试求 $f(x)$ 的傅里叶级数展开式.

解 由公式(19.6)求出 $f(x)$ 的傅里叶系数为
$$a_0 = \frac{1}{\pi}\int_{-\pi}^{\pi}|x|\,\mathrm{d}x = \pi,$$

对 $k>0$,
$$a_k = \frac{1}{\pi}\int_{-\pi}^{\pi}|x|\cos kx\,\mathrm{d}x = \frac{2}{\pi}\int_0^{\pi}x\cos kx\,\mathrm{d}x$$
$$= \frac{2}{k\pi}x\sin kx\Big|_0^{\pi} - \frac{2}{k\pi}\int_0^{\pi}\sin kx\,\mathrm{d}x$$
$$= \frac{2}{k^2\pi}(\cos k\pi - 1) = \begin{cases} -\dfrac{4}{\pi}\dfrac{1}{k^2}, & \text{当 } k \text{ 为奇数时,} \\ 0, & \text{当 } k \text{ 为偶数时,} \end{cases}$$
$$b_k = \frac{1}{\pi}\int_{-\pi}^{\pi}|x|\sin kx\,\mathrm{d}x = 0.$$

由(19.8),$f(x)$ 的傅里叶级数是
$$f(x) \sim \frac{\pi}{2} - \frac{4}{\pi}\sum_{k=1}^{\infty}\frac{\cos(2k-1)x}{(2k-1)^2}.$$

例 5 设 $f(x)$ 是 2π 周期函数,在 $[-\pi,\pi]$ 的表达式是
$$f(x)=\begin{cases} E, & 0<x<\pi, \\ 0, & x=0,\pm\pi, \\ -E & -\pi<x<0. \end{cases}$$
试求 $f(x)$ 的复数形式的傅里叶级数.

解 由(19.7)式计算出 $f(x)$ 的傅里叶系数;$c_0=0$;对 $k\neq0$,
$$c_k = \frac{1}{2\pi}\int_{-\pi}^{\pi}f(x)\mathrm{e}^{-ikx}\,\mathrm{d}x = \frac{E}{2\pi}\Big(\int_{-\pi}^{0}-\mathrm{e}^{-ikx}\,\mathrm{d}x + \int_0^{\pi}\mathrm{e}^{-ikx}\,\mathrm{d}x\Big)$$
$$= \frac{E}{2\pi}\Big(\frac{1}{ik}\mathrm{e}^{-ikx}\Big|_{-\pi}^{0} + \Big(-\frac{1}{ik}\Big)\mathrm{e}^{-ikx}\Big|_0^{\pi}\Big)$$

$$= \frac{E}{2k\pi i}\left[(1-(-1)^k)-((-1)^k-1)\right]$$

$$= \begin{cases} 0, & k \text{ 为偶数}, \\ \dfrac{2E}{k\pi i}, & k \text{ 为奇数}. \end{cases}$$

从而可得 $f(x)$ 的复数形式傅里叶级数

$$f(x) \sim \frac{2E}{\pi i}\sum_{|k|=0}^{\infty}\frac{1}{2k+1}e^{i(2k+1)x}. \tag{19.10}$$

利用欧拉公式,级数(19.10)实际上是正弦级数

$$\frac{4E}{\pi}\sum_{k=0}^{\infty}\frac{\sin(2k+1)x}{2k+1},$$

因此,$f(x)$ 的(实)傅里叶级数为

$$f(x) \sim \frac{4E}{\pi}\sum_{k=0}^{\infty}\frac{\sin(2k+1)x}{2k+1}.$$

例 4、例 5 中函数 $f(x)$ 的傅里叶级数是否都收敛于 $f(x)$ 本身? 这个问题将在 19.2 中讨论.

请读者注意:并非所有三角级数都是它和函数的傅里叶级数. 例如,级数

$$\frac{\sin 2x}{\ln 2}+\frac{\sin 3x}{\ln 3}+\cdots+\frac{\sin nx}{\ln x}+\cdots$$

处处收敛于和函数 $f(x)$,但是它绝不是 $f(x)$ 的傅里叶级数(参看 19.4,习题 4).

作为本节的结束,我们要建立一条黎曼-勒贝格(Lebesgue)引理(定理 19.2),这条定理是 19.2 讨论傅里叶级数(逐点)收敛性的基础,并由该定理可推得 $f \in R_{2\pi}$ 的傅里叶系数当 $k \to \infty$ 时,$a_k \to 0, b_k \to 0, c_k \to 0$.

定理 19.2(黎曼-勒贝格引理) 设在区间 $[a,b]$ 上 $f(x)$ R 可积(或反常绝对可积),$\alpha > 0$,则

$$\lim_{a \to +\infty} \int_a^b f(x)\cos \alpha x \, \mathrm{d}x = 0, \tag{19.11}$$

$$\lim_{a \to +\infty} \int_a^b f(x)\sin \alpha x \, \mathrm{d}x = 0. \tag{19.12}$$

证　我们先证 $f(x)$ 是 R 可积的情形. 因 R 可积函数必有界,故存在常数 $M>0$,使

$$|f(x)|<M, \quad a\leqslant x\leqslant b.$$

设 $n=[\sqrt{\alpha}]$,把 $[a,b]$ 区间分为 n 等分,分点为

$$x_i=a+\frac{i}{n}(b-a), \quad i=0,1,\cdots,n,$$

并记

$$\omega_i=\sup_{x',x''\in[x_i,x_{i+1}]}|f(x')-f(x'')|,$$

因 $f(x)$ R 可积,故

$$\lim_{n \to \infty} \sum_{i=0}^{n-1} \omega_i \cdot (x_{i+1}-x_i) = 0.$$

由

$$\begin{aligned}
\int_a^b f(x)\cos \alpha x \, \mathrm{d}x &= \sum_{i=0}^{n-1} \int_{x_i}^{x_{i+1}} f(x)\cos \alpha x \, \mathrm{d}x \\
&= \sum_{i=0}^{n-1} \int_{x_i}^{x_{i+1}} [f(x)-f(x_i)]\cos \alpha x \, \mathrm{d}x \\
&\quad + \sum_{i=0}^{n-1} f(x_i)\int_{x_i}^{x_{i+1}} \cos \alpha x \, \mathrm{d}x,
\end{aligned}$$

并注意到

$$\left|\int_{x_i}^{x_{i+1}} \cos \alpha x \, \mathrm{d}x\right| \leqslant \frac{2}{a}, \text{以及} |\cos \alpha x| \leqslant 1, \text{得}$$

$$\left|\int_a^b f(x)\cos \alpha x \, \mathrm{d}x\right| \leqslant \sum_{i=0}^{n-1} \omega_i(x_{i+1}-x_i) + \frac{2n}{\alpha}M$$

$$= o(1) \quad (\alpha \to +\infty).$$

如果 $f(x)$ 在 $[a,b]$ 上反常绝对可积,为简单起见不妨设 $x=b$

是唯一的奇点. 于是对任意给定的 $\varepsilon > 0$,存在 $a < \eta < b$,使

$$\int_\eta^b | f(x) | \, \mathrm{d}x < \frac{\varepsilon}{2},$$

又因 $f(x)$ 在 $[a, \eta]$ 上正常可积,由前段的证明,存在 $A > 0$,当 $\alpha > A$ 时

$$\left| \int_a^\eta f(x) \cos \alpha x \, \mathrm{d}x \right| < \frac{\varepsilon}{2},$$

从而当 $\alpha > A$ 时

$$\left| \int_a^b f(x) \cos \alpha x \, \mathrm{d}x \right| \leqslant \left| \int_a^\eta f(x) \cos \alpha x \, \mathrm{d}x \right| + \int_\eta^b | f(x) | \, \mathrm{d}x < \varepsilon,$$

这就证明了(19.11)式.

同理,结论(19.12)也同样成立.

推论 设 a_k, b_k 是由(19.6)式定义的可积函数 $f(x)$ 的傅里叶系数,则 $\lim\limits_{k \to \infty} a_k = 0, \lim\limits_{k \to \infty} b_k = 0$.

习　题

1. 验证例 3 的正确性.

2. 试证函数系 $\left\{1, \cos \dfrac{n\pi}{l} x\right\}, \left\{\sin \dfrac{n\pi}{l} x\right\}, n = 1, 2, \cdots$ 均是 $[0, 2l]$ 上的直交系.

3. 设拉德玛赫(Rademarch)函数系 $S = \{\varphi_0(x), \varphi_1(x), \cdots\}$ 中每个函数具有周期 1,在 $[0, 1)$ 上的定义是

$$\varphi_0(x) = \begin{cases} 1, & 0 \leqslant x < \dfrac{1}{2}, \\[2mm] -1, & \dfrac{1}{2} \leqslant x < 1. \end{cases}$$

$$\varphi_n(x) = \varphi_0(2^n x), \quad n = 1, 2, \cdots$$

试作出 $\varphi_0(x), \varphi_1(x), \varphi_2(x), \varphi_3(x)$ 的图形,并证明 S 是 $[0, 1]$ 上的

标准直交系.

4. 若级数

$$\frac{\mid a_0 \mid}{2} + \sum_{k=1}^{\infty} (\mid a_k \mid + \mid b_k \mid)$$

收敛,试证三角级数(19.4)在$(-\infty, +\infty)$上为某一函数的傅里叶级数.

5. 作出下列周期函数的傅里叶级数,设在指定区间上函数的定义为:

(1) $f(x) = \dfrac{\pi - x}{2}$,　$0 \leqslant x < 2\pi$;

(2) $f(x) = \operatorname{sgn} x$,　$-\pi \leqslant x < \pi$;

(3) $f(x) = e^{ax}$,　$-\pi \leqslant x < \pi$;

(4) $f(x) = \mid \sin x \mid$,　$-\pi \leqslant x < \pi$.

6. 求下列极限:

(1) $\lim\limits_{a \to +\infty} \int_0^e \dfrac{\cos^2 \alpha x}{1 + x} dx$;

(2) $\lim\limits_{a \to +\infty} \int_{-\pi}^{\pi} \sin^2 \alpha x \, dx$.

7. 设 $f(x)$ 是逐段连续函数,且分别满足条件

(1) $f(x + \pi) = f(x)$;

(2) $f(x + \pi) = -f(x)$,试问 $f(x)$ 在 $(-\pi, \pi)$ 内的傅里叶级数分别具有什么特性?

19.2　逐点收敛性

为了讨论 $f \in \mathbf{R}_{2\pi}$ 的傅里叶级数的点态收敛性,我们借用傅里叶系数的积分形式把傅里叶级数部分和 $S_n(x)$ 变形为适当的积分形式.

$$S_n(x) = \frac{a_0}{2} + \sum_{k=1}^{n} \{a_k \cos kx + b_k \sin kx\}$$

$$= \frac{1}{2\pi}\int_{-\pi}^{\pi} f(t)\,\mathrm{d}t + \frac{1}{\pi}\sum_{k=1}^{n}\int_{-\pi}^{\pi} f(t)(\cos kt \cos kx$$

$$+ \sin kt \sin kx)\,\mathrm{d}t$$

$$= \frac{1}{\pi}\int_{-\pi}^{\pi} f(t)\left\{\frac{1}{2} + \sum_{k=1}^{n}(\cos kt \cos kx + \sin kt \sin kx)\right\}\mathrm{d}t$$

$$= \frac{1}{\pi}\int_{-\pi}^{\pi} f(t)\left\{\frac{1}{2} + \sum_{k=1}^{n}\cos k(t-x)\right\}\mathrm{d}t$$

$$= \frac{1}{\pi}\int_{-\pi}^{\pi} f(x+u)\left\{\frac{1}{2} + \sum_{k=1}^{n}\cos ku\right\}\mathrm{d}u,$$

其中最后一个等式的由来是作代换 $u=t-x$，并且利用了被积函数的周期性，在$[-\pi-x,\pi-x]$上的积分等于在$[-\pi,\pi]$上的积分. 但对一切实数 u，有恒等式

$$\frac{1}{2} + \sum_{k=1}^{n}\cos ku = \begin{cases} \dfrac{\sin\left(n+\frac{1}{2}\right)u}{2\sin\dfrac{u}{2}}, & \text{若 } u \neq 2m\pi \quad (m \text{ 为整数}), \\[4mm] n+\dfrac{1}{2}, & \text{若 } u = 2m\pi \quad (m \text{ 为整数}), \end{cases}$$

于是

$$S_n(x) = \frac{1}{\pi}\int_{-\pi}^{\pi} f(x+u)\frac{\sin\left(n+\frac{1}{2}\right)u}{2\sin\dfrac{u}{2}}\mathrm{d}u,$$

在积分区间$[-\pi,0]$上作变换 $v=-u$，进而得到

$$S_n(x) = \frac{1}{\pi}\int_{0}^{\pi}\frac{f(x+u)+f(x-u)}{2}\frac{\sin\left(n+\frac{1}{2}\right)u}{\sin\dfrac{u}{2}}\mathrm{d}u, \tag{19.13}$$

这就是 $S_n(x)$ 的积分形式.

现在,我们从(19.13)出发来讨论 $S_n(x)$ 的收敛性.

定理 19.3(狄尼定理)　设 $f(x)$ 在 $[-\pi,\pi]$ 上可积且具有周期 2π,假设存在一点 x 和正数 $\delta>0$,使

(i) $f(x_+)$ 和 $f(x_-)$ 都存在,

(ii) 积分

$$\int_0^\delta \frac{f(x+u)-f(x_+)}{u}\mathrm{d}u, \quad \int_0^\delta \frac{f(x-u)-f(x_-)}{u}\mathrm{d}u$$

绝 对 收 敛, 则 $f(x)$ 的 傅 里 叶 级 数 在 点 x 收 敛 于 值 $\dfrac{f(x_+)+f(x_-)}{2}$.

证　令 $\varphi(u)=\dfrac{f(x+u)+f(x-u)}{2}$,由(19.13)

$$S_n(x) = \frac{1}{\pi}\int_0^\pi \varphi(u) \frac{\sin\left(n+\dfrac{1}{2}\right)u}{\sin\dfrac{u}{2}}\mathrm{d}u$$

$$= \frac{1}{\pi}\left(\int_0^\delta + \int_\delta^\pi \cdots\right)\mathrm{d}u \equiv I_1 + I_2.$$

因 $f\in \mathbf{R}_{2\pi}$,在 $[\delta,\pi]$ 上 $\dfrac{1}{\sin\dfrac{u}{2}}$ 连续,从而函数 $\dfrac{\varphi(u)}{\sin\dfrac{u}{2}}$ 在区间 $[\delta,\pi]$ 上

R 可积,据黎曼-勒贝格引理有 $I_2\to 0$　$(n\to\infty)$.

令

$$h(u) = \begin{cases} \dfrac{2}{u} - \dfrac{1}{\sin\dfrac{u}{2}}, & 0<u\leqslant\delta, \\ 0, & u=0. \end{cases}$$

容易验证函数 $h(u)$ 在 $[0,\delta]$ 上连续,从而由黎曼-勒贝格引理得

$$\lim_{n\to\infty} \frac{1}{\pi}\int_0^\delta \varphi(u)h(u)\sin\left(n+\frac{1}{2}\right)u\mathrm{d}u = 0,$$

由此：

$$\lim_{n\to\infty} I_1 = \lim_{n\to\infty} \frac{2}{\pi}\int_0^\delta \frac{\varphi(u)}{u}\sin\left(n+\frac{1}{2}\right)u\,du, \qquad (19.14)$$

当且仅当(19.14)式右边的极限存在. 但是

$$\frac{2}{\pi}\int_0^\delta \frac{\varphi(u)}{u}\sin\left(n+\frac{1}{2}\right)u\,du$$

$$= \frac{2}{\pi}\int_0^\delta \frac{\varphi(u)-\varphi(0_+)}{u}\sin\left(n+\frac{1}{2}\right)u\,du$$

$$+ \frac{2}{\pi}\varphi(0_+)\int_0^\delta \frac{\sin\left(n+\frac{1}{2}\right)u}{u}\,du.$$

上式右边第一项据条件(ii)，由黎曼-勒贝格引理当 $n\to\infty$ 时趋于 0；因

$$\int_0^\delta \frac{\sin\left(n+\frac{1}{2}\right)u}{u}\,du = \int_0^{(n+\frac{1}{2})\delta}\frac{\sin u}{u}\,du \to \frac{\pi}{2} \quad (n\to\infty),$$

故第二项当 $n\to\infty$ 时趋向于值 $\varphi(0_+)$，因而 $I_1\to\varphi(0_+)(n\to\infty)$. 这样，我们已证得对满足条件(i)、(ii)的 x，有

$$\lim_{n\to\infty}S_n(x)=\varphi(0_+)=\frac{f(x_+)+f(x_-)}{2}.$$

定理 19.4（约当定理） 设 $f(x)$ 在 $[-\pi,\pi]$ 上 R 可积且具有周期 2π，假定存在一点 x 以及 x 的一个区间 $[x-\delta,x+\delta]$，使得 $f(x)$ 在这个区间上是囿变函数，则 $f(x)$ 的傅里叶级数在点 x 处收敛于值 $\dfrac{f(x_+)+f(x_-)}{2}$.

证 由定理 19.3 的证明，对每个 $f\in\mathbf{R}_{2\pi}$，由(19.14)式得

$$\lim_{n\to\infty}S_n(x)=\lim_{n\to\infty}\frac{2}{\pi}\int_0^\delta \frac{f(x+u)+f(x-u)}{2}\frac{\sin\left(n+\frac{1}{2}\right)u}{u}\,du,$$

$$(19.15)$$

当且仅当上式右边的极限存在. 令

$$\varphi(u) = \frac{f(x+u) + f(x-u)}{2}, \quad 0 < u < \delta.$$

据假设条件, $\varphi(u)$ 在 $[0, \delta]$ 上囿变, 由关于囿变函数的约当分解定理, 可不妨设 $\varphi(u)$ 是 $[0, \delta]$ 上的单调增加函数. 选取正数 η, $0 < \eta < \delta$ 使得对任给的 $\varepsilon > 0$, $|\varphi(\eta) - \varphi(0_+)| < \varepsilon$. 考察

$$\int_0^\delta \varphi(u) \frac{\sin\left(n+\frac{1}{2}\right)u}{u} du = \int_0^\eta (\varphi(u) - \varphi(0_+)) \frac{\sin\left(n+\frac{1}{2}\right)u}{u} du,$$

$$+ \varphi(0_+) \int_0^\eta \frac{\sin\left(n+\frac{1}{2}\right)u}{u} du + \int_\eta^\delta \frac{\varphi(u)}{u} \sin\left(n+\frac{1}{2}\right)u \, du$$

$$\equiv I_1 + I_2 + I_3.$$

由于 $\dfrac{\varphi(u)}{u}$ 在区间 $[\eta, \delta]$ 上 R 可积, 据黎曼-勒贝格引理有

$\lim\limits_{n \to \infty} I_3 = 0$. 在定理 19.3 的证明中已证明了 $\lim\limits_{n \to \infty} I_2 = \dfrac{\pi}{2} \varphi(0_+)$. 关于

I_1, 在区间 $[0, \eta]$ 上, 函数 $\varphi(u) - \varphi(0_+) \geqslant 0$ 且单调增加, 以及对任

意的 n, $\dfrac{\sin\left(n+\frac{1}{2}\right)u}{u}$ 是可积函数, 于是由积分的第二中值定理,

$$I_1 = \int_0^\eta (\varphi(u) - \varphi(0_+)) \frac{\sin\left(n+\frac{1}{2}\right)u}{u} du$$

$$= (\varphi(\eta) - \varphi(0_+)) \int_\xi^\eta \frac{\sin\left(n+\frac{1}{2}\right)u}{u} du, \quad 0 < \xi < \eta.$$

注意到, 对任何 $b > a \geqslant 0$, $\left| \displaystyle\int_a^b \frac{\sin\left(n+\frac{1}{2}\right)u}{u} du \right| < L$, ($L$ 为某常

数), 故对任何 n,

$$\left| \int_{\xi}^{\eta} \frac{\sin\left(n+\frac{1}{2}\right)u}{u} \mathrm{d}u \right| < L.$$

于是据 η 的假定，有

$$|I_1| \leqslant |\varphi(\eta) - \varphi(0_+)| \left| \int_{\xi}^{\eta} \frac{\sin\left(n+\frac{1}{2}\right)u}{u} \mathrm{d}u \right| < L\varepsilon.$$

对同一 η，再选取自然数 N，使当 $n > N$ 蕴含

$$\left| I_2 - \frac{\pi}{2}\varphi(0_+) \right| < \varepsilon, \ |I_3| < \varepsilon.$$

从而由 I_1, I_2, I_3 的估计最终得着

$$\lim_{n \to \infty} \int_0^{\delta} \varphi(u) \frac{\sin\left(n+\frac{1}{2}\right)u}{u} \mathrm{d}u = \frac{\pi}{2}\varphi(0_+), \qquad (19.16)$$

再由(19.15)式，有

$$\lim_{n \to \infty} S_n(x) = \varphi(0_+) = \frac{f(x_+) + f(x_-)}{2}.$$

推论 1　若 $f(x)$ 是 $[-\pi, \pi]$ 上的囿变函数，且具有周期 2π，则 $f(x)$ 的傅里叶级数在 $(-\infty, +\infty)$ 上收敛于 $\dfrac{f(x_+) + f(x_-)}{2}$，特别，若 $f(x)$ 还是连续的囿变函数，且具有周期 2π，则

$$f(x) = \frac{a_0}{2} + \sum_{k=1}^{\infty} (a_k \cos kx + b_k \sin kx), \quad -\infty < x < +\infty,$$

且级数是一致收敛的.

　　证　由周期性，$f(-\pi) = f(\pi)$，不妨考察 $x \in [-\pi, \pi]$. 在定理 19.4 中，若 $f(x)$ 为连续函数，由 $f(x)$ 的一致连续性，对任给的 $\varepsilon > 0$，总存在 $\delta = \delta(\varepsilon) > 0$，使只要 $0 < \eta < \delta$，对一切 $x \in [-\pi, \pi]$，有

$$\left| \frac{f(x+\eta) + f(x-\eta)}{2} - f(x) \right| < \varepsilon.$$

也就是说，有 $|\varphi(\eta) - \varphi(0)| < \varepsilon$. 其余的与定理 19.4 的证明完全一

致,只要把 $\varphi(0_+)$ 改为 $\varphi(0)$ 且自然数 N 只与 δ 从而只与 ε 有关,因此

$$\lim_{n \to \infty} S_n(x) = \varphi(0) = f(x)$$

关于 x 一致成立.

关于傅里叶级数的一致收敛性问题在 19.4 中还将进一步讨论.

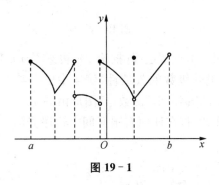

图 19-1

从几何图形上讲,区间 $[a,b]$ 上的一个逐段光滑函数,是由有限条光滑弧段所组成,它至多允许有有限个第一类间断点与角点(图 19-1).由于 $[a,b]$ 上的逐段光滑函数必是围变函数(为什么?),于是由推论 1,又得下面的关于傅里叶级数的狄利克雷收敛定理.

推论 2(狄利克雷定理)　若 $f(x)$ 是周期为 2π 的周期函数,且在 $[-\pi,\pi]$ 上是逐段光滑的,则 $f(x)$ 的傅里叶级数在每一点 $x \in (-\infty,\infty)$ 收敛于 $\dfrac{f(x_+)+f(x_-)}{2}$,也就是,对每一点 x,

$$\frac{f(x_+)+f(x_-)}{2} = \frac{a_0}{2} + \sum_{k=1}^{\infty}(a_k \cos kx + b_k \sin kx).$$

$$(19.17)$$

此外,对 $f(x)$ 的复傅里叶级数,在每一点 x 有

$$\frac{f(x_+) + f(x_-)}{2} = \sum_{k=-\infty}^{\infty} c_k e^{ikx}. \tag{19.18}$$

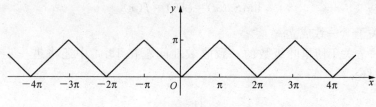

图 19 - 2

现在,应用狄里克雷定理(推论 2),再来看 19.1 例 4、例 5 中所述函数的傅里叶级数的收敛性,例 4 中的函数 $f(x)$ 实际上是 $(-\infty, +\infty)$ 上的"锯齿形"函数,其图形由图 19 - 2 所示,$f(x)$ 在 $(-\infty, +\infty)$ 连续,且在任何有限区间上逐段光滑. 因此由狄里克雷定理得

$$f(x) = \frac{\pi}{2} - \frac{4}{\pi} \sum_{k=1}^{\infty} \frac{\cos(2k-1)x}{(2k-1)^2} \qquad (-\infty < x < +\infty).$$

特别,

$$|x| = \frac{\pi}{2} - \frac{4}{\pi} \sum_{k=1}^{\infty} \frac{\cos(2k-1)x}{(2k-1)^2}, \quad -\pi \leqslant x \leqslant \pi,$$

当 $x = \pi$ 时又得

$$\frac{\pi^2}{8} = \sum_{k=1}^{\infty} \frac{1}{(2k-1)^2}.$$

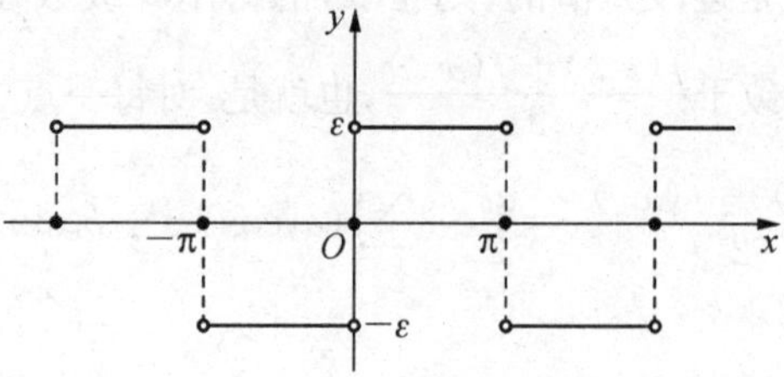

图 19 - 3

例 5 实际上给出的是"矩形波"的函数,其图形由图 19-3 所示. 当 n 为整数时,$f(x)$ 在 $(-\infty,+\infty)$ 上除 $x=n\pi$ 外为连续函数,且在任何有限区间内都是逐段光滑的,因此 $f(x)$ 的傅里叶级数在 $x\neq n\pi$ 的点 x 收敛于 $f(x)$,在 $x=n\pi$ 处傅里叶级数收敛于

$$\frac{f(n\pi_+)+f(n\pi_-)}{2}=\frac{1+(-1)}{2}=0=f(n\pi).$$

因此由 19.1 的(19.10)式得等式

$$f(x)=\frac{2E}{\pi i}\sum_{k=-\infty}^{\infty}\frac{1}{2k+1}e^{i(2k+1)x},$$

亦即

$$f(x)=\frac{4E}{\pi}\sum_{k=0}^{\infty}\frac{\sin(2k+1)x}{2k+1}\quad(-\infty<x<+\infty).$$

习　题

1. 试求下列周期函数的傅里叶级数,并指出收敛区间:

(1) $f(x)=\sin^4 x$;　　　　(2) $f(x)=\text{sgn}(\cos x)$;

(3) $f(x)=|\cos x|$.

2. 把在 $[-\pi,\pi]$ 上定义的函数

$$f(x)=\begin{cases}0, & -\pi\leqslant x<-\frac{\pi}{2},\\ 1, & -\frac{\pi}{2}\leqslant x\leqslant 0,\\ 2, & 0<x\leqslant\frac{\pi}{2},\\ 3, & \frac{\pi}{2}<x<\pi\end{cases}$$

视为具有 2π 周期的函数 $f^*(x)$ 在 $[-\pi,\pi)$ 上的限制(即 $f^*(x)=f(x)$,对 $x\in[-\pi,\pi)$). 试把 $f(x)$ 在 $[-\pi,\pi)$ 上展成傅里叶级数,

并求出其收敛于 $f(x)$ 的区间.

3. 设 $f \in \mathbf{R}_{2\pi}$,如果 $f(x)$ 在点 $x=x_0$ 处满足 α 阶利普希茨条件,即对充分小的正数 $t(0 < t \leqslant \delta)$,有常数 M,使

$$|f(x_0 \pm t) - f(x_0)| \leqslant Mt^{\alpha} \quad (0 < \alpha \leqslant 1).$$

则函数 $f(x)$ 的傅里叶级数在 $x=x_0$ 处收敛于 $f(x_0)$.

19.3 函数的傅里叶级数展开式

前面讨论了具有周期 2π 函数的傅里叶级数及其逐点收敛性.本节讨论两个问题,第一个是对具有周期是 T 的函数,如何求其傅里叶级数展开式? 这时,只要作一个自变数变换把所讨论函数化为周期为 2π 的函数,从而得到解决.第二个问题是如何把在一段区间,例如 $[-l,l]$,$[0,l]$ 上给出的函数展成傅里叶级数,我们处理的方法是从基本区间 $[-l,l]$ 或 $[0,l]$ 出发,对所给函数 $f(x)$ 进行适当周期开拓,使得开拓以后的函数是一个周期函数 $f^*(x)$,而在基本区间上有 $f^*(x)=f(x)$.因此,$f^*(x)$ 的傅里叶级数展开式限制在基本区间内就是 $f(x)$ 的展开式.

19.3.1 周期为 $2l$ 的函数的傅里叶展开式

设 $f(x)$ 是具有周期 $T=2l$ 的函数.为叙述简单起见,我们一开始就假定 $f(x)$ 在 $[-l,l]$ 上是逐段光滑的.作自变数代换

$$x = \frac{l}{\pi}t, \quad -\pi \leqslant t \leqslant \pi.$$

便得一个区间 $[-\pi,\pi]$ 上逐段光滑的函数 $\varphi(t) = f\left(\frac{l}{\pi}t\right)$,$\varphi(t)$ 具有周期 2π.于是据狄里克雷定理,除 $\varphi(t)$ 的间断点外,它可展成傅里叶级数

$$\varphi(t) = \frac{a_0}{2} + \sum_{k=1}^{\infty}(a_k \cos kt + b_k \sin kt), \tag{19.19}$$

其中 a_k,b_k 是由(19.6)式定义的 $\varphi(t)$ 的傅里叶系数. 若令

$$t = \frac{\pi}{l}x,$$

而变回原先的自变数 x,(19.19)式变成(除去 $f(x)$ 间断点)

$$f(x) = \frac{a_0}{2} + \sum_{k=1}^{\infty}\left(a_k\cos\frac{k\pi x}{l} + b_k\sin\frac{k\pi x}{l}\right), \quad (19.20)$$

其中系数 a_k,b_k 由下式给出:

$$\left.\begin{array}{l} a_k = \dfrac{1}{l}\displaystyle\int_{-l}^{l} f(x)\cos\dfrac{k\pi x}{l}\mathrm{d}x, k = 0,1,2,\cdots \\[3mm] b_k = \dfrac{1}{l}\displaystyle\int_{-l}^{l} f(x)\sin\dfrac{k\pi x}{l}\mathrm{d}x, k = 1,2,3,\cdots \end{array}\right\} \quad (19.21)$$

这是因为

$$a_k = \frac{1}{\pi}\int_{-\pi}^{\pi}\varphi(t)\cos kt\,\mathrm{d}t = \frac{1}{\pi}\int_{-\pi}^{\pi}f\left(\frac{l}{\pi}t\right)\cos kt\,\mathrm{d}t$$
$$= \frac{1}{l}\int_{-l}^{l}f(x)\cos\frac{k\pi x}{l}\mathrm{d}x.$$

类似可得 b_k 的表达式.

据周期性,系数公式(19.21)也可以写为

$$\left.\begin{array}{l} a_k = \dfrac{1}{l}\displaystyle\int_{c}^{c+2l} f(x)\cos\dfrac{k\pi x}{l}\mathrm{d}x, k = 0,1,2,\cdots \\[3mm] b_k = \dfrac{1}{l}\displaystyle\int_{c}^{c+2l} f(x)\sin\dfrac{k\pi x}{l}\mathrm{d}x, k = 1,2,3,\cdots \end{array}\right\} \quad (19.22)$$

由于函数系 $\left\{1,\cos\dfrac{k\pi x}{l},\sin\dfrac{k\pi x}{l}\right\}_{k=1}^{\infty}$ 是 $[c,c+2l]$ 上的直交函系数(19.1 例 3),因此 $f(x)$ 的展开式(19.20)实际上是关于这个直交函数系的三角级数展开式. 展开式(19.20)中的正弦、余弦的角是 $\dfrac{\pi}{l}x$ 的倍数而不是 x 的倍数.

如果 $f(x)$ 在 $[-l,l]$ 上是奇函数(连续或逐段连续),则

$$\int_{-l}^{l}f(x)\mathrm{d}x = 0.$$

这一点是不难证明的，只要把积分 $\int_{-l}^{l}$ 表示成两个积分之和：$\int_{-l}^{0}+$ $\int_{0}^{l}$，在第一个积分中以 $-x$ 代替 x 就行了，同样，如果 $f(x)$ 是 $[-l,l]$ 上的偶函数，则有

$$\int_{-l}^{l}f(x)\mathrm{d}x = 2\int_{0}^{l}f(x)\mathrm{d}x.$$

现在假设 $f(x)$ 具有周期 $2l$，且在 $[-l,l]$ 上是逐段光滑的奇函数，$f(x)\cos\dfrac{k\pi}{l}x$ 也是奇函数，于是(19.21)中的傅里叶系数 $a_k=0$，由(19.20)得奇函数 $f(x)$ 的傅里叶级数展开式是正弦级数，且在 $f(x)$ 的 $(-l,l)$ 内连续点处，有

$$f(x) = \sum_{k=1}^{\infty}b_k\sin\frac{k\pi x}{l}, \tag{19.23}$$

其中傅里叶系数

$$b_k = \frac{2}{l}\int_{0}^{l}f(x)\sin\frac{k\pi x}{l}\mathrm{d}x, \quad k=1,2,\cdots \tag{19.24}$$

同样，假如 $f(x)$ 是具有同样条件的偶函数从而 $f(x)\sin\dfrac{k\pi}{l}x$ 为奇函数，则有 $b_k=0$，因此由(19.20)，偶函数 $f(x)$ 的傅里叶级数展开式只含余弦，在 $f(x)$ 的连续点处，有

$$f(x) = \frac{a_0}{2} + \sum_{k=1}^{\infty}a_k\cos\frac{k\pi}{l}x, \tag{19.25}$$

其中

$$a_k = \frac{2}{l}\int_{0}^{l}f(x)\cos\frac{k\pi}{l}x\mathrm{d}x, \quad k=0,1,2,\cdots \tag{19.26}$$

例 1 试求 $E(x)=x-[x]$ 的傅里叶级数展开式，这里 $[x]$ 表示 x 的整数部分.

解 我们不难看出，$E(x+1)=(x+1)-[x+1]=E(x)$，$E(x)$ 是具有周期为 1 的周期函数，且 $x=n$（整数）为其间断点（图

19-4)，由于 $E(x)=x(0 \leqslant x < 1)$，于是由(19.22)计算傅里叶系数 $\left(\text{取 } 2l=1, l=\dfrac{1}{2}\right)$

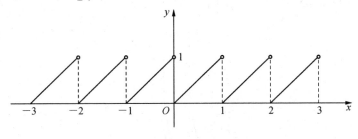

图 19-4

$$a_k = \frac{1}{l}\int_0^{2l} E(x)\cos\frac{k\pi x}{l}\mathrm{d}x$$

$$= 2\int_0^1 x\cos 2k\pi x\mathrm{d}x = 0, \quad k=1,2,\cdots$$

$$a_0 = \frac{1}{l}\int_0^{2l} E(x)\mathrm{d}x = 2\int_0^1 x\mathrm{d}x = 1$$

$$b_k = \frac{1}{l}\int_0^{2l} E(x)\sin\frac{k\pi x}{l}\mathrm{d}x$$

$$= 2\int_0^1 x\sin 2k\pi x\mathrm{d}x = -\frac{1}{k\pi}, \quad k=1,2,\cdots$$

从而由狄里克雷定理(即(19.20)式)，只要 $x \neq n$(n 整数)有

$$E(x) = \frac{1}{2} - \frac{1}{\pi}\sum_{k=1}^{\infty}\frac{\sin 2k\pi x}{k},$$

这就是 $E(x)$ 的傅里叶级数展开式，对于 $x=n$ 的那些点，级数应当收敛于 $\dfrac{E(n_+)+E(n_-)}{2} = \dfrac{1}{2} \neq E(n)$.

特别，如果把 $E(x)$ 限制在区间$(0,1)$内，就得

$$x = \frac{1}{2} - \frac{1}{\pi}\sum_{k=1}^{\infty}\frac{\sin 2k\pi x}{k}, \quad 0 < x < 1.$$

例2 试求周期为 π 的函数
$$f(x)=x^2 \quad (0\leqslant x<\pi)$$
的傅里叶级数的展开式(图 19-5).

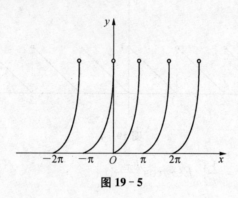

图 19-5

解 取 $2l=\pi, l=\dfrac{\pi}{2}$，由公式(19.22)得

$$a_0 = \frac{2}{\pi}\int_0^\pi x^2 \mathrm{d}x = \frac{2}{3}\pi^2,$$

对 $k\geqslant 1$,

$$a_k = \frac{2}{\pi}\int_0^\pi x^2\cos 2kx\,\mathrm{d}x$$

$$=-\frac{2}{k\pi}\int_0^\pi x\sin 2kx\,\mathrm{d}x$$

$$=\frac{1}{k^2\pi}\cdot x\cos 2kx\,\Big|_0^\pi - \frac{1}{k^2\pi}\int_0^\pi \cos 2kx\,\mathrm{d}x = \frac{1}{k^2},$$

$$b_k = \frac{2}{\pi}\int_0^\pi x^2\sin 2kx\,\mathrm{d}x$$

$$=-\frac{1}{k\pi}\cdot x^2\cos 2kx\,\Big|_0^\pi + \frac{2}{k\pi}\int_0^\pi x\cos 2kx\,\mathrm{d}x$$

$$=-\frac{\pi}{k} - \frac{1}{k^2\pi}\int_0^\pi \sin 2kx\,\mathrm{d}x = -\frac{\pi}{k}.$$

因此由狄里克雷收敛定理,对 $x \neq n\pi$(n 为整数),

$$f(x) = \frac{\pi^2}{3} + \sum_{k=1}^{\infty} \left(\frac{1}{k^2} \cos 2kx - \frac{\pi}{k} \sin 2kx \right).$$

特别,在区间 $(0, \pi)$ 内

$$x^2 = \frac{\pi^2}{3} + \sum_{k=1}^{\infty} \left(\frac{1}{k^2} \cos 2kx - \frac{\pi}{k} \sin 2kx \right).$$

19.3.2 非周期函数的傅里叶级数展开式

不失一般,设 $f(x)$ 是在 $[0, T]$ 上定义的函数. 如果 $f(x)$ 是在 $[a, b]$ 上给出,那么只要令 $x = \dfrac{b-a}{T} t + a$,相应地

$$\varphi(t) = f\left(\frac{b-a}{T} t + a \right)$$

便是 $0 \leqslant t \leqslant T$ 上定义的函数. 我们可以通过三种方法把 $f(x)$ 开拓成某个周期函数 $f^*(x)$ 在 $[0, T]$ 上的限制,从而可把 $f(x)$ 展成不同形式的傅里叶级数.

1. 直接开拓

设 $f(x)$ 是 $[0, 2l]$ 上定义的逐段光滑函数(注意,为了讨论的一致性,取 $T = 2l$),所谓直接开拓指的是把 $f(x)$ 在 $[0, 2l]$(或 $(0, 2l]$)的值按 $2l$ 为周期延拓到整个实轴上而得周期为 $2l$ 函数 $f^*(x)$,即令 $f^*(x) = f(x)$,当 $0 \leqslant x < 2l$;$f^*(x) = f^*(x + 2nl)$,$n = 0, \pm 1, \pm 2, \cdots$.

这时,$f^*(x)$ 的傅里叶级数展开式(19.20)在开区间 $(0, 2l)$ 的限制就是 $f(x)$ 的傅里叶级数展开式,说得精确些,在 $(0, 2l)$ 内除去 $f(x)$ 的间断点,有

$$f(x) = \frac{a_0}{2} + \sum_{k=1}^{\infty} \left(a_k \cos \frac{k\pi}{l} x + b_k \sin \frac{k\pi}{l} x \right), \quad (19.27)$$

其中系数 a_k, b_k 由(19.22)求得(取 $c = 0$ 情形). 在 $f(x)$ 的间断点 $x_0 \in (0, 2l)$,级数(19.27)仍收敛于 $\dfrac{f(x_{0+}) + f(x_{0-})}{2}$. 如果这个值

等于 $f(x_0)$,则展开式(19.27)在 x_0 处亦成立.

在区间 $[0,2l]$ 的端点处,当 $x=0$ 时,级数(19.27)收敛于值

$$\frac{f^*(0_+)+f^*(0_-)}{2}=\frac{f^*(0_+)+f^*(2l_-)}{2}=\frac{f(0_+)+f(2l_-)}{2}.$$

当 $x=2l$ 时,级数(19.27)收敛于

$$\frac{f^*(2l_+)+f^*(2l_-)}{2}=\frac{f^*(0_+)+f^*(2l_-)}{2}=\frac{f(0_+)+f(2l_-)}{2}.$$

由此表明,级数(19.27)在 $[0,2l]$ 的端点都收敛于

$$\frac{f(0_+)+f(2l_-)}{2}.$$

如果这个值与 $f(x)$ 在端点处定义的值(假如给出的话)相等,则展开式(19.27)在端点处也成立.

假如 $f(x)$ 是在 $[-l,l]$ 区间上给出的逐段光滑函数,可作类似讨论,在 $(-l,l)$ 的非间断处,$f(x)$ 也有展开式(19.27),且在 $x=l$,$-l$ 处级数应收敛于值 $\frac{f(-l_+)+f(l_-)}{2}$,而展开式中的傅里叶系数由公式(19.21)求得.

例1 试把函数

$$f(x)=\begin{cases} \dfrac{\pi}{3}, & 0\leqslant x\leqslant \dfrac{\pi}{3}, \\[2mm] 0, & \dfrac{\pi}{3}<x<\dfrac{2\pi}{3}, \\[2mm] -\dfrac{\pi}{3}, & \dfrac{2\pi}{3}\leqslant x\leqslant \pi \end{cases}$$

展成傅里叶级数.

解 对 $f(x)$ 进行直接开拓,得周期为 π 的函数并且有级数 (19.27).由(19.22)计算傅里叶系数 $\left(\text{取 }2l=\pi,l=\dfrac{\pi}{2}\right)$

$$a_0=\frac{2}{\pi}\int_0^\pi f(x)\mathrm{d}x=0,$$

对 $k \geqslant 1$,

$$a_k = \frac{2}{\pi} \int_0^\pi f(x) \cos 2kx \, dx$$

$$= \frac{2}{\pi} \cdot \frac{\pi}{3} \left(\int_0^{\frac{\pi}{3}} \cos 2kx \, dx - \int_{\frac{2\pi}{3}}^\pi \cos 2kx \, dx \right)$$

$$= \frac{2}{3} \cdot \frac{1}{2k} \left(\sin \frac{2k}{3}\pi + \sin \frac{4k}{3}\pi \right) = 0,$$

$$b_k = \frac{2}{\pi} \int_0^\pi f(x) \sin 2kx \, dx$$

$$= \frac{2}{\pi} \cdot \frac{\pi}{3} \left(\int_0^{\frac{\pi}{3}} \sin 2kx \, dx - \int_{\frac{2\pi}{3}}^\pi \sin 2kx \, dx \right)$$

$$= \frac{2}{3} \cdot \frac{1}{k} \left(1 - \cos \frac{2k}{3}\pi \right)$$

$$= \begin{cases} \dfrac{1}{k}, & k \text{ 不是 } 3 \text{ 的倍数}, \\ 0, & k \text{ 是 } 3 \text{ 的倍数}. \end{cases}$$

从而 $f(x) = \sum_{k=1}^\infty{}' \dfrac{\sin 2kx}{k}, x \in \left(0, \dfrac{\pi}{3}\right) \cup \left(\dfrac{\pi}{3}, \dfrac{2\pi}{3}\right) \cup \left(\dfrac{2\pi}{3}, \pi\right).$

这里求和 $\sum'$ 暂时表示不含 3 的正整数倍的项. 读者可考虑在 $x = \dfrac{\pi}{3}, x = \dfrac{2\pi}{3}$, 以及区间端点处级数收敛于何值.

2. 偶开拓和余弦级数

设 $f(x)$ 是在 $[0, l]$ (取 $T = l$ 情形) 上定义的逐段光滑函数. 所谓函数的偶开拓, 就是在 $[-l, l]$ 上定义一个偶函数 $g(x)$, 使

$$g(x) = \begin{cases} f(x), & 0 \leqslant x < l, \\ f(-x), & -l \leqslant x < 0. \end{cases}$$

然后把 $g(x)$ 视为具有周期 $2l$ 的偶函数 $g^*(x)$ 在 $[-l, l]$ 上的限制, $g^*(x)$ 应当有余弦级数的展开式 (19.25), 因在 $(0, l)$ 内, $g^*(x) = f(x)$, 从而除去 $(0, l)$ 内的间断点, 有

$$f(x) = \frac{a_0}{2} + \sum_{k=1}^{\infty} a_k \cos \frac{k\pi x}{l}, \qquad (19.28)$$

且

$$a_k = \frac{2}{l} \int_0^l f(x) \cos \frac{k\pi}{l} x \, \mathrm{d}x, \quad k = 0,1,2,\cdots \qquad (19.29)$$

在区间 $[0,l]$ 的端点，$x=0$，$x=l$ 处级数（19.28）分别收敛于值 $f(0_+)$，$f(l_-)$.（为什么？）

因此，要在区间 $[0,l]$ 上把逐段光滑函数 $f(x)$ 展为余弦级数只要利用偶开拓，并由公式（19.28）和（19.29）给出.

3. 奇开拓和正弦级数

设 $f(x)$ 是 $[0,l]$ 上定义的逐段光滑函数. 所谓函数的奇开拓指的是在 $[-l,0]$ 内补充定义，使得在 $[-l,l]$ 内有一个奇函数 $g(x)$

$$g(x) = \begin{cases} f(x), & 0 \leqslant x < l, \\ -f(-x), & -l \leqslant x < 0. \end{cases}$$

类似于偶开拓的论述，在 $(0,l)$ 内除去间断点外，$f(x)$ 有正弦级数的展开式（19.23）即

$$f(x) = \sum_{k=1}^{\infty} b_k \sin \frac{k\pi}{l} x, \qquad (19.30)$$

其中

$$b_k = \frac{2}{l} \int_0^l f(x) \sin \frac{k\pi}{l} x \, \mathrm{d}x, \quad k = 1,2,3,\cdots. \qquad (19.31)$$

这说明，要把在 $[0,l]$ 上给出的逐段光滑函数 $f(x)$ 展为正弦级数，只要进行函数的奇开拓，其展开式及傅里叶系数由（19.30）和（19.31）给出. 不难明了，在区间 $[0,l]$ 的端点处级数（19.30）的和为 0.

至此，关于如何把一个（周期或非周期的）函数在指定范围内展成傅里叶级数的问题讨论已结束. 在一般概念澄清以后，其主要工作量是计算有关傅里叶系数.

例 2 将偶函数 $f(x)=\cos ax$ 在 $[-\pi,\pi]$ 上展为傅里叶级数（a 不为整数）.

解 因 $f(x)$ 是偶函数，故 $b_k=0$，又

$$a_0 = \frac{1}{\pi}\int_{-\pi}^{\pi} f(x)\mathrm{d}x = \frac{2}{\pi}\int_0^{\pi}\cos ax\,\mathrm{d}x = \frac{2\sin a\pi}{a\pi},$$

对 $k=1,2,\cdots$

$$a_k = \frac{2}{\pi}\int_0^{\pi} f(x)\cos kx\,\mathrm{d}x = \frac{2}{\pi}\int_0^{\pi}\cos ax\cos kx\,\mathrm{d}x$$

$$= \frac{1}{\pi}\int_0^{\pi}(\cos(a+k)x + \cos(a-k)x)\mathrm{d}x$$

$$= (-1)^k\frac{2a}{a^3-k^2}\frac{\sin a\pi}{\pi},$$

故由公式 (19.27)（取 $l=\pi$）

$$\cos ax = \frac{2\sin a\pi}{\pi}\left[\frac{1}{2a} + \sum_{k=1}^{\infty}(-1)^k\frac{a\cos kx}{a^2-k^2}\right], \quad (19.32)$$
$$-\pi \leqslant x \leqslant \pi.$$

（不难验证展式在区间端点 $x=-\pi,\pi$ 处也成立）.

对 (19.32) 作适当变形，可以得到进一步的等式. 由 (19.32) 令 $x=0$，得

$$\frac{1}{\sin a\pi} = \frac{1}{a\pi} + 2\sum_{k=1}^{\infty}(-1)^k\frac{a\pi}{(a\pi)^2-(k\pi)^2}.$$

再令 $a\pi=z$，z 是任意实数但不是 π 的整倍数，有

$$\frac{1}{\sin z} = \frac{1}{z} + \sum_{k=1}^{\infty}(-1)^k\frac{2z}{z^2-(k\pi)^2}$$

$$= \frac{1}{z} + \sum_{k=1}^{\infty}(-1)^k\left[\frac{1}{z-k\pi} + \frac{1}{z+k\pi}\right]. \quad (19.33)$$

公式 (19.33) 就是 $\dfrac{1}{\sin z}$ 的简分式展开式.

若在 (19.32) 中令 $x=\pi$ 且 $a\pi=z$，又得

$$\cot z = \frac{1}{z} + \sum_{k=1}^{\infty} \left[\frac{1}{z-k\pi} + \frac{1}{z+k\pi} \right], \qquad (19.34)$$

(19.34)就是 $\cot z$ 的简分式展开式.(19.33)和(19.34)在复变函数的半纯函数理论中将用另外方法对复数 z 亦能求得.

例 3 设 $f(x) = \dfrac{\pi - x}{4}$

(i) 把 $f(x)$ 在 $[0, \pi]$ 上展为傅里叶级数.

(ii) 把 $f(x)$ 在 $[0, \pi]$ 上展为正弦级数.

(iii) 把 $f(x)$ 在 $[0, \pi]$ 上展为余弦级数.

解 (i) 由直接开拓方法,$2l = \pi, l = \dfrac{\pi}{2}$,计算傅里叶系数

$$a_0 = \frac{1}{l} \int_0^{2l} f(x) \mathrm{d}x = \frac{2}{\pi} \int_0^{\pi} \frac{\pi - x}{4} \mathrm{d}x = \frac{\pi}{4},$$

$$a_k = \frac{1}{l} \int_0^{2l} f(x) \cos \frac{k\pi}{l} x \mathrm{d}x = \frac{2}{\pi} \int_0^{\pi} \frac{\pi - x}{4} \cos 2kx \mathrm{d}x$$

$$= \frac{1}{2} \int_0^{\pi} \cos 2kx \mathrm{d}x - \frac{1}{2\pi} \int_0^{\pi} x \cos 2kx \mathrm{d}x$$

$$= \frac{1}{4k\pi} \int_0^{\pi} \sin 2kx \mathrm{d}x = 0, \quad k = 1, 2, \cdots.$$

$$b_k = \frac{1}{l} \int_0^{2l} f(x) \sin \frac{k\pi}{l} x \mathrm{d}x = \frac{2}{\pi} \int_0^{\pi} \frac{\pi - x}{4} \sin 2kx \mathrm{d}x$$

$$= \frac{1}{4k}, \quad k = 1, 2, \cdots.$$

故由(19.27)得

$$\frac{\pi - x}{4} = \frac{\pi}{8} + \sum_{k=1}^{\infty} \frac{1}{4k} \sin 2kx, 0 < x < \pi.$$

对(ii),可施行奇开拓,由系数公式(19.31)($l = \pi$)

$$b_k = \frac{2}{\pi} \int_0^{\pi} f(x) \sin k\pi x \mathrm{d}x$$

$$= \frac{2}{\pi} \int_0^{\pi} \frac{\pi - x}{4} \sin kx \mathrm{d}x = \frac{1}{2k}.$$

于是由(19.30)得

$$\frac{\pi-x}{4}=\sum_{k=1}^{\infty}\frac{1}{2k}\sin kx, 0<x\leqslant\pi,$$

其中在 $x=\pi$ 处展式成立是因为 $f(\pi)=0$.

关于(iii),可施行偶开拓,由系数公式(19.29)(取 $l=\pi$)

$$a_0=\frac{2}{\pi}\int_0^{\pi}\frac{\pi-x}{4}\mathrm{d}x=\frac{\pi}{4},$$

$$a_k=\frac{2}{\pi}\int_0^{\pi}\frac{\pi-x}{4}\cos kx\,\mathrm{d}x=\begin{cases}0,&k\text{ 为偶数},\\[2mm]\dfrac{1}{k^2\pi},&k\text{ 为奇数}.\end{cases}$$

从而由(19.28)

$$\frac{\pi-x}{4}=\frac{\pi}{8}+\sum_{k=1}^{\infty}\frac{\cos(2k-1)x}{(2k-1)^2\pi},\quad 0\leqslant x\leqslant\pi,$$

这里易知在 $x=0,\pi$ 展式亦成立.

由例 3 可见,对于同一函数 $f(x)=\dfrac{\pi-x}{4}$ 在指定区间 $[0,\pi]$ 上可以展为不同形式的傅里叶级数,且每个展式的收敛范围可以不同,在处理具体问题时,可根据不同要求展为指定的级数形式,关于这一点,在初学时必须引起足够的注意.

习　题

1. 试把函数 $f(x)=x,0\leqslant x\leqslant 1$,分别展成(1) 傅里叶级数;(2) 正弦级数;(3) 余弦级数,求出收敛于 $f(x)$ 区间.

2. 试证等式

$$\frac{\pi}{2}\frac{\sin ax}{\sin a\pi}=\sum_{k=1}^{\infty}(-1)^k\frac{k\sin kx}{a^2-k^2}\quad(-\pi<x<\pi),$$

其中 a 不为整数.

3. 试把 $h(x)$ 展成余弦级数,若

$$h(x) = \begin{cases} 1, & 0 \leqslant x \leqslant \lambda, \\ 0, & \lambda < x \leqslant \pi. \end{cases}$$

4. 展开函数

$$f(x) = \begin{cases} x, & 0 \leqslant x \leqslant 1, \\ 2-x, & 1 < x \leqslant 2 \end{cases}$$

为正弦级数.

5. 展开函数

$$f(x) = \begin{cases} \cos\dfrac{\pi x}{l}, & 0 \leqslant x \leqslant \dfrac{l}{2} \\[2mm] 0, & \dfrac{l}{2} < x \leqslant l \end{cases}$$

为余弦级数.

6. 试把函数

$$f(x) = 10 - x, \quad 5 \leqslant x \leqslant 15$$

展成傅里叶级数.

19.4 一致收敛性及其应用

在 19.2 我们讨论了周期函数的傅里叶级数的点态收敛条件,在那里我们已经证明了,若 $f(x)$ 是以 2π 为周期的连续函数且在 $[-\pi, \pi]$ 上囵变或者逐段光滑,则对每个实数 x,$f(x)$ 能展成一致收敛的傅里叶级数

$$f(x) = \frac{a_0}{2} + \sum_{k=1}^{\infty} (a_k \cos kx + b_k \sin kx). \tag{19.35}$$

对于一个在 $[-\pi, \pi]$ 上给出的函数,只要满足条件 $f(-\pi) = f(\pi)$,它便可直接开拓成实轴上的周期函数,因此我们不难得出下面的

定理 19.5 若 $f(x)$ 是 $[-\pi, \pi]$ 上连续囵变函数,且 $f(\pi) = $

$f(-\pi)$, 则 $f(x)$ 在 $[-\pi, \pi]$ 上能展成一致收敛的傅里叶级数 (19.35).

注 读者应当会利用 19.3 的陈述, 若 $f(x)$ 是在 $[a, b]$ 上的连续函数且逐段光滑, $f(a) = f(b)$, $f(x)$ 亦能展成适当的一致收敛的傅里叶级数.

既然有了定理 19.5, 我们就可以考虑傅里叶级数 (19.35) 的逐项求积, 逐项求导的问题了. 我们知道, 对一个一般的函数项级数来说, 要施行这些运算, 级数的一致收敛性是至关重要的, 而欲能逐项求导还需假定逐项求导后的级数仍是一致收敛, 然而对函数的傅里叶级数展开式来说, 可以在很弱的条件下, 就可施行级数的逐项求积和逐项求导, 正因为这一点, 傅里叶级数在工程技术中有很广泛的应用.

19.4.1 傅里叶级数的逐项求积与逐项求导

对每个可积函数 $f(x)$ 都能形式上作出其傅里叶级数

$$\frac{a_0}{2} + \sum_{k=1}^{\infty} (a_k \cos kx + b_k \sin kx). \tag{19.36}$$

我们可以不管级数 (19.36) 是否收敛, 当然更不谈一致收敛, 就可以进行逐项求积, 且有下面的逐项求积定理.

定理 19.6 若 $f(x)$ 是 $[-\pi, \pi]$ 上的 R 可积函数[①], (19.36) 是 $f(x)$ 对应的傅里叶级数, 则级数

$$\frac{a_0}{2}x + \sum_{k=1}^{\infty} \left(\frac{a_k \sin kx}{k} + \frac{b_k (1 - \cos kx)}{k} \right)$$

恒收敛且其和恰为 $\int_0^x f(t) \mathrm{d}t$, 亦即

———————————

① 这里我们不妨还要求 $f(x)$ 只有有限个间断点. 其实这个限制是不必要的. 参见 19.5 习题 6.

$$\int_0^x f(t)\,\mathrm{d}t = \int_0^x \frac{a_0}{2}\,\mathrm{d}t + \sum_{k=\lambda}^{\infty} \int_0^x (a_k \cos kt + b_k \sin kt)\,\mathrm{d}t.$$

$$(19.37)$$

证 令 $F(x)=\displaystyle\int_0^x\Big[f(t)-\frac{a_0}{2}\Big]\mathrm{d}t$，我们断言 $F(x)$ 是 $[-\pi,\pi]$ 上的连续圆变函数. 其实，因 $f(x)$ 在 $[-\pi,\pi]$ 上 R 可积，所以必有界，假设对于 $-\pi\leqslant t\leqslant\pi$，$|f(t)|<M$，则对 $-\pi\leqslant x<y\leqslant\pi$，有

$$|F(x)-F(y)|=\left|\int_x^y\Big[f(t)-\frac{a_0}{2}\Big]\mathrm{d}x\right|\leqslant\Big(M+\frac{|a_0|}{2}\Big)(y-x).$$

由此不难推出 $F(x)$ 的连续性(实际上还是一致连续的). 并由 18.1 的习题 2，$F(x)$ 是一连续圆变函数.

又因

$$F(\pi)-F(-\pi)=\int_{-\pi}^{\pi}\Big[f(t)-\frac{a_0}{2}\Big]\mathrm{d}t$$

$$=\int_{-\pi}^{\pi}f(t)\,\mathrm{d}t-\pi a_0=0,$$

所以由定理 19.5，$F(x)$ 能展成一致收敛的傅里叶级数

$$F(x)=\frac{a_0}{2}+\sum_{k=1}^{\infty}(\alpha_k\cos kx+\beta_k\sin kx). \qquad (19.38)$$

既然假定了 $f(x)$ 只有有限个间断点，对于 $f(x)$ 的连续点，有 $F'(x)=f(x)-\dfrac{a_0}{2}$，因此可运用 RS 积分的分部积分公式来计算系数 α_k 和 β_k，由定理 18.7，定理 18.9，对 $k\geqslant 1$

$$\alpha_k=\frac{1}{\pi}\int_{-\pi}^{\pi}F(x)\cos kx\,\mathrm{d}x=\frac{1}{k\pi}\int_{-\pi}^{\pi}F(x)\mathrm{d}(\sin kx)$$

$$=\frac{1}{\pi}F(x)\frac{\sin kx}{k}\Big|_{-\pi}^{\pi}-\frac{1}{k\pi}\int_{-\pi}^{\pi}\sin kx\,\mathrm{d}F(x)$$

$$=-\frac{b_k}{k},$$

$$\beta_k=\frac{1}{\pi}\int_{-\pi}^{\pi}F(x)\sin kx\,\mathrm{d}x=-\frac{1}{k\pi}\int_{-\pi}^{\pi}F(x)\mathrm{d}(\cos kx)$$

$$= -\frac{1}{\pi} F(x) \frac{\cos kx}{k} \Big|_{-\pi}^{\pi} + \frac{1}{k\pi} \int_{-\pi}^{\pi} \cos kx \, \mathrm{d}F(x)$$

$$= \frac{\alpha_k}{k}.$$

对 $k=0$，令 $x=0$，因 $F(0)=0$，由 (19.38)

$$0 = \frac{\alpha_0}{2} + \sum_{k=1}^{\infty} \alpha_k,$$

故

$$\frac{\alpha_0}{2} = -\sum_{k=1}^{\infty} \alpha_k = \sum_{k=1}^{\infty} \frac{b_k}{k}.$$

这时 (19.38) 就是：

$$\int_0^x \Big[f(t) - \frac{a_0}{2} \Big] \mathrm{d}t = \sum_{k=1}^{\infty} \frac{b_k}{k} + \sum_{k=1}^{\infty} \Big(-\frac{b_k}{k} \cos kx + \frac{a_k}{k} \sin kx \Big),$$

因此得

$$\int_0^x f(t) \, \mathrm{d}t = \frac{a_0}{2} x + \sum_{k=1}^{\infty} \Big(\frac{a_k \sin kx}{k} + \frac{b_k (1 - \cos kx)}{k} \Big).$$

这就是等式 (19.37).

注 1　从定理 19.6 的证明中，我们还可得出 $F(x)$ 的傅里叶级数是

$$\sum_{n=1}^{\infty} \frac{b_n}{n} + \sum_{n=1}^{\infty} \Big[\frac{a_n}{n} \sin nx - \frac{b_n}{n} \cos nx \Big].$$

注 2　若 $f(x)$ 是以 2π 为周期在 $[-\pi, \pi]$ 上逐段连续函数，则可以在任何有限区间 (a, b) 上对 $f(x)$ 的傅里叶级数逐项求积，且

$$\int_a^b f(x) \, \mathrm{d}x = \int_a^b \frac{a_0}{2} \mathrm{d}x + \sum_{k=1}^{\infty} \int_a^b (a_k \cos kx + b_k \sin kx) \mathrm{d}x.$$

例 1　试把 x^2 在区间 $(0, \pi)$ 内展为傅里叶级数.

解　由 $19.3.2$ 中的例 3，我们已求得

$$\frac{\pi - x}{4} = \frac{\pi}{8} + \sum_{k=1}^{\infty} \frac{\sin 2kx}{4k}, \quad 0 < x < \pi,$$

亦即

$$x = \frac{\pi}{2} - \sum_{k=1}^{\infty} \frac{\sin 2kx}{k}, \quad 0 < x < \pi. \tag{19.39}$$

如果对上式从 0 到 x 逐项积分,有

$$\frac{x^2}{2} = \frac{\pi}{2}x - \sum_{k=1}^{\infty} \frac{1 - \cos 2kx}{2k^2},$$

或

$$x^2 = \pi x - \sum_{k=1}^{\infty} \frac{1}{k^2} + \sum_{k=1}^{\infty} \frac{\cos 2kx}{k^2}. \tag{19.40}$$

令 $c = \sum_{k=1}^{\infty} \frac{1}{k^2}$,对上式两边从 0 到 π 积分,又得

$$\int_0^\pi (x^2 - \pi x)\,\mathrm{d}x = -\pi c + \sum_{k=1}^{\infty} \int_0^\pi \frac{\cos 2kx}{k^2}\,\mathrm{d}x = -\pi c,$$

故

$$c = \frac{1}{\pi}\int_0^\pi (\pi x - x^2)\,\mathrm{d}x = \frac{\pi^2}{6}.$$

因此得 $\sum_{k=1}^{\infty} \frac{1}{k^2} = \frac{\pi^2}{6}$,且由(19.39)和(19.40)得

$$x^2 = \frac{\pi^2}{3} + \sum_{k=1}^{\infty} \left(\frac{1}{k^2}\cos 2kx - \frac{\pi}{k}\sin 2kx \right), 0 < x < \pi.$$

这就是 x^2 的 $(0,\pi)$ 内的傅里叶级数展开式,这与 19.3.1 中例 2 的最后的结果相一致.

定理 19.7 设 $f(x)$ 在 $[-\pi,\pi]$ 连续且 $f'(x)$ 除有限个点外处处存在,$f'(x)$ 在 $[-\pi,\pi]$ 上 R 可积,以及 $f(\pi)=f(-\pi)$,则 $f'(x)$ 有傅里叶级数

$$f'(x) \sim \sum_{k=1}^{\infty} (kb_k\cos kx - ka_k\sin kx). \tag{19.41}$$

亦即它由 $f(x)$ 的傅里叶级数逐项求导而得.

注意,定理并不要求级数(19.41)收敛,更不能肯定它收敛于 $f'(x)$.

证 因 $f'(x)$ 在 $[-\pi, \pi]$ 上可积,故它有形式上的傅里叶级数

$$\frac{\alpha_0}{2} + \sum_{k=1}^{\infty} (\alpha_k \cos kx + \beta_k \sin kx),$$

显见

$$\alpha_0 = \frac{1}{\pi} \int_{-\pi}^{\pi} f'(x) \mathrm{d}x = \frac{1}{\pi} f(x) \Big|_{-\pi}^{\pi}$$

$$= -\frac{1}{\pi} (f(\pi) - f(-\pi)) = 0.$$

由定理 19.6,应有

$$f(x) = \int_0^x f'(t) \mathrm{d}t + f(0)$$

$$= f(0) + \sum_{k=1}^{\infty} \left(\frac{\alpha_k \sin kx}{k} + \frac{\beta_k (1 - \cos kx)}{k} \right).$$

但由定理 19.5($f(x)$ 是连续囿变函数),又有(19.35)成立,

$$f(x) = \frac{a_0}{2} + \sum_{k=1}^{\infty} (a_k \cos kx + b_k \sin kx),$$

故得

$$\frac{\alpha_0}{2} = \sum_{k=1}^{\infty} \frac{\beta_k}{k} + f(0), a_k = \frac{-\beta_k}{k}, b_k = \frac{\alpha_k}{k}.$$

亦即

$$\alpha_k = k b_k, \quad \beta_k = -k a_k,$$

由此得(19.41).

顺便着重指出,定理 19.7 中的条件 $f(\pi) = f(-\pi)$ 不可少(见本节习题 2).

为了要使级数(19.41)具有收敛的信息,下面的充分条件是显而易见的.

定理 19.8 设 $f(x)$ 是以 2π 为周期的连续函数,且在 $[-\pi, \pi]$ 上导函数 $f'(x)$ 还是逐段光滑的,则由(19.35)对一切实数 x,

$$\frac{f'(x_+) + f'(x_-)}{2} = \sum_{k=1}^{\infty} (a_k \cos kx + b_k \sin kx)'$$

$$= \sum_{k=1}^{\infty} (kb_k \cos kx - ka_k \sin kx),$$

证明由读者自行完成.

19.4.2　傅里叶级数的算术平均和

设 $s_1, s_2, \cdots, s_n, \cdots$ 为一数列,由

$$\sigma_n = \frac{1}{n}(s_1 + s_2 + \cdots + s_n), \quad n = 1, 2, \cdots$$

构成的数列称为数列 $\{s_n\}$ 的算术平均.

在数列的极限中我们实际上已经知道,若 $\lim\limits_{n \to \infty} s_n = s$,则仍有 $\lim\limits_{n \to \infty} \sigma_n = s$,而当 $\lim\limits_{n \to \infty} s_n$ 不存在时,$\lim\limits_{n \to \infty} \sigma_n$ 当然也不一定存在,可是在某些场合虽然 $\lim\limits_{n \to \infty} s_n$ 不存在,但是 $\lim\limits_{n \to \infty} \sigma_n$ 却存在,例如 $s_n = (-1)^{n-1}$, $n = 1, 2, \cdots$,便有 $\sigma_{2n} = 0, \sigma_{2n+1} = \dfrac{1}{2n+1}$,这时虽然 $\lim\limits_{n \to \infty} s_n$ 不存在,但 $\lim\limits_{n \to \infty} \sigma_n = 0$.

现在,我们要把算术平均数列应用到函数的傅里叶级数的部分和序列上去. 我们知道,如果 $f(x)$ 是以 2π 为周期的连续函数,$f(x)$ 的傅里叶级数部分和 $S_n(x)$ 当 $n \to \infty$ 时,不一定是收敛的. 然而若令

$$\sigma_n(x) = \frac{1}{n}(S_0(x) + S_1(x) + \cdots + S_{n-1}(x)), \quad n = 1, 2, \cdots. \quad (19.42)$$

我们通常称 $\sigma_n(x)$ 是 $f(x)$ 的傅里叶级数的费耶(Fejer)和,对于 $\sigma_n(x)$ 则有令人满意的结果,即有

定理 19.9(费耶定理)　设 $f(x)$ 是以 2π 为周期的连续函数, $\sigma_n(x)$ 是由(19.42)给出的费耶和,则

$$\lim_{n \to \infty} \sigma_n(x) = f(x)$$

在整个实轴上一致收敛.

　　证　在 19.2 中我们已经可以把 $f(x)$ 的傅里叶级数部分和 $S_n(x)$ 表示成积分的形式

$$S_n(x) = \frac{1}{2\pi}\int_{-\pi}^{\pi} f(x+u)\,\frac{\sin\left(n+\frac{1}{2}\right)u}{\sin\frac{u}{2}}\,\mathrm{d}u.$$

由简单的三角恒等式

$$\sum_{k=0}^{n-1}\sin\left(k+\frac{1}{2}\right)u = \frac{\left(\sin\frac{nu}{2}\right)^2}{\sin\frac{u}{2}}, \quad u \neq 2j\pi, j\ \text{为整数}.$$

我们也可以把 $\sigma_n(x)$ 表示成积分的形式，我们有

$$\sigma_n(x) = \frac{1}{n}\sum_{k=0}^{n-1}S_n(x)$$

$$= \frac{1}{2\pi}\int_{-\pi}^{\pi}\frac{f(x+u)}{\sin\frac{u}{2}} \cdot \frac{1}{n}\sum_{k=0}^{n-1}\sin\left(k+\frac{1}{2}\right)u\,\mathrm{d}u$$

$$= \frac{1}{2\pi}\int_{-\pi}^{\pi}f(x+u) \cdot \frac{1}{n}\left(\frac{\sin\frac{nu}{2}}{\sin\frac{u}{2}}\right)^2\mathrm{d}u. \tag{19.43}$$

由于若取 $f(x)\equiv 1$，应当有 $\sigma_n(x)=1$，由 (19.43) 得

$$\frac{1}{2\pi}\int_{-\pi}^{\pi}\frac{1}{n}\left(\frac{\sin\frac{nu}{2}}{\sin\frac{u}{2}}\right)^2\mathrm{d}u = 1. \tag{19.44}$$

因而由 (19.43),(19.44),

$$\sigma_n(x) - f(x) = \frac{1}{2\pi}\int_{-\pi}^{\pi}\left[f(x+u)-f(x)\right] \cdot \frac{1}{n}\left(\frac{\sin\frac{nu}{2}}{\sin\frac{u}{2}}\right)^2\mathrm{d}u$$

$$= \frac{1}{2\pi}\left(\int_{|u|<\delta} + \int_{\delta\leqslant|u|<\pi}\right)\cdots\mathrm{d}u$$

$$\equiv I_1 + I_2.$$

因为已假定 $f(x)$ 在 $[-\pi,\pi]$ 上连续，从而一致连续. 对任意的 $\varepsilon>0$，存在 $\delta>0$，当 $|u|<\delta$ 时

$$|f(x+u)-f(x)|<\frac{\varepsilon}{2},$$

于是对选定的 δ，由 (19.44)，

$$|I_1|\leqslant\frac{1}{2\pi}\int_{|u|<\delta}|f(x+u)-f(x)|\cdot\frac{1}{n}\left(\frac{\sin\frac{nu}{2}}{\sin\frac{nu}{2}}\right)^2\mathrm{d}u<\frac{\varepsilon}{2}.$$

因为对固定的 $0<\delta<\pi$，当 $\delta\leqslant|u|\leqslant\pi$ 时，

$$\frac{1}{n}\left(\frac{\sin\frac{nu}{2}}{\sin\frac{u}{2}}\right)^2\leqslant\frac{1}{n\left(\sin\frac{\delta}{2}\right)^2}<\frac{\varepsilon}{4M},$$

只要 $n>N=\left[\dfrac{4M}{\varepsilon\left(\sin\frac{\delta}{2}\right)^2}\right]$，其中 $M=\sup\limits_{x\in[-\pi,\pi]}|f(x)|$，

所以

$$|I_2|\leqslant\frac{1}{2\pi}\int_{\delta\leqslant|u|<\pi}(|f(x+u)|+|f(x)|)\cdot\frac{1}{n}\left(\frac{\sin\frac{u}{2}}{\sin\frac{u}{2}}\right)^2\mathrm{d}u$$

$$\leqslant2M\cdot\frac{\varepsilon}{4M}=\frac{\varepsilon}{2},\quad n>N.$$

因此，对任意的 $\varepsilon>0$，总存在 $N>0$，N 只与 ε 有关，使当 $n>N$ 时

$$|\sigma_n(x)-f(x)|<\varepsilon$$

对一切实数 x 都成立.

关于定理 19.9 的一个推广，见本节习题 6.

现在，再进一步阐明定理 19.9 的作用.

若用 $C_{2\pi}$ 表示 2π 周期的连续函数全体，并用

$$\|f\| = \sup_{-\infty < x < +\infty} |f(x)|$$

作为 $f \in C_{2\pi}$ 的范数. 定理 19.9 说明了每个 $f \in C_{2\pi}$,对任意的 $\varepsilon > 0$,存在 $N > 0$,当 $n > N$

$$\|f - \sigma_n\| < \varepsilon. \tag{19.45}$$

所谓 n 次三角多项式 $t_n(x)$,指的是形如

$$t_n(x) = \frac{\alpha_0}{2} + \sum_{k=1}^{n}(\alpha_k \cos kx + \beta_k \sin kx), \ |\alpha_n|^2 + |\beta_n|^2 \neq 0,$$

这里 α_k, β_k 都是些已知的常数,因此,对每个 $f \in C_{2\pi}$,$\sigma_n(x)$ 至多是一个 $n-1$ 次三角多项式. 这样,结论 (19.45) 说明对任意 $f \in C_{2\pi}$,我们恒可选用 $f(x)$ 的 $\sigma_n(x)$ 作为三角多项式来一致逼近 $f(x)$,这实际上已经证明了下面著名的维尔斯特拉斯定理.

定理 19.10(维尔斯特拉斯第二逼近定理) 若 $f(x)$ 是以 2π 为周期的连续函数,则对任意给定的正数 ε,存在三角多项式 $t_n(x)$,使不等式

$$|f(x) - t_n(x)| < \varepsilon$$

在整个实轴上一致成立.

定理 19.11(维尔斯特拉斯第一逼近定理) 若 $f(x)$ 是闭区间 $[a,b]$ 上的连续函数,则对任意给定的正数 ε,存在多项式 $P_n(x)$,使得不等式

$$|f(x) - P_n(x)| < \varepsilon$$

对一切 $x \in [a,b]$ 成立.

证 令

$$x = a + \frac{b-a}{\pi}t, \quad 0 \leqslant t \leqslant \pi,$$

$f(x)$ 就变成 $[0,\pi]$ 上的连续函数

$$\varphi(t) = f(x) = f\left(a + \frac{b-a}{\pi}t\right)$$

按 19.3.2 的方法对 $\varphi(t)$ 以 2π 为周期进行偶开拓,即令

$$g(t)=\begin{cases}\varphi(t), & 0\leqslant t\leqslant\pi,\\ \varphi(-t), & -\pi\leqslant t<0.\end{cases}$$

于是由定理 19.9，对任意给定的 $\varepsilon>0$，存在某一个只含有余弦的三角多项式 $\delta_{n_0}(t)$，使

$$|g(t)-\sigma_{n_0}(t)|<\frac{\varepsilon}{2}, \quad -\pi\leqslant t\leqslant\pi. \tag{19.46}$$

这里因为 $g(t)$ 是偶函数，对应的傅里叶级数为余弦级数，从而相应的算术平均和是余弦的三角多项式.

现在，把 $\sigma_{n_0}(t)$，在 $t=0$ 展成泰勒级数，显见这个泰勒级数在 $[-\pi,\pi]$ 上是一致收敛的，因而存在某个代数多项式 $p_n(t)$（可取 n 足够大），使

$$|\sigma_{n_0}(t)-p_n(t)|<\frac{\varepsilon}{2}, \quad -\pi\leqslant t\leqslant\pi. \tag{19.47}$$

从 (19.46)，(19.47) 得

$$|g(t)-p_n(t)|<\varepsilon, \quad -\pi\leqslant t\leqslant\pi,$$

或者

$$|\varphi(t)-p_n(t)|<\varepsilon, \quad 0\leqslant t\leqslant\pi.$$

然后把 t 再换为变量 x，有多项式

$$P_n(x)=p_n\left(\frac{x-a}{b-a}\pi\right)$$

在 $[a,b]$ 上满足不等式

$$|f(x)-P_n(x)|<\varepsilon.$$

维尔斯特拉斯逼近定理是分析学基本的经典定理之一. 这定理影响很大，它是逼近论、近似方法的基础，后人对它作了广泛的研究和发展. 我们这里给出的（定理 19.10）证明是傅里叶级数理论的一个直接应用，除此以外还有许多关于这定理的各种证明方法，可从普通的数学分析教科书或逼近论专著中找到（例如，[苏] 柯罗夫金著，郑维行译《线性算子与逼近论》第一章，高等教育出版社，1960）.

定理 19.11 的一个直接深化是著名的斯通(Stone)-维尔斯特拉斯定理(参看[美]W. Rudin 著,赵慈庚等译《数学分析原理》,高等教育出版社,1979).

最后,我们举一个傅里叶级数应用的例题.

例 2 设 $f(x)$ 在 $[a,b]$ 上 R 可积,试证

$$\lim_{\alpha \to +\infty} \int_a^b f(x) \mid \cos \alpha x \mid \mathrm{d}x = \frac{2}{\pi} \int_a^b f(x) \mathrm{d}x.$$

证 作自变量变换 $t = \alpha x$,因偶函数 $\mid \cos t \mid$ 有一致收敛的余弦级数展开式

$$\mid \cos t \mid = \frac{2}{\pi} + \frac{4}{\pi} \sum_{n=1}^{\infty} \frac{(-1)^{n+1}}{4n^2 - 1} \cos 2nt, \quad -\infty < t < +\infty$$

(19.2 习题 1(3)),可逐项求积分,并代为原变量 x,得

$$\int_a^b f(x) \mid \cos \alpha x \mid \mathrm{d}x = \frac{2}{\pi} \int_a^b f(x) \mathrm{d}x$$

$$+ \frac{4}{\pi} \sum_{n=1}^{\infty} \frac{(-1)^{n+1}}{4n^2 - 1} \int_a^b f(x) \cos 2n\alpha x \, \mathrm{d}x.$$

令

$$u_n(\alpha) = \int_a^b f(x) \cos 2n\alpha x \, \mathrm{d}x, \quad n = 1, 2, \cdots,$$

由定理 19.2,$\lim_{\alpha \to +\infty} u_n(\alpha) = 0$. 易证每个 $u_n(\alpha)$ 是 $[0, +\infty)$ 上的连续函数,且级数 $\sum_{n=1}^{\infty} \frac{(-1)^{n+1}}{4n^2 - 1} u_n(\alpha)$ 一致收敛. 最后,令 $\alpha \to +\infty$,并逐项求极限,得

$$\lim_{\alpha \to +\infty} \int_a^b f(x) \mid \cos \alpha x \mid \mathrm{d}x = \frac{2}{\pi} \int_a^b f(x) \mathrm{d}x.$$

习　　题

1. 试证下列等式：

(1) $\sum\limits_{n=1}^{\infty} \dfrac{(-1)^{n+1}\sin nx}{n} = \dfrac{x}{2}, \quad -\pi < x < \pi;$

(2) $\sum\limits_{n=1}^{\infty} (-1)^{n+1}\dfrac{\cos nx}{n^2} = \dfrac{\pi^2}{12} - \dfrac{x^2}{4}, \quad -\pi \leqslant x \leqslant \pi;$

(3) $\sum\limits_{n=1}^{\infty} (-1)^{n+1}\dfrac{\sin nx}{n^3} = \dfrac{\pi^2}{12}x - \dfrac{x^3}{12}, \quad -\pi \leqslant x \leqslant \pi.$

2. 试验证对函数 $f(x)=\sin ax$ $(-\pi<x<\pi, a$ 不是整数$)$的正弦级数展开式(参看 19.3 习题 2)不能使用逐项求导定理(定理 19.7).

3. 试证 $x \neq 2n\pi$ $(n$ 为整数$)$时, 级数

$$\frac{1}{2} + \sum_{k=1}^{\infty} \cos kx$$

可以处处费耶求和, 且其和为零.

4. 试证三角级数

$$\frac{\sin 2x}{\ln 2} + \frac{\sin 3x}{\ln 3} + \cdots + \frac{\sin nx}{\ln x} + \cdots$$

在$(-\infty, +\infty)$上收敛于某个函数 $g(x)$, 但它不是 $g(x)$ 的傅里叶级数.

5. 设 $f(x)$ 是以 2π 为周期的函数, 它具有 $r-2$ 阶的连续导数, 且 $r-1$ 阶导函数逐段光滑, 则

$$a_k = o\left(\frac{1}{k^r}\right), \quad b_k = o\left(\frac{1}{k^r}\right), \quad k \to \infty,$$

其中 a_k, b_k 是 $f(x)$ 的傅里叶系数, $r>2$ 为自然数.

6. 若 $f(x)$ 是以 2π 为周期的正常可积或反常绝对可积函数, x 为 $f(x)$ 的连续点或第一类间断点, 求证

$$\lim_{n\to\infty}\sigma_n(x)=\frac{f(x_+)+f(x_-)}{2}.$$

7. 设 $f(x)$ 是以 2π 为周期的连续函数,且具有连续导函数 $f'(x),f''(x)$,试直接证明 $f(x)$ 具有一致收敛的傅里叶级数.

19.5 平均收敛性

设 $f(x)$ 是 2π 周期函数,19.4 节中的维尔斯特拉斯定理表明,如果 $f(x)$ 在 $[-\pi,\pi]$ 上还是连续的,那么必有三角多项式序列 $t_n(x)$ 向 $f(x)$ 一致逼近,亦即对

$$\delta_n=\|f-t_n\|=\sup_{-\pi\leqslant x\leqslant\pi}|f(x)-t_n(x)|,$$

有 $\lim\limits_{n\to\infty}\delta_n=0$.

这种在一致范数意义下的逼近度量,实际上必须考虑函数在一切点上的"均匀"近似性,这一点,在实用中往往受到限制. 因此,人们往往宁愿去考虑"平均"近似性,也就是取平方平均偏差

$$\delta_n'=\left(\frac{1}{2\pi}\int_{-\pi}^{\pi}|f(x)-t_n(x)|^2\mathrm{d}x\right)^{\frac{1}{2}}$$

作为逼近度量.

在叙述正题以前,先引入一个概念. 设 $f(x)$ 是区间 $[a,b]$ 上给出的函数,若

$$\int_a^b|f(x)|^2\mathrm{d}x<\infty,$$

称 $f(x)$ 是 $[a,b]$ 上的平方可积函数,对每个平方可积函数 $f(x)$ 引进范数

$$\|f\|_2=\left(\int_a^b|f(x)|^2\mathrm{d}x\right)^{\frac{1}{2}}. \tag{19.48}$$

显见,$[a,b]$ 上的每个 R 可积函数必是平方可积的,且(19.48)式所定义的 $\|f\|_2$ 满足第 11 章 1.1 段所述的范数基本性质.

在记号(19.48)下,平方平均偏差 $\delta_n{}'$ 可表为

$$\delta_n{}' = \frac{1}{\sqrt{2\pi}} \parallel f - t_n \parallel_2 \qquad (19.49)$$

对于逼近度量 $\delta_n{}'$,期待解决两个问题:第一个问题是极值问题,在一切三角多项式的类中,能否存在某个三角多项式序列 $t_n^*(x)$,使 $t_n^*(x)$ 与 $f(x)$ 具有最小平均偏差,亦即对任一三角多项式都有

$$\parallel f - t_n^* \parallel_2 < \parallel f - t_n \parallel_2.$$

具有这个性质的 $t_n^*(x)$,通常称为 $f(x)$ 的最佳平均逼近三角多项式.第二个问题是平均收敛问题,即是否有

$$\parallel f - t_n^* \parallel_2 \to 0, \quad n \to \infty.$$

我们说一个函数序列 $f_n(x)$ **平均收敛**于一个在区间 $[a,b]$ 上定义的平方可积函数 $f(x)$,指的是若在(19.48)的度量下, $\parallel f - f_n \parallel_2$ $\to 0 (n \to \infty)$,或

$$\lim_{n \to \infty} \int_a^b \mid f(x) - f_n(x) \mid^2 \mathrm{d}x = 0.$$

本节将围绕上述两个问题来展开讨论.下面的论证将发现,$f(x)$ 是 R 可积时,它的傅里叶级数部分和序列 $S_n(x)$ 正好充当了最佳逼近多项式 $t_n^*(x)$ 的角色!这样的事实似乎会使我们大吃一惊,因为用 $S_n(x)$ 作为逼近工具,在考虑其点态收敛或一致收敛意义下逼近可积函数 $f(x)$ 时是很不理想的.

19.5.1 傅里叶级数的极值性质

本段目的是解决前述的第一个问题.讨论时,可以考察较一般的情形.

在本章的 19.1 已建立了区间 $[a,b]$ 上直交系的概念.设 $S = \{\varphi_0(x), \varphi_1(x), \cdots, \varphi_n(x), \cdots\}$ 是直交系,即

$$\int_a^b \varphi_n(x) \overline{\varphi_m(x)} \mathrm{d}x = \begin{cases} 0, & n \neq m, \\ \lambda_n > 0, & n = m. \end{cases}$$

对正常可积函数 $f(x)$，称数

$$c_k = \frac{1}{\lambda_k} \int_a^b f(x)\, \overline{\varphi_k(x)}\, \mathrm{d}x \tag{19.50}$$

为 $f(x)$ 的(**广义**)**傅里叶系数**，且称级数

$$\sum_{k=0}^{\infty} c_k \varphi_k(x)$$

为 $f(x)$ 的(**广义**)**傅里叶级数**，记为

$$f(x) \sim \sum_{k=0}^{\infty} c_k \varphi_k(x). \tag{19.51}$$

这个级数的部分和记为

$$S_n(x) = \sum_{k=0}^{n} c_k \varphi_k(x). \tag{19.52}$$

此外，我们还引入 n 次 φ-多项式 $t_n(x)$：

$$t_n(x) = \sum_{k=0}^{n} \gamma_k \varphi_k(x), \tag{19.53}$$

其中 γ_k 等是一些已知的实数或复数.

　　为简单起见，今后我们只考虑 $\{\varphi_n\}$ 是标准直交系的情形(即所有 $\lambda_n = 1$).

　　我们的第一个问题是，说得一般些，若用 n 次 φ-多项式 $t_n(x)$ 作为平均逼近正常可积实函数 $f(x)$，今要找出最佳逼近多项式使 $\| f - t_n \|_2$ 为最小，亦即要使

$$\Delta_n = \| f - t_n \|_2^2 = \int_a^b | f(x) - t_n(x) |^2 \mathrm{d}x$$

达到最小值.

　　设 $\{\varphi_n\}$ 是标准直交系，由(19.53)把 Δ_n 表成

$$\Delta_n = \int_a^b \left(f(x) - \sum_{k=0}^n \gamma_k \varphi_k(x) \right) \left(f(x) - \sum_{k=0}^n \overline{\gamma_k \varphi_k(x)} \right) \mathrm{d}x$$

$$= \int_a^b f^2(x) \mathrm{d}x - \sum_{k=0}^n \overline{\gamma_k} \int_a^b f(x)\, \overline{\varphi_k(x)}\, \mathrm{d}x$$

$$-\sum_{k=0}^{n}\gamma_k\int_a^b f(x)\varphi_k(x)\mathrm{d}x+\sum_{j,k}\gamma_k\overline{\gamma_j}\int_a^b\varphi_k(x)\overline{\varphi_j(x)}\mathrm{d}x.$$

上式最后一项的值由 $\varphi_k(x)$ 的直交性等于 $\sum_{k=0}^{n}\gamma_k\overline{\gamma_k}=\sum_{k=0}^{n}\mid\gamma_k\mid^2$，再由 (19.50)，

$$\int_a^b f(x)\overline{\varphi_k(x)}\mathrm{d}x=c_k,\quad\int_a^b f(x)\varphi_k(x)\mathrm{d}x=\overline{c_k},$$

于是进而有

$$\Delta_n=\int_a^b f^2(x)\mathrm{d}x-\sum_{k=0}^{n}(\overline{\gamma_k}c_k+\gamma_k\bar{c}_k)+\sum_{k=0}^{n}\mid\gamma_k\mid^2,$$

又因

$$\mid\gamma_k-c_k\mid^2=\mid\gamma_k\mid^2+\mid c_k\mid^2-(\gamma_k\bar{c}_k+\overline{\gamma_k}c_k),$$

从而 Δ_n 最终的形式为

$$\Delta_n=\int_a^b f^2(x)\mathrm{d}x-\sum_{k=0}^{n}\mid c_k\mid^2+\sum_{k=0}^{n}\mid\gamma_k-c_k\mid^2.\quad(19.54)$$

至此，我们的极值问题已经得解，欲使 $\parallel f-t_n\parallel_2$ 达到最小值当且仅当 (19.54) 中

$$\gamma_k=c_k,\quad k=0,1,2,\cdots,n$$

且 Δ_n 的最小值是

$$E_n=\int_a^b\mid f(x)-S_n(x)\mid^2\mathrm{d}x=\int_a^b f^2(x)\mathrm{d}x-\sum_{k=0}^{n}\mid c_k\mid^2.$$

$$(19.55)$$

由于 $E_n\geqslant0$，因此对任何 $n=0,1,2,\cdots$

$$\sum_{k=0}^{n}\mid c_k\mid^2\leqslant\int_a^b f^2(x)\mathrm{d}x=(\parallel f\parallel_2)^2,$$

从而

$$\sum_{k=0}^{\infty}\mid c_k\mid^2\leqslant\parallel f\parallel_2^2.\quad(19.56)$$

(19.56) 称为贝塞耳（Bessel）不等式.

由 (19.56) 推得级数 $\sum\limits_{k=0}^{\infty} |c_k|^2$ 收敛，从而 $c_k \to 0$，即 $f(x)$ 的傅里叶系数趋于 0.

因此，由上所述已证得

定理 19.12　设 $f(x)$ 是 $[a,b]$ 上的正常可积函数，$S = \{\varphi_0, \varphi_1, \cdots, \varphi_n, \cdots\}$ 是 $[a,b]$ 上的标准直交系，$t_n(x)$ 是由 (19.53) 所示的 n 次 φ-多项式，则

$1°$　$\gamma_k = c_k$ 时，$\| f - t_n \|_2$ 达到最小值，亦即 $f(x)$ 的傅里叶级数部分和 $S_n(x)$ 是 $f(x)$ 的最佳（平均）逼近多项式，且

$$\| f - S_n \|_2^2 = \| f \|_2^2 - \sum_{k=0}^{n} |c_k|^2. \tag{19.57}$$

$2°$　级数 $\sum\limits_{k=0}^{\infty} |c_k|^2$ 收敛.

$3°$　$c_k \to 0 \ (k \to \infty)$.

作为例子，设 $f(x)$ 是 $[-\pi, \pi]$ 上的 R 可积函数，并且直交函数系 S 为三角直交系：

$$\varphi_0(x) = \frac{1}{\sqrt{2\pi}}, \quad \varphi_{2k-1}(x) = \frac{\cos kx}{\sqrt{\pi}},$$

$$\varphi_{2k}(x) = \frac{\sin kx}{\sqrt{\pi}}, \quad k = 1, 2, \cdots,$$

并设

$$f(x) \sim \frac{a_0}{2} + \sum_{k=1}^{\infty} (a_k \cos kx + b_k \sin kx).$$

则部分和 $S_n(x)$ 是 $f(x)$ 的最佳平均逼近多项式且

$$\int_{-\pi}^{\pi} [f(x) - S_n(x)]^2 \, \mathrm{d}x$$

$$= \int_{-\pi}^{\pi} f^2(x) \, \mathrm{d}x - \left[\frac{a_0^2}{2} + \sum_{k=1}^{n} (a_k^2 + b_k^2) \right] \pi. \tag{19.58}$$

相应的贝塞耳不等式是

$$\pi\left[\frac{a_0^2}{2} + \sum_{k=1}^{\infty}(a_k^2 + b_k^2)\right] \leqslant \int_{-\pi}^{\pi} f^2(x)\mathrm{d}x. \tag{19.59}$$

19.5.2 傅里叶级数的平均收敛·三角函数系的完全性

前一段已经证明了正常可积函数的(广义)傅里叶级数部分和序列具有平均逼近的极值性质. 接着要考虑的问题是这个部分和序列是否平均收敛于 $f(x)$? 由等式(19.57),

$$\| f - S_n \|_2 \to 0 \tag{19.60}$$

当且仅当

$$\sum_{k=0}^{\infty} | c_k |^2 = \| f \|_2^2. \tag{19.61}$$

也就是说,贝塞耳不等式(19.56)中等号成立.

公式(19.61)称为标准直交函数系 S 的**封闭性方程**,或者叫巴塞伐尔(**Parseval**)**等式**. 由此可引入如下概念:

定义(完备直交函数系) 设 $S = \{\varphi_0(x), \varphi_1(x), \cdots, \varphi_n(x), \cdots\}$ 是 $[a, b]$ 上的一个标准直交系,如果每个正常可积函数 $f(x)$ 的傅里叶系数(19.50)满足巴塞伐尔等式(19.61),则称 S 是**完备直交函数系**,或说 S 满足**完备性**.

因每个直交函数系的子集仍是直交函数系,现在要问,当给定一个直交系时,是否可扩充为更大的直交系? 对此可引入直交系的完全性概念.

定义(完全直交系) 设 $S = \{\varphi_0(x), \varphi_1(x), \cdots, \varphi_n(x), \cdots\}$ 是在 $[a, b]$ 上给定的标准直交函数系,若不存在非零的连续函数 $f(x)$ 使与一切 $\varphi_k(x)$ 直交,即 $f(x)$ 满足

$$\int_a^b f(x) \overline{\varphi_k(x)}\mathrm{d}x = 0, \quad k = 0, 1, 2, \cdots,$$

则就称 S 是**完全的直交系**,或说 S 具有**完全性**.

那么,标准直交函数系 S 的完备性和完全性有什么关系呢?

若 S 是完备直交系时,易证 S 必是完全系(习题 3),反之,若 S 是完全直交系,在某一类函数空间中我们可以证明(这中间要涉及一些实变函数知识,限于篇幅故从略)S 也是完备直交系. 因此下列三者实际上是等价的:

(i) $\parallel f-S_n\parallel_2\rightarrow 0$;

(ii) S 是完备直交系;

(iii) S 是完全直交系.

其中 S_n 是正常可积函数 $f(x)$ 关于直交系 S 展开的傅里叶级数部分和序列. 由此说明,函数关于直交系 S 展开的傅里叶级数部分和是否平均收敛于该函数,取决于 S 是不是一个完备系或完全系.

下面对 S 是三角函数系 $\left\{\dfrac{1}{\sqrt{2\pi}},\dfrac{\cos kx}{\sqrt{\pi}},\dfrac{\sin kx}{\sqrt{\pi}}\right\}$ 进行讨论. 并且就 $f(x)$ 是 R 可积情形,证明对三角函数系来说(i),(ii),(iii)都成立.

定理 19.13 设 $f(x)$ 是 $[-\pi,\pi]$ 上 R 可积函数,且

$$f(x)\sim\frac{a_0}{2}+\sum_{k=1}^{\infty}(a_k\cos kx+b_k\sin kx),$$

则

$$\lim_{n\rightarrow\infty}\int_{-\pi}^{\pi}\mid f(x)-S_n(x)\mid^2\mathrm{d}x=0,$$

或 $\parallel f-S_n\parallel_2\rightarrow 0(n\rightarrow\infty)$.

证 由于改变个别点上面的函数值不影响积分值,故我们不妨假定 $f(\pi)=f(-\pi)$,因 $f(x)$ 在 $[-\pi,\pi]$ 上可积,于是有常数 $M>0$,使 $\mid f(x)\mid\leqslant M$;并且,对任意给定的 $\varepsilon>0$,存在某一个分割 $P=\{x_0,x_1,\cdots,x_n\}$,$x_0=-\pi$,$x_n=\pi$,使

$$\sum_{k=1}^{n}(M_k-m_k)\Delta x_k<\frac{\varepsilon^2}{2M},\tag{19.62}$$

其中 $M_k=\sup\limits_{x_{k-1}\leqslant x\leqslant x_k}f(x)$,$m_k=\inf\limits_{x_{k-1}\leqslant x\leqslant x_k}f(x)$,$\Delta x_k=x_k-x_{k-1}$,令

$$\varphi(x) = \frac{x_k - x}{\Delta x_k} f(x_{k-1}) + \frac{x - x_{k-1}}{\Delta x_k} f(x_k),$$

$$x_{k-1} \leqslant x \leqslant x_k, \quad k = 1, 2, \cdots, n.$$

$\varphi(x)$ 的图形实际上是平面上连接点 $(x_0, f(x_0)), (x_1, f(x_1)), \cdots$ $(x_n, f(x_n))$ 的折线段. $\varphi(x)$ 在 $[-\pi, \pi]$ 上连续,且因 $f(\pi) = f(-\pi), \varphi(x)$ 可以以 2π 周期延拓到整个实轴上,且

$$|f(x) - \varphi(x)| \leqslant M_k - m_k, \quad x_{k-1} \leqslant x \leqslant x_k.$$

由此与(19.62),得

$$\int_{-\pi}^{\pi} |f(x) - \varphi(x)|^2 \mathrm{d}x = \sum_{k=1}^{n} \int_{x_{k-1}}^{x_k} |f(x) - \varphi(x)|^2 \mathrm{d}x$$

$$\leqslant \sum_{k=1}^{n} (M_k - m_k)^2 \Delta x_k \leqslant 2M \sum_{k=1}^{n} (M_k - m_k) \Delta x_k$$

$$< \varepsilon^2. \tag{19.63}$$

另据维尔斯特拉斯逼近定理,存在 N,当 $n > N$ 有三角多项式 $t_n(x)$,使

$$|\varphi(x) - t_n(x)| < \frac{\varepsilon}{\sqrt{2\pi}}, \quad n > N,$$

从而

$$\int_{-\pi}^{\pi} |\varphi(x) - t_n(x)|^2 \mathrm{d}x < \varepsilon^2, \quad n > N. \tag{19.64}$$

因此,据定理 19.12 以及范数性质(ⅲ),由(19.63),(19.64)得

$$\|f - S_n\|_2 \leqslant \|f - t_n\|_2 \leqslant \|f - \varphi\|_2 + \|\varphi - t_n\|_2 < 2\varepsilon,$$

$$n > N.$$

亦即

$$\lim_{n \to \infty} \int_{-\pi}^{\pi} |f(x) - S_n(x)|^2 \mathrm{d}x = 0.$$

由定理 19.13,贝塞耳不等式(19.59)等号成立.

$$\frac{a_0^2}{2} + \sum_{k=1}^{\infty} (a_k^2 + b_k^2) = \frac{1}{\pi} \int_{-\pi}^{\pi} f^2(x) \mathrm{d}x. \tag{19.65}$$

即巴塞伐尔等式成立. 因此有下推论

定理 19.14　三角函数系 $\left\{\dfrac{1}{\sqrt{2\pi}},\dfrac{\cos kx}{\sqrt{\pi}},\dfrac{\sin kx}{\sqrt{\pi}}\right\}_{k=1}^{\infty}$ 是区间 $[-\pi,\pi]$ 上的一个完备的标准直交系.

定理 19.15(广义封闭性方程)　设 $f(x)$ 满足定理 19.13 条件,且对 $g(x)$ 还设

$$g(x) \sim \frac{\alpha_0}{2} + \sum_{k=1}^{\infty}(\alpha_k\cos kx + \beta_k\sin kx),$$

则

$$\frac{1}{\pi}\int_{-\pi}^{\pi}f(x)g(x)\mathrm{d}x = \frac{a_0\alpha_0}{2} + \sum_{k=1}^{\infty}(a_k\alpha_k + b_k\beta_k). \quad (19.66)$$

证　由于 $f(x)g(x) = \dfrac{1}{4}\big[(f(x)+g(x))^2 - (f(x)-g(x))^2\big]$,分别对 $f(x)+g(x)$ 与 $f(x)-g(x)$ 应用公式 (19.65),有

$$\frac{1}{\pi}\int_{-\pi}^{\pi}[f(x)+g(x)]^2\mathrm{d}x$$
$$= \frac{(a_0+\alpha_0)^2}{2} + \sum_{k=1}^{\infty}[(a_k+\alpha_k)^2 + (b_k+\beta_k)^2],$$
$$\frac{1}{\pi}\int_{-\pi}^{\pi}[f(x)-g(x)]^2\mathrm{d}x$$
$$= \frac{(a_0-\alpha_0)^2}{2} + \sum_{k=1}^{\infty}[(a_k-\alpha_k)^2 + (b_k-\beta_k)^2].$$

上两式相减并两边除以 4 就得到(19.66).

定理 19.16　三角函数系 $\left\{\dfrac{1}{\sqrt{2\pi}},\dfrac{\cos kx}{\sqrt{\pi}},\dfrac{\sin kx}{\sqrt{\pi}}\right\}$ 是一个完全直交函数系.

证　假如 $\left\{\dfrac{1}{\sqrt{2\pi}},\dfrac{\cos kx}{\sqrt{\pi}},\dfrac{\sin kx}{\sqrt{\pi}}\right\}$ 不是完全系,必存在非零的连续函数 $f(x)$,仍有 $a_0=0,a_k=0,b_k=0,k=1,2,\cdots$,由巴塞伐尔

等式(19.65)

$$\int_{-\pi}^{\pi} f^2(x)\mathrm{d}x = 0,$$

因而 $f(x)\equiv 0$,这与 $f(x)$ 非零相矛盾.

由定理 19.16 立得

定理 19.17(傅里叶级数的唯一性定理) 若 $f(x),g(x)$ 是 $[-\pi,\pi]$ 上的连续函数且有相同的傅里叶系数,则 $f(x)$ 与 $g(x)$ 必恒等.

定理 19.17 表明每个连续函数可由其傅里叶系数唯一地确定.

例1 试由函数

$$f(x)=\begin{cases}1, & |x|\leqslant\alpha, \\ 0, & \alpha<|x|\leqslant\pi\end{cases}$$

的傅里叶展开式求级数

$$s = \sum_{n=1}^{\infty}\frac{\sin^2 n\alpha}{n^2}, \quad c = \sum_{n=1}^{\infty}\frac{\cos^2 n\alpha}{n^2}$$

之和 s 与 c.

解 因 $f(x)$ 是 $(-\pi,\pi)$ 内逐段光滑的偶函数,故有(19.28)式成立,即

$$f(x)=\frac{a_0}{2}+\sum_{n=1}^{\infty}a_n\cos nx, \quad x\in[-\pi,\pi], |x|\neq\alpha.$$

其中

$$\alpha_0 = \frac{2}{\pi}\int_0^{\pi}f(x)\mathrm{d}x = \frac{2\alpha}{\pi},$$

$$a_n = \frac{2}{\pi}\int_0^{\pi}f(x)\cos nx\,\mathrm{d}x = \frac{2}{\pi}\int_0^{a}\cos nx\,\mathrm{d}x$$

$$= \frac{2}{\pi}\frac{\sin n\alpha}{n}, n=1,2,\cdots,$$

用巴塞伐尔等式(19.65)

$$\frac{a_0^2}{2} + \sum_{n=1}^{\infty} a_n^2 = \frac{1}{\pi}\int_{-\pi}^{\pi} f^2(x)\mathrm{d}x,$$

并注意到 $\frac{1}{\pi}\int_{-\pi}^{\pi} f^2(x)\mathrm{d}x = \frac{2\alpha}{\pi}$,再用 a_0, a_n 代入上式,整理得

$$s = \sum_{n=1}^{\infty} \frac{\sin^2 n\alpha}{n^2} = \frac{\alpha(\pi-\alpha)}{2}.$$

再从等式 $\sin^2 n\alpha + \cos^2 n\alpha = 1$ 与 $\sum_{n=1}^{\infty} \frac{1}{n^2} = \frac{\pi^2}{6}$ (19.4.1 的例),立得

$$c = \sum_{n=1}^{\infty} \frac{\cos^2 n\alpha}{n^2} = \frac{\pi^2}{6} - s = \frac{\pi^2 - 3\alpha\pi + 3\alpha^2}{6}.$$

函数的卷积运算非但在逼近论、算子理论中而且在通讯技术中也是一个重要的数学工具.

周期为 2π 的两个函数 $f(x), g(x)$ 的**卷积**用积分

$$(f * g)(x) = \frac{1}{2\pi}\int_{-\pi}^{\pi} f(u)g(x-u)\mathrm{d}u$$

来定义. 显然,如果卷积存在它仍是一个周期函数、容易验证,函数 $f \in R_{2\pi}$ 的傅里叶级数部分和 $S_n(x)$ 与费耶和 $\sigma_n(x)$ 都是卷积的例子(分别参看 19.2 和 19.4 的(19.43)式),即

$$S_n(x) = (f * D_n)(x),$$
$$\sigma_n(x) = (f * F_n)(x).$$

其中

$$D_n(x) = \begin{cases} \dfrac{\sin\left(n+\dfrac{1}{2}\right)x}{\sin\dfrac{x}{2}}, & x \neq 2j\pi, \\ 2n+1, & x = 2j\pi, j \in \mathbf{Z}, \end{cases}$$

$$F_n(x) = \begin{cases} \dfrac{1}{n}\left(\dfrac{\sin\dfrac{nx}{2}}{\sin\dfrac{x}{2}}\right)^2, & x \neq 2j\pi, \\ n, & x = 2j\pi, j \in \mathbf{Z}, \end{cases}$$

卷积有许多重要性质,结合本章的重要定理,仅举下面一例.

例 2　设 $f \in \mathrm{R}_{2\pi}, g \in \mathrm{C}_{2\pi}$,则卷积 $f * g \in \mathrm{C}_{2\pi}$,且在实轴上有绝对一致收敛的级数展开式

$$(f * g)(x) = \sum_{k=-\infty}^{\infty} c_k d_k \mathrm{e}^{\mathrm{i}kx},$$

其中 c_k, d_k 分别是 $f(x), g(x)$ 的复傅里叶系数.

证　首先,由 $f \in \mathrm{R}_{2\pi}, g \in \mathrm{C}_{2\pi}$,从卷积的定义读者容易证实对每个实数 x,$(f * g)(x)$ 存在且为连续函数.

其次,设

$$(f * g)(x) \sim \sum_{k=-\infty}^{\infty} r_k \mathrm{e}^{\mathrm{i}kx},$$

从(19.7)式计算复傅里叶系数 $r_k (k \in \mathbf{Z})$,

$$\begin{aligned}
r_k &= \frac{1}{2\pi}\int_{-\pi}^{\pi}(f * g)(x)\mathrm{e}^{-\mathrm{i}kx}\mathrm{d}x \\
&= \frac{1}{2\pi}\int_{-\pi}^{\pi}\mathrm{e}^{-\mathrm{i}kx}\mathrm{d}x\left(\frac{1}{2\pi}\int_{-\pi}^{\pi}f(u)g(x-u)\mathrm{d}u\right) \\
&= \frac{1}{2\pi}\int_{-\pi}^{\pi}f(u)\mathrm{e}^{-\mathrm{i}ku}\mathrm{d}u\left(\frac{1}{2\pi}\int_{-\pi}^{\pi}g(x-u)\mathrm{e}^{-\mathrm{i}k(x-u)}\mathrm{d}x\right) \\
&= c_k d_k,
\end{aligned}$$

故 $r_k = c_k d_k$. 据施瓦尔兹不等式和贝塞耳不等式(19.56),有

$$\begin{aligned}
\sum_{k=-\infty}^{\infty}|r_k| &= \sum_{k=-\infty}^{\infty}|c_k d_k| \leqslant \left(\sum_{k=-\infty}^{\infty}|c_k|^2\right)^{\frac{1}{2}}\left(\sum_{k=-\infty}^{\infty}|d_k|^2\right)^{\frac{1}{2}} \\
&\leqslant \frac{1}{2\pi}\|f\|_2 \cdot \frac{1}{2\pi}\|g\|_2 < +\infty,
\end{aligned}$$

这表明三角级数 $\sum\limits_{k=-\infty}^{\infty} c_k d_k \mathrm{e}^{ikx}$ 在实轴上绝对一致收敛,且是它的和函数的傅里叶级数(定理 19.1),再由傅里叶级数的唯一性定理(定理 19.17),这个级数的和就是 $(f*g)(x)$. 故

$$(f*g)(x) = \sum_{k=-\infty}^{\infty} c_k d_k \mathrm{e}^{ikx}.$$

注 如果 $f,g \in \mathrm{R}_{2\pi}$,上述等式仍成立. 由此出发,令 $x=0$,得 $(f*g)(0) = \sum\limits_{k=-\infty}^{\infty} c_k d_k$,就是关于复傅里叶系数的广义封闭性方程(即定理 19.15)

$$\frac{1}{2\pi}\int_{-\pi}^{\pi} f(x)g(x)\mathrm{d}x = \sum_{k=-\infty}^{\infty} c_k d_k,$$

又取 $g=\overline{f}$,得巴塞伐尔等式(即(19.61)式)

$$\frac{1}{2\pi}\int_{-\pi}^{\pi} |f(x)|^2 \mathrm{d}x = \sum_{k=-\infty}^{\infty} |c_k|^2,$$

从而 $\|S_n-f\|_2 \to 0$,即定理 19.13 成立. 由此可见,我们也可通过卷积来研究函数序列的平均收敛性及有关理论.

习　题

1. 如果 $f(x)$ 在 $[0,l]$ 上正常可积,求证:

$$\frac{a_0^2}{2} + \sum_{n=1}^{\infty} a_n^2 = \frac{2}{l}\int_0^l f^2(x)\mathrm{d}x,$$

其中

$$a_n = \frac{2}{l}\int_0^l f(x)\cos\frac{n\pi x}{l}\mathrm{d}x. \quad n=0,1,2,\cdots$$

2. 设 $f(x)$ 是 $[a,b]$ 上的正常可积函数,函数系 $S=\{\varphi_0(x),\varphi_1(x),\cdots,\varphi_n(x),\cdots\}$ 是 $[a,b]$ 上的一个标准直交系,$S_n(x)$ 表示 $f(x)$ 关于函数系 S 的傅里叶级数部分和,求证

$$\| S_n \|_2 \leqslant \| f \|_2, \quad n = 0, 1, 2, \cdots$$

3. 设函数系 S 由题 2 所示，证明 S 是完备系必蕴含 S 是完全系.

4. 试用费耶定理（定理 19.9）去证明函数系

$$\left\{ \frac{1}{\sqrt{2\pi}}, \quad \frac{\cos kx}{\sqrt{\pi}}, \quad \frac{\sin kx}{\sqrt{\pi}} \right\}, \quad k = 1, 2, \cdots$$

是完全系.

5. 若 $f(x)$ 的傅里叶级数在 $[-\pi, \pi]$ 上一致收敛于 $f(x)$，则巴塞伐尔公式（19.65）成立.

6. 设 $X_{[a,b]}(x)$ 是 $[-\pi, \pi]$ 上的特征函数（$-\pi \leqslant a < b \leqslant \pi$），即

$$X_{[a,b]}(x) = \begin{cases} 1, & a \leqslant x \leqslant b, \\ 0, & \text{其他}. \end{cases}$$

先求出 $X_{[a,b]}(x)$ 的傅里叶级数，进而由此证明：对 $[-\pi, \pi]$ 上的正常可积函数 $f(x)$，逐项求积公式

$$\int_a^b f(x) \mathrm{d}x = \frac{a_0}{2}(b - a) + \sum_{n=1}^{\infty} \int_a^b (a_n \cos nx + b_n \sin nx) \mathrm{d}x$$

成立，其中 a_n, b_n 是 $f(x)$ 的傅里叶系数.

19.6 傅 里 叶 积 分

每个非周期函数在任意有限区间上都可以按 19.3 的方法展成傅里叶级数. 现在，我们要考虑在 $(-\infty, +\infty)$ 上给出的非周期函数，如何把它在整个实轴上"展开"的问题，为此，我们先作一个不够严格的陈述，看一看函数在 $(-\infty, +\infty)$ 展开时具有什么样的形式.

设 $f(x)$ 是 $(-\infty, +\infty)$ 上给出的函数. 令

$$f_l(x) = \begin{cases} f(x), & |x| \leqslant l, \\ 0, & |x| > l, \end{cases}$$

知 $\lim\limits_{l\to+\infty} f_l(x)=f(x)$. 在一定条件下,有(19.3(19.27)式)

$$f_l(x)=\frac{a_0}{2}+\sum_{k=1}^{\infty}\left(a_k\cos\frac{k\pi}{l}x+b_k\sin\frac{k\pi}{l}x\right),\quad -l<x<l$$

其中

$$a_k=\frac{1}{l}\int_{-l}^{l}f(t)\cos\frac{k\pi t}{l}\mathrm{d}t,$$

$$b_k=\frac{1}{l}\int_{-l}^{l}f(t)\sin\frac{k\pi t}{l}\mathrm{d}t$$

是 $f_l(x)$ 的傅里叶系数,把系数的积分形式代入于级数,有

$$f_l(x)=\frac{1}{2l}\int_{-l}^{l}f(t)\mathrm{d}t+\sum_{k=1}^{\infty}\frac{1}{l}\int_{-l}^{l}f(t)\cos\frac{k\pi}{l}(t-x)\mathrm{d}t.$$

$$(19.67)$$

这样,$f(x)$ 在 $(-\infty,+\infty)$ 上的展开式应当是(19.67)右边当 $l\to$ $+\infty$ 时的极限形式. $l\to+\infty$ 时,$\int_{-l}^{l}f(x)\mathrm{d}x\to\int_{-\infty}^{+\infty}f(x)\mathrm{d}x$,若 $\int_{-\infty}^{+\infty}f(x)\mathrm{d}x$ 收敛时,则(19.67)右边第一项取极限后便消失. 对于 (19.67)右边第二项,我们把余弦号下的系数 $\dfrac{k\pi}{l}$,看作某一个由 $\omega_0=0$ 连续变到 $+\infty$ 的变数 ω 的离散值

$$\omega_1=\frac{\pi}{l},\omega_z=2\cdot\frac{\pi}{l},\cdots,\omega_k=k\cdot\frac{\pi}{l};$$

而增量

$$\Delta\omega_k=\omega_{k+1}-\omega_k=\frac{\pi}{l}\to0\quad(l\to+\infty),$$

在这种表示法下,(19.67)中的级数变形为

$$\frac{1}{\pi}\sum_{k=1}^{\infty}\Delta\omega_k\int_{-l}^{l}f_l(t)\cos\omega_k(t-x)\mathrm{d}t,$$

它似乎是区间 $[0,+\infty)$ 内 ω 的函数

$$\varphi(\omega) = \frac{1}{\pi} \int_{-\infty}^{+\infty} f(t) \cos \omega(t-x) \mathrm{d}t$$

的积分和,也就是说,当 $l \to +\infty$ 似乎有

$$\lim_{l \to +\infty} \sum_{k=1}^{\infty} \frac{1}{l} \int_{l}^{l} f(t) \cos \frac{k\pi}{l}(t-x) \mathrm{d}t = \int_{0}^{+\infty} \varphi(\omega) \mathrm{d}\omega,$$

这就得出下列**傅里叶积分公式**:

$$f(x) = \frac{1}{\pi} \int_{0}^{+\infty} \mathrm{d}\omega \int_{-\infty}^{+\infty} f(t) \cos \omega(t-x) \mathrm{d}t. \qquad (19.68)$$

公式(19.68)的由来毕竟只是形式上的推导,下面着手建立严格的数学证明,而证明的基本方法仍要依赖于傅里叶级数的理论.

19.6.1 傅里叶积分定理

先建立一个推广的黎曼-勒贝格引理

引理 19.18(推广的黎曼-勒贝格引理) 设 $f(x)$ 在 $[a,b]$(任意的 $b>a$)上 R 可积且 $\int_{a}^{+\infty} |f(x)| \mathrm{d}x < \infty$,则

$$\lim_{a \to +\infty} \int_{a}^{+\infty} f(x) \cos \alpha x \mathrm{d}x = 0,$$

$$\lim_{a \to +\infty} \int_{a}^{+\infty} f(x) \sin \alpha x \mathrm{d}x = 0.$$

证 只证第一个等式,因为 $\int_{a}^{+\infty} |f(x)| \mathrm{d}x < \infty$,对任意的 $\varepsilon > 0$. 存在 $A > 0$,使

$$\int_{A}^{+\infty} |f(x)| \mathrm{d}x < \frac{\varepsilon}{2}.$$

对固定的 A,由黎曼-勒贝格引理(定理 19.2)存在 $\alpha_0 > 0$,当 $\alpha > \alpha_0$

$$\left| \int_{a}^{A} f(x) \cos \alpha x \mathrm{d}x \right| < \frac{\varepsilon}{2}.$$

因此,当 $\alpha > \alpha_0$ 时

$$\left|\int_a^{+\infty} f(x)\cos\alpha x\,\mathrm{d}x\right| \leqslant \left|\int_a^A f(x)\cos\alpha x\,\mathrm{d}x\right|$$
$$+ \left|\int_A^{+\infty} f(x)\cos\alpha x\,\mathrm{d}x\right|$$
$$\leqslant \frac{\varepsilon}{2} + \int_A^{+\infty} |f(x)|\,\mathrm{d}x < \varepsilon.$$

因而定理的第一个等式得证.

定理 19.19（傅里叶积分定理）　若在 $(-\infty,+\infty)$ 给出的函数 $f(x)$ 满足条件

(i) $f(x)$ 在任意有限区间上 R 可积,

(ii) $\displaystyle\int_{-\infty}^{+\infty} |f(x)|\,\mathrm{d}x < +\infty$,

(iii) 若存在一点 $x\in(-\infty,+\infty)$ 以及 x 的一个区间 $[x-\delta, x+\delta]$, $f(x)$ 在 $[x-\delta,x+\delta]$ 上囿变,则我们有公式

$$\frac{f(x_+)+f(x_-)}{2} = \frac{1}{\pi}\int_0^{+\infty}\mathrm{d}\omega\int_{-\infty}^{+\infty} f(t)\cos\omega(t-x)\,\mathrm{d}t.$$

$$(19.69)$$

特别,若 x 还是 $f(x)$ 的连续点,傅里叶积分公式(19.68)成立.

证　对每个满足条件(iii)的 x 和 $\alpha>0$,令

$$I(\alpha) = \frac{1}{\pi}\int_0^\alpha \mathrm{d}\omega\int_{-\infty}^{+\infty} f(t)\cos\omega(t-x)\,\mathrm{d}t,$$

故只要证

$$\lim_{\alpha\to+\infty} I(\alpha) = \frac{f(x_+)+f(x_-)}{2}. \qquad (19.70)$$

第一步,$I(\alpha)$ 可变形为积分

$$I(\alpha) = \frac{2}{\pi}\int_0^{+\infty} \frac{f(x+u)+f(x-u)}{2}\cdot\frac{\sin\alpha u}{u}\,\mathrm{d}u, \quad (19.71)$$

事实上,因为

$$|f(t)\cos\omega(t-x)| \leqslant |f(t)|,$$

并由条件(ii),所以 $\displaystyle\int_{-\infty}^{+\infty} f(t)\cos\omega(t-x)\,\mathrm{d}t$ 是对一切 $\omega\in[0,+\infty)$

是一致收敛的,因而 $I(\alpha)$ 中的二重积分可以换序,得

$$I(\alpha) = \frac{1}{\pi}\int_{-\infty}^{+\infty} f(t)\mathrm{d}t\int_0^\alpha \cos\omega(t-x)\mathrm{d}\omega,$$

而

$$\int_0^\alpha \cos(t-x)\omega\mathrm{d}\omega = \frac{\sin\alpha(t-x)}{t-x}.$$

再作代换 $t-x=u$,就有

$$I(\alpha) = \frac{1}{\pi}\int_{-\infty}^{+\infty} f(x+u)\,\frac{\sin\alpha u}{u}\mathrm{d}u,$$

由于 $\dfrac{\sin\alpha u}{u}$ 是偶函数,故而

$$I(\alpha) = \frac{2}{\pi}\int_0^{+\infty} \frac{f(x+u)+f(x-u)}{2}\cdot\frac{\sin\alpha u}{u}\mathrm{d}u,$$

(19.71)式得证.

第二步,条件(iii)蕴含

$$\lim_{\alpha\to+\infty} \frac{2}{\pi}\int_0^\delta \frac{f(x+u)+f(x-u)}{2}\frac{\sin\alpha u}{u}\mathrm{d}u$$
$$= \frac{f(x_+)+f(x_-)}{2}. \tag{19.72}$$

其实,若令

$$\varphi(u) = \frac{f(x+u)+f(x-u)}{2}, \quad 0\leqslant u\leqslant\delta.$$

$\varphi(u)$ 是 $[0,\delta]$ 上的囿变函数,利用对 19.2 的极限等式(19.16)的证明方法(或参看本章总习题8),应有

$$\lim_{\alpha\to+\infty}\int_0^\delta \varphi(u)\,\frac{\sin\alpha u}{u}\mathrm{d}u = \frac{\pi}{2}\varphi(0_+),$$

这就是等式(19.72).

第三步,等式(19.70)的证明.

从等式(19.71)出发.

$$I(\alpha) = \frac{2}{\pi}\int_0^\delta \varphi(u)\,\frac{\sin\alpha u}{u}\mathrm{d}u + \frac{1}{\pi}\int_\delta^{+\infty} f(x+u)\,\frac{\sin\alpha u}{u}\mathrm{d}u$$

$$+ \frac{1}{\pi} \int_\delta^{+\infty} f(x-u) \frac{\sin \alpha u}{u} du,$$

由条件(i)，$\frac{f(x+u)}{u}$ 在 $u \in [\delta, +\infty)$ 的任何有限区间上可积；且因

$u \geqslant \delta, \left| \frac{f(x+u)}{u} \right| \leqslant \frac{1}{\delta} |f(x+u)|$，有

$$\int_\delta^{+\infty} \left| \frac{f(x+u)}{u} \right| du \leqslant \frac{1}{\delta} \int_\delta^{+\infty} |f(x+u)| dx$$

$$\leqslant \frac{1}{\delta} \int_{-\infty}^{+\infty} |f(u)| du < +\infty,$$

表明 $\frac{f(x+u)}{u}$ 在 $[\delta, +\infty)$ 绝对可积，据定理 19.18，

$$\lim_{a \to +\infty} \frac{1}{\pi} \int_\delta^{+\infty} \frac{f(x+u)}{u} \sin \alpha u \, du = 0, \qquad (19.73)$$

同理

$$\lim_{a \to +\infty} \frac{1}{\pi} \int_\delta^{+\infty} \frac{f(x-u)}{u} \sin \alpha u \, du = 0. \qquad (19.74)$$

这样，由(19.72),(19.73),(19.74)即得到(19.70).

推论 若 $f(x)$ 在 $(-\infty, +\infty)$ 的任何有限区间上 R 可积并逐段光滑，且 $\int_{-\infty}^{+\infty} |f(x)| dx < \infty$ 则公式(19.69)成立.

19.6.2 傅里叶积分的其他形式

为叙述简单起见，设 $f(x)$ 满足定理 19.19 的推论条件，并且假定对于那些 $f(x)$ 的不连续点仍保持有 $f(x) = \frac{f(x_+) + f(x_-)}{2}$，于是对一切点 $x \in (-\infty, +\infty)$ 有(19.68)

$$f(x) = \frac{1}{\pi} \int_0^{+\infty} d\omega \int_{-\infty}^{+\infty} f(t) \cos \omega(t-x) dt$$

成立. 令

$$H(\omega) = \int_{-\infty}^{+\infty} f(t)\cos\omega(t-x)\mathrm{d}t,$$

因 $H(\omega) = H(-\omega)$，以及 $\int_{-\infty}^{0} H(\omega)\mathrm{d}\omega = \int_{0}^{+\infty} H(-\omega)\mathrm{d}\omega = \int_{0}^{+\infty} H(\omega)\mathrm{d}\omega$，因此

$$f(x) = \frac{1}{2\pi}\int_{-\infty}^{+\infty}\mathrm{d}\omega\int_{-\infty}^{+\infty} f(t)\cos\omega(t-x)\mathrm{d}t. \qquad (19.75)$$

又令

$$G(\omega) = \int_{-\infty}^{+\infty} f(t)\sin\omega(t-x)\mathrm{d}t,$$

不难证明，在 $f(x)$ 现在的假定条件下 $G(\omega)$ 存在，且是 ω 的连续函数，还有 $G(\omega) = -G(-\omega)$，于是

$$\mathrm{V.P.}\int_{-\infty}^{+\infty} G(\omega)\mathrm{d}\omega = 0,$$

(积分是在柯西主值意义下的积分). 将此式乘以 $\dfrac{-\mathrm{i}}{2\pi}$，并与(19.75)式相加，有

$$f(x) = \frac{1}{2\pi}\int_{-\infty}^{+\infty}\mathrm{d}\omega\int_{-\infty}^{+\infty} f(t)\mathrm{e}^{\mathrm{i}\omega(x-t)}\mathrm{d}t. \qquad (19.76)$$

式(19.76)就是**复数形式的傅里叶积分公式**.

再回到(19.68)，写着

$$f(x) = \frac{1}{\pi}\int_{0}^{+\infty}\cos\omega x\,\mathrm{d}\omega\int_{-\infty}^{+\infty} f(t)\cos\omega t\,\mathrm{d}t$$
$$+ \frac{1}{\pi}\int_{0}^{+\infty}\sin\omega x\,\mathrm{d}\omega\int_{-\infty}^{+\infty} f(t)\sin\omega t\,\mathrm{d}t,$$

由此得出，若 $f(t)$ 是偶函数，则

$$f(x) = \frac{2}{\pi}\int_{0}^{+\infty}\cos\omega x\,\mathrm{d}\omega\int_{0}^{+\infty} f(t)\cos\omega t\,\mathrm{d}t. \qquad (19.77)$$

若 $f(t)$ 是奇函数，则

$$f(x) = \frac{2}{\pi}\int_{0}^{+\infty}\sin\omega x\,\mathrm{d}\omega\int_{0}^{+\infty} f(t)\sin\omega t\,\mathrm{d}t. \qquad (19.78)$$

现在假定在 $[0,+\infty)$ 上给出函数 $f(x)$，我们可以把 $f(x)$ 开拓到整个实轴上，或者进行奇开拓，即令

$$g(x)=\begin{cases} f(x), & 0\leqslant x<+\infty, \\ -f(-x), & -\infty<x<0, \end{cases}$$

或者进行偶开拓，即令

$$g(x)=\begin{cases} f(x), & 0\leqslant x<+\infty, \\ f(-x), & -\infty<x<0, \end{cases}$$

如果 $g(x)$ 满足前述如同 $f(x)$ 在 $(-\infty,+\infty)$ 的条件时，则分别有展开式 (19.78) 或 (19.77)，限制在 $[0,+\infty)$ 上，$f(x)$ 就相应有 (19.78) 和 (19.77)．对于 $x=0$，公式 (19.77) 仍成立，公式 (19.78) 一般不成立了．除非 $\dfrac{g(0_+)+g(0_-)}{2}=f(0)$，所有这些讨论，十分类似傅里叶级数在区间端点处收敛性的讨论．

例　设

$$f(x)=\begin{cases} 1, & \text{当}\ |x|\leqslant 1, \\ 0, & \text{当}\ |x|>1, \end{cases}$$

试由 $f(t)$ 的傅里叶积分公式导出

$$\int_0^{+\infty}\frac{\sin\omega\cos\omega x}{\omega}\mathrm{d}\omega=\begin{cases} \dfrac{\pi}{2}, & |x|<1, \\[2mm] \dfrac{\pi}{4}, & |x|=1, \\[2mm] 0, & |x|>1. \end{cases} \tag{19.79}$$

解　因为 $f(x)$ 是偶函数，利用公式 (19.77)，设

$$a(\omega)=\frac{2}{\pi}\int_0^{+\infty}f(t)\cos\omega t\,\mathrm{d}t,$$

于是

$$a(\omega)=\frac{2}{\pi}\int_0^1\cos\omega t\,\mathrm{d}t=\frac{2\sin\omega}{\pi\omega},$$

从而由 (19.77)，对 $f(x)$ 的连续点，

$$f(x) = \int_0^{+\infty} a(\omega)\cos\omega x\,\mathrm{d}\omega = \int_0^{+\infty} \frac{2\sin\omega}{\pi\omega}\cos\omega x\,\mathrm{d}\omega, \quad (19.80)$$

亦即

$$\int_0^{+\infty} \frac{\sin\omega\cos\omega x}{\omega}\mathrm{d}\omega = \frac{\pi}{2}f(x) = \begin{cases} \dfrac{\pi}{2}, & |x| < 1, \\[2mm] 0, & |x| > 1. \end{cases}$$

$x = \pm 1$ 是函数 $f(x)$ 的间断点,因此,在 $x = 1$ 处,(19.80)中的积分值应等于 $\dfrac{f(1_+) + f(1_-)}{2} = \dfrac{\pi}{4}$;在 $x = -1$ 处,等于 $\dfrac{f(-1_+) + f(-1_-)}{2} = \dfrac{\pi}{4}$,这样(19.79)得证.

上例中取 $x = 0$,又一次得 $\displaystyle\int_0^{+\infty} \frac{\sin\omega}{\omega}\mathrm{d}\omega = \frac{\pi}{2}$ 的结果.

19.6.3   傅里叶变换的概念

我们从 $f(x)$ 的复数形式的傅里叶积分(19.76)出发,在 $f(x)$ 满足所述条件下,由(19.76),

$$f(x) = \frac{1}{\sqrt{2\pi}}\int_{-\infty}^{+\infty} \mathrm{e}^{\mathrm{i}\omega x}\left(\frac{1}{\sqrt{2\pi}}\int_{-\infty}^{+\infty} f(t)\mathrm{e}^{-\mathrm{i}\omega t}\,\mathrm{d}t\right)\mathrm{d}\omega,$$

若令内层积分

$$F(\omega) = \frac{1}{\sqrt{2\pi}}\int_{-\infty}^{+\infty} f(t)\mathrm{e}^{-\mathrm{i}\omega t}\,\mathrm{d}t, \quad (19.81)$$

便有

$$f(x) = \frac{1}{\sqrt{2\pi}}\int_{-\infty}^{+\infty} F(\omega)\mathrm{e}^{\mathrm{i}\omega x}\,\mathrm{d}\omega. \quad (19.82)$$

由此,我们很容易明了这样的事实,只要 $f(x)$ 在 $(-\infty, +\infty)$ 绝对可积,$\displaystyle\int_{-\infty}^{+\infty} |f(x)|\,\mathrm{d}x < \infty$,由(19.81)确定的函数 $F(\omega)$(它一般是一个实变量 ω 的复值函数)必存在;可是这时等式(19.82)必须

满足傅里叶积分收敛定理或其推论的条件时才成立.

定义 若 $f(x)$ 在 $(-\infty, +\infty)$ 上绝对可积,则称 (19.81) 式表示的函数 $F(\omega)$ 为 $f(x)$ 的**傅里叶变换**.

在一定条件下成立

$$\left.\begin{aligned} F(\omega) &= \frac{1}{\sqrt{2\pi}} \int_{-\infty}^{+\infty} f(t) \mathrm{e}^{-\mathrm{i}\omega t} \, \mathrm{d}t, \\ f(x) &= \frac{1}{\sqrt{2\pi}} \int_{-\infty}^{+\infty} F(\omega) \mathrm{e}^{\mathrm{i}\omega t} \, \mathrm{d}\omega. \end{aligned}\right\} \tag{19.83}$$

此时 (19.83) 式中 $F(\omega)$ 和 $f(x)$ 构成一对互逆变换,求函数的傅里叶变换可由积分变换表查出.

类似地,若从 (19.77) 或 (19.78) 出发,我们可以引入 $[0, +\infty)$ 上绝对可积函数的傅里叶余弦变换和正弦变换.

定义 若 $f(x)$ 在 $[0, +\infty)$ 上绝对可积,则我们分别称

$$F_c(\omega) = \sqrt{\frac{2}{\pi}} \int_0^{+\infty} f(t) \cos \omega t \, \mathrm{d}t$$

与

$$F_s(\omega) = \sqrt{\frac{2}{\pi}} \int_0^{+\infty} f(t) \sin \omega t \, \mathrm{d}t$$

为 $f(x)$ 的**傅里叶余弦变换**与**傅里叶正弦变换**. 若 (19.77) 和 (19.78) 还成立,便得余弦变换对

$$\begin{cases} F_c(\omega) = \sqrt{\dfrac{2}{\pi}} \displaystyle\int_0^{+\infty} f(t) \cos \omega t \, \mathrm{d}t, \\ f(x) = \sqrt{\dfrac{2}{\pi}} \displaystyle\int_0^{+\infty} F_c(\omega) \cos \omega x \, \mathrm{d}\omega, \end{cases} \tag{19.84}$$

以及正弦变换对

$$\begin{cases} F_s(\omega) = \sqrt{\dfrac{2}{\pi}} \displaystyle\int_0^{+\infty} f(t) \sin \omega t \, \mathrm{d}t, \\ f(x) = \sqrt{\dfrac{2}{\pi}} \displaystyle\int_0^{+\infty} F_s(\omega) \sin \omega x \, \mathrm{d}\omega. \end{cases} \tag{19.85}$$

比较函数 $F(\omega)$, $F_s(\omega)$ 和 $F_c(\omega)$ 发现,若 $f(x)$ 为偶函数时,有

$$F(\omega)=F_c(\omega),$$

若 $f(x)$ 为奇函数时,有

$$F(\omega)=-\mathrm{i}F_s(\omega).$$

若 $f(x)$ 是一般的函数,可以作如下处理,令

$$g(x)=\frac{f(x)+f(-x)}{2}, \quad h(x)=\frac{f(x)-f(-x)}{2},$$

$f(x)$ 可表示为偶函数 $g(x)$ 与奇函数 $h(x)$ 的和,于是

$$F(\omega)=G_c(\omega)-\mathrm{i}H_s(\omega).$$

这里,$G_c(\omega)$ 为 $g(x)$ 的余弦变换,$H_s(\omega)$ 是 $h(x)$ 的正弦变换.

上段陈述表明,总可以不通过复变数的积分来求得函数的傅里叶变换,并且只要正弦变换与余弦变换就够了.

我们不打算进一步论述傅里叶变换的性质了,它的一些简单性质纳入习题中,最后举数例以结束本章的讨论.

例1 求

$$f(x)=\begin{cases}1, & -l\leqslant x\leqslant l,\\ 0, & \text{其余情形}\end{cases}$$

的傅里叶变换.

解 因 $f(x)$ 是偶函数,因此

$$F(\omega)=F_c(\omega)=\sqrt{\frac{2}{\pi}}\int_0^{+\infty}f(t)\cos\omega t\,\mathrm{d}t$$

$$=\sqrt{\frac{2}{\pi}}\int_0^l\cos\omega t\,\mathrm{d}t=\sqrt{\frac{2}{\pi}}\frac{\sin l\omega}{\omega}.$$

例2 设 $f(x)=\mathrm{e}^{-ax}\,(a>0,x\geqslant0)$,试求 $f(x)$ 的余弦变换和正弦变换.

解 $f(x)$ 的余弦变换为

$$F_c(\omega)=\sqrt{\frac{2}{\pi}}\int_0^{+\infty}\mathrm{e}^{-at}\cos\omega t\,\mathrm{d}t=\sqrt{\frac{2}{\pi}}\frac{a}{a^2+\omega^2},$$

正弦变换为

$$F_s(\omega) = \sqrt{\frac{2}{\pi}} \int_0^{+\infty} e^{-at} \sin \omega t \, dt = \sqrt{\frac{2}{\pi}} \frac{\omega}{a^2 + \omega^2}.$$

因为例 2 的 $f(x)$ 满足定理 19.19 的推论条件,反演公式成立,分别由(19.84),(19.85)得

$$e^{-ax} = \sqrt{\frac{2}{\pi}} \int_0^{+\infty} F_c(\omega) \cos \omega x \, d\omega = \frac{2a}{\pi} \int_0^{+\infty} \frac{\cos \omega x}{a^2 + \omega^2} d\omega, x \geqslant 0,$$

以及

$$e^{-ax} = \sqrt{\frac{2}{\pi}} \int_0^{+\infty} F_s(\omega) \sin \omega x \, d\omega$$

$$= \frac{2}{\pi} \int_0^{+\infty} \frac{\omega \sin \omega x}{a^2 + \omega^2} d\omega, \quad x > 0,$$

或者

$$\int_0^{+\infty} \frac{\cos \omega x}{a^2 + \omega^2} d\omega = \frac{\pi}{2a} e^{-ax}, \quad x \geqslant 0,$$

$$\int_0^{+\infty} \frac{\omega \sin x \omega}{a^2 + \omega^2} d\omega = \frac{\pi}{2} e^{-ax}, \quad x > 0.$$

(试比照 13.2.3 的例 5)

例 3　试证明:$f(x) = e^{-\frac{x^2}{2}}$ 的傅里叶变换是 $F(\omega) = e^{-\frac{\omega^2}{2}}$.

证　$f(x)$ 是偶函数,有

$$F(\omega) = F_c(\omega) = \sqrt{\frac{2}{\pi}} \int_0^{+\infty} e^{-\frac{t^2}{2}} \cos t \omega \, dt$$

$$= \frac{2}{\sqrt{\pi}} \int_0^{+\infty} e^{-y^2} \cos \sqrt{2} \omega y \, dy.$$

利用积分号下求导数的方法,已求得(13.2.3 段例 3)

$$J = \int_0^{+\infty} e^{-y^2} \cos 2py \, dy = \frac{\sqrt{\pi}}{2} e^{-p^2}, \quad p = \frac{\sqrt{2}}{2} \omega,$$

或者有

$$J = \frac{\sqrt{\pi}}{2}\mathrm{e}^{-p^2} = \frac{\sqrt{\pi}}{2}\mathrm{e}^{-\frac{\omega^2}{2}},$$

从而由 $F(\omega) = \frac{2}{\sqrt{\pi}}J$ 得 $F(\omega) = \mathrm{e}^{-\frac{\omega^2}{2}}$.

例 3 表明函数 $\mathrm{e}^{-\frac{x^2}{2}}$ 的傅里叶变换正好是自己.

例 4 试解积分方程

$$\int_0^{+\infty} \varphi(u)\sin xu\, \mathrm{d}u = \mathrm{e}^{-x}, \quad x > 0.$$

解 把原方程改写为

$$\sqrt{\frac{2}{\pi}}\int_0^{+\infty} \varphi(u)\sin xu\, \mathrm{d}u = \sqrt{\frac{2}{\pi}}\mathrm{e}^{-x},$$

从公式(19.85)知 $\varphi(u)$ 的傅里叶正弦变换是 $\sqrt{\frac{2}{\pi}}\mathrm{e}^{-x}$,即

$$F_s(\omega) = \sqrt{\frac{2}{\pi}}\mathrm{e}^{-\omega}.$$

由反演公式得

$$\begin{aligned}
\varphi(x) &= \sqrt{\frac{2}{\pi}}\int_0^{+\infty} F_s(\omega)\sin x\omega\, \mathrm{d}\omega \\
&= \frac{2}{\pi}\int_0^{+\infty} \mathrm{e}^{-\omega}\sin x\omega\, \mathrm{d}\omega = \frac{2}{\pi}\frac{x}{1+x^2} \quad (x > 0).
\end{aligned}$$

习　题

1. 试求函数

$$f(x) = \begin{cases} 0, & 0 < x < \alpha \\ x, & \alpha \leqslant x \leqslant \beta \\ 0, & x > \beta \end{cases}$$

的傅里叶正弦变换.

2. 试求函数

$$f(x) = \begin{cases} 1-x^2, & |x|<1 \\ 0, & |x|\geqslant 1 \end{cases}$$

的傅里叶变换与傅里叶积分.

3. 求证

$$\int_0^{+\infty} \frac{\cos \omega t}{\beta^2 + \omega^2} \mathrm{d}\omega = \frac{\pi}{2\beta} \mathrm{e}^{-\beta|t|}, \quad -\infty < t < +\infty.$$

4. 已知 $f(t)$ 的傅里叶变换为 $\dfrac{1}{1+\omega^2}$，试求 $f(t)$.

5. 函数 $f(x)$ 的傅里叶变换 $F(\omega)$ 用等式表示

$$F(\omega) = \mathscr{F}[f(x)],$$

其中"运算符号"$\mathscr{F}$ 表示对 $f(t)$ 施行傅里叶变换，若 $f(x), g(x)$ 在 $(-\infty, +\infty)$ 上绝对可积，试证有下列性质：

(1) 线性性质：α、β 为常数

$$\mathscr{F}[\alpha f(x) + \beta g(x)] = \alpha \mathscr{F}[f(x)] + \beta \mathscr{F}[g(x)].$$

(2) 时移性质：

$$\mathscr{F}[f(x \pm x_0)] = \mathrm{e}^{\pm \mathrm{i}x_0\omega} F(\omega).$$

(3) 频移性质：

$$\mathscr{F}[f(x)\mathrm{e}^{\pm \mathrm{i}\omega_0 x}] = F(\omega \mp \omega_0).$$

(4) 有界连续性：$F(\omega)$ 在 $-\infty < \omega < +\infty$ 上是有界的且是一致连续的函数.

第 19 章总习题

1. 设

$$f(x) = \begin{cases} \dfrac{1}{2}(\pi-1)x, & 0 \leqslant x \leqslant 1, \\ \dfrac{1}{2}(\pi-x), & 1 < x \leqslant \pi, \end{cases}$$

$$g(x)=\begin{cases}\frac{1}{2}(\pi-x), & 0<x\leqslant\pi,\\[2mm]\frac{1}{2}(\pi+x), & -\pi\leqslant x\leqslant0.\end{cases}$$

(1) 试求 $f(x)$ 的正弦级数和 $g(x)$ 的傅里叶级数,并讨论它们的收敛性.

(2) 证明

$$\sum_{n=1}^{\infty}\frac{\sin n}{n}=\sum_{n=1}^{\infty}\left(\frac{\sin n}{n}\right)^{2}=\frac{\pi-1}{2}.$$

(3) 证明

$$\sum_{n=1}^{\infty}\frac{\sin^{2}n}{n^{4}}=\frac{(\pi-1)^{2}}{6}.$$

2. 设周期 2π 的函数 $f(x)$,在 $(-\pi,\pi]$ 上由

$$f(x)=\begin{cases}\pi-x, & 0<x\leqslant\pi,\\0, & x=0,\\-\pi-x, & -\pi<x<0\end{cases}$$

给出.

(1) 求 $f(x)$ 的傅里叶级数;

(2) 证明这级数在 $(-\pi,\pi]$ 上收敛于 $f(x)$,但不一致收敛.

3. 怎样才能将在 $\left(0,\frac{\pi}{2}\right)$ 内可积的函数开拓到区间 $(-\pi,\pi)$ 内,使其傅里叶级数的形状为

$$\sum_{n=1}^{\infty}b_{n}\sin(2n-1)x.$$

4. 设 $f(x)=\left(\frac{\pi-x}{2}\right)^{2}$,$0<x\leqslant2\pi$,试利用 $f(x)$ 的傅里叶级数计算 $\sum_{n=1}^{\infty}\frac{1}{n^{2}}$.

5. 设 $f(x)$ 在 $[0,2\pi]$ 上单调下降,则 $f(x)$ 的傅里叶系数 $b_{n}\geqslant0$

$(n \geqslant 1)$.

6. 若 $f'(x)$ 在 $[0, 2\pi]$ 上存在且正常可积，试证明 $n \to \infty$ 时

$$na_n \to 0,$$

$$nb_n \to \frac{1}{\pi}[f(0) - f(2\pi)],$$

其中 a_n, b_n 为 $f(x)$ 的傅里叶系数.

7. 设 $S = \{\varphi_0, \varphi_1, \cdots, \varphi_n(x), \cdots\}$ 是 $[a, b]$ 上直交函数系，证明任何 n 次 φ-多项式的傅里叶级数必为其自身.

8. 若 $\varphi(u)$ 在 $0 \leqslant u \leqslant \delta$ 上单调递增，求证

$$\lim_{\alpha \to +\infty} \int_0^\delta \varphi(u) \frac{\sin \alpha u}{u} du = \frac{\pi}{2} \varphi(0_+).$$

9. 设 $f(x)$ 在 $(-\pi, \pi)$ 内逐段连续，当 $x = 0$ 时，$f(x)$ 连续且有单侧导数，证明

$$\lim_{\alpha \to +\infty} \int_{-\pi}^{\pi} f(x) \frac{\cos \alpha x}{2 \sin \dfrac{x}{2}} dx = 0.$$

10. 利用 $\dfrac{\pi - x}{2} \sim \displaystyle\sum_{k=1}^{\infty} \frac{\sin kx}{k}$ 证明

$$\sum_{n=1}^{\infty} \frac{b_n}{n} = \frac{1}{2\pi} \int_0^{2\pi} f(x)(\pi - x) dx.$$

由此验证题 4 的结果，其中 $f(x)$ 在 $[0, 2\pi]$ 上正常可积，b_n 为其傅里叶系数.

11. 设 $f(x)$ 是周期为 2π 的函数，对每个 $h \in (0, 2\pi)$，$f(x)$ 的积分平均 $A_h(f; x)$ 由

$$A_h(f; x) = \frac{1}{h} \int_{x-h/2}^{x+h/2} f(u) du$$

定义. 试证

(1) 如果 $f \in R_{2\pi}$，则对一切实数 x，

$$A_h(f; x) = c_0 + \sum_{|k|=1}^{\infty} \frac{\sin(kh/2)}{(kh/2)} c_k e^{ikx},$$

其中,$c_k(k \in \mathbf{Z})$是$f(x)$的复傅里叶系数;

(2) 如果$f \in C_{2\pi}$,则在$(-\infty, +\infty)$上

$$\lim_{h \to 0_+} A_h(f; x) = f(x)$$

一致成立;

(3) 如果$f(x)$是平方可积函数,则

$$\| A_h(f) - f \|_2 \to 0 \quad (h \to 0_+).$$

12. 设$\mu(x)$是$[-\pi, \pi]$上的连续囿变函数,且对每个$x \in \mathbf{R}$,

$$\mu(x + 2\pi) = \mu(x) + [\mu(\pi) - \mu(-\pi)],$$

令$f(x) = \mu(x + h) - \mu(x), h \in \mathbf{R}$,试证:$f(x)$在$(-\infty, +\infty)$上能展成一致收敛的傅里叶级数

$$f(x) = h\mu_0 + \sum_{|n|=1}^{\infty} \frac{e^{inh} - 1}{in} \mu_n e^{inx},$$

其中$\mu_n = \dfrac{1}{2\pi} \displaystyle\int_{-\pi}^{\pi} e^{-int} \, d\mu(t), n \in \mathbf{Z}.$

13. 设$f(x)$是有界连续函数,令

$$L_n(f; x) = \frac{1}{\pi} \int_{-\infty}^{+\infty} f\left(x + \frac{2t}{n}\right) \frac{\sin^2 t}{t^2} \, dt,$$

试证在任何闭区间$[a, b]$上,$L_n(f; x)$一致收敛于$f(x)$.

14. 试证明

$$\frac{2}{\pi} \int_0^{+\infty} \frac{\sin^2 x}{x^2} \cos 2tx \, dx = \begin{cases} 1 - t, & 0 \leqslant t \leqslant 1, \\ 0, & t \geqslant 1. \end{cases}$$

15. 设$f(x)$在$[0, +\infty)$上单调,且$\lim\limits_{x \to +\infty} f(x) = 0$,试证

$$\lim_{p \to +\infty} \int_0^{+\infty} f(x) \sin px \, dx = 0.$$

16. 设

$$f(x) = \begin{cases} \dfrac{\pi}{2} \sin x, & 0 \leqslant x \leqslant \pi, \\ 0, & x \geqslant \pi, \end{cases}$$

试求积分方程

$$\int_0^{+\infty} g(\omega) \sin x\omega \, d\omega = f(x)$$

的解.

17. 若 $f(x)$ 和 $x^r f(x)$ 在 $(-\infty, +\infty)$ 上绝对可积，$F(\omega)$ 是 $f(x)$ 的傅里叶变换，求证 $F(\omega)$ 是 ω 的 r 次可导函数 $(r=1,2,\cdots)$，且有等式

$$F^{(r)}(\omega) = \frac{1}{\sqrt{2\pi}} \int_{-\infty}^{+\infty} f(x)(-ix)^r e^{-i\omega x} \, dx.$$

习题答案与提示

第 10 章 数项级数

10.1 级数的敛散性及其性质

1. (1) $\dfrac{3}{2}$; (2) $\dfrac{1}{3}$; (3) $1-\sqrt{2}$.

4. (1) 收敛; (2) 发散; (3) 发散(提示:取 $n=3m$, $p=3m$, 考察 $|S_{n+p}-S_n|$).

10.2 正项级数敛散性

1. (1) 收敛; (2) 发散; (3) 收敛; (4) 发散; (5) 发散; (6) 收敛.

2. (1) 发散; (2) 收敛; (3) 收敛; (4) 收敛; (5) 收敛; (6) $a>b$ 时收敛, $a<b$ 时发散, $a=b$ 时不一定.

4. (1) $\dfrac{b-a}{d}>1$ 收敛, $\dfrac{b-a}{d}\leqslant 1$ 发散; (2) 收敛; (3) $p>\dfrac{3}{2}$ 收敛, $p\leqslant\dfrac{3}{2}$ 发散; (4) $q>p$ 收敛, $q\leqslant p$ 发散.

9. $p>2$ 时收敛, $p<2$ 时发散.

10. 提示:应用柯西收敛准则.

11. (1) 0; (2) 0; (3) 0.

12. (1) $a=\dfrac{1}{2}$ 时收敛, $a\neq\dfrac{1}{2}$ 时发散; (2) 收敛; (3) 收敛(提示:$a_n = n^{\frac{1}{n^2+1}}-1=e^{\frac{\ln n}{n^2+1}}-1$).

10.3 任意项级数敛散性

1. (1) 绝对收敛; (2) 绝对收敛; (3) 发散; (4) 条件收敛; (5) $p>1$ 时绝对收敛, $0<p\leqslant 1$ 时条件收敛, $p\leqslant 0$ 时发散; (6) 条件收敛;

(7) 条件收敛; (8) 条件收敛(提示:$a_n=\sin(\sqrt{n^2+k^2}\,\pi)=(-1)^n\sin(\pi\cdot$

$(\sqrt{n^2+k^2}-n))$.

2. (1) 收敛；　(2) 收敛；　(3) 收敛.

3. (1) $p>1$ 时绝对收敛，$0<p\leqslant 1$ 时条件收敛；　(2) $|x|<\dfrac{\pi}{4}$ 时绝对收敛，

$|x|=\dfrac{\pi}{4}$ 时条件收敛，$\dfrac{\pi}{4}<|x|\leqslant\dfrac{\pi}{2}$ 时发散.

10.4　绝对收敛级数的性质

1. (1) $\displaystyle\sum_{n=1}^{\infty}\left(\sum_{k=1}^{n}(-1)^{n-k}k(n-k+1)\right)x^{n-1}$；　(2) 1.

10.5　二重级数·无穷乘积

2. 提示：考察累级数 $\displaystyle\sum_{n=1}^{\infty}\left(\sum_{k=1}^{\infty}\dfrac{c_n}{n^2+k^2}\right)$，并利用不等式 $\displaystyle\sum_{k=1}^{N}\dfrac{1}{k^2+n^2}<$

$\displaystyle\int_{0}^{N}\dfrac{\mathrm{d}x}{x^2+n^2}$.

3. (1) $p>1$ 时收敛，$p\leqslant 1$ 时发散；　(2) 发散于零；　(3) $0<x<1$ 时收敛，$x=$ 1 时发散于零，$x>1$ 时发散；　(4) $0<x<2$ 时收敛，$x\geqslant 2$ 时发散.

5. 提示：考察极限 $\displaystyle\lim_{n\to\infty}\dfrac{a_n-\ln(1+a_n)}{a_n^2}$,

由上面的极限推出级数 $\displaystyle\sum_{n=1}^{\infty}\ln(1+a_n)$ 收敛.

6. (1) $\dfrac{1}{3}$；　(2) $\dfrac{2}{3}$；　(3) $\dfrac{1}{1-x}$.

第 10 章总习题

1. (1) $0<p<1$ 收敛，$p\geqslant 1$ 时发散；　(2) 发散；　(3) $p>0$ 时收敛，$p\leqslant 0$ 时发散；　(4) $p>1$ 时收敛，$p\leqslant 1$ 时发散；　(5) $\alpha>\dfrac{1}{2}$ 时收敛，$\alpha\leqslant\dfrac{1}{2}$ 时发散.

6. 提示：应用阿贝尔变换.

9. 提示：利用不等式

$$x\geqslant\ln(1+x)\quad(x>0)$$

以及

$$x\leqslant\ln\dfrac{1}{1-x}\quad(0<x<1).$$

10. (1) 收敛；（2）收敛（提示：应用 $\{x_n\}$ 收敛等价于 $\sum\limits_{n=2}^{\infty}(x_n-x_{n-1})$ 收敛）.

14. 提示：应用无穷乘积性质证明 $\lim\limits_{n\to\infty}b_n=0$.

第 11 章　函数序列和函数项级数

11.1　函数序列和函数项级数的一致收敛性

1. (1) $x>-\dfrac{1}{3}$ 和 $x<-1$ 时绝对收敛；（2）$|x-k\pi|\leqslant\dfrac{\pi}{6}$，$k=0,\pm1,\pm2$，

…绝对收敛；（3）$x>0$ 时绝对收敛；（4）$p>1$ 和 $x\neq k$（$k=-1$，

$-2,\cdots$）时绝对收敛；$0<p\leqslant1$，$x\neq k$ 时条件收敛；（5）$x>1$ 时绝对

收敛.

2. (1) 一致收敛；（2）一致收敛；（3）(a) 一致收敛　(b) 非一致收敛；

(4) 非一致收敛；（5）非一致收敛；（6）非一致收敛.

4. (1) 一致收敛；（2）一致收敛；（3）一致收敛；（4）一致收敛；

(5) 一致收敛；（6）一致收敛.

11.2　一致收敛函数序列与函数项级数的性质

4. 和函数
$$S(x)=\begin{cases}1+x^2,&x\neq0,\\0,&x=0.\end{cases}$$

在 $(-\infty,+\infty)$ 内非一致收敛，在 $(-\infty,0)$ 和 $(0,+\infty)$ 内闭一致收敛.

5. $|x|<1$.

6. $\dfrac{1}{2}\ln2$.

7. 连续，可微，$f'(x)=\dfrac{1}{1-e^x}$（$x>0$）.

8. (1) α 为任何实数；（2）$\alpha<1$；（3）$\alpha<2$.

9. $\ln2$.

11.3　幂　级　数

1. (1) $R=1,(-1,1)$；（2）$R=1,[-1,1]$；（3）$R=4,(-4,4)$；

(4) $R=1,(-1,1)$；（5）$R=+\infty,(-\infty,+\infty)$；（6）$R=\dfrac{1}{3}$，

$\left[-\dfrac{4}{3}, -\dfrac{2}{3}\right)$; (7) $R=\dfrac{1}{3}$, $\left(-\dfrac{1}{3}, \dfrac{1}{3}\right)$.

2. (1) $x>0$; (2) $|x|>\dfrac{1}{2}$.

3. (1) $\dfrac{1}{2}\ln\dfrac{1+x}{1-x}$ $(|x|<1)$; (2) $\dfrac{x}{(1-x)^2}$ $(|x|<1)$.

5. (1) $\dfrac{2x}{(1-x)^3}$ $(|x|<1)$;

(2) $S(x)=\begin{cases} \dfrac{1-x}{x}\ln(1-x)+1, & -1\leqslant x<1, x\neq 0, \\ 1, & x=1, \\ 0, & x=0. \end{cases}$

11.4　初等函数的幂级数展开

2. (1) $\displaystyle\sum_{n=0}^{\infty} x^n$ $(|x|<1)$;

(2) $\displaystyle\sum_{n=0}^{\infty} \dfrac{(-1)^n x^{2n+1}}{(2n+1)!(2n+1)}$ $(|x|<+\infty)$;

(3) $\displaystyle\sum_{n=1}^{\infty} (-1)^{n+1} \dfrac{2^{2n-1}}{(2n)!} x^{2n}$ $(|x|<+\infty)$;

(4) $\dfrac{1}{4} \displaystyle\sum_{n=1}^{\infty} [2n+1-(-1)^n] x^n$ $(|x|<1)$;

(5) $x + \displaystyle\sum_{n=1}^{\infty} (-1)^n \dfrac{(2n-1)!!}{(2n)!!} \dfrac{x^{2n+1}}{2n+1}$ $(|x|\leqslant 1)$;

(6) $\arctan 2 + \displaystyle\sum_{n=1}^{\infty} \dfrac{(-1)^n 2^{2n-1}}{2n-1} x^{2n-1}$ $\left(|x|\leqslant\dfrac{1}{2}\right)$.

4. $\displaystyle\sum_{n=1}^{\infty} (-1)^{n-1} \dfrac{(x-1)^n}{n}$ $(0<x\leqslant 2)$; $\ln 2$.

5. (1) $\dfrac{\sqrt{2}}{2} \displaystyle\sum_{n=0}^{\infty} (-1)^{a_n} \dfrac{\left(x-\dfrac{\pi}{4}\right)^n}{n!}$ $(|x|<+\infty)$,

其中

$$a_n=\begin{cases} \dfrac{n}{2}, & n=2k \text{ 时}, \\ \dfrac{n-1}{2}, & n=2k+1 \text{ 时}; \end{cases}$$

(2) $\dfrac{1}{4}\sum\limits_{n=0}^{\infty}\left(-1+\dfrac{(-1)^{n+1}}{3^{n+1}}\right)(x-1)^n$ $(0<x<2)$;

(3) $\ln 3+\sum\limits_{n=1}^{\infty}\dfrac{-(x+1)^n}{n3^n}$ $(-4\leqslant x<2)$; $\ln\dfrac{3}{2}$.

6. (1) 0.841; (2) 0.946.

第11章总习题

1. $k<1$ 时一致收敛.

2. (3) 提示:利用 $f(1)=(n+1)\displaystyle\int_0^1 x^n f(1)\mathrm{d}x$.

3. 在$(-\infty,+\infty)$上条件收敛,非一致收敛,对任意的正数 A,在$[-A,A]$上一致收敛.

5. 对任给的 $0<\delta<1$,在$[-1,-\delta]$和$[\delta,+\infty]$上一致收敛.

7. 提示:利用等式
$$\dfrac{(-1)^{n-1}n}{x+n}=(-1)^{n-1}-\dfrac{(-1)^{n-1}x}{n+x}.$$

9. 提示:先证明 $f(x)\in C_{[a,b]}$,然后用 Borel 有限覆盖定理或反证法.

10. 提示:利用$[a,b]$中有理点全体是一无穷序列$\{r_k\}$,先证明存在子序列 $\{F_{n_k}(x)\}$在每一个有理点收敛.

12. (1) $R=1$; (2) $R=1$; (3) $R=1$.

15. (1) $\dfrac{1}{2}\arctan x+\dfrac{1}{4}\ln\dfrac{1+x}{1-x}$; (2) $2x\arctan x-\ln(1+x^2)$.

第12章 反常积分

12.1 两类反常积分的定义和性质

1. (1) π; (2) $\dfrac{2}{3}\ln 2$; (3) 0; (4) $\dfrac{a}{a^2+b^2}$; (5) π; (6) 0.

2. (1) 1; (2) $\dfrac{1}{\alpha}f(0)$.

5. (1) $(-1)^n n!$; (2) $\dfrac{2^{2n+1}\cdot(n!)^2}{(2n+1)!}$.

12.2 反常积分收敛判别法

1. (1) 收敛; (2) $m>-1$且 $n-m>1$ 时收敛; (3) $p>-1$且 $q>-1$ 时收

敛； (4) 发散； (5) 收敛； (6) $p<1$ 且 $q<1$ 时收敛.

2. (1) 条件收敛； (2) $0<\alpha\leqslant1$ 时条件收敛，$1<\alpha<2$ 时绝对收敛； (3) 条件收敛； (4) $p>2$ 时绝对收敛，$1<p\leqslant2$ 时条件收敛，$p\leqslant1$ 时发散.

12.3 反常积分的变数变换及计算

1. (1) 收敛； (2) $0<\alpha<1$ 时绝对收敛，$1\leqslant\alpha<2$ 时条件收敛.

2. (1) $-\dfrac{\pi}{2}\ln 2$； (2) 0； (3) 0.

4. 0.

第12章总习题

1. (1) $p>-1$ 时收敛； (2) $m<3$ 时收敛； (3) $0<\lambda\leqslant1$ 时条件收敛，$1<\lambda<2$ 时绝对收敛； (4) $\alpha>0$ 且 $\beta>-1$ 时收敛； (5) p 为任何实数均收敛； (6) $\beta<1$ 且 $\alpha<2$ 时收敛.

2. 提示：从等式右端出发，令 $\sqrt{x^2+4ab}=at+\dfrac{b}{t}$，且取 $x=at-\dfrac{b}{t}$，$t\geqslant\sqrt{\dfrac{b}{a}}$.

3. $-1<n\leqslant1$ 时条件收敛，$1<n<2$ 时绝对收敛.

5. 提示：先证明 $\lim\limits_{x\to+\infty}f(x)=\alpha=0$，再利用等式

$$\int_a^{+\infty}f(x)\sin^2 x\mathrm{d}x=\int_a^{+\infty}\dfrac{f(x)}{2}(1-\cos 2x)\mathrm{d}x.$$

第13章　含参变量积分

13.1　含参变量的正常积分

1. (1) $\dfrac{\pi}{4}$； (2) $\ln\dfrac{2\mathrm{e}}{1+\mathrm{e}}$.

2. (1) $2x\mathrm{e}^{-x^5}-\mathrm{e}^{-x^3}-\displaystyle\int_x^{x^2}y^2\mathrm{e}^{-xy^2}\mathrm{d}y$；

(2) $-(\mathrm{e}^{a|\sin\alpha|}\sin\alpha+\mathrm{e}^{a|\cos\alpha|}\cos\alpha)+\displaystyle\int_{\sin\alpha}^{\cos\alpha}\sqrt{1-x^2}\,\mathrm{e}^{a\sqrt{1-x^2}}\mathrm{d}x$；

(3) $\dfrac{2}{\alpha}\ln(1+\alpha^2)$.

3. $3f(x)+2xf'(x)$.

5. (1) $\dfrac{\pi}{2}\ln(1+a)$; (2) $\dfrac{\pi}{8}\ln 2$(提示:考虑含参变量积分 $I(\alpha)=$
$\displaystyle\int_0^1 \dfrac{\ln(1+\alpha x)}{1+x^2}\mathrm{d}x$ $(\alpha\geqslant 0)$).

6. (1) $\arctan\dfrac{b-a}{1+(a+1)(b+1)}$; (2) $\dfrac{1}{2}\ln\dfrac{b^2+2b+2}{a^2+2a+2}$.

13.2 含参变量的反常积分

1. (1) $a\geqslant 0$; (2) $|q|>1$; (3) $n<0$ 或 $n>\dfrac{1}{2}$.

2. (1) 一致收敛; (2) 一致收敛; (3) 非一致收敛; (4) 一致收敛;
(5) 一致收敛.

9. (2) 提示:利用等式

$$\dfrac{1}{1+x^2}=\int_0^{+\infty}\mathrm{e}^{-y(1+x^2)}\mathrm{d}y.$$

10. (1) $\dfrac{\pi}{4}$; (2) $\dfrac{\pi}{2}\ln\pi$; (3) $\arctan\dfrac{b}{p}-\arctan\dfrac{a}{p}$.

13.3 欧拉积分

1. (1) $\dfrac{\pi}{8}$; (2) $\dfrac{\pi}{16}a^4$; (3) $\dfrac{(2n-1)!!}{(2n)!!}\dfrac{\pi}{2}$; (4) $\dfrac{(2n-1)!!}{2^{n+1}}\sqrt{\pi}$;
(5) $\Gamma(p+1)$.

2. (2) 提示:利用余元公式.

第13章总习题

3. $F'(x)=\displaystyle\int_a^x f(y)\mathrm{d}y-\int_x^b f(y)\mathrm{d}y$; $F''(x)=2f(x)$.

6. 2π.

8. (1) $F'(y)=1$.

11. $\dfrac{\pi}{2}x$.

12. $\dfrac{\pi}{2}\cdot\dfrac{(2n-1)!!}{(2n)!!}a^{-(2n+1)}$.

16. (1) $\dfrac{\pi^2}{6}$; (2) $-\dfrac{\pi^2}{6}$.

18. $a=\dfrac{1}{2}$，$\beta=0$ 时取到最小值.

19. (1) $\dfrac{\pi}{2}$；　(2) $\dfrac{\pi}{2}$.

第14章　曲线积分

14.1　第一型曲线积分

1. (1) $1+\sqrt{2}$；　(2) $\dfrac{256}{15}a^3$；　(3) $2(e^a-1)+\dfrac{\pi}{4}ae^a$；　(4) $2a^2$；

(5) $\dfrac{2}{3}\pi(3a^2+4\pi^2b^2)\sqrt{a^2+b^2}$；　(6) $\dfrac{16\sqrt{2}}{143}$；　(7) $2\pi a^2$.

2. (1) 5；　(2) $|x_0|+|z_0|$.

3. $\bar{x}=\bar{y}=\dfrac{4}{3}a$.

14.2　第二型曲线积分

1. (1) $\dfrac{4}{3}$；　(2) 0；　(3) -2π；　(4) 13.

3. $|I_R|\leqslant\dfrac{8\pi}{R^2}$.

4. -4.

5. $\dfrac{k}{2}(b^2-a^2)$，其中 k 为比例系数.

6. $\dfrac{-k}{c}\sqrt{a^2+b^2+c^2}\ln 2$.

第14章总习题

1. (1) $\dfrac{1}{4}$；　(2) $-2\pi a(a+b)$；　(3) $2\pi+\dfrac{164}{3}$.

4. $F_x=\dfrac{-2amk}{R}$，　$F_y=\dfrac{am\pi k}{R}$.

第15章　重　积　分

15.1　二重积分的定义和性质

1. $\dfrac{1}{4}$.

3. 6.

5. $\dfrac{200}{102}<I<2$.

15.2　二重积分的计算

3. (1) $\dfrac{b^5}{21}$;　(2) $\left(2\sqrt{2}-\dfrac{8}{3}\right)a^{3/2}$;　(3) $\dfrac{a^4}{2}$.

5. (1) $\dfrac{2\pi a^3}{3}$;　(2) $-6\pi^2$;　(3) $\dfrac{9}{16}$.

6. (1) 0;　(2) $\dfrac{\pi}{2}$;　(3) $\dfrac{2}{3}\pi ab$;　(4) $\dfrac{e-1}{2}$.

7. $2a^2$.

9. $\dfrac{\pi}{|a_1 b_2 - a_2 b_1|}$.

15.3　三重积分

1. (1) $\dfrac{1}{364}$;　(2) $\dfrac{\pi}{6}$;　(3) $\dfrac{\pi^2}{16}-\dfrac{1}{2}$;　(4) $\dfrac{\pi}{10}$.

3. (1) $\dfrac{\pi^2 abc}{4}$;　(2) $\dfrac{\pi}{15}(2\sqrt{2}-1)$;

　(3) $\dfrac{2}{27}\left(\dfrac{1}{\alpha^3}-\dfrac{1}{\beta^3}\right)\left(\dfrac{1}{\sqrt{a}}-\dfrac{1}{\sqrt{b}}\right)h^{9/2}$.

4. (1) $\dfrac{3}{35}$;　(2) πa^3;　(3) $\dfrac{5\pi abc}{12}(3-\sqrt{5})$;　(4) $\dfrac{abc}{3}$.

5. $\dfrac{\pi}{12}+\dfrac{1}{6}$.

15.4　重积分的应用

1. $\dfrac{2}{3}\pi a^2(2\sqrt{2}-1)$.

2. $\sqrt{2}\pi$.

3. $\pi\left\{a\sqrt{a^2+h^2}+h^2\ln\dfrac{a+\sqrt{a^2+h^2}}{h}\right\}$.

4. (1) $2\pi R^2(1-\cos\beta),2\pi r^2(1-\cos\beta)$;

  (2) $\pi(R^2-r^2)\sin\beta$.

5. (1) $\left(0,\dfrac{4b}{3\pi}\right)$; (2) $\left(0,\dfrac{2a+b}{3(a+b)}h\right)$;

  (3) $\left(\dfrac{1}{4},\dfrac{1}{8},-\dfrac{1}{4}\right)$.

6. $\dfrac{4}{9}MR^2$.

7. $\dfrac{\pi^2 a^5\rho_0}{8}$.

8. (1) $-2\pi k\rho_0\left(1-\dfrac{c}{\sqrt{R^2+c^2}}\right)\boldsymbol{k}$;

  (2) $2\pi k\rho_0(\sqrt{a^2+c^2}-\sqrt{a^2+(c-h)^2}-h)\boldsymbol{k}$.

15.5　反常重积分

1. (1) $p>1,q>1$ 时收敛; (2) $p>\dfrac{1}{2}$ 时收敛; (3) $m<1$ 时收敛;

  (4) $p<1$ 时收敛.

2. (1) $\dfrac{\pi}{2}$; (2) $\dfrac{\pi}{2}$; (3)2.

3. $\dfrac{2\pi kmh(l-h)\mu}{l}\boldsymbol{k}$,其中 $l^2=R^2+h^2$.

15.6　n 重积分

1. $\dfrac{n}{3}$.

2. $\dfrac{1}{2^n n!}$.

3. $\dfrac{4}{3}\pi^2$.

4. $\dfrac{2\pi^{\frac{n}{2}}}{\Gamma\left(\dfrac{n}{2}\right)}\displaystyle\int_0^R r^{n-1}f(r)\mathrm{d}r$.

第15章总习题

1. (1) $\dfrac{1}{4}(e^{-1}-1)$；   (2) 2π.

4. π.

5. (1) $\displaystyle\int_{-1}^{1} f(u)\,du$；

   (2) $\pi\displaystyle\int_{0}^{1} rf(r)\,dr + \int_{1}^{\sqrt{2}}\left(\pi - 4\arccos\dfrac{1}{r}\right)rf(r)\,dr$；

   (3) $\ln 2\displaystyle\int_{1}^{2} f(u)\,du$；   (4) $2\displaystyle\int_{-1}^{1}\sqrt{1-u^2}\,f(u\sqrt{a^2+b^2}+c)\,du$.

6. (1) $\dfrac{\pi^2}{2}$；   (2) 提示:由对称性,令 $x=\sqrt{u}$， $y=\sqrt{v}$.

   $\dfrac{1}{2}\mathrm{B}\left(\dfrac{1}{4},\dfrac{3}{4}\right) = \dfrac{1}{2}\Gamma\left(\dfrac{1}{4}\right)\Gamma\left(1-\dfrac{1}{4}\right) = \dfrac{\pi}{2\sin\dfrac{\pi}{4}} = \dfrac{\pi}{\sqrt{2}}$.

7. (1) $\dfrac{2}{t}F(t)$；   (2) $4\pi t^2 f(t^2)$.

第16章   曲面积分

16.1   第一型曲面积分

1. (1) πa^3；   (2) $\dfrac{\sqrt{2}+1}{2}\pi$；   (3) $\dfrac{3-\sqrt{3}}{2}+(\sqrt{3}-1)\ln 2$；

   (4) $\pi^2(a\sqrt{a^2+1}+\ln(a+\sqrt{a^2+1}))$.

2. $\left(\dfrac{a}{2},0,\dfrac{16a}{9\pi}\right)$.

3. $\dfrac{4}{3}\pi\mu a^4$.

16.2   第二型曲面积分

1. (1) $4\pi a^3$；   (2) 0；   (3) $\dfrac{4}{3}\pi abc$；   (4) $\dfrac{8}{3}(a+b+c)\pi R^3$.

2. 提示:若曲面方程为 $F(x,y,z)=0$,则 $\boldsymbol{n}$ 的方向数为 (F_x,F_y,F_z).

3. 0.

第16章总习题

1. $\dfrac{8-5\sqrt{2}}{6}\pi t^4$.

3. $F=\pi k_0\mu\ln\dfrac{b}{c}\boldsymbol{k}$.

4. $\dfrac{32}{3}\pi$.

5. 利用球面 $x^2+y^2+z^2=1$ 适当的参数方程.

第17章 各种积分间的联系·场论

17.1 格林公式

1. (1) 0; (2) $-\dfrac{140}{3}$; (3) $-\dfrac{1}{5}(\mathrm{e}^\pi-1)$; (4) $\dfrac{\pi ma^3}{8}$.

2. (1) $\dfrac{3}{8}\pi ab$; (2) $\dfrac{a^2}{6}$.

3. $xF_x=yF_y$.

6. $2\mu(D)$, $\mu(D)$ 为 D 的面积.

7. (1) 0; (2) $\displaystyle\int_0^{a+b}f(u)\mathrm{d}u$; (3) $-\dfrac{3}{2}$.

8. $\mathrm{e}^2\cos 4-1$.

17.2 奥高公式

1. (1) $3a^4$; (2) $\dfrac{12}{5}\pi$; (3) $-\dfrac{\pi}{2}h^4$; (4) $2\pi a^3$.

3. 2.

17.3 斯托克斯公式

1. (1) $-\sqrt{3}\pi a^2$; (2) $3a^2$; (3) 0.

2. $-\dfrac{\sqrt{2}}{16}\pi$.

3. $2\mu(s)$.

17.4 场 论

1. (3) $f'(r)\dfrac{1}{r}(x,y,z)$.

2. (1) $0,2(y-z,z-x,x-y)$;

   (2) $\dfrac{1}{yz}+\dfrac{1}{zx}+\dfrac{1}{xy}$, $\dfrac{1}{xyz}\left(\dfrac{y^2}{z}-\dfrac{z^2}{y},\dfrac{z^2}{x}-\dfrac{x^2}{z},\dfrac{x^2}{y}-\dfrac{y^2}{x}\right)$.

3. 6.

5. (2) $f(r)=C_2-\dfrac{C_1}{r}$, C_1,C_2 为任意常数.

6. $xyz(x+y+z)+C$.

7. $\dfrac{3}{8}\pi$.

8. (1) $\dfrac{1}{3}(x^3-y^3-z^3)-2xyz$; (2) $b-a$.

9. 12π.

17.5 微分形式及其积分

1. (1) $-yzdy\wedge dz-xzdz\wedge dx+3ydx\wedge dy$;

   (2) $(x-1)dx\wedge dy\wedge dz$.

2. (1) $d\omega=yzdx+xzdy+xydz$; (2) $d\omega=2xydx\wedge dy$;

   (3) $d\omega=(z-x)dx\wedge dy-xdy\wedge dz$; (4) $d\omega=0$.

5. (2) $\eta=\dfrac{1}{2}(xz^2-xy^2)dx-\dfrac{1}{2}yz^2dy$.

6. 提示:不妨假设 $\eta=adx+bdy$,其中 a,b 都是三元函数,使得 $d\eta=\omega$. 求出函数 a,b.

第17章总习题

3. (1) 0; (2) 2π.

5. $2\pi ab^2$.

6. $\dfrac{4}{3}\pi(a+b+c)$.

第 18 章　囿变函数和 RS 积分

18.1　囿变函数

4.（1）囿变函数；　（2）不是囿变函数.

6. $\overset{2}{\underset{0}{\text{V}}}(f)=7.$

18.2　RS 积分

1. 否.

6. 提示:取 $\mu(x)=[x]$.

第 18 章总习题

5.（2）提示:对每个分割 $\pi, S(|f|,\mu,\pi)-s(|f|,\mu,\pi)\leqslant S(f,\mu,\pi)-s(f,\mu,\pi).$

6. 提示:利用 18.2 习题 6.

11. 提示:若 $u\geqslant 0,v\geqslant 0$;有 $uv\leqslant\dfrac{u^{p}}{p}+\dfrac{v^{q}}{q}$　$\left(\dfrac{1}{p}+\dfrac{1}{q}=1\right).$

第 19 章　傅里叶级数

19.1　傅里叶级数

5.（1）$\displaystyle\sum_{k=1}^{\infty}\frac{\sin kx}{k}$；　（2）$\displaystyle\frac{4}{\pi}\sum_{k=1}^{\infty}\frac{\sin(2k-1)x}{2k-1}$;

（3）$\displaystyle\frac{2}{\pi}\text{sh}\,a\pi\left\{\frac{1}{2a}+\sum_{k=1}^{\infty}\frac{(-1)^{k}}{a^{2}+k^{2}}(a\cos kx-k\sin kx)\right\}$;

（4）$\displaystyle\frac{2}{\pi}-\frac{4}{\pi}\sum_{k=1}^{\infty}\frac{\cos 2kx}{4k^{2}-1}.$

6.（1）$\dfrac{1}{2}\ln(1+\text{e})$；　（2）$\pi$.

19.2　逐点收敛性

1.（1）$\dfrac{3}{8}-\dfrac{1}{2}\cos 2x+\dfrac{1}{8}\cos 4x$　$(-\infty<x<+\infty)$;

(2) $\dfrac{\pi}{4} \sum\limits_{n=1}^{\infty} (-1)^{n+1} \dfrac{\cos(2n-1)x}{2n-1}$ $(-\infty < x < +\infty)$;

(3) $\dfrac{2}{\pi} + \dfrac{4}{\pi} \sum\limits_{n=1}^{\infty} \dfrac{(-1)^{n+1}}{4n^2-1} \cos 2nx$ $(-\infty < x < +\infty)$.

2. $\dfrac{3}{2} + \dfrac{1}{\pi} \sum\limits_{n=1}^{\infty} \dfrac{1}{n} \left(1 + 2\cos\dfrac{n\pi}{2} - 3(-1)^n\right) \sin nx$,

$x \in \left(-\pi, -\dfrac{\pi}{2}\right) \cup \left(-\dfrac{\pi}{2}, 0\right) \cup \left(0, \dfrac{\pi}{2}\right) \cup \left(\dfrac{\pi}{2}, \pi\right)$.

19.3 函数的傅里叶级数展开式

1. (1) $\dfrac{1}{2} - \dfrac{1}{\pi} \sum\limits_{k=1}^{\infty} \dfrac{\sin 2k\pi x}{k}, 0 < x < 1$;

(2) $\dfrac{2}{\pi} \sum\limits_{k=1}^{\infty} \dfrac{(-1)^{k+1}}{k} \sin k\pi x$; $0 \leqslant x < 1$;

(3) $\dfrac{1}{2} - \dfrac{4}{\pi} \sum\limits_{k=1}^{\infty} \dfrac{\cos(2k-1)\pi x}{(2k-1)^2}$, $0 \leqslant x \leqslant 1$.

3. $\dfrac{2\lambda}{\pi} \left\{ \dfrac{1}{2} + \sum\limits_{k=1}^{\infty} \dfrac{\sin k\lambda}{k\lambda} \cos kx \right\}, x \neq \lambda, x \in [0,\pi]$.

4. $\dfrac{8}{\pi^2} \sum\limits_{k=1}^{\infty} \dfrac{(-1)^{k-1}}{(2k-1)^2} \sin\dfrac{(2k-1)\pi x}{2}$, $0 \leqslant x \leqslant 2$.

5. $\dfrac{1}{\pi} + \dfrac{1}{2}\cos\dfrac{\pi x}{l} - \dfrac{2}{\pi} \sum\limits_{k=1}^{\infty} \dfrac{(-1)^k}{4k^2-1} \cos\dfrac{2k\pi x}{l}$, $0 \leqslant x \leqslant l$.

6. $\dfrac{10}{\pi} \sum\limits_{n=1}^{\infty} \dfrac{(-1)^n}{n} \sin\dfrac{n\pi x}{5}, 5 < x < 15$.

19.4 一致收敛性及其应用

4. 利用定理 19.6.

7. 利用分部积分估计傅里叶系数,并由 19.1 习题 4.

19.5 平均收敛性

6. 提示:利用定理 19.15.

19.6 傅里叶积分

1. $F(\omega) = \sqrt{\dfrac{2}{\pi}} \left(\dfrac{\alpha\cos\alpha\omega - \beta\cos\beta\omega}{\omega} + \dfrac{\sin\beta\omega - \sin\alpha\omega}{\omega^2} \right)$.

2. $F(\omega) = \sqrt{\dfrac{2}{\pi}} \left(\dfrac{-2}{\omega^2} \cos \omega + \dfrac{2}{\omega^3} \sin \omega \right).$

$f(x) = \dfrac{4}{\pi} \displaystyle\int_0^{+\infty} \dfrac{\sin \omega - \omega \cos \omega}{\omega^3} \cos x\omega\, \mathrm{d}\omega.$

4. $f(t) = \dfrac{1}{\sqrt{\pi}} \mathrm{e}^{-|t|}, \quad -\infty < t < +\infty.$

第 19 章总习题

8. 提示：对照(19.16)式.

13. 提示：利用积分值 $\displaystyle\int_{-\infty}^{+\infty} \dfrac{\sin^2 x}{x^2}\, \mathrm{d}x = \pi.$

16. $\dfrac{\sin \pi x}{1 - x^2}.$

参考文献

[1]　Г. М. 菲赫金哥尔茨. 微积分学教程[M]. 北京：高等教育出版社，1956.

[2]　复旦大学(欧阳光中等编). 数学分析[M]. 上海：上海科学技术出版社，1982.

[3]　何琛，史济怀，徐森林. 数学分析[M]. 北京：高等教育出版社，1984.

[4]　华东师范大学数学系. 数学分析[M]. 北京：人民教育出版社，1983.

[5]　G. Klambauer. 数学分析[M]，孙本旺，译. 长沙：湖南人民教育出版社，1981.

[6]　戈夫曼. 多元微积分[M]. 史济怀，龚升，等，译. 北京：人民教育出版社，1979.

[7]　孙本旺，汪浩. 数学分析中的典型例题和解题方法[M]. 长沙：湖南科学技术出版社，1981.

[8]　徐利治，王兴华. 数学分析中的方法及例题选讲(修订版)[M]. 北京：高等教育出版社，1984.

[9]　B. R. 盖尔鲍姆，J. M. H. 奥姆斯特德. 分析中的反例[M]. 高枚，译. 上海：上海科学技术出版社，1980.

[10]　王建午，曹之江，刘景麟. 实数的构造理论[M]. 北京：人民教育出版社，1981.

[11]　M. 斯皮瓦克. 流形上的微积分[M]. 齐民友，路见可，译. 北京：科学技术出版社，1985.

[12]　弗列明(美). 多元函数[M]. 庄亚栋，译. 北京：人民教育出版社，1982.

[13]　T. M. Apostol. Mathematical Analysis[M]. New York：Addison-Wesley Publishing Company. Inc. ，1957.

[14]　R. S. Borden, A Course in Advanced Calculus[M]. New York：North Holland，1983.

[15] W. Rudin. Principles of Mathematical Analysis[M]. 3rd. edition. New York: Mcgraw-Hill, 1976.

[16] 吉米多维奇. 数学分析习题集[M]. 李荣冻,译. 北京:人民教育出版社,1978.

[17] B. A. 萨多夫尼. 奥林匹克数学竞赛试题解答集[M]. 王英新,译. 长沙:湖南科学技术出版社,1981.

[18] G. 波利亚,G. 舍贵. 数学分析中的问题和定理[M]. 张奠宙,宋国栋,等,译. 上海:上海科学技术出版社,1981.

[19] B. Gelbaum. Problems in Analysis[M]. New York: Springer, 1982.

[20] G. Klambauer. Problems and Propositions in Analysis[M]. Madison Avenue, New York and Basel,1979.